# RISC-V 架构与嵌入式开发快速入门

胡振波◎著

人民邮电出版社

北　京

**图书在版编目（CIP）数据**

RISC-V架构与嵌入式开发快速入门 / 胡振波著. --
北京 ： 人民邮电出版社，2019.1（2023.2重印）
ISBN 978-7-115-49413-9

Ⅰ．①R… Ⅱ．①胡… Ⅲ．①微处理器—系统设计
Ⅳ．①TP332

中国版本图书馆CIP数据核字(2018)第217626号

## 内 容 提 要

本书是一本介绍 RISC-V 架构嵌入式开发的入门书籍，以通俗的语言系统介绍了嵌入式开发的基础
知识和 RISC-V 架构的内容，力求帮助读者快速掌握 RISC-V 架构的嵌入式开发技术。

本书共分为两部分。第一部分为第 1～14 章，基本涵盖了使用 RISC-V 架构进行嵌入式开发所需的
所有关键知识。第二部分为附录部分，详细介绍了 RISC-V 指令集架构，辅以作者加入的背景知识解读
和注解，以便于读者理解。

本书适合嵌入式开发的相关从业者和广大的 RISC-V 爱好者阅读使用，也适合作为大中专院校师生
学习 RISC-V 架构和嵌入式开发的指导用书。

- ◆ 著　　　　胡振波
  责任编辑　张　爽
  责任印制　焦志炜
- ◆ 人民邮电出版社出版发行　　北京市丰台区成寿寺路 11 号
  邮编　100164　电子邮件　315@ptpress.com.cn
  网址　http://www.ptpress.com.cn
  北京七彩京通数码快印有限公司印刷
- ◆ 开本：800×1000　1/16
  印张：23.5　　　　　　　　2019 年 1 月第 1 版
  字数：515 千字　　　　　　2023 年 2 月北京第 12 次印刷

定价：79.00 元

读者服务热线：(010)81055410　印装质量热线：(010)81055316
反盗版热线：(010)81055315
广告经营许可证：京东市监广登字 20170147 号

# 序

拿到这本书稿的时间是 2018 年 5 月，当时作者的《手把手教你设计 CPU——RISC-V 处理器篇》刚刚出版。作者带着几本样书赶到深圳参加我组织的一场"嵌入式技术与物联网产业发展"研讨会，作者关于 RISC-V 发展历史和应用的报告，吸引了深圳业界朋友们极大的关注，我对 RISC-V 的了解也从此开始。

如果说作者的第一本书旨在教你如何设计一个基于 RISC-V 内核的处理器，那么《RISC-V 架构与嵌入式开发快速入门》则会教你如何基于一款 RISC-V 内核的处理器进行嵌入式开发。和我们看到的基于 STM32 ARM 嵌入式开发相关的图书一样，本书讲授的内容非常丰富，文笔风趣流畅。需要指出的是，2003 年 ARM 正式发布 Cortex-M3 内核，2007 年 ST 发布第一款基于此内核的 STM32 MCU 芯片。基于 ARM 的 MCU 芯片已经走过 10 余年历程，而 RISC-V 最早的起源也只能追溯到 2010 年的加州伯克利大学，该大学的几位计算机系教授在使用 MIPS、SPARC 和 x86 进行许多年的教学和科研之后，发现他们需要发明一种新的处理器指令集，四年之后这种处理器规范开放了。2016 年 RISC-V 基金会成立，之后开源和商业 RISC-V 处理器 IP 陆续出现，短短两年时间内，作者撰写出本书的内容实属不易。

在物联网和嵌入式领域，一定是 RISC-V 最先落地并且广泛应用。RISC-V 基金会最大的支持者——西部数据公司在其存储产品中使用了 RISC-V 架构处理器。2018 年 RISC-V 基金会应邀在德国纽伦堡世界嵌入式展会上举办了一个全天的课程，内容包括成员公司技术专家和大学教授的演讲。为了鼓励更多人去参观展位，基金会还举办了一场寻宝游戏，获胜者可以获得 SiFive 和 Microsemi 最新的 RISC-V 开发板以及 SEGGER J-link 调试工具。许多著名的嵌入式软件和工具公司都开始支持 RISC-V，比如德国 SEGGER、劳特巴赫和瑞典 IAR。

2018 年 8 月，印度理工学院开发出第一个自主微处理器——Shakti，它的设计基于 RISC-V 开放指令架构，制造工艺是 180nm。计算机与科学系教授 Veezhinathan 说，美国制造的芯片采用 20nm 工艺，Shakti 芯片在这个阶段无法为智能手机提供运算能力，但是它仍然可以用在洗衣机或智能相机等智能设备当中。2018 年 11 月，在 Andes RISC-V CON 座谈会上，清华大学教授兼深鉴科技联合创始人汪玉博士、晶心科技苏泓萌先生以及中国科学院信息工程研究所研究员宋威等专家，一同就"RISC-V 是不是准备好了"进行了讨论，大家普遍认为物联网和消费电子将是 RISC-V 最主要的应用市场。

嵌入式系统应用非常广泛，物联网更是碎片化的市场。目前 RISC-V 技术还在发展，各家芯片平台还在开发之中，应用将会逐步展开和落地。"千里之行，始于足下"，芯片、开发板、调试器、SDK、OS、培训、社区和图书，这些都是 RISC-V 嵌入式应用不可缺少的生态环境。现在市场上能看到和购买到的通用 RISC-V 芯片与开发板还不多，图书资料更少。《RISC-V 架构与嵌入式开发快速入门》的出版，将为希望学习 RISC-V 技术和应用开发的朋友们解惑答疑,本书配套的蜂鸟 FPGA 开发板和调试器将为希望上手操作的朋友提供低成本的入门平台。

物联网时代,开源软件和开源硬件的合作非常重要,本书对基于 GCC 工具链的开源 HBird-E-SDK 做了详细介绍。相信包括 Linux 和 FreeRTOS 在内的开源软件将为 RISC-V 的发展增光添彩,感谢作者为 RISC-V 的普及推广所做的贡献!

何小庆

中国软件行业协会嵌入式系统分会副理事长

2018 年 11 月 9 日于中关村

# 自　序

对于从事集成电路设计或者嵌入式软件开发的同仁而言，2016 年是令人瞩目的一年，在这一年 RISC-V 基金会正式成立并开始运作。

RISC-V 基金会是一个非营利性的组织，负责维护标准的 RISC-V 指令集手册与架构文档，并推动 RISC-V 架构的发展。RISC-V 架构的目标如下。

- 成为一种完全开放的指令集，可以被任何学术机构或商业组织自由使用。
- 成为一种真正适合硬件实现且稳定的标准指令集。

这是一个很宏大的愿景，在处理器领域是一个划时代的事件。在此之前，处理器设计虽然是一门开放的学科，其所需的技术也趋于成熟，但产业界仍然存在着如下一些现象。

- 处理器指令架构（ISA）长期以来主要由以 Intel（x86 架构）与 ARM（ARM 架构）为代表的商业巨头公司所掌控，而其软件生态环境衍生出的寡头排他效应，成为普通公司与个人无法逾越的天堑。
- 由于寡头排他效应，众多的处理器体系结构走向消亡，国产的商用处理器也在艰难地推进中，从而造成了处理器设计这项工作变成了极少数国外商业公司的"王谢堂前燕"，国内长期以来没有形成有足够影响力的相关产业与商业公司，相关的产业人才更是稀缺。

我国一直苦于主流指令集架构（ISA）受制于国外商业公司，无法形成国产自主的主流通用处理器产业体系。因此，开放的 RISC-V 架构的诞生，对于国内产业界而言，是一次千载难逢的好机会。

RISC-V 诞生于美国硅谷，时至今日，欧美很多大学的计算机相关教材都已经更换为 RISC-V 版本，大量的科技巨头宣布支持 RISC-V 架构，并且涌现出了一大批 RISC-V 相关的科技新创公司。

在国内，RISC-V 虽然起步较晚，但传播速度却非常迅猛。2016 年时几乎没有人听说过 RISC-V，而 2017 年 RISC-V 便频频见诸报道。进入 2018 年，RISC-V 已经开始被业界广泛接纳，很多国内大学开始使用 RISC-V 进行计算机体系结构和嵌入式相关的教学。可以说 RISC-V 像一粒种子一样，在国内迅速地发芽生长。

由于 RISC-V 开放的特性，国内涌现出了一大群爱好者，大家组建了几个微信群和社区，每天在其中进行着热烈的讨论。社区成立了专门的公众号（CNRV），每两周发布 RISC-V 在世界范围内的相关进展，还组织了线下的活动，很多处理器设计爱好者也开始学习设计 RISC-V 处理器。而由于广泛的产业需求，学会和掌握 RISC-V 也将变成一门通用的技术。

综上所述，作为一种全新的处理器架构，RISC-V 被接受的速度如此之快，在以往都是不可想象的。

作为一名处理器设计领域的资深从业人员，我一直关注着 RISC-V 的发展。2017 年年初，我利用自己的专业知识设计了蜂鸟 E203 超低功耗 RISC-V 处理器内核,并将其进行了开源,成为国内最早开源的 RISC-V 处理器内核之一,受到了社区成员的热烈欢迎,很多爱好者和初学者都将蜂鸟 E203 作为案例进行学习。但是由于 RISC-V 的诞生时间太短,在很多方面没有翔实的中文资料,这为初学者系统学习 RISC-V 带来极大的阻碍。基于此原因,在社区成员的鼓励下,我以开源的蜂鸟 E203 为案例,对其内部设计细节和源码进行了透彻的分析,撰写了国内第一本系统介绍 RISC-V 架构和 RISC-V 处理器设计的书《手把手教你设计 CPU ——RISC-V 处理器篇》,为 RISC-V 在国内的快速普及贡献了自己的绵薄之力。

《手把手教你设计 CPU—RISC-V 处理器篇》虽然解决了 RISC-V 架构和处理器内核设计方面中文资料欠缺的问题,但是在嵌入式软件开发方面,仍然欠缺中文资料。所以尽管有了 RISC-V 处理器内核,很多用户还是不知道该如何使用 RISC-V 处理器内核进行嵌入式开发。为了促进 RISC-V 在国内的进一步普及,尤其是方便广大初学者快速入门,我决定利用业余时间撰写本书,总结并分享一些使用 RISC-V 进行嵌入式开发的技术和经验。

技术书籍的撰写是一个枯燥而漫长的过程,需要付出很多的时间和精力。在此要感谢我的亲密"战友"以及合作伙伴对我的支持,没有他们的鼓励,我难以坚持下来。我更加需要感谢我的家人特别是我的妻子,我因为花费了大量的周末和夜晚时间撰稿而无法陪伴家人,没有他们对我的鼎力支持,本书也不可能完成。

我由衷地希望本书能够促进 RISC-V 在国内的进一步普及,尤其是能够帮助广大初学者快速地掌握这门新兴的开放架构和嵌入式开发技术。作为一名国内处理器设计领域的"老兵",我更加希望我国能够利用 RISC-V 提供的契机,完成主流通用处理器内核领域的国产自主化,实现我国半导体产业的一次跨越。

胡振波
2018 年于上海

# 前 言

RISC-V 架构在极短的时间内便引起了业界的高度关注，从众多反应快速的小公司到实力雄厚的巨头公司（如 NVIDIA、西部数据等）均开始使用 RISC-V 架构开发产品。"旧时王谢堂前燕，飞入寻常百姓家"，在摩尔定律逐步逼近极限的今天，开放的 RISC-V 架构的诞生，催生出了一轮新的 CPU 创新热潮。

RISC-V 在全世界范围内的兴起与风靡，在国内也引起了广泛的关注，当前国内的众多院校与公司都开始研究并使用 RISC-V 架构，将其用于学术或者工程项目中。尤其是在深嵌入式领域，无论是硬件处理器核，还是软件工具链，RISC-V 架构处理器已经具备了替代传统商用深嵌入式处理器（譬如 ARM Cortex-M 处理器）的能力。但是由于 RISC-V 诞生时间太短，在很多方面亟需系统而翔实的中文资料来帮助初学者快速掌握这一门新兴的处理器架构。

本书的姊妹版《手把手教你设计 CPU——RISC-V 处理器篇》已经出版，提供了一个非常高效的超低功耗开源 RISC-V 处理器学习案例——蜂鸟 E203，并对其进行了全方面剖析和讲解，解决了在 CPU 硬件设计方面中文资料欠缺的问题。

但是，有关 RISC-V 嵌入式软件开发方面的中文资料仍然欠缺，体现在如下方面。

- 目前的 RISC-V 文档是英文原版的指令集手册，虽然此文档非常精简短小，但是该文档比较专业，处理器架构研究不深的读者难以理解。因此，学习者最好有对 RISC-V 指令集架构介绍的中文资料。
- 对于 RISC-V 的软件开发工具链，包括嵌入式和 Windows 软件开发工具的下载和使用方法、简单嵌入式开发平台的搭建等，也没有很好的中文资料系统介绍。
- 对于 RISC-V 的汇编语言开发、典型的 RISC-V 嵌入式开发平台和环境的使用、典型示例程序等，也没有很好的中文资料系统介绍。

综上，虽然部分专业人士已经能够娴熟地使用 RISC-V 进行嵌入式开发，但是初学者却无从下手。为了促进 RISC-V 在国内的普及，尤其是被广大初学者接受和快速入门，本书将分享和总结一些使用 RISC-V 进行嵌入式开发的相关技术和经验，主要面向对 RISC-V 感兴趣的入门用户，包括嵌入式软件开发和硬件设计人员。

作者希望本书能够作为一本通俗读本，帮助初学者和爱好者顺利越过初期的陡峭学习曲线，快速掌握 RISC-V 进行嵌入式开发的本领。谨以此书献给曾经帮助过作者的良师益友、合作伙伴和默默工作的工程师们！

# 本书内容

- 您是否想用最短的时间熟悉并掌握 RISC-V 架构及其嵌入式开发技术?
- 您是否想快速了解一款开源低功耗 RISC-V 处理器内核?
- 您是否想深入理解并快速使用一款免费和完整的 MCU 级别 SoC 平台?
- 您是否想快速学会 RISC-V 的 GCC 工具链和 Windows IDE 的使用?
- 您是否想快速了解一款完整的 RISC-V 嵌入式软件开发套件(Software Development Kit,SDK)以及配套的软件示例?

如果您对上述任意一个问题感兴趣,本书都将是您很好的选择。

作者开发了一款 MCU 级别超低功耗 RISC-V 处理器(蜂鸟 E203)作为学习案例,并且配套开源了一整套完整的 MCU SoC 平台、软件开发套件(SDK)以及配套软件示例。

本书旨在让更多的人快速使用起 RISC-V 架构的嵌入式处理器并对其进行软件开发。作为一本介绍 RISC-V 嵌入式开发入门的图书,为了使本书能够自成体系,从而使得(对于 CPU 硬件设计不感兴趣的)嵌入式软件方面的读者从一本书中便可以获取到完整的信息量和知识体系,本书与其姊妹篇《手把手教你设计 CPU——RISC-V 处理器》存在部分内容的重复,请读者见谅。

本书分为正文部分和附录部分,各部分主要内容如下。

正文部分共包括 14 章内容。

第 1 章主要介绍 CPU 的基础知识、指令集架构的历史、CPU 的应用领域、各领域的主流架构、RISC-V 的诞生背景等。

第 2 章主要对开源的 RISC-V 处理器——蜂鸟 E203 处理器核和 SoC 的特性进行整体介绍。

第 3 章主要介绍 RISC-V 架构和特点,着重分析其大道至简的设计哲学,并阐述 RISC-V 和曾经出现过的开放架构有何不同。

第 4 章主要介绍 RISC-V 架构定义的中断和异常机制。

第 5 章主要介绍蜂鸟 E203 开源 MCU SoC 的整体特性。

第 6 章主要介绍蜂鸟 E203 开源 MCU SoC 的外设详细信息。

第 7 章主要介绍蜂鸟 E203 开源 MCU SoC 的开发板。

第 8 章主要介绍编译器如何将 C/C++语言编写的程序转换成为处理器能够执行的二进制代码的过程,从而帮助初学者快速地了解编译的基本过程。

第 9 章主要介绍嵌入式开发的特点和 RISC-V GCC 开发工具链使用的相关信息。

第 10 章主要介绍如何直接使用 RISC-V 架构的汇编语言进行程序设计,以及如何在 C/C++程序中内嵌汇编或者在汇编程序中调用 C/C++函数。

第 11 章主要介绍如何使用基于 Linux 环境的 HBird-E-SDK 开发环境对蜂鸟 E203 开源 MCU 进行嵌入式软件开发。

第 12 章主要介绍几个功能更加丰富的示例程序，以便于读者巩固和加深对 RISC-V 嵌入式软件开发的理解。

第 13 章主要介绍如何使用基于 MCU Eclipse IDE 的 Windows 开发调试环境对蜂鸟 E203 MCU 开发板进行软件开发和调试。

第 14 章主要介绍如何向蜂鸟 E203 MCU 开发板上移植实时操作系统。

附录部分包括附录 A~附录 G，将对 RISC-V 指令集架构进行详细介绍，对 RISC-V 指令集架构细节感兴趣的读者可以先行阅读附录部分。

附录 A 主要介绍 RISC-V 架构的指令集。该附录翻译自 RISC-V 的"指令集文档"，并对相关内容进行了重新组织，以求通俗易懂。

附录 B 主要介绍 RISC-V 架构的 CSR 寄存器。该附录对 CSR 寄存器的介绍翻译自 RISC-V 的"特权架构文档"，同时还介绍了蜂鸟 E203 处理器核自定义的 CSR 寄存器。

附录 C 主要介绍 RISC-V 架构定义的系统平台中断控制器（Platform Level Interrupt Controller，PLIC）。该附录对 PLIC 的介绍翻译自 RISC-V 的"特权架构文档"。

附录 D 主要介绍存储器模型（Memory Model）的相关背景知识，帮助读者更深入地理解 RISC-V 架构的存储器模型。

附录 E 主要结合多线程"锁"的示例对存储器原子操作指令的应用背景进行简要介绍。

附录 F 和附录 G 分别是 RISC-V 指令的编码列表和 RISC-V 伪指令的列表。

附录均节取自 RISC-V 的"指令集文档"，供读者快速查阅。

# 建议与反馈

由于时间仓促且作者水平有限，书中难免存在不足之处。敬请各位读者批评指正，相关问题请与本书编辑（zhangtao@ptpress.com.cn）联系交流。

# 资源与支持

本书由异步社区出品，社区（https://www.epubit.com/）为您提供相关资源和后续服务。

## 提交勘误

作者和编辑尽最大努力来确保书中内容的准确性，但难免会存在疏漏。欢迎您将发现的问题反馈给我们，帮助我们提升图书的质量。

当您发现错误时，请登录异步社区，按书名搜索，进入本书页面，单击"提交勘误"，输入勘误信息，单击"提交"按钮即可。本书的作者和编辑会对您提交的勘误进行审核，确认并接受后，您将获赠异步社区的 100 积分。积分可用于在异步社区兑换优惠券、样书或奖品。

## 扫码关注本书

扫描下方二维码，您将会在异步社区微信服务号中看到本书信息及相关的服务提示。

## 与我们联系

我们的联系邮箱是 contact@epubit.com.cn。

如果您对本书有任何疑问或建议，请您发邮件给我们，并请在邮件标题中注明本书书名，以便我们更高效地做出反馈。

如果您有兴趣出版图书、录制教学视频，或者参与图书翻译、技术审校等工作，可以发邮件给我们；有意出版图书的作者也可以到异步社区在线提交投稿（直接访问www.epubit.com/selfpublish/submission 即可）。

如果您是学校、培训机构或企业，想批量购买本书或异步社区出版的其他图书，也可以发邮件给我们。

如果您在网上发现有针对异步社区出品图书的各种形式的盗版行为，包括对图书全部或部分内容的非授权传播，请您将怀疑有侵权行为的链接发邮件给我们。您的这一举动是对作者权益的保护，也是我们持续为您提供有价值的内容的动力之源。

## 关于异步社区和异步图书

"异步社区" 是人民邮电出版社旗下 IT 专业图书社区，致力于出版精品 IT 技术图书和相关学习产品，为作译者提供优质出版服务。异步社区创办于 2015 年 8 月，提供大量精品 IT 技术图书和电子书，以及高品质技术文章和视频课程。更多详情请访问异步社区官网https://www.epubit.com。

"异步图书" 是由异步社区编辑团队策划出版的精品 IT 专业图书的品牌，依托于人民邮电出版社近 30 年的计算机图书出版积累和专业编辑团队，相关图书在封面上印有异步图书的 LOGO。异步图书的出版领域包括软件开发、大数据、AI、测试、前端、网络技术等。

异步社区

微信服务号

# 目 录

# 第 1 章　进入 32 位时代，谁能成为下一个 8051

本章通过几个轻松的话题，讨论一下 CPU 的基本知识以及深嵌入式领域的趣事。

## 1.1　磨刀不误砍柴工——CPU 基础知识介绍

CPU，全称为中央处理器单元，简称为处理器，是一个不算年轻的概念。早在 20 世纪 60 年代便已诞生了第一款 CPU。

请注意区分"处理器"和"处理器核"，以及"CPU"和"Core"的概念。严格来说，"处理器核"和"Core"是指处理器内部最核心的部分，是真正的处理器内核；而"处理器"和"CPU"往往是一个完整的 SoC，包含了处理器内核和其他的设备或者存储器。但是在现实中大多数文章往往不会严格地遵循两者的差别，时常混用，因此读者需要根据上下文自行甄别体会具体的含义。

经过几十年的发展，到今天已经相继诞生或消亡过了几十种不同的 CPU 架构。表 1-1 为近几十年来知名 CPU 架构的诞生时间表。什么是 CPU 架构？下面让我们来探讨区分 CPU 的主要标准：CPU 的灵魂——指令集架构（Instruction Set Architecture，ISA）。

表 1-1　　　　　　　　　　　知名 CPU 架构的诞生时间表

| CPU 架构 | 诞生时间/年 |
| --- | --- |
| IBM 701 | 1953 |
| CDC 6600 | 1963 |
| IBM 360 | 1964 |
| DEC PDP-8 | 1965 |
| Intel 8008 | 1972 |
| Motorola 6800 | 1974 |
| DEC VAX | 1977 |
| Intel 8086 | 1978 |

续表

| CPU 架构 | 诞生时间/年 |
|---|---|
| Intel 80386 | 1985 |
| ARM | 1985 |
| MIPS | 1985 |
| SPARC | 1987 |
| Power | 1992 |
| Alpha | 1992 |
| HP/Intel IA-64 | 2001 |
| AMD64 (EMT64) | 2003 |

## 1.1.1　ISA——CPU 的灵魂

指令集，顾名思义是一组指令的集合，而指令是指处理器进行操作的最小单元（譬如加减乘除操作或者读/写存储器数据）。

指令集架构，有时简称为"架构"或者称为"处理器架构"。有了指令集架构，便可以使用不同的处理器硬件实现方案来设计不同性能的处理器。处理器的具体硬件实现方案称为微架构（Microarchitecture）。虽然不同的微架构实现可能造成性能与成本的差异，但是，软件无须做任何修改便可以完全运行在任何一款遵循同一指令集架构实现的处理器上。因此，指令集架构可以理解为一个抽象层，如图 1-1 所示。该抽象层构成处理器底层硬件与运行于其上的软件之间的桥梁与接口，也是现在计算机处理器中重要的一个抽象层。

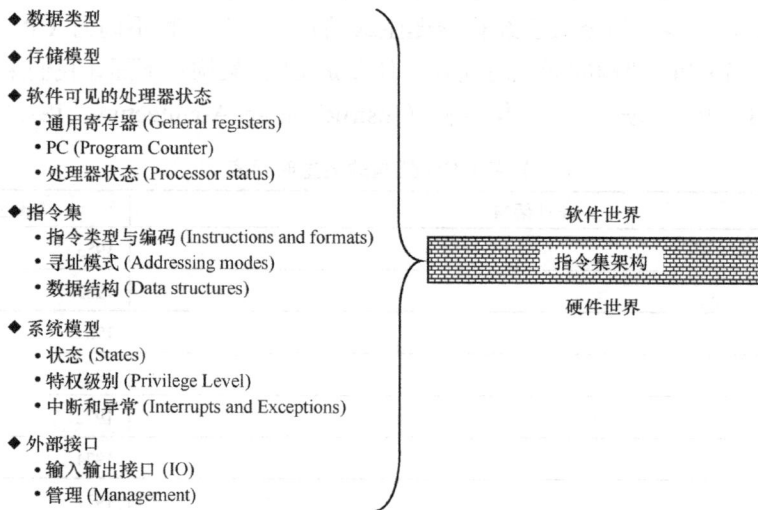

◆ 数据类型

◆ 存储模型

◆ 软件可见的处理器状态
　• 通用寄存器 (General registers)
　• PC (Program Counter)
　• 处理器状态 (Processor status)

◆ 指令集
　• 指令类型与编码 (Instructions and formats)
　• 寻址模式 (Addressing modes)
　• 数据结构 (Data structures)

◆ 系统模型
　• 状态 (States)
　• 特权级别 (Privilege Level)
　• 中断和异常 (Interrupts and Exceptions)

◆ 外部接口
　• 输入输出接口 (IO)
　• 管理 (Management)

软件世界

指令集架构

硬件世界

图 1-1　指令集架构示意图

为了让软件程序员能够编写底层的软件,指令集架构不仅仅是一组指令的集合,它还要定义任何软件程序员需要了解的硬件信息,包括支持的数据类型、存储器(Memory)、寄存器状态、寻址模式和存储器模型等。如图1-2所示,IBM 360指令集架构是第一个里程碑式的指令集架构,它第一次实现了软件在不同IBM硬件机器上的可移植性。

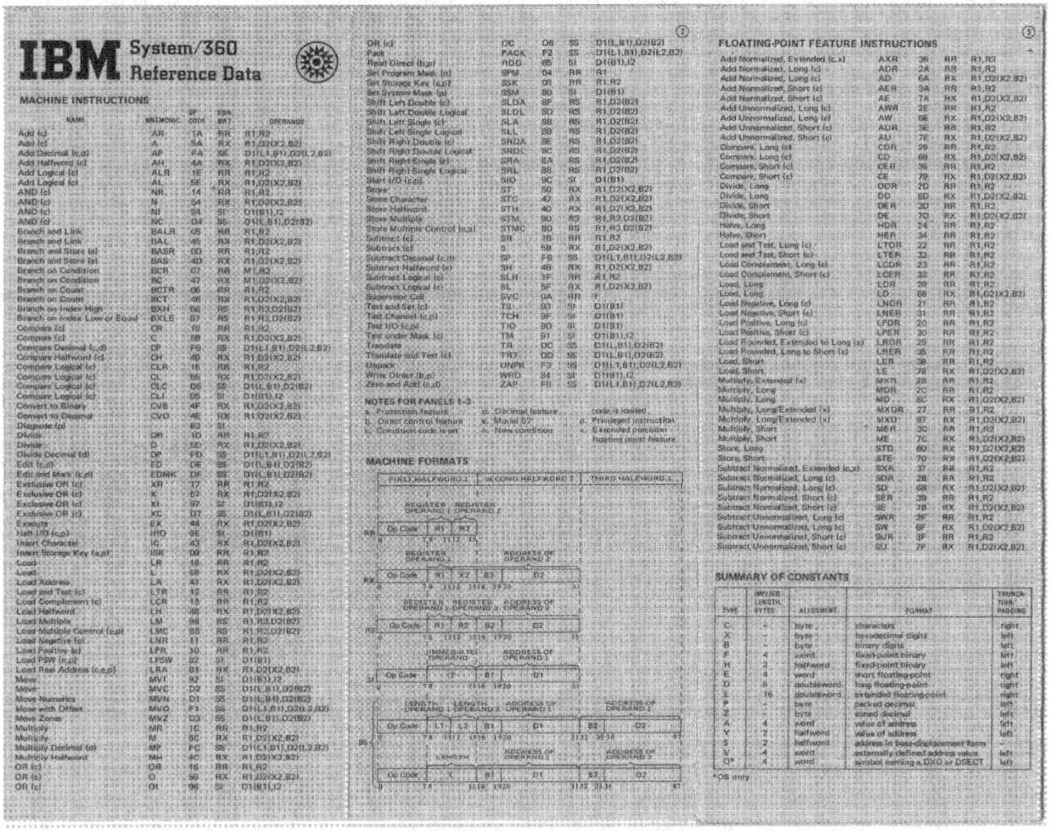

图1-2 IBM 360架构指令集图卡

综上可见,指令集架构才是区分不同CPU的主要标准,这也是Intel和AMD公司多年来分别推出了几十款不同的CPU芯片产品的原因。虽然来自于两个不同的公司,但是它们仍被统称为x86架构CPU。

## 1.1.2 CISC 与 RISC

指令集架构主要分为复杂指令集(Complex Instruction Set Computer,CISC)和精简指令集(Reduced Instruction Set Computer,RISC),两者的主要区别如下。

- CISC 不仅包含了处理器常用的指令，还包含了许多不常用的特殊指令。其指令数目比较多，所以称为复杂指令集。
- RISC 只包含处理器常用的指令，而对于不常用的操作，则通过执行多条常用指令的方式来达到同样的效果。由于其指令数目比较精简，所以称为精简指令集。

在 CPU 诞生的早期，CISC 曾经是主流，因为其可以使用较少的指令完成更多的操作。但是随着指令集的发展，越来越多的特殊指令被添加到 CISC 指令集中，CISC 的诸多缺点开始显现出来。譬如：

- 典型程序的运算过程中所使用到的 80% 指令，只占所有指令类型的 20%，也就是说，CISC 指令集定义的指令，只有 20% 被经常使用到，而有 80% 则很少被用到。
- 那些很少被用到的特殊指令尤其让 CPU 设计变得极为复杂，大大增加了硬件设计的时间成本与面积开销。

基于以上原因，自从 RISC 诞生之后，基本上所有现代指令集架构都选择使用 RISC 架构。

## 1.1.3  32 位与 64 位架构

除了 CISC 与 RISC 之分，处理器指令集架构的位数也是一个重要的概念。通俗来讲，处理器架构的位数是指通用寄存器的宽度，其决定了寻址范围的大小、数据运算能力的强弱。譬如 32 位架构的处理器，其通用寄存器的宽度为 32 位，能够寻址的范围为 $2^{32}$Byte，即 4GB 的寻址空间，运算指令可以操作的操作数为 32 位。

**注意**：处理器指令集架构的宽度和指令的编码长度无任何关系。并不是说 64 位架构的指令长度为 64 位（这是一个常见的误区）。从理论上来讲，指令本身的编码长度越短越好，因为可以节省代码的存储空间。因此即便在 64 位的架构中，也大量存在 16 位编码的指令，且基本上很少出现过 64 位长的指令编码。

综上所述，在不考虑任何实际成本和实现技术的前提下，理论上来讲：

- 通用寄存器的宽度，即指令集架构的位数越多越好，因为这样可以带来更大的寻址范围和更强的运算能力。
- 指令编码的长度越短越好，因为这样可以更加节省代码的存储空间。

常见的架构位数分为 8 位、16 位、32 位和 64 位。

- 早期的单片机以 8 位和 16 位为主，譬如知名的 8051 单片机是使用广泛的 8 位架构。
- 目前主流的嵌入式微处理器均在向 32 位架构转移。对此内容感兴趣的读者可以在互联网上搜索作者曾在媒体上发表的文章《进入 32 位时代，谁能成为下一个 8051》。
- 目前主流的移动手持、个人计算机和服务器领域，均使用 64 位架构。

有关嵌入式、移动手持、个人计算机和服务器领域的详情，见第 1.1.5 节关于 CPU 领域之分的介绍。

## 1.1.4 ISA 众生相

第 1.1.1 节中提到，经过几十年的发展，全世界范围内至今已经相继诞生或消亡过了几十种不同的指令集架构。下面将针对几款比较知名的指令集架构加以论述。

**注意**：下列章节中列举的信息来自于本书成书时的公开信息，非官方正式信息，请读者以最新官方信息为准。

**1．x86**

x86 是由 Intel 公司推出的一种复杂指令集（CISC），于 1978 年推出的 Intel 8086 处理器中首度出现，如图 1-3 所示。8086 在 3 年后为 IBM 所选用，之后 Intel 与微软公司结成了所谓的 Windows-Intel（Wintel）商业联盟，垄断了个人计算机（Personal Computer，PC）软硬件平台至今几十年而获得了丰厚的利润。x86 架构也因此几乎成为了个人计算机的标准处理器架构，而 Intel 的广告标志更是深入人心，如图 1-4 所示。

图 1-3  Intel 8086 处理器          图 1-4  Intel Inside 广告标语

除 Intel 之外最成功的制造商之一为 AMD。Intel 与 AMD 公司是现今主要的 x86 处理器芯片提供商。其他公司也曾经制造过 x86 架构的处理器，包括 Cyrix（为 VIA 所收购）、NEC、IBM、IDT 以及 Transmeta。

x86 架构由 Intel 与 AMD 共同经过数代的发展，相继从最初的 16 位架构发展到如今的 64 位架构。在 x86 架构刚诞生的时代，CISC 还是业界主流，因此，x86 架构是具有代表性的可变指令长度的 CISC 指令架构。虽然之后 RISC 已经取代 CISC 成为现代指令集架构的主流，但是，由于 Intel 公司的巨大成功以及为了维护软件的向后兼容性，x86 作为一种 CISC 架构被一直保留下来。事实上，Intel 公司通过内部"微码化"的方法克服掉了 CISC 架构的部分缺点，加上 Intel 高超的 CPU 设计水平与工艺制造水平，使得 x86 处理器一直保持着旺盛的战斗力，不断刷新个人计算机处理器芯片性能的极限。所谓"微码化"是指将复杂的 CISC 指令先用硬件解码器翻译成对应的内部简单指令（微码）序列，然后送给处理器流水线执行的方法，使得 x86 的处理器核也变成了一种 RISC 的形式，从而能够借鉴 RISC 架构的优点。不过，额外的硬件解码器同样也会带来额外的复杂度与面积开销，这是 x86 架构作为一种 CISC 架构不得不付出的代价。

x86 架构不仅在个人计算机领域取得了统治性的地位，还在服务器市场取得了巨大成功。相比 x86 架构，IBM 的 Power 架构和 Sun 的 SPARC 架构都曾有着很明显的性能优势，也曾占据着相当可观的服务器市场。但是 Intel 采用仅提供处理器芯片而不直接生产服务器的策略，利用广大的第三方服务器生产商，结合 Wintel 的强大软硬件联盟，成功地将从处理器芯片到服务器系统一手包办的 IBM 与 Sun 公司击败。至今 x86 架构占据了超过 90%的服务器市场。

## 2．SPARC

1985 年，Sun 公司设计出 SPARC 指令集架构，全称为"可扩充处理器架构（Scalable Processor ARChitecture，SPARC)"，是一种非常有代表性的高性能 RISC 架构。之后，Sun 公司和 TI 公司合作开发了基于该架构的处理器芯片。SPARC 处理器为 Sun 公司赢得了当时高端处理器市场的领先地位。1995 年，Sun 公司推出了 UltraSPARC 处理器，开始进入 64 位架构。SPARC 架构设计的出发点是服务于工作站，它被应用在 Sun、富士通等制造的大型服务器上，如图 1-5 所示。1989 年 SPARC 还作为独立的公司而成立，其目的是向外界推广 SPARC，以及为该架构进行兼容性测试。Oracle 收购 Sun 公司之后，SPARC 架构归 Oracle 所有。

由于 SPARC 架构是面向服务器领域而设计的，其最大的特点是拥有一个大型的寄存器窗口，SPARC 架构的处理器需要实现从 72 到 640 个之多的通用寄存器，每个寄存器宽度为 64 位，组成一系列的寄存器组，称

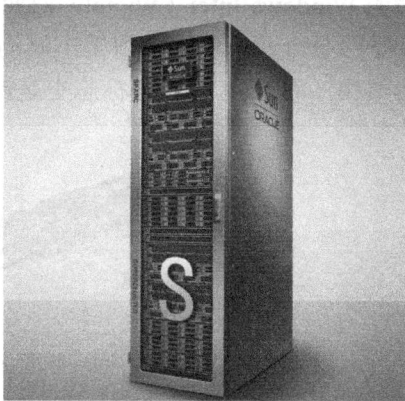

图 1-5　基于 SPARC 架构的服务器

为寄存器窗口。这种寄存器窗口的架构由于可以切换不同的寄存器组快速地响应函数调用与返回，因此能够带来非常高的性能，但是这种架构由于功耗面积代价太大而并不适用于 PC 与嵌入式领域处理器。

前面提到了 Sun 公司在服务器领域与 Intel 竞争逐渐落败，因此，SPARC 架构在服务器领域的份额也逐步缩减。而 SPARC 架构又不适用于 PC 与嵌入式领域，使得其局面十分尴尬。

SPARC 架构应用的另外一个比较知名的领域是航天领域。由于美国的航天星载系统中普遍使用的 Power 架构，欧洲太空局为了独立发展自己的航天能力而选择了开发基于 SPARC 架构的 LEON 处理器，并对其进行了抗辐射加固设计，使之能够应用于航天环境中。

值得强调的是，欧洲太空局选择在航天领域使用 SPARC 架构并不代表 SPARC 架构特别适用于航天领域，而是因为 SPARC 在当时是一种相对开放的架构。SPARC 架构也更罔谈垄断或占据航天领域的优势地位，因为从本质上来讲，航天领域处理器对于指令集架构本身并

无特殊要求，其需求的主要特性是提供工艺上的加固单元和硬件系统的容错性处理（为了防止外太空强辐射造成电路失常）。因此，很多的航天处理器也采用了其他的处理器架构，譬如目前新开发的很多航天处理器也在使用新的 ARM 或者 RISC-V 架构（有关 RISC-V 架构见第 1.5 节）。

2017 年 9 月，Oracle 公司宣布正式放弃硬件业务，自然也包括了收购自 Sun 的 SPARC 处理器，至此，SPARC 处理器可以说正式退出了历史舞台。此消息一经发出，引起了很多业内人士的惋惜，感兴趣的读者请在网络上自行搜索文章《再见 SPARC 处理器，再见 Sun》。

### 3．MIPS

MIPS（Microprocessor without Interlocked Piped Stages Architecture）亦为 Millions of Instructions Per Second 的相关语，是一种简洁、优化的 RISC 架构。MIPS 可以说是出身名门，由斯坦福大学的 Hennessy 教授（计算机体系结构领域泰斗之一）领导的研究小组研制开发。

由于 MIPS 是经典的 RISC 架构，因此是如今除了 ARM 之外被人耳熟能详的 RISC 架构。最早的 MIPS 架构是 32 位，最新的版本已有 64 位。

自从 1981 年由 MIPS 科技公司开发并授权后，MIPS 架构曾经作为最受欢迎 RISC 架构被广泛应用在许多电子产品、网络设备、个人娱乐装置与商业装置上。它曾经在嵌入式设备与消费领域里占据很大的份额，如 SONY、Nintendo 的游戏机、Cisco 的路由器和 SGI 超级计算机都有 MIPS 的身影。

但是由于一些商业运作的原因，MIPS 被同属 RISC 阵营的 ARM 后来居上。2013 年 MIPS 被英国公司 Imagination Technologies 收购，可惜的是，MIPS 被 Imagination 收购后，非但没有发展，反而日渐衰落。2017 年 Imagination 自身出现危机而整体寻求出售，MIPS 再次面临被出售的命运。

### 4．Power

Power 架构是 IBM 开发的一种 RISC 架构指令集。1980 年 IBM 推出了全球第一台基于 RISC 架构的原型机，证明 RISC 相比 CISC 在高性能领域优势明显。1994 年 IBM 基于此推出 PowerPC604 处理器，其强大的性能在当时处于全球领先地位。

基于 Power 架构的 IBM Power 服务器系统在可靠性、可用性和可维护性等方面表现出色，使得 IBM 从芯片到系统所设计的整机方案有着独有的优势。Power 架构的处理器在超算、银行金融、大型企业的高端服务器等多个方面应用十分成功。IBM 至今仍在不断开发新的 Power 架构处理器：

- 2013 年，IBM 宣布了新一代服务器处理器 Power8。Power8 的核心数量达 12 个，而且每个核心都支持 8 线程，总线程多达 96 个。它采用了 8 派发、10 发射、16 级流水线的设计，各项规格均强大得令人惊叹。
- 2016 年 IBM 公司公布了其 Power9 处理器，IBM 于 2017 年推出 Power9 拥有 24 个

计算核心，是 Power8 芯片的两倍。

- IBM 计划在 2020 年推出 Power10，2023 年推出 Power11 处理器。

#### 5. Alpha

Alpha 也称为 Alpha AXP，是一种 64 位的 RISC 指令集架构，由 DEC 公司设计开发，被用于 DEC 自己的工作站和服务器中。

Alpha 是一款优秀的处理器，它不仅是最早跨过 GHz 的企业级处理器，而且还是最早计划采用双核，甚至是多核架构的处理器。然而，Alpha 芯片和采用此芯片的服务器并没有得到整个市场的认同，只有少数人选择了 Alpha 服务器。据称其价格高昂、安装复杂，部署实施远远超过一般企业 IT 管理人员所能承受的难度。2001 年，康柏收购 DEC 之后，逐步将其全部 64 位服务器系列产品转移到 Intel 的安腾处理器架构之上。2004 年，惠普收购康柏，从此 Alpha 架构逐渐淡出了人们的视野。

#### 6. ARM

由于 ARM 架构过于声名显赫，后续会有专门的小节重点论述 ARM，在此不单独论述。

#### 7. ARC

ARC 架构处理器是 Synopsys 公司推出的 32 位 RISC 结构微处理器系列 IP。ARC 处理器的 IP 产品线覆盖了从低端到高端各个领域的嵌入式处理器，如图 1-6 所示。

ARC 架构处理器以极高的能效比见长，出色的硬件微架构使得 ARC 处理器的各项指标均令人印象深刻。ARC 处理器 IP 以追求功耗效率比（DMIPS/mW）和面积效率比（DMIPS/mm$^2$）最优化为目标，以满足嵌入式市场对微处理器产品日益提高的效能要求。

图 1-6 ARC 处理器 IP 系列

ARC 处理器的另外一个最大的特点是其高度可配置性，可通过增加或删除功能模块，满足不同的应用需求，通过配置不同属性实现快速系统集成，做到"量体裁衣"。

ARC 是除了 ARM 之外的全球第二大嵌入式处理器 IP 供应商，全球已有超过 170 家客户使用 Synopsys ARC 处理器，这些客户每年总共产出高达 15 亿块基于 ARC 的芯片。

#### 8. Andes

Andes 架构处理器是我国台湾的晶心（Andes）公司推出的一系列 32 位 RISC 架构处理器 IP。据 2016 年的统计数字，采用 Andes 指令集架构的系统芯片出货量超过 4.3 亿颗，总累计出货量超过 19 亿颗。2017 年，Andes 发布最新一代的 AndeStar™处理器架构，成为商用主流 CPU IP 公司中第一家纳入开放 RISC-V 指令集架构的公司。

#### 9. C-Sky

C-SKY 架构处理器是由我国杭州中天微系统有限公司开发的一系列 32 位高性能低功耗

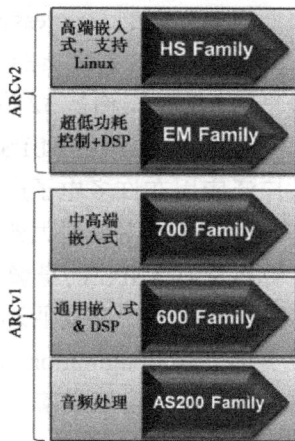

嵌入式处理器 IP。杭州中天是国内 CPU IP 公司的翘楚，C-SKY 系列嵌入式 CPU 核，具有低功耗、高性能、高代码密度、易使用等特点。

## 1.1.5 CPU 的领域之分

本节将对 CPU 的不同应用领域加以探讨。

在传统的计算机体系结构分类中，处理器应用分为 3 个领域——服务器领域、PC 领域和嵌入式领域。

- 服务器领域在早期还存在着多种不同的架构呈群雄分立之势，不过，由于 Intel 公司商业策略上的成功，目前 Intel 的 x86 处理器芯片几乎成为了这个领域的霸主。
- PC 领域本身是由 Windows/Intel 软硬件组合发展而壮大，因此，x86 架构是目前 PC 领域的垄断者。
- 传统的嵌入式领域所指范畴非常广泛，是处理器除了服务器和 PC 领域之外的主要应用领域。所谓"嵌入式"是指在很多芯片中，其所包含的处理器就像嵌入在里面不为人知一样。

近年来随着各种新技术新领域的进一步发展，嵌入式领域本身也被发展成了几个不同的子领域而产生了分化。

- 首先是随着智能手机（Mobile Smart Phone）和手持设备（Mobile Device）的发展，移动（Mobile）领域逐渐发展成了规模匹敌甚至超过 PC 领域的一个独立领域，其主要由 ARM 的 Cortex-A 系列处理器架构所垄断。Mobile 领域的处理器由于需要加载 Linux 操作系统，同时涉及复杂的软件生态，因此和 PC 领域一样具有对软件生态的严重依赖。目前既然 ARM Cortex-A 系列已经取得了绝对的统治地位，其他的处理器架构很难再进入该领域。
- 其次是实时（Real Time）嵌入式领域。该领域相对而言没有那么严重的软件依赖性，因此没有形成绝对的垄断，但是由于 ARM 处理器 IP 商业推广的成功，目前仍然以 ARM 的处理器架构占大多数市场份额，其他处理器架构譬如 Synopsys ARC 等也有不错的市场成绩。
- 最后是深嵌入式领域。该领域更像前面所指的传统嵌入式领域。该领域的需求量非常之大，但往往注重低功耗、低成本和高能效比，无须加载像 Linux 这样的大型应用操作系统，软件大多是需要定制的裸机程序或者简单的实时操作系统，因此对软件生态的依赖性相对比较低。在该领域很难形成绝对的垄断，但是由于 ARM 处理器 IP 商业推广的成功，目前仍然以 ARM 的 Cortex-M 处理器占据大多数市场份额，其他的架构譬如 Synopsys ARC 和 Andes 等也有非常不错的表现。

表 1-2 是对目前 CPU 典型应用领域及其主流的架构进行的总结。

表 1-2 处理器的应用领域及主流架构

| 领 域 | 主 流 架 构 |
|---|---|
| 服务器（Server）领域 | Intel 公司 x86 架构的高性能 CPU 占垄断地位 |
| 桌面个人计算机（PC）领域 | Intel 或者 AMD 公司 x86 架构的 CPU 占垄断地位 |
| 嵌入式移动手持设备（Mobile）领域 | ARM Cortex-A 架构占垄断地位 |
| 嵌入式实时设备（Real Time）领域 | ARM 架构占最大份额，其他 RISC 架构的嵌入式 CPU 也有不错的表现 |
| 深嵌入式（Deep Embedded）领域 | ARM 架构占最大份额，其他 RISC 架构的嵌入式 CPU 也有不错的表现 |

综上所述，由于移动（Mobile）领域崛起成为一个独立的分类领域，现在通常所指的嵌入式领域往往是指深嵌入式领域或者实时嵌入式领域。说到此处，我们就不得不提及一位前辈"老炮儿"——8051 内核。

## 1.1.6 8 位时代的传奇"前辈"——8051

说起 8051 内核，熟悉嵌入式领域的朋友，几乎无人不知无人不晓。8051 作为一款诞生了数十年之久的微处理器内核，在 8 位嵌入式微处理器内核领域，它是当之无愧的传奇"前辈"。

自从 Intel 于 1980 年为嵌入式系统开发 Intel MCS-51（通常简称 8051）单芯片微控制器（简称单片机）至今，8051 内核架构已经走过将近 40 个年头。Intel 还以专利转让的形式把 8051 内核转让给了许多其他半导体公司，这些公司进一步发展出不同型号基于 8051 内核的微控制器芯片，因此形成了一个庞大的 8051 家族。

几十年发展下来的庞大的用户群和生态环境，以及多年来众多备受肯定的成功产品，可以说 8051 内核几乎成为 8 位微处理器内核的业界标杆。8051 内核架构在 1998 年失去专利保护，久经沙场的它再次迸发出强大的二次生命力，各种形式的 8051 架构 MCU（微控制器 Microcontroller Unit）进一步涌入市场，各种基于 8051 内核的芯片产品层出不穷，各种免费版本的 8051 内核 IP 也可以从各种渠道获取。

当然由于 8051 内核并没有一个统一的组织和标准进行管理，所以也存在着体系结构混乱，各种增强型复杂多样的问题。虽然时常也都自称为 8051 内核，但是其实各有差别，琳琅满目让人难以分辨。但是这丝毫不影响 8051 内核的经典地位，时至今日，虽然目前微处理器内核正在经历着向 32 位架构迁移的大趋势，但是 8051 内核仍然有着举足轻重的地位，在大量的 MCU、数模混合信号芯片、SoC 芯片中仍能看到 8051 内核的身影，并且在相当长的时间内，在适合 8 位架构处理器内核的应用领域中都将继续使用 8051 内核，可以说是"廉颇虽老，尚能饭也"。

8051 内核能在嵌入式领域取得如此成功的地位，可以归功于如下几个方面的原因。

- 广泛的被认知度，简单的体系结构。

- 没有知识产权的限制，商业和开源的版本众多，非常适合中小型芯片公司采用。
- 庞大的用户群以及相应的生态系统。
- 成熟且免费的软件工具链支持。

尽管如此，8051 作为一款诞生了接近 40 年的 8 位 CISC（复杂指令集）架构内核，虽然是"老骥伏枥，壮心不已"，但是由于其性能低下，寻址范围受限，已经难以适应更多的新兴应用领域。随着 IoT 的发展和崛起，虽然嵌入式领域对于处理器内核的需求更加井喷，但是更多的是开始采用 32 位架构，且很多传统的 8 位应用领域也在开始向着 32 位架构迁移。

## 1.1.7 IoT 的崛起——32 位时代的到来

物联网（Internet of Things，IoT）这个概念的提出和全面进入人们的视线其实并不久远，应该 IoT 说是时下最热点的技术应用领域之一。即便近一年来火爆的 AI 风头更劲，但是 IoT 也是 AI 的基础支撑技术，以智能家居和智能城市为例，IoT 终端设备支撑和 AI 的边缘智能计算便是很重要的两项技术基础设施，IoT 与 AI 呈现出相辅相成进一步提速发展之势。根据麦肯锡全球机构的最新报告预测，全球物联网市场规模可望在 2025 年以前达到 11 万亿美元，这意味着物联网将有潜力在 2025 年时达到约 11%的全球经济占有率。

物联网的新兴应用需要使用到性能更高的 32 位架构微处理器内核。以 MCU 为例，工业物联网、可穿戴式装置和智能家居为目前 MCU 市场的主要驱动力，而 32 位架构更是当前驱动 MCU 成长的重要领域。以智能家居为例，智能家居中的有些应用需要更精确的测量和控制、更好的能效，都需要有更复杂的数学模型和运算，这就要求 MCU 的运算速度大幅提升，以满足能耗和运算的需求。32 位 MCU 执行效能更佳，能够满足众多物联网应用对数据处理能力要求，能够兼顾物联网的低功耗和高性能要求。有分析称，从 2015 年统计数据来看，全年全球 32 位 MCU 的出货量就已经超过 4/8/16 位 MCU 的总和。

谈及 32 位架构微处理器内核，就难以绕开该领域的"学霸"ARM Cortex-M 了。

## 1.2 无敌是多么寂寞——ARM 统治着的世界

ARM（Advanced RISC Machines）是一家诞生于英国的处理器设计与软件公司，总部位于英国的剑桥，其主要业务是设计 ARM 架构的处理器，同时提供与 ARM 处理器相关的配套软件，各种 SoC 系统 IP、物理 IP、GPU、视频和显示等产品。

虽然在普通人眼中，ARM 公司的知名度远没有 Intel 公司的辨识度高，甚至不如华为、高通、苹果、联发科和三星等这些厂商那般耳熟能详。但是，ARM 架构处理器却以"润物细无声"的方式渗透到我们生活中的每个角落。从我们每天日常使用的电视、手机、平板电脑以及手环、手表等电子产品，到不起眼的遥控器、智能灯和充电器等我们想到和想不到的方方面面，均有 ARM 架构处理器的身影。在白色家电、工业控制与汽车电子领域，ARM 架构处理器更是无处不在；乃至我们熟知桌面 PC、服务器和超级计算机领域，ARM 架构也在朝其渗透。可以说，ARM 架构处理器统治着这些领域，支撑着我们这个世界的运行。

# 1.2.1 独乐乐与众乐乐——ARM 公司的盈利模式

ARM 公司虽然设计开发基于 ARM 架构的处理器核，但是商业模式并不是直接生产处理器芯片，而是作为知识产权（Intellectual Property，IP）供应商，转让授权许可给其合作伙伴。目前，全世界有几十家大的半导体公司都使用 ARM 公司的授权，从 ARM 公司购买其设计的 ARM 处理器核，根据各自不同的应用领域，加入适当的外围电路，从而形成自己的 ARM 处理器芯片进入市场。

至此，我们提到了若干名词"ARM 架构""ARM 架构处理器"或"ARM 处理器""ARM 处理器芯片""芯片"。为了能够阐述清楚其彼此的关系，并理解 ARM 公司的商业模式，下面通过一个形象的比喻加以阐述。

假设将"生产芯片"比喻为"制造一辆汽车"，我们知道在市场上有几十家品牌汽车生产商，譬如"大众""丰田""本田"等。那么芯片领域也有众多的芯片生产商，譬如"高通""联发科""三星""德州仪器"等。有的芯片是以处理器的功能为主，我们称为"处理器芯片"，有的芯片中的处理器只是辅助的功能，我们称之为"普通芯片"或"芯片"。

就像每一辆汽车都需要一台发动机，汽车生产商需要向其他的发动机生产商采购发动机一样。每一款芯片都需要一个或者多个处理器，因此"高通""联发科""三星""德州仪器"等芯片生产商需要采购处理器，于是他们可以从 ARM 公司采购处理器。

- 所谓"ARM 架构"就好像是发动机的设计图样一样，是由 ARM 公司发明并专利保护的"处理器架构"，ARM 公司基于此架构设计的处理器便是"ARM 架构处理器"或"ARM 处理器"。ARM 由于主要以 IP 的形式授权其处理器，因此常称为"ARM 处理器 IP"。

- 通过直接授权"ARM 处理器 IP"给其他的芯片生产商（合作伙伴），这便是 ARM 公司的主要盈利模式。

芯片公司每设计一款芯片，如果购买了 ARM 公司提供的"ARM 处理器 IP"，芯片公司需要支付一笔前期授权费（Upfront License Fee），之后，如果该芯片被大规模生产销售，则每卖出一片芯片均需要按其售价向 ARM 公司支付一定比例（譬如售价的 1%～2%）的版税（Royalty Fee）。

由于 ARM 架构占据了绝大多数的市场份额，形成了完整的软件生态环境，在移动和嵌入式领域的芯片厂商，购买 ARM 处理器 IP 几乎成为这些厂商的首选。

就像有些有实力的汽车生产商可以自己设计制造发动机一样。有实力的芯片公司也想自己设计处理器，因此有 3 个选择。

- 第 1 个选择：自己发明一种处理器架构。
- 第 2 个选择：购买其他商业公司的"非 ARM 架构"处理器 IP。
- 第 3 个选择：购买 ARM 公司的"ARM 架构授权"而不是直接购买"ARM 处理器 IP"，自己定制开发基于 ARM 架构的处理器。

在前面的章节，我们曾经阐述了处理器架构及其衍生出的软件生态环境的重要性，探讨了为什么"非 ARM 架构"无法取得如 ARM 般巨大的成功，因此上述"第 1 个选择"和"第 2 个选择"在 ARM 架构占主导（譬如移动手持设备）的领域具有极大的风险。那么"第 3 个选择"便成为了这些有实力的芯片公司的几乎唯一选择。

- 就像汽车公司可以购买发动机公司的图样，然后按照自己的产品需求深度定制其发动机一样。芯片公司也可以通过购买 ARM 公司的"ARM 架构授权"，按照自己的产品需求深度定制其自己的处理器。
- 转让"ARM 架构授权"给其他的芯片生产商（合作伙伴），这便是 ARM 公司的另外一种盈利模式。

使用这种自主研发处理器的芯片在大规模生产销售后无需向 ARM 公司逐片支付版税，从而达到降低产品成本和提高产品差异性的效果。

只有实力最为雄厚的芯片公司才具备购买"ARM 架构授权"的能力。首先，因为 ARM 架构授权价格极其昂贵（高达千万美元量级），远远高于直接购买"ARM 处理器 IP"所需的前期授权费；其次，深度定制其自研处理器需要攻克极高的技术难度与投入高昂的研发成本。目前有能力坚持做到这一点的也仅有"苹果""高通""华为"等巨头。

综上可以看出，"ARM 架构处理器"可以分为两种。

- 由 ARM 公司开发并出售的 IP，也俗称为公版 ARM。
- 由芯片公司基于 ARM 架构授权自主开发的私有内核，也俗称为定制自研 ARM。

相对应的，ARM 公司的主要盈利模式也可以分为两种。

- 授权"ARM 处理器 IP"给其他的芯片生产商（合作伙伴），收取对应的前期授权费（Upfront License Fee），以及量产后的版税。
- 转让"ARM 架构授权"给其他的芯片生产商（合作伙伴），收取对应的架构授权费。

ARM 公司的强大之处便在于其与众多合作伙伴一起构建了强大的 ARM 阵营，如图 1-7 所示。全世界目前几乎大多数主流芯片公司都直接或者间接地在使用 ARM 架构处理器。

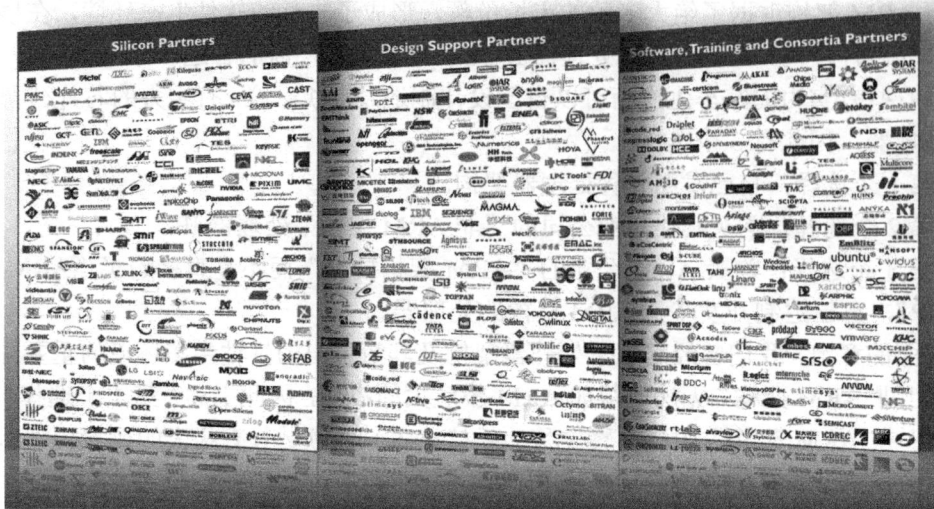

图 1-7　ARM 公司合作伙伴图谱

ARM 公司自 2004 年推出 ARMv7 内核架构时，便摒弃了以往"ARM+数字"这种处理器命名方法（之前的处理器统称经典处理器系列），启用 Cortex 来命名，并将 Cortex 系列细分为 3 大类，如图 1-8 所示。

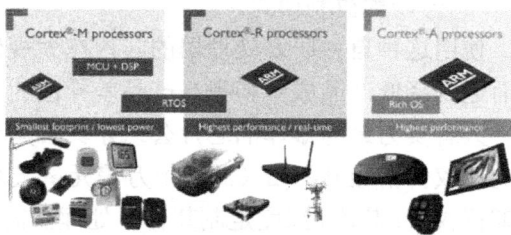

- Cortex-A：面向性能密集型系统的应用处理器核。
- Cortex-R：面向实时应用的高性能核。
- Cortex-M：面向各类嵌入式应用的微控制器核。

图 1-8　Cortex-A/R/M 系列

其中，Cortex-A 系列与 Cortex-M 系列的成功尤其引人瞩目。接下来的章节将对 Cortex-M 系列与 Cortex-A 系列的成功分别加以详细论述。

## 1.2.2　小个子有大力量——无处不在的 Cortex-M 系列

Cortex-M 是一组用于低功耗微控制器领域的 32 位 RISC 处理器系列，包括 Cortex-M0、Cortex-M0+、Cortex-M1、Cortex-M3、Cortex-M4(F)、Cortex-M7(F)、Cortex-M23 和 Cortex-M33(F)。如果 Cortex-M4 / M7 / M33 处理器包含了硬件浮点运算单元（FPU），也称为 Cortex-M4F/M7F/M33F。表 1-3 列出了 Cortex-M 系列各处理器的发布时间和特点。

表 1-3　　　　　　　　　　ARM Cortex-M 系列各处理器发布时间和特点

| 型　　号 | 发布时间 | 流水线深度 | 描述 |
|---|---|---|---|
| Cortex-M3 | 2004 | 3 级 | 面向标准嵌入式市场的高性能低成本的 ARM 处理器 |
| Cortex-M1 | 2007 | 3 级 | 专门面向 FPGA 中设计实现的 ARM 处理器 |
| Cortex-M0 | 2009 | 3 级 | 面积最小和能耗极低的 ARM 处理器 |
| Cortex-M4 | 2010 | 3 级 | 在 M3 基础上增加单精度浮点、DSP 功能以满足数字信号控制市场的 ARM 处理器 |
| Cortex-M0+ | 2012 | 2 级 | 在 M0 基础上进一步降低功耗的 ARM 处理器 |
| Cortex-M7 | 2014 | 6 级 | 超标量设计，配备分支预测单元，不仅支持单精度浮点，还增加了硬件双精度浮点能力，进一步提升计算性能和 DSP 处理能力，主要面向高端嵌入式市场 |
| Cortex-M23 | 2016 | 2 级 | 可以简单理解为在 Cortex-M0+ 的基础上增加了硬件整数除法器与安全特性（TrustZone Security） |
| Cortex-M33 | 2016 | 3 级 | 可以简单理解为在 Cortex-M4 的基础上增加了安全特性 |

　　Cortex-M 的应用场景虽然不像 Cortex-A 系列那样光芒四射，但是其应用的嵌入式领域需求量巨大。有数据显示，2018 年物联网设备的数量将会超过移动设备，到了 2021 年，我们将会拥有 18 亿台 PC、86 亿台移动设备和 157 亿台物联网设备。譬如有一些物联网设备可能需要在几年的时间里运转，而且仅依靠自身所带的电池，Cortex-M0 由于其体积非常之小而且功耗极低，就非常适合这类产品，比如传感器。而 Cortex-M3 是 Cortex 产品家族中最为广泛使用的一款芯片，它本身的体积也非常小，可以广泛应用于各种各样嵌入智能设备，比如智能路灯、智能家居温控器和智能灯泡等。2009 年 Cortex-M0 这款超低功耗的 32 位处理器问世后，打破了一系列的授权记录，成了各制造商竞相争夺的香饽饽，仅 9 个月时间，就有 15 家厂商与 ARM 签约。至今全球已有超过 60 家公司获得了 ARM Cortex-M 的授权，我国仅大陆地区厂商也有近十家。Cortex-M3 与 Cortex-M0 的合计出货量已经超过 200 亿片，其中有一半的出货是在过去几年完成的，据称每 30 分钟的出货量就可以达到 25 万片。

　　Cortex-M 另一个取得巨大成功的领域便是微控制器（Microcontroller Unit，MCU）。随着越来越多的电子厂商不断为物联网（IoT）推出新产品，全球微控制器（MCU）市场出货量出现巨大成长动能，且呈现出量价齐升的情况。据市场调研机构预测，2016～2020 年全球微控制器（MCU）出货量与销售额将持续创新高。

　　在 ARM 推出 Cortex-M 之前，全球主要的几个 MCU 芯片公司大多采用 8 位、16 位内核或者其自有的 32 位架构的处理器。ARM 推出 Cortex-M 处理器之后，迅速受到市场青睐，一些主流 MCU 供应商开始选择这款内核生产 MCU。

- 2007 年 6 月，ST 推出基于 ARM Cortex-M3 处理器核的 STM32 F1 系列 MCU 使之大放光芒。
- 2009 年 3 月，恩智浦半导体 NXP 率先推出了第一款基于 ARM Cortex-M0 处理器的

LPC1100 系列 MCU。

- 2010 年 8 月，飞思卡尔半导体 Freescale（2015 年被 NXP 并购）率先推出了第一款基于 ARM Cortex-M4 处理器的 Kinetis K 系列 MCU。
- 2012 年 11 月，恩智浦半导体 NXP 继续率先推出了第一款基于 ARM Cortex-M0+处理器的 LPC800 系列 MCU。
- 2014 年 9 月，意法半导体 ST 率先推出了第一款基于 ARM Cortex-M7 处理器的 STM32 F7 系列 MCU。

各家供应商采用 Cortex-M 处理器核加之以自己特别的开发，在市场中提供差异化的 MCU 产品，有些产品专注最佳能效、最高性能，而有些产品则专门应用于某些细分市场。

至今，主要的 MCU 厂商中几乎都有使用 ARM 的 Cortex-M 内核的产品线。可以肯定地说，Cortex-M 之于 32 位 MCU 就如同 8051（受到众多供应商支持的工业标准内核）之于 8 位 MCU。未来 Cortex-M 系列的 MCU 产品替代传统的 8051 或其他专用架构是大势所趋。甚至有声音表示："未来，MCU 产品将不再按 8 位、16 位和 32 位来分，而是会按照 M0 核、M3 核以及 M4 核等 ARM 内核的种类来分。"作者不得不替非 ARM 架构的商业处理器厂商们拊膺长叹："既生瑜，何生亮啊。"

## 1.2.3 移动王者——Cortex-A 系列在手持设备领域的巨大成功

Cortex-A 是一组用于高性能低功耗应用处理器领域的 32 位和 64 位 RISC 处理器系列。32 位架构的处理器包括 Cortex-A5、Cortex-A7、Cortex-A8、Cortex-A9、Cortex-A12、Cortex-A15、Cortex-A17 和 Cortex-A32。64 位架构的包括 ARM Cortex-A35、ARM Cortex-A53、ARM Cortex-A57、ARM Cortex-A72 和 ARM Cortex-A73。Cortex-A、Cortex-M 和 Cortex-R 架构的最大区别是前者包含了存储器管理单元（Memory Management Unit，MMU），因此可以支持操作系统的运行。

ARM 在 2005 年向市场推出 Cortex-A8 处理器，是第一款支持 ARMv7-A 架构的处理器。在当时的主流工艺下，Cortex-A8 处理器的速率可以在 600MHz～1GHz 的范围调节，能够满足那些需要工作在 300mW 以下的功耗优化的移动设备的要求，以及满足那些需要 2000 Dhrystone MIPS 的性能优化的消费类应用的要求。当 Cortex-A8 在 2008 年投入批量生产时，高带宽无线连接（3G）已经问世，大屏幕也用于移动设备，Cortex-A8 芯片的推出正好赶上了智能手机大发展的滥觞。

推出 Cortex-A8 之后不久，ARM 又推出了首款支持 ARMv7-A 架构的多核处理器 Cortex-A9。Cortex-A9 利用硬件模块来管理 CPU 集群中 1～4 个核的高速缓存一致性，加入了一个外部二级高速缓存。在 2011 年年底和 2012 年年初，当移动 SoC 设计人员可以采用多个核之后，性能得到进一步提升。旗舰级高端智能手机迅速切换到 4 核 Cortex-A9。除了开启了多核性能大门之外，与 Cortex-A8 相比，每个 Cortex-A9 处理器的单时钟周期指令吞吐量提高了大约 25%。这个性能的提升是在保持相似功耗和芯片面积的前提下，通过缩短流水线并乱序执行，以及在流水线早期阶段集成 NEON SIMD 和浮点功能而实现的。

如果说 Cortex-A8 牛刀小试让 ARM 初尝甜头，那么 Cortex-A9 则催生了智能手机的井喷期，Cortex-A9 几乎成了当时智能手机的标配，大量的智能手机采用了该内核，ARM 为此挣了个盆满钵盈。自此，ARM 便开始了它开挂的"下饺子"模式，以平均每年一款或多款的速度疯狂推出各款不同的 Cortex-A 处理器，迅速拉开与竞争对手的差距。具体 ARM Cortex-A 系列各处理器的发布时间和特点，见表 1-4。

表 1-4　　　　　　　　ARM Cortex-A 系列各处理器发布时间和特点

| 型号 | 发布年份 | 位数 | 架构 | 流水线深度 | 指令发射类型 | 乱序执行 | 核数 |
|---|---|---|---|---|---|---|---|
| Cortex-A8 | 2005 | 32 | ARMv7-A | 13 级 | 双发射 | 乱序执行 | 1 |
| Cortex-A9 | 2007 | 32 | ARMv7-A | 8 级 | 双发射 | 乱序执行 | 1～4 |
| Cortex-A5 | 2009 | 32 | ARMv7-A | 8 级 | 单发射 | 顺序执行 | 1～4 |
| Cortex-A15 | 2010 | 32 | ARMv7-A | 15 级 | 三发射 | 乱序执行 | 1～4 |
| Cortex-A7 | 2011 | 32 | ARMv7-A | 8 级 | 部分双发射 | 顺序执行 | 1～8 |
| Cortex-A53 | 2011 | 64 | ARMv8-A | 可以理解为 A7 的 64 位版 | | | |
| Cortex-A57 | 2010 | 64 | ARMv8-A | 可以理解为 A15 的 64 位版 | | | |
| Cortex-A12 | 2013 | 32 | ARMv7-A | 可以理解为 A9 的性能提升优化版本 | | | |
| Cortex-A17 | 2014 | 32 | ARMv7-A | 可以理解为 A12 的进一步性能提升，优化版本 | | | |
| Cortex-A35 | 2015 | 64 | ARMv8-A | 8 级 | 部分双发射 | 顺序执行 | 1～8 |
| Cortex-A72 | 2015 | 64 | ARMv8-A | 可以理解为 A57 的性能提升优化版本 | | | |
| Cortex-A73 | 2015 | 64 | ARMv8-A | 可以理解为 A72 的性能进一步提升优化版本 | | | |
| Cortex-A32 | 2016 | 32 | ARMv8-A | 可以理解为 A35 的 32 位版本 | | | |
| Cortex-A55 | 2017 | 64 | ARMv8.2-A | 可以理解为 A53 的功耗进一步提升优化版本 | | | |
| Cortex-A75 | 2017 | 64 | ARMv8.2-A | 可以理解为 A73 的性能进一步提升优化版本 | | | |

ARM 推出 Cortex-A 系列各款处理器的速度之快、之多，显示了其研发机器的超强生产力，由于其推出的处理器型号太多、太快，阿拉伯数字都不够用了，如表 1-4 所示，其型号的编号规则逐渐令作者都傻傻分不清了。同时，由于其推出的处理器型号太多、太快，乃至于令众多授权 ARMv7/8-A 架构进行自研处理器的巨头都疲于奔命。在 Cortex-A8/A9 时代，多家有实力的巨头均选择授权 ARMv7/8-A 架构进行自研处理器以差异化其产品并降低成本。这些巨头包括高通、苹果、Marvell、博通、三星、TI 以及 LG 等。作者便曾经在其中的一家巨头供职担任 CPU 高级设计工程师，开发其自研的 Cortex-A 系列高性能处理器。如前所述，研发一款高性能的应用处理器需要解决挑战极高的技术难题以及投入数年时间，而当 ARM 以年均一款新品之势席卷市场时，使得自研处理器没有能够来得及推出便已过时。

众巨头们纷纷弃甲丢盔，相继有 TI、博通、Marvell 和 LG 等巨头放弃了自研处理器业务。乃至自研处理器做的最为成功的高通（以其 Snapdragon 系列应用处理器风靡市场）也在其中低端 SoC 产品中放弃了自研处理器转而采购 ARM 的 Cortex-A 系列处理器，仅在高端 SoC 中保留了自研的处理器。值得一提的是，由于中国的巨大市场与产业支持，在巨头们放弃自研处理器的趋势下，中国的华为与展讯逆势而上，开始授权 ARMv8-A 架构进行自研处理器的研发，并取得了令人欣喜的成果。

Cortex-A 系列的巨大成功彻底地奠定了 ARM 在移动领域的统治地位。由于 Cortex-A 系列的先机与成功，ARM 架构在移动领域构筑了城宽池阔的软件生态环境。至今，ARM 架构已经应用到全球 85%的智能移动设备中，其中有超过 95%的智能手机都基于 ARM 的设计，基本上使得其他架构的处理器失去了进入该领域的可能性。ARM 携 Cortex-A 系列移动领域一统江山，就如坦格利安人驾着喷火的巨头征服维斯特洛大陆般如入无人之境。ARM 除了一步步提升 Cortex 架构性能之余，也找到了很多"志同道合"的伙伴，比如高通、谷歌和微软等，并与合作伙伴们形成了强大的生态联盟。携此余威，传统 x86 架构的 PC 与服务器领域就成为了 ARM 的下一步发展目标。有道是"驱巨兽鼎定移动地，Cortex-A 剑指服务区"。预知后事如何，且听下节分解。

## 1.2.4 进击的巨人——ARM 进军 PC 与服务器领域的雄心

PC 与服务器市场是一个超千亿规模的大蛋糕，而这个市场长时间由另外一个巨头 Intel 把持，同为 x86 阵营的 AMD 常年屈居老二，分享着有限的蛋糕份额。Intel 在此领域的巨大成功，是其丰厚盈利的主要来源。

上一节提到 ARM 剑指 PC 与服务器领域，谷歌 ChromeBook 就是 ARM 挥师 PC 市场的先行军，在（海外的）入门级市场受到了广泛好评，ARM 处理器可以帮助此类设备变得更轻、更省电。微软对 ARM 的支持同样给力，2016 年 12 月举行的 WinHEC 2016 大会上，微软与高通宣布将采用下一代骁龙处理器（基于 ARM 架构）的移动计算终端上支持 Windows 10 系统，微软演示了搭载骁龙 820 处理器的笔记本运行 Windows 10，骁龙 820 在 4GB 存储器支撑下（性能可以和 Intel i3 媲美），一台 Windows 10 企业版系统笔记本能够流畅地运行 Edge、外接绘图板、观看高清视频、使用 PS 定向滤镜等，同时支持多任务后台。

2017 年，高通宣布正在对其自研骁龙 835 进行优化，将这款处理器扩展到运行 Windows 10 的移动 PC 当中，而搭载骁龙 835 的 Windows 10 移动 PC 计划在 2017 年第四季度推出。除此之外，在数据中心领域，高通也与微软达成了合作，未来运行 Windows Server 的服务器也可以搭载高通 10nm Centriq 处理器，这也是业内首款 10nm 服务器处理器。微软还宣布将在未来的 Windows 10 RedStone 3 当中正式提供 ARM 设备对完整版 Windows 10 的兼容支持，这意味着基于 ARM 处理器的设备可以运行 x86 程序，跨平台融合正式到来。

至此，我们已经介绍 ARM 公司及其 ARM 架构的强大之处，了解了 Cortex-M 处理器在嵌入式领域内的巨大成功，Cortex-A 处理器在移动领域内的王者之位，甚至于在 PC 与服务器领域内的雄心。

## 1.2.5 游戏终结者之 ARM

至此，我们已经介绍 ARM 公司及其 ARM 架构的强大之处，了解了 Cortex-M 处理器在嵌入式领域内的巨大成功，Cortex-A 处理器在移动领域内的王者之位，甚至于在 PC 与服务器领域内的雄心。

2016 年 7 月，日本软银集团以约 243 亿英镑（约合 320 亿美元）和高达 43%的溢价收购 ARM 公司。软银高价收购 ARM 也是因为 ARM 正在成为智能硬件和物联网设备的标配。在收购 ARM 公司时，软银 CEO 孙正义曾表示："这是我们有史以来最重要的收购，软银集团正在捕捉物联网带来的每一个机遇，ARM 则非常符合软银的这一战略，期待 ARM 成为软银物联网战略前进的重要支柱。"之后，孙正义更表示："未来 20 年内，ARM 架构芯片的年出货量将达到 1 万亿颗，ARM 能够立刻收集所有实时数据"。

似乎 ARM 即将统治这个世界，毫无疑问地成为 32 位嵌入式处理器领域的下一个 8051了。然而就在此时，RISC-V 走向了台前。

## 1.3 东边日出西边雨，道是无晴却有晴——RISC-V 登场

RISC-V 架构主要由美国加州大学伯克利分校（简称伯克利）的 Krste Asanovic 教授、Andrew Waterman 和 Yunsup Lee 等开发人员于 2010 年发明，并且得到了计算机体系结构领域的泰斗 David Patterson 的大力支持。伯克利的开发人员之所以发明一套新的指令集架构，而不是使用成熟的 x86 或者 ARM 架构，是因为这些架构经过多年的发展变得极为复杂和冗繁，并且存在着高昂的专利和架构授权问题。并且修改 ARM 处理器的 RTL 代码是不被支持的，而 x86 处理器的源代码根本不可能获得到。其他的开源架构（譬如 SPARC、OpenRISC）均有着或多或少的问题（第 2 章将详细论述）。有感于计算机体系结构和指令集架构已经过数十年的发展非常成熟，但是像伯克利这样的研究机构竟然"无米下锅"（选择不出合适的指令集架构供其使用）。伯克利的教授与研发人员决定发明一种全新的、简单且开放免费的指令集架构，于是 RISC-V 架构诞生了。

有关 RISC-V 的诞生，有兴趣的读者可以自行到网络中查阅文章《伯克利希望将 RISC-V 开源架构推向主流》。

RISC-V（英文读作"risk-five"），是一种全新的指令集架构。"V"包含两层意思，一是

这是 Berkeley 从 RISC I 开始设计的第五代指令集架构；二是它代表了变化（Variation）和向量（Vectors）。

经过几年的开发，伯克利为 RISC-V 架构开发出了完整的软件工具链以及若干开源的处理器实例，得到越来越多的人的关注。2016 年，RISC-V 基金会（Foundation）正式成立开始运作。RISC-V 基金会是一个非营利性组织，负责维护标准的 RISC-V 指令集手册与架构文档，并推动 RISC-V 架构的发展。

RISC-V 架构的目标如下。

- 成为一种完全开放的指令集，可以被任何学术机构或商业组织所自由使用。
- 成为一种真正适合硬件实现且稳定的标准指令集。

RISC-V 基金会负责维护标准的 RISC-V 架构文档和编译器等 CPU 所需的软件工具链，任何组织和个人可以随时在 RISC-V 基金会网站上免费下载（无须注册）。

RISC-V 的推出以及基金会的成立，受到了学术界与工业界的巨大欢迎。著名的科技行业分析公司 Linley Group 将 RISC-V 评为"2016 年最佳技术"，如图 1-9 所示。

开放而免费的 RISC-V 架构诞生，不仅对于高校与研究机构是个好消息，为前期资金缺乏的创业公司、成本极其敏感的产品、对现有软件生态依赖不大的领域，都提供了另外一种选择，而且

图 1-9　RISC-V 架构标志图

得到了业界主要科技公司的拥戴，包括谷歌、惠普、Oracle 和西部数据等硅谷巨头都是 RISC-V 基金会的创始会员，如图 1-10 所示。众多的芯片公司已经开始使用（譬如，三星、英伟达等）或者计划使用 RISC-V 开发其自有的处理器用于其产品。

RISC-V 基金会组织每年举行两次公开的专题讨论会（Workshop），以促进 RISC-V 阵营的交流与发展，任何组织和个人均可以从 RISC-V 基金会的网站上下载到每次 Workshop 上演示的 PPT 与文档。RISC-V 第六次 Workshop 于 2017 年 5 月在中国的上海交通大学举办，如图 1-11 所示，吸引了大批的中国公司和爱好者参与。

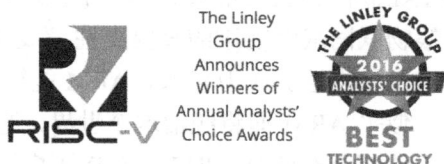

图 1-10　RISC-V 基金会创始会员，铂金、金、银级会员图谱

由于许多现在主流的计算机体系结构英文教材（譬如，计算机体系结构量化研究方法、计算机组成与设计等）的作者本身也是 RISC-V 架构的发起者，因此这些英文教材都相继推出了以 RISC-V 架构为基础的新版本教材，如图 1-12 所示。这意味着美国的大多数高校都将开始采用 RISC-V 作为教学范例，也意味着若干年后的高校毕业生都将对 RISC-V 架构非常熟知。

但是，一款指令集架构（ISA）最终能否取得成功，很大程度上取决于软件生态环境。罗马不是一天建成的，x86 与 ARM 架构经过多年的经营，构建了城宽池阔的软件生态环境，可以说是兵精粮足，非常强大。因此，作者认为 RISC-V 架构在短时间内还无法对 x86 和 ARM 架构形成撼动。但是随着越来越多的公司和项目开始采用 RISC-V 架构的处理器，相信 RISC-V 的软件生态也会逐步壮大起来。

本节虽然陈述了若干 RISC-V 蓬勃发展的具体案例，但是由于 RISC-V 阵营正在快速地向前发展，可能在本书成书时，RISC-V 阵营又诞生了更加令人欣喜的案例，请读者自行查阅互联网更新见闻。

图 1-11　上海交通大学举办的 RISC-V 第六次 Workshop　　图 1-12　经典教材计算机组成与设计最新版本

第 3 章将详细介绍 RISC-V 架构的技术细节。

## 1.4　RISC-V 和其他开放架构有何不同

如果仅从"免费"或"开放"这两点来评判，RISC-V 架构并不是第一个做到免费或开放的处理器架构。

下面将通过论述几个具有代表性的开放架构，来分析 RISC-V 架构的不同之处以及为什么其他开放架构没能取得足够的成功。

## 1.4.1 "平民英雄"——OpenRISC

OpenRISC 是 OpenCores 组织提供的基于 GPL 协议的开放源代码 RISC 处理器，它具有以下特点。

- 采用免费开放的 32/64 位 RISC 架构。
- 用 Verilog HDL（硬件描述语言）实现了基于该架构的处理器源代码。
- 具有完整的工具链。

OpenRISC 被应用到很多公司的项目中，可以说，OpenRISC 是应用非常广泛的一种开源处理器实现。

OpenRISC 的不足之处在于其侧重实现一种开源的 CPU Core，而非立足于定义一种开放的指令集架构，因此其架构的发展不够完整。指令集的定义也不具备 RISC-V 架构的优点，更没有上升到成立专门的基金会组织的高度。OpenRISC 更多被认为是一个开源的处理器核，而非一种优美的指令集架构。此外，OpenRISC 的许可证为 GPL，这意味着所有的指令集改动都必须开源（而 RISC-V 则无此约束）。

## 1.4.2 "豪门显贵"——SPARC

SPARC 架构作为经典的 RISC 微处理器架构之一，于 1985 年由 Sun 公司所设计。SPARC 也是 SPARC 国际公司的注册商标之一，SPARC 公司于 1989 年成立，目的是向外界推广 SPARC 架构以及为该架构进行兼容性测试。该公司为了推广 SPARC 的生态系统，将标准开放，并授权予多家生产商使用，包括德州仪器、Cypress 半导体和富士通等。由于 SPARC 架构也对外完全开放，因此也出现了完全开放源码的 LEON 处理器（见第 1.1.4 节的介绍）。不仅如此，Sun 公司还于 1994 年推动 SPARC v8 架构成为 IEEE 标准（IEEE Standard 1754-1994）。

由于 SPARC 架构的初衷是面向服务器领域，其最大的特点是拥有一个大型的寄存器窗口，符合 SPARC 架构的处理器需要实现从 72 到 640 个之多的通用寄存器，每个寄存器宽度为 64bit，组成一系列的寄存器组，称为寄存器窗口。这种寄存器窗口的架构，由于可以切换不同的寄存器组快速地响应函数调用与返回，因此能够产生非常高的性能，但是这种架构功耗面积代价太大，而并不适用于 PC 与嵌入式领域处理器。而 SPARC 架构也不具备模块化的特点，使用户无法裁剪和选择，很难作为一种通用的处理器架构对商用的 x86 和 ARM 架构形成替代。设计这种超大服务器 CPU 芯片又非普通公司与个人所能完成，而有能力设计这种大型 CPU 的公司也没有必要投入巨大的成本来挑战 x86 的统治地位。随着 Sun 公司的衰弱，SPARC 架构现在基本上退出了人们的视野。

## 1.4.3 "名校优生"——RISC-V

多年来在 CPU 领域已经出现过多个免费或开放的架构，很多高校也在科研项目中推出过多种指令集架构。因此当作者第一次听说 RISC-V 时，以为又是一个玩具，或纯粹学术性质的科研项目而不以为意。

而作者在通读了 RISC-V 的架构文档以后，不禁为其先进的设计理念所折服。同时，RISC-V 架构的各种优点也得到了众多专业人士的青睐、好评，众多商业公司相继加盟，并且 2016 年 RISC-V 基金会的正式启动在业界引起了不小的影响。如此种种，使得 RISC-V 成为至今为止最具革命性意义的开放处理器架构。

有兴趣的读者可以自行到网络中查阅文章《RISC-V 登场，Intel 和 ARM 会怕吗》《直指移动芯片市场，开源的处理器指令集架构发布》和《三星开发 RISC-V 架构自主 CPU 内核》。

## 1.5 结语：进入 32 位时代，谁能成为深嵌入式领域的下一个 8051？

本章系统地论述了 CPU 的基本知识，也简述了 ARM 的如何强大以及开放 RISC-V 架构的诞生。一言以蔽之，开放而免费 RISC-V 架构使得任何公司与个人均可受用，极大地降低了 CPU 设计的准入门槛。有了 RISC-V 架构，CPU 将不再是"权贵的游戏"，有道是："旧时王谢堂前燕，飞入寻常百姓家"——每个公司和个人都可以依照 RISC-V 标准设计自己的处理器。

原本"学霸"ARM Cortex-M 将毫无疑问地成为 8051 的接班人而掌管深嵌入式领域的 32 位时代。但是不期而至的新生 RISC-V 却自带光环，让这场游戏出现了一丝变数。

前文中总结了传奇"老炮儿"8051 的先进事迹，分析了它的几个成功因素。在此，我们将其归纳为表格，并且将 ARM Cortex-M 与 RISC-V 进行横向对比，如表 1-5 所示。

表 1-5　　ARM Cortex-M 和 RISC-V 对比 8051 的成功因素

| 8051 的成功因素 | ARM Cortex-M | RISC-V |
| --- | --- | --- |
| 广泛的被认知度 | 具备 | 正在迅速发展 |
| 简单的体系结构 | 不具备 | 具备 |
| 庞大的用户群以及相应的生态系统 | 具备 | 正在迅速发展 |
| 架构无商业知识产权的限制 | 不具备<br>（产权受 ARM 公司限制） | 具备<br>（架构无限制，免费开放） |
| 商业和开源的版本众多，非常适合中小型芯片公司采用 | 不具备（仅 ARM 公司提供） | 具备（众多商业 IP 公司或开源版本可供选择） |
| 成熟且免费的软件工具链支持 | 具备 | 具备 |

对于软件的依赖相对比较低。并且，虽然 RISC-V 资历非常浅，但是其架构在开放至今很短的时间内取得了令人惊异的发展速度，越来越多的公司和项目开始采用 RISC-V 架构的处理器，相信 RISC-V 的软件生态也会逐步壮大起来。

从另一方面来说，ARM 作为商业架构下的处理器 IP，具有如下缺点：不能够进行差异化定制，不具备可扩展性，受私有知识产权保护，指令集架构需要支付商业授权费用等。这些缺点在开放的 RISC-V 架构中都不存在，可谓是后生可畏。

是商业巨擘 ARM 将彻底统治这个世界？还是自由战士 RISC-V 将别开生面？谁又能最终成为 32 位时代深嵌入式领域内的下一个 8051？作者认为，世界需要 ARM，同时也需要一个开放而标准的指令集 RISC-V，因此，二者都将拥有其不同的生态系统和用户群体，共荣共生互为补充，构建出一幅更加繁华的景象。

# 第 2 章　开源蜂鸟 E203 超低功耗 RISC-V Core 与 SoC

　　**注意：** 本章对蜂鸟 E203 处理器的介绍将使用许多处理器的关键特性参数或名称，对于完全不了解 CPU 设计的初学者而言可能难以理解，感兴趣的读者可以参考本书的姊妹版《手把手教你设计 CPU——RISC-V 处理器篇》，了解 CPU 相关硬件的更多知识。

## 2.1　乱花渐欲迷人眼

　　RISC-V 是一种开放的指令集架构，而不是一款具体的处理器。任何组织与个人均可以依据 RISC-V 架构设计实现自己的处理器，或是高性能处理器，抑或是低功耗处理器。只要是依据 RISC-V 架构而设计的处理器，都可以称为 RISC-V 架构处理器。所以，自从 RISC-V 架构诞生以来，在全世界范围内已经出现了数十个版本的 RISC-V 架构处理器，有的是开源免费的，有的是商业公司私有开发用于内部项目的，还有的是商业 IP 公司开发的 RISC-V 处理器 IP。

　　RISC-V 的开源版本太多，使得学习或者准备使用 RISC-V 的用户有一种"乱花渐欲迷人眼"的感觉。选择多了，反而不知道从何下手。有关 RISC-V 处理器内核版本选择更多的设计 CPU 的硬件知识，超出了本书范围，在此不做赘述。在本书的姊妹版《手把手教你设计 CPU——RISC-V 处理器篇》中对目前全球范围内的比较知名开源免费 RISC-V 处理器（或 SoC）和商业公司开发的 RISC-V 处理器 IP 进行了一一盘点，感兴趣的读者可以去阅读。

## 2.2　与众不同的蜂鸟 E203 处理器

　　蜂鸟 E203 是由作者所开发的一款开源 RISC-V 处理器。蜂鸟是世界上最小的鸟类，其体积虽小，却有着极高的速度与敏锐度，可以说是"能效比"最高的鸟类。E203 处理器以蜂鸟命名便寓意于此，旨在将其打造成为一款高能效比的开源 RISC-V 处理器。与其他的 RISC-V 开源处理器实现相比，它具有如下显著特点。

- 蜂鸟 E203 处理器使用稳健的 Verilog 2001 语法编写可综合 RTL 代码，以工业级代码编写标准进行开发，代码为人工编写，添加丰富的注释且可读性强，非常易于理解。
- 蜂鸟 E203 处理器不仅提供处理器核的实现，还提供完整的配套 SoC、详细的 FPGA 原型平台搭建步骤和详细的软件运行实例。用户可以按照步骤重现出整套 SoC 系统，轻松将蜂鸟 E203 处理器核应用到具体产品中。
- 蜂鸟 E203 处理器不仅提供处理器核的实现、SoC 实现、FPGA 平台和软件示例，还提供了调试方案，具备基本的 GDB 交互调试功能。蜂鸟 E203 处理器是从硬件到软件，从模块到 SoC，从运行到调试的一套完整解决方案。
- 蜂鸟 E203 提供丰富的文档和实例，在本书的姊妹版《手把手教你设计 CPU——RISC-V 处理器篇》中对开源的蜂鸟 E203 的源代码还进行了完整的剖析。

蜂鸟 E203 开源 RISC-V 项目的源代码托管于著名的开源网站 GitHub。在 GitHub 中，任何用户无须注册即可从网站上下载源代码，众多的开源项目均将源代码托管于此。请在 GitHub 中搜索"e200_opensource"，获取 E203 项目网址。

关于蜂鸟 E203 处理器内核的详解涉及 CPU 硬件设计的范畴，本书在此不做介绍，感兴趣的读者可以参考本书的姊妹版《手把手教你设计 CPU——RISC-V 处理器篇》。

## 2.3 蜂鸟虽小，五脏俱全——蜂鸟 E203 简介

蜂鸟 E203 主要面向极低功耗与极小面积的场景，作为结构精简的处理器核，可谓"蜂鸟虽小，五脏俱全"，源代码全部开源公开，文档详实，非常适合作为大中专院校师生学习 RISC-V 处理器设计（使用 Verilog 语言）的教学或自学案例。

蜂鸟 E203 处理器核的特性简介如下。

- 蜂鸟 E203 处理器核能够运行 RISC-V 指令集，支持 RV32IAMC 等指令子集的配置组合，支持机器模式（Machine Mode Only）。
- 蜂鸟 E203 处理器核提供标准的 JTAG 调试接口以及成熟的软件调试工具。
- 蜂鸟 E203 处理器核提供成熟的 GCC 编译工具链。
- 蜂鸟 E203 处理器核配套 SoC 提供紧耦合系统 IP 模块，包括中断控制器、计时器、UART、QSPI 和 PWM 等，即时能用（Ready-to-Use）的 SoC 平台与 FPGA 原型

系统。

蜂鸟 E203 处理器的系统示意图如图 2-1 所示，其提供丰富的存储和接口如下。

- 私有的 ITCM（指令紧耦合存储）与 DTCM（数据紧耦合存储），实现指令与数据的分离存储同时提高性能。
- 中断接口用于与 SoC 级别的中断控制器连接。
- 调试接口用于与 SoC 级别的 JTAG 调试器连接。
- 系统总线接口，用于访存指令或者数据。可以将系统主总线接到此接口上，处理器核可以通过该总线访问总线上挂载的片上或者片外存储模块。
- 紧耦合的私有外设接口，用于访存数据。可以将系统中的私有外设直接接到此接口上，使得处理器核无须经过与数据和指令共享的总线便可访问这些外设。
- 紧耦合的快速 I/O 接口，用于访存数据。可以将系统中的快速 I/O 模块直接接到此接口上，使得处理器核无须经过与数据和指令共享的总线便可访问这些模块。
- 所有的 ITCM、DTCM、系统总线接口、私有外设接口以及快速 I/O 接口均可以配置地址区间。

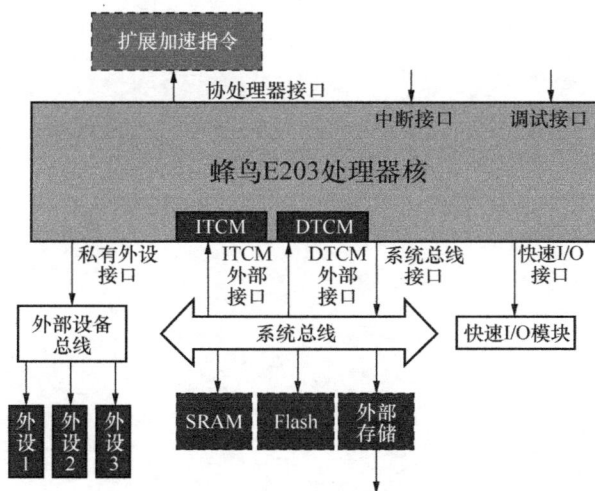

图 2-1 蜂鸟 E203 处理器系统示意图

# 2.4 蜂鸟 E203 性能指标

蜂鸟 E203 处理器核的功耗与面积以及性能参数非常有竞争力。由于本部分内容更多的是涉及 CPU 硬件设计的范畴，本书在此不做介绍，感兴趣的读者可以参考本书的姊妹版《手把手教你设计 CPU——RISC-V 处理器篇》。

## 2.5 蜂鸟 E203 配套 SoC

很多开源的处理器核仅提供其实现，为了能够完整使用，用户需要花费不少精力来构建完整的 SoC 平台、FPGA 平台，而且很多开源的处理器核也不提供对于调试器（Debugger）的支持。为了方便用户快速地上手使用，蜂鸟 E203 不仅开源了自主设计的 Core，还开源如下配套组件。

- 完整的 SoC 平台的详情见第 5 章和第 6 章。
- 提供软件开发环境和完整的工具链，详情见第 11～14 章。

可以说，蜂鸟 E203 开源的不仅是一个处理器核，而且是一个完整 MCU 原型的软硬件实现。

# 第 3 章   大道至简
## ——RISC-V 架构之魂

关于 RISC-V 架构的诞生初衷和背景，见第 1.5 节，本章在此不做赘述。本章将对 RISC-V 架构的设计思想进行深入浅出的介绍。

**注意**：本章中将会多次出现"RISC 处理器""RISC 架构""RISC-V 处理器"和"RISC-V 架构"等关键词。请初学者务必注意加以区别，如第 1 章中所述。

- RISC 表示精简指令集（Reduced Instruction Set Computer，RISC）。
- RISC-V 只是伯克利发明的一种特定指令集架构（属于 RISC 类型）。

## 3.1  简单就是美——RISC-V 架构的设计哲学

RISC-V 架构作为一种指令集架构，在介绍细节之前，让我们先了解设计的哲学。所谓设计的"哲学"便是其推崇的一种策略，譬如我们熟知的日本车的设计哲学是经济省油，美国车的设计哲学是霸气等。RISC-V 架构的设计哲学是什么呢？是"大道至简"。

作者最为推崇的一种设计哲学便是：简单就是美，简单便意味着可靠。无数的实际案例已经佐证了"简单即意味着可靠"的真理，反之越复杂的机器则越容易出错。一个最好的例子便是著名的 AK47 冲锋枪，正是由于简单可靠的设计哲学，使其性价比和可靠性极其出众，成为世界上应用最广泛的单兵武器。

在格斗界，初学者往往容易陷入追求花式繁复技巧的泥淖，迷信于花拳绣腿。然而顶级的格斗高手，最终使用的都是简单、直接的招式。所谓大道至简，在 IC 设计的实际工作中，作者曾见过简洁的设计实现其安全可靠，也曾见过繁复的设计长时间无法稳定收敛。简洁的设计往往是可靠的，在大多数的项目实践中一次次得到检验。IC 设计的工作性质非常特殊，其最终的产出是芯片，而一款芯片的设计和制造周期均很长，无法像软件代码那样轻易地进行升级和打补丁，每一次芯片的改版到交付都需要几个月的周期。不仅如此，芯片的制造成本费用高昂，从几十万美金到成百上千万美金不等。这些特性都决定了 IC 设计的试错成本极为高昂，因此能够有效地降低错误的发生就显得非常重要。现代的芯片设计规模越来越大，复杂度也越来越高，并不是要求设计者一味地逃避使用复杂的技术，而是应该将好钢用在刀刃上，将最复杂的设计用在最为关键的场景，在大多数有选择的情况下，尽量选择简洁的实现方案。

作者在第一次阅读 RISC-V 架构文档时，不禁赞叹。因为 RISC-V 架构在其文档中不断地明确强调其设计哲学是"大道至简"，力图通过架构的定义使硬件的实现足够简单。其简单就是美的哲学，可以从几个方面看出，后续小节将一一加以论述。

## 3.1.1 无病一身轻——架构的篇幅

在第 1 章中论述过目前主流的架构为 x86 与 ARM 架构。作者曾经参与设计 ARM 架构的应用处理器，因此需要阅读 ARM 的架构文档。如果对 ARM 的架构文档熟悉的读者应该了解其篇幅。经过几十年的发展，现在的 x86 与 ARM 架构的架构文档多达数千页，打印出来能有半个桌子高，可真是"著作等身"。

想必 x86 与 ARM 架构在诞生之初，其篇幅也不至于像现在这般长篇累牍。之所以架构文档长达数千页，且版本众多，一个主要的原因是其架构发展的过程也伴随了现代处理器架构技术的不断发展成熟，并且作为商用的架构，为了能够保持架构的向后兼容性，不得不保留许多过时的定义，或者在定义新的架构部分时为了能够兼容已经存在的技术部分而显得非常的别扭。久而久之就变成了"老太婆的裹脚布"——极为冗长，可以说是积重难返。

那么现代成熟的架构是否能够选择重新开始，重新定义一个简洁的架构呢？可以说是几乎不可能。Intel 也曾经在推出 Itanium 架构时另起炉灶，放弃了向前兼容性，最终 Intel 的 Itanium 遭遇惨败，其中一个重要的原因便是其无法向前兼容，从而无法得到用户的接受。试想一下，如果我们买了一款具有新的处理器的计算机或者手机，之前所有的软件都无法运行，那肯定是无法让人接受的。

现在推出的 RISC-V 架构，则具备了后发优势。由于计算机体系结构经过多年的发展已经是一个比较成熟的技术，多年来在不断成熟的过程中暴露的问题都已经被研究透彻了，因此新的 RISC-V 架构能够加以规避，并且没有背负向后兼容的历史包袱，可以说是无病一身轻。

目前的"RISC-V 架构文档"分为"指令集文档"和"特权架构文档"。"指令集文档"的篇幅为 100 多页，而"特权架构文档"的篇幅也仅为 100 页左右。熟悉体系结构的工程师仅需一两天便可将其通读，虽然"RISC-V 的架构文档"还在不断地丰富，但是相比"x86 的架构文档"与"ARM 的架构文档"，RISC-V 的篇幅可以说是极其短小精悍。

感兴趣的读者可以登录 RISC-V 基金会的网站，无须注册便可免费下载文档，如图 3-1

所示。

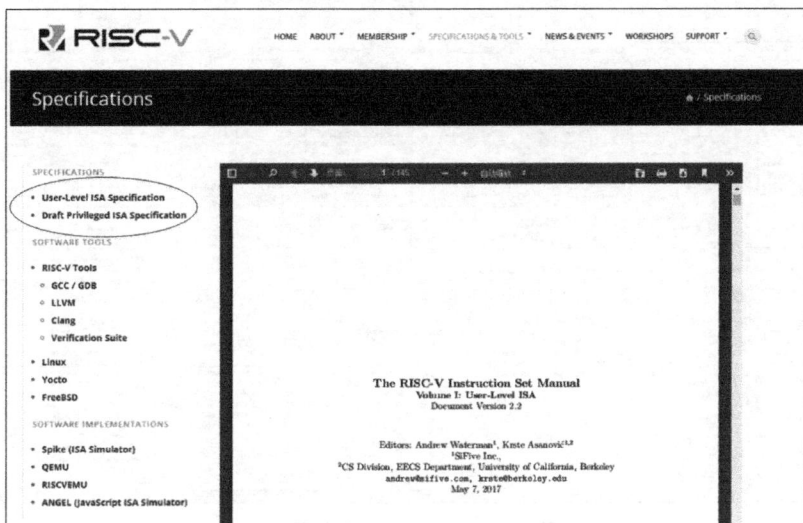

图 3-1 RISC-V 基金会网站上的架构文档

## 3.1.2 能屈能伸——模块化的指令集

RISC-V 架构相比其他成熟的商业架构，最大的不同在于它是一个模块化的架构。因此 RISC-V 架构不仅短小精悍，而且其不同的部分还能以模块化的方式组织在一起，从而试图通过一套统一的架构满足各种不同的应用。

这种模块化是 x86 与 ARM 架构所不具备的。以 ARM 的架构为例，ARM 的架构分为 A、R 和 M，共 3 个系列，分别针对应用操作系统（Application）、实时（Real-Time）和嵌入式（Embedded）3 个领域，彼此之间并不兼容。但是模块化的 RISC-V 架构能够使得用户灵活地选择不同的模块进行组合，以满足不同的应用场景，可以说是"老少咸宜"。例如针对小面积、低功耗的嵌入式场景，用户可以选择 RV32IC 组合的指令集，仅使用机器模式（Machine Mode）；而针对高性能应用操作系统场景，则可以选择例如 RV32IMFDC 的指令集，使用机器模式（Machine Mode）与用户模式（User Mode）两种模式。

在第 3.2.1 节中将会介绍 RISC-V 指令集模块化特性的详情。

## 3.1.3 浓缩的都是精华——指令的数量

短小精悍的架构和模块化的哲学，使得 RISC-V 架构的指令数目非常简洁。基本的 RISC-V 指令数目仅有 40 多条，加上其他的模块化扩展指令总共几十条指令。图 3-2 是 RISC-V 指令集图卡，见附录 A，了解 RISC-V 指令集的详细信息。

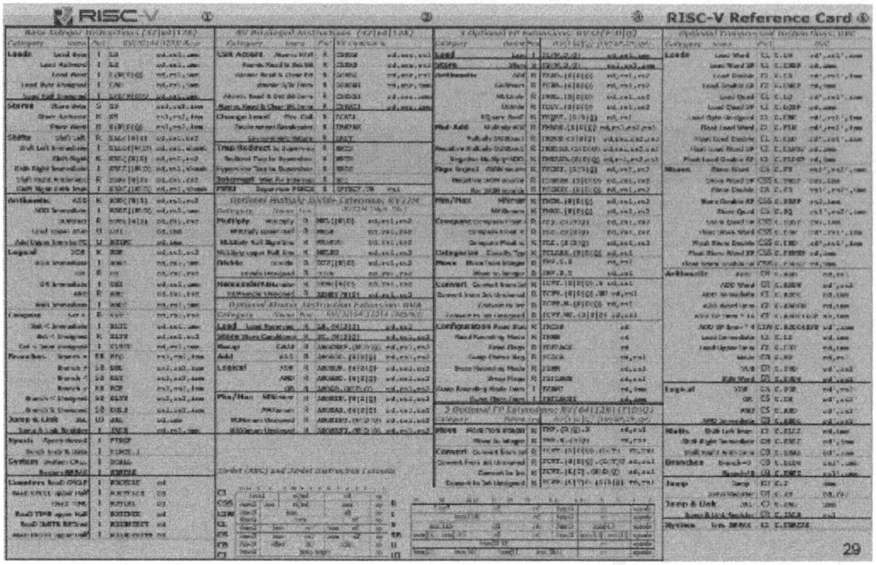

图 3-2 RISC-V 指令集图卡

# 3.2 RISC-V 指令集架构简介

本节将对 RISC-V 的指令集架构多方面的特性进行简要介绍。本节重在将 RISC-V 架构与其他架构进行横向比较，以突出其"至简"的特点。描述中涉及许多处理器设计的常识和背景知识，对于完全不了解 CPU 的初学者而言可能难以理解，请忽略此节。

## 3.2.1 模块化的指令子集

RISC-V 的指令集使用模块化的方式进行组织，每一个模块使用一个英文字母来表示。RISC-V 最基本也是唯一强制要求实现的指令集部分是由 I 字母表示的基本整数指令子集。使用该整数指令子集，便能够实现完整的软件编译器。其他的指令子集部分均为可选的模块，具有代表性的模块包括 M/A/F/D/C，如表 3-1 所示。

表 3-1　　　　　　　　　　　　RISC-V 的模块化指令集

| 基本指令集 | 指令数 | 描　　述 |
| --- | --- | --- |
| RV32I | 47 | 32 位地址空间与整数指令，支持 32 个通用整数寄存器 |
| RV32E | 47 | RV32I 的子集，仅支持 16 个通用整数寄存器 |
| RV64I | 59 | 64 位地址空间与整数指令及一部分 32 位的整数指令 |
| RV128I | 71 | 128 位地址空间与整数指令及一部分 64 位和 32 位的指令 |

续表

| 扩展指令集 | 指令数 | 描　　述 |
|---|---|---|
| M | 8 | 整数乘法与除法指令 |
| A | 11 | 存储器原子（Atomic）操作指令和 Load-Reserved/Store-Conditional 指令 |
| F | 26 | 单精度（32 比特）浮点指令 |
| D | 26 | 双精度（64 比特）浮点指令，必须支持 F 扩展指令 |
| C | 46 | 压缩指令，指令长度为 16 位 |

以上模块的一个特定组合"IMAFD"，也被称为"通用"组合，用英文字母 G 表示。因此 RV32G 表示 RV32IMAFD，同理 RV64G 表示 RV64IMAFD。

为了提高代码密度，RISC-V 架构也提供可选的"压缩"指令子集，用英文字母 C 表示。压缩指令的指令编码长度为 16 比特，而普通的非压缩指令的长度为 32 比特。

为了进一步减少面积，RISC-V 架构还提供一种"嵌入式"架构，用英文字母 E 表示。该架构主要用于追求极低面积与功耗的深嵌入式场景。该架构仅需要支持 16 个通用整数寄存器，而非嵌入式的普通架构则需要支持 32 个通用整数寄存器。

通过以上的模块化指令集，能够选择不同的组合来满足不同的应用。例如，追求小面积、低功耗的嵌入式场景可以选择使用 RV32EC 架构；而大型的 64 位架构则可以选择 RV64G。

除了上述模块，还有若干的模块如 L、B、P、V 和 T 等。目前这些扩展大多数还在不断完善和定义中，尚未最终确定，因此不做详细论述。

## 3.2.2　可配置的通用寄存器组

RISC-V 架构支持 32 位或者 64 位的架构，32 位架构由 RV32 表示，其每个通用寄存器的宽度为 32 比特；64 位架构由 RV64 表示，其每个通用寄存器的宽度为 64 比特。

RISC-V 架构的整数通用寄存器组，包含 32 个（I 架构）或者 16 个（E 架构）通用整数寄存器，其中整数寄存器 0 被预留为常数 0，其他的 31 个（I 架构）或者 15 个（E 架构）为普通的通用整数寄存器。

如果使用浮点模块（F 或者 D），则需要另外一个独立的浮点寄存器组，包含 32 个通用浮点寄存器。如果仅使用 F 模块的浮点指令子集，则每个通用浮点寄存器的宽度为 32 比特；如果使用了 D 模块的浮点指令子集，则每个通用浮点寄存器的宽度为 64 比特。

见附录 A.4.1 节，了解 RISC-V 架构通用寄存器组的细节。

## 3.2.3　规整的指令编码

在流水线中能够尽快地读取通用寄存器组，往往是处理器流水线设计的期望之一，这样可以提高处理器性能和优化时序。这个看似简单的道理在很多现存的商用 RISC 架构中都难以实现,因为经过多年反复修改不断添加新指令后,其指令编码中的寄存器索引位置变得非常凌乱,给译码器造成了负担。

得益于后发优势和总结了多年来处理器发展的经验,RISC-V 的指令集编码非常规整,指令所需的通用寄存器的索引(Index)都被放在固定的位置,如图 3-3 所示。因此指令译码器(Instruction Decoder)可以非常便捷地译码出寄存器索引,然后读取通用寄存器组(Register File,Regfile)。

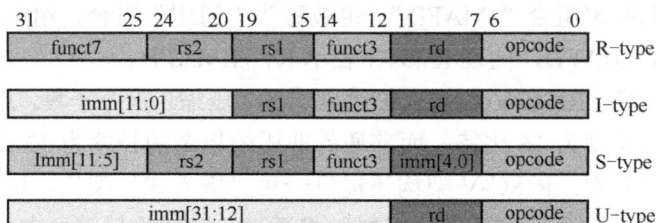

图 3-3 RV32I 规整的指令编码格式

## 3.2.4 简洁的存储器访问指令

与所有的 RISC 处理器架构一样,RISC-V 架构使用专用的存储器读(Load)指令和存储器写(Store)指令访问存储器(Memory),其他的普通指令无法访问存储器,这种架构是 RISC 架构常用的一个基本策略。这种策略使得处理器核的硬件设计变得简单。存储器访问的基本单位是字节(Byte)。RISC-V 的存储器读和存储器写指令支持 1 字节(8 位)、半字(16位)、单字(32 位)为单位的存储器读写操作。如果是 64 位架构还可以支持一个双字(64位)为单位的存储器读写操作。

RISC-V 架构的存储器访问指令还有如下显著特点。

- 为了提高存储器读写的性能,RISC-V 架构推荐使用地址对齐的存储器读写操作,但是也支持地址非对齐的存储器操作 RISC-V 架构。处理器既可以选择用硬件来支持,也可以选择用软件来支持。
- 由于现在的主流应用是小端格式(Little-Endian),RISC-V 架构仅支持小端格式。有关小端格式和大端格式的定义和区别,在此不做过多介绍。若对此不太了解的初学者可以自行查阅学习。
- 很多的 RISC 处理器都支持地址自增或者自减模式,这种自增或者自减的模式虽然能够提高处理器访问连续存储器地址区间的性能,但是也增加了设计处理器的难度。RISC-V 架构的存储器读和存储器写指令不支持地址自增自减的模式。
- RISC-V 架构采用松散存储器模型(Relaxed Memory Model),松散存储器模型对于访问不同地址的存储器读写指令的执行顺序不作要求，除非使用明确的存储器屏障（Fence）指令加以屏蔽。有关存储器模型（Memory Model）和存储器屏障指令的更多信息，见附录 A.13 节。

这些选择都清楚地反映了 RISC-V 架构力图简化基本指令集，从而简化硬件设计的哲学 RISC-V 架构如此定义是具有合理性的，能达到能屈能伸的效果。例如，对于低功耗的简单 CPU，可以使用非常简单的硬件电路即可完成设计；而对于追求高性能的超标量处理器，则可以通过复杂设计的动态硬件调度能力来提高性能。

见附录 A.14.2 节，了解 RISC-V 架构存储器访问指令的细节。

## 3.2.5 高效的分支跳转指令

RISC-V 架构有两条无条件跳转指令（Unconditional Jump），即 jal 指令与 jalr 指令。跳转链接（Jump and Link）指令——jal 指令可用于进行子程序调用，同时将子程序返回地址存在链接寄存器（Link Register，由某一个通用整数寄存器担任）中。跳转链接寄存器（Jump and Link-Register）指令——jalr 指令能够用于子程序返回指令，通过将 jal 指令（跳转进入子程序）保存的链接寄存器用于 jalr 指令的基地址寄存器，则可以从子程序返回。见附录 A.14.2 节，了解 jal 和 jalr 指令的详细内容。

RISC-V 架构有 6 条带条件跳转指令（Conditional Branch），这种带条件的跳转指令跟普通的运算指令一样直接使用两个整数操作数，然后对其进行比较。如果比较的条件满足，则进行跳转，因此此类指令将比较与跳转两个操作放在一条指令里完成。作为比较，很多其他的 RISC 架构的处理器需要使用两条独立的指令。第一条指令先使用比较指令，比较的结果被保存到状态寄存器之中；第二条指令使用跳转指令，判断前一条指令保存在状态寄存器当中的比较结果为真时，则进行跳转。相比而言，RISC-V 的这种带条件跳转指令不仅减少了指令的条数，同时硬件设计上更加简单。见附录 A.14.2 节，了解 6 条带条件跳转指令的详细内容。

对于没有配备硬件分支预测器的低端 CPU，为了保证其性能，RISC-V 的架构明确要求采用默认的静态分支预测机制，即如果是向后跳转的条件跳转指令，则预测为"跳"；如果是向前跳转的条件跳转指令，则预测为"不跳"，并且 RISC-V 架构要求编译器也按照这种默认的静态分支预测机制来编译生成汇编代码，从而让低端的 CPU 也得到不错的性能。

在低端的 CPU 中，为了使硬件设计尽量简单，RISC-V 架构特地定义了所有的带条件跳转指令跳转目标的偏移量（相对于当前指令的地址）都是有符号数，并且其符号位被编码在固定的位置。因此这种静态预测机制在硬件上非常容易实现，硬件译码器可以轻松地找到固定的位置，判断该位置的比特值若为 1，表示负数（反之则为正数）。根据静态分支预测机制，如果是负数，则表示跳转的目标地址为当前地址减去偏移量，也就是向后跳转，则预测为"跳"。当然，对于配备有硬件分支预测器的高端 CPU，则还可以采用高级的动态分支预测机制来保证性能。

## 3.2.6 简洁的子程序调用

为了理解此节，需先对一般 RISC 架构中程序调用子函数的过程予以介绍，其过程如下。

- 进入子函数之后需要用存储器写（Store）指令来将当前的上下文（通用寄存器等的值）保存到系统存储器的堆栈区内，这个过程通常称为"保存现场"。
- 在退出子程序时，需要用存储器读（Load）指令来将之前保存的上下文（通用寄存器等的值）从系统存储器的堆栈区读出来，这个过程通常称为"恢复现场"。

"保存现场"和"恢复现场"的过程通常由编译器编译生成的指令完成，使用高层语言（例如 C 语言或者 C++）开发的开发者对此可以不用太关心。高层语言的程序中直接写上一个子函数调用即可，但是这个底层发生的"保存现场"和"恢复现场"的过程却是实实在在地发生着（可以从编译出的汇编语言里面看到那些"保存现场"和"恢复现场"的汇编指令），并且还需要消耗若干的 CPU 执行时间。

为了加速"保存现场"和"恢复现场"的过程，有的 RISC 架构发明了一次写多个寄存器到存储器中（Store Multiple），或者一次从存储器中读多个寄存器出来（Load Multiple）的指令。此类指令的好处是一条指令就可以完成很多事情，从而减少汇编指令的代码量，节省代码的空间大小。但是"一次读多个寄存器指令"和"一次写多个寄存器指令"的弊端是会让 CPU 的硬件设计变得复杂，增加硬件的开销，也可能损伤时序，使得 CPU 的主频无法提高，作者曾经设计此类处理器时便深受其苦。

RISC-V 架构则放弃使用"一次读多个寄存器指令"和"一次写多个寄存器指令"。如果有的场合比较介意"保存现场"和"恢复现场"的指令条数，那么可以使用公用的程序库（专门用于保存和恢复现场）来进行，这样就可以省掉在每个子函数调用的过程中都放置数目不等的"保存现场"和"恢复现场"的指令。此选择再次印证了 RISC-V 追求硬件简单的哲学，因为放弃"一次读多个寄存器指令"和"一次写多个寄存器指令"可以大幅简化 CPU 的硬件设计，对于低功耗小面积的 CPU 可以选择非常简单的电路进行实现；而高性能超标量处理器由于硬件动态调度能力很强，可以有强大的分支预测电路保证 CPU 能够快速地跳转执行，从而可以选择使用公用的程序库（专门用于保存和恢复现场）的方式减少代码量，同时达到高性能。

## 3.2.7 无条件码执行

很多早期的 RISC 架构发明了带条件码的指令，例如在指令编码的头几位表示的是条件码（Conditional Code），只有该条件码对应的条件为真时，该指令才被真正执行。

这种将条件码编码到指令中的形式可以使编译器将短小的循环编译成带条件码的指令，而不用编译成分支跳转指令。这样便减少了分支跳转的出现，一方面减少了指令的数目；另一方面也避免了分支跳转带来的性能损失。然而，这种"条件码"指令的弊端同样会使 CPU 的硬件设计变得复杂，增加硬件的开销，也可能损伤时序使得 CPU 的主频无法提高。

RISC-V 架构则放弃使用这种带"条件码"指令的方式，对于任何的条件判断都使用普通的带条件分支跳转指令。此选择再次印证了 RISC-V 追求硬件简单的哲学，因为放弃带"条件码"指令的方式可以大幅简化 CPU 的硬件设计，对于低功耗小面积的 CPU 可以选择非常简单的电路进行实现，而高性能超标量处理器由于硬件动态调度能力很强，可以有强大的分支预测电路保证 CPU 能够快速地跳转执行达到高性能。

## 3.2.8　无分支延迟槽

很多早期的 RISC 架构均使用了"分支延迟槽（Delay Slot）"，具有代表性的便是 MIPS 架构。在很多经典的计算机体系结构教材中，均使用 MIPS 对分支延迟槽进行介绍。分支延迟槽就是指在每一条分支指令后面紧跟的一条或者若干条指令不受分支跳转的影响，不管分支是否跳转，这后面的几条指令都一定会被执行。

早期的 RISC 架构很多采用了分支延迟槽诞生的原因主要是当时的处理器流水线比较简单，没有使用高级的硬件动态分支预测器，使用分支延迟槽能够取得可观的性能效果。然而，这种分支延迟槽使得 CPU 的硬件设计变得极为别扭，CPU 设计人员对此苦不堪言。

RISC-V 架构则放弃了分支延迟槽，再次印证了 RISC-V 力图简化硬件的哲学，因为现代的高性能处理器的分支预测算法精度已经非常高，可以有强大的分支预测电路保证 CPU 能够准确地预测跳转执行达到高性能。而对于低功耗、小面积的 CPU，由于无须支持分支延迟槽，硬件得到极大简化，也能进一步减少功耗和提高时序。

## 3.2.9　零开销硬件循环

很多 RISC 架构还支持零开销硬件循环（Zero Overhead Hardware Loop）指令，其思想是通过硬件的直接参与，设置某些循环次数寄存器（Loop Count），然后可以让程序自动地进行循环，每一次循环则循环次数寄存器自动减 1，这样持续循环直到循环次数寄存器的值变成 0，则退出循环。

之所以提出发明这种硬件协助的零开销循环是因为在软件代码中的 for 循环（for i=0;

i<N; i++）极为常见，而这种软件代码通过编译器编译之后，往往会编译成若干条加法指令和条件分支跳转指令，从而达到循环的效果。一方面这些加法和条件跳转指令占据了指令的条数，另一方面条件分支跳转存在分支预测的性能问题。而硬件协助的零开销循环，则将这些工作由硬件直接完成，省掉了加法和条件跳转指令，减少了指令条数且提高了性能。

然而，此类零开销硬件循环指令大幅地增加了硬件设计的复杂度。因此零开销循环指令与 RISC-V 架构简化硬件的哲学是完全相反的，在 RISC-V 架构中自然没有使用此类零开销硬件循环指令。

## 3.2.10　简洁的运算指令

在第 3.2.1 节中曾经提到 RISC-V 架构使用模块化的方式组织不同的指令子集，最基本的整数指令子集（I 字母表示）支持的运算包括加法、减法、移位、按位逻辑操作和比较操作。这些基本的运算操作能够通过组合或者函数库的方式完成更多的复杂操作（例如乘除法和浮点操作），从而完成大部分的软件操作。见附录 A.14.2 节，了解 RISC-V 架构整数运算指令的细节。

整数乘除法指令子集（M 字母表示）支持的运算包括有符号或者无符号的乘法和除法操作。乘法操作能够支持两个 32 位的整数相乘得到一个 64 位的结果；除法操作能够支持两个 32 位的整数相除得到一个 32 位的商与 32 位的余数。请参见附录 A.14.3 节了解 RISC-V 架构整数乘法和除法指令的细节。单精度浮点指令子集（F 字母表示）与双精度浮点指令子集（D 字母表示）支持的运算包括浮点加减法、乘除法、乘累加、开平方根和比较等操作，同时提供整数与浮点、单精度与双精度浮点之间的格式转换操作。见附录 A.14.4 节，了解 RISC-V 架构浮点指令的细节。

很多 RISC 架构的处理器在运算指令产生错误时，例如上溢（Overflow）、下溢（Underflow）、非规格化浮点数（Subnormal）和除零（Divide by Zero），都会产生软件异常。RISC-V 架构的一个特殊之处是对任何的运算指令错误（包括整数与浮点指令）均不产生异常，而是产生某个特殊的默认值，同时设置某些状态寄存器的状态位。RISC-V 架构推荐软件通过其他方法来找到这些错误。再次清楚地反映了 RISC-V 架构力图简化基本的指令集，从而简化硬件设计的哲学。

## 3.2.11　优雅的压缩指令子集

基本的 RISC-V 基本整数指令子集（字母 I 表示）规定的指令长度均为等长的 32 位，这种等长指令定义使得仅支持整数指令子集的基本 RISC-V CPU 非常容易设计。但是等长的

32 位编码指令也会造成代码体积（Code Size）相对较大的问题。

　　为了满足某些对于代码体积要求较高的场景（例如嵌入式领域），RISC-V 定义了一种可选的压缩（Compressed）指令子集，用字母 C 表示，也可以用 RVC 表示。RISC-V 具有后发优势，从一开始便规划了压缩指令，预留了足够的编码空间，16 位长指令与普通的 32 位长指令可以无缝自由地交织在一起，处理器也没有定义额外的状态。

　　RISC-V 压缩指令的另一个特别之处是，16 位指令的压缩策略是将一部分普通最常用的32 位指令中的信息进行压缩重排得到（例如假设一条指令使用了两个同样的操作数索引，则可以省去其中一个索引的编码空间），因此每一条 16 位长的指令都能找到其一一对应的原始 32 位指令。这样程序编译成为压缩指令仅在汇编器阶段就可以完成，极大地简化了编译器工具链的负担。

　　RISC-V 架构的研究者进行了详细的代码体积分析，如图 3-4 所示，通过分析结果可以看出，RV32C 的代码体积相比 RV32 的代码体积减少了 40%，并且与 ARM、MIPS 和 x86等架构相比有不错的表现。

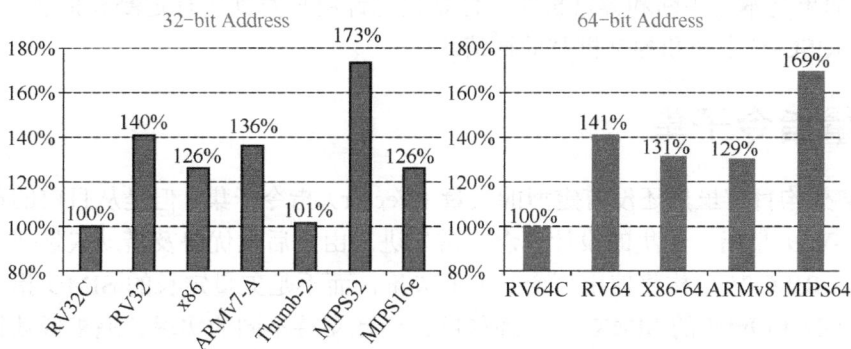

图 3-4   各指令集架构的代码密度比较（数据越小越好）

## 3.2.12   特权模式

　　RISC-V 架构定义了 3 种工作模式，又称为特权模式（Privileged Mode）。
- Machine Mode：机器模式，简称 M Mode。
- Supervisor Mode：监督模式，简称 S Mode。
- User Mode：用户模式，简称 U Mode。

　　RISC-V 架构定义 M Mode 为必选模式，另外两种为可选模式，通过不同的模式组合可以实现不同的系统。见附录 A.8 节，了解更多工作模式的信息。

　　RISC-V 架构也支持几种不同的存储器地址管理机制，包括对于物理地址和虚拟地址的管理机制，使得 RISC-V 架构能够支持从简单的嵌入式系统（直接操作物理地址）到复杂的操作系统（直接操作虚拟地址）的各种系统。见附录 A.12 节，了解更多信息。

## 3.2.13 CSR 寄存器

RISC-V 架构定义了一些控制和状态寄存器（Control and Status Register，CSR），用于配置或记录一些运行的状态。CSR 寄存器是处理器核内部的寄存器，使用自己的地址编码空间和存储器寻址的地址区间完全无关系。见附录 B，了解 CSR 寄存器的列表与详细信息。

CSR 寄存器的访问采用专用的 CSR 指令，包括 CSRRW、CSRRS、CSRRC、CSRRWI、CSRRSI 以及 CSRRCI 指令。见附录 A.14.2 节，了解相关指令的细节。

## 3.2.14 中断和异常

中断和异常机制往往是处理器指令集架构中最为复杂和关键的部分。RISC-V 架构定义了一套相对简单基本的中断和异常机制，但是也允许用户对其进行定制和扩展。见第 4 章，系统地了解 RISC-V 中断和异常机制的详情。

## 3.2.15 矢量指令子集

RISC-V 架构目前虽然还没有定型的矢量（Vector）指令子集，但是从目前的草案中可以看出，RISC-V 矢量指令子集的设计理念非常先进。由于后发优势及借助矢量架构多年发展成熟的结论，RISC-V 架构将使用可变长度的矢量，而不是矢量定长的 SIMD 指令集（例如 ARM 的 NEON 和 Intel 的 MMX），从而能够灵活地支持不同的实现。追求低功耗、小面积的 CPU 可以选择使用长度较短的硬件矢量进行实现，而高性能的 CPU 则可以选择较长的硬件矢量进行实现，并且同样的软件代码能够互相兼容。

结合当前人工智能和高性能计算的强烈需求，一种开放开源矢量指令集的出现，倘若能够得到大量的开源算法软件库的支持，必将对产业界产生非常积极的影响。

## 3.2.16 自定制指令扩展

除了上述阐述的模块化指令子集的可扩展、可选择，RISC-V 架构还有一个非常重要的特性，那就是支持第三方的扩展。用户可以扩展自己的指令子集，RISC-V 预留了大量的指令编码空间用于用户的自定义扩展，同时还定义了 4 条 Custom 指令可供用户直接使用。每条 Custom 指令都预留了几个比特位的子编码空间，因此用户可以直接使用 4 条 Custom 指令扩展出几十条自定义的指令。

## 3.2.17　总结与比较

处理器设计技术经过几十年的演进，随着大规模集成电路设计技术的发展直至今天，呈现如下特点。

- 由于高性能处理器的硬件调度能力已经非常强劲且主频很高，因此硬件设计希望指令集尽可能地规整、简单，从而使得处理器可以设计出更高的主频与更低的面积。
- 以 IoT 应用为主的极低功耗处理器更加苛求低功耗与低面积。
- 存储器的资源也比早期的 RISC 处理器更加丰富。

以上种种因素，使得很多早期的 RISC 架构设计理念（依据当时技术背景而诞生），不但不能帮助现代处理器设计，反而成了负担。某些早期 RISC 架构定义的特性，一方面使得高性能处理器的硬件设计束手束脚；另一方面又使得极低功耗的处理器硬件设计背负不必要的复杂度。

得益于后发优势，全新的 RISC-V 架构能够规避所有这些已知的负担，同时，利用其先进的设计哲学，设计出一套"现代"的指令集。本节再次总结其特点，如表 3-2 所示。

表 3-2　　　　　　　　　　　　RISC-V 指令集架构特点总结

| 特　性 | x86 或 ARM 架构 | RISC-V |
|---|---|---|
| 架构篇幅 | 数千页 | 少于 300 页 |
| 模块化 | 不支持 | 支持模块化可配置的指令子集 |
| 可扩展性 | 不支持 | 支持可扩展定制指令 |
| 指令数目 | 指令数繁多，不同的架构分支彼此不兼容 | 一套指令集支持所有架构。基本指令子集仅 40 余条指令，以此为共有基础，加上其他常用模块子集指令总指令数也仅几十条 |
| 易实现性 | 硬件实现复杂度高 | 硬件设计与编译器实现非常简单<br>• 仅支持小端格式<br>• 存储器访问指令一次只访问一个元素<br>• 去除存储器访问指令的地址自增自减模式<br>• 规整的指令编码格式<br>• 简化的分支跳转指令与静态预测机制<br>• 不使用分支延迟槽（Delay Slot）<br>• 不使用指令条件码（Conditional Code）<br>• 运算指令的结果不产生异常（Exception）<br>• 16 位的压缩指令有其对应的普通 32 位指令<br>• 不使用零开销硬件循环 |

  RISC-V 的特点在于极简、模块化以及可定制扩展，通过这些指令集的组合或者扩展，几乎可以构建适用于任何一个领域的微处理器，比如云计算、存储、并行计算、虚拟化/容器、MCU、应用处理器和 DSP 处理器等。

# 第 4 章　RISC-V 架构的中断和异常

中断和异常虽说本身不是一种指令，但却是处理器指令集架构中非常重要的一环，任何一种指令集架构都会安排专门的章节定义和详解其中断和异常的行为，可以说中断和异常是不得不说的故事。

本章将介绍 RISC-V 架构定义的中断和异常机制，以及蜂鸟 E203 处理器核中断和异常的实现。

## 4.1　中断和异常概述

### 4.1.1　中断概述

中断（Interrupt）机制，即处理器核在顺序执行程序指令流的过程中突然被别的请求打断而中止执行当前的程序，转而去处理别的事情，待其处理完了别的事情，然后重新回到之前程序中断的点继续执行之前的程序指令流，其要点如下。

- 打断处理器执行程序指令流的"别的请求"便称为中断请求（Interrupt Request），"别的请求"的来源便称为中断源（Interrupt Source）。中断源通常来自于外围硬件设备。
- 处理器转而去处理的"别的事情"便称为中断服务程序（Interrupt Service Routine，ISR）。
- 中断处理是一种正常的机制，而非一种错误情形。处理器收到中断请求之后，需要保存当前程序的现场，简称为保存现场。等到处理完中断服务程序后，处理器需要恢复之前的现场，从而继续执行之前被打断的程序，简称为"恢复现场"。
- 可能存在多个中断源同时向处理器发起请求的情形，因此需要对这些中断源进行仲裁，从而选择哪个中断源被优先处理。此种情况称为"中断仲裁"，同时可以给不同的中断分配优先级以便于仲裁，因此中断存在着"中断优先级"的概念。
- 还有一种可能是处理器已经在处理某个中断过程中（执行该中断的 ISR 中），此时有一个优先级更高的新中断请求到来，此时处理器该如何是好呢？有如下两种可能。

第一种可能是处理器并不响应新的中断，而是继续执行当前正在处理的中断服务程序，待到彻底完成之后才响应新的中断请求，这种称为处理器"不支持中断嵌套"。

第二种可能是处理器中止当前的中断服务程序，转而开始响应新的中断，并执行其"中断服务程序"，如此便形成了中断嵌套（即前一个中断还没响应完，又开始响应新的中断），并且嵌套的层次可以有很多层。

**注意**：假设新来的中断请求的优先级比正在处理的中断优先级低（或者相同），则不管处理器是否能支持"中断嵌套"，都不应该响应这个新的中断请求，处理器必须完成当前的中断服务程序之后才考虑响应新的中断请求（因为新中断请求的优先级并不比当前正在处理的中断优先级高）。

## 4.1.2 异常概述

异常（Exception）机制，即处理器核在顺序执行程序指令流的过程中突然遇到了异常的事情而中止执行当前的程序，转而去处理该异常，其要点如下。

- 处理器遇到的"异常的事情"称为异常（Exception）。异常与中断的最大区别在于中断往往是一种外因，而异常是由处理器内部事件或程序执行中的事件引起的，譬如本身硬件故障、程序故障，或者执行特殊的系统服务指令而引起的，简而言之是一种内因。
- 与中断服务程序类似，处理器也会进入异常服务处理程序。
- 与中断类似，可能存在多个异常同时发生的情形，因此异常也有优先级，并且也可能发生多重异常的嵌套。

## 4.1.3 广义上的异常

如上一节所述，中断和异常最大的区别是起因内外有别。除此之外，从本质上来讲，中断和异常对于处理器而言基本上是一个概念。中断和异常发生时，处理器将暂停当前正在执行的程序，转而执行中断和异常处理程序；返回时，处理器恢复执行之前被暂停的程序。

因此中断和异常的划分是一种狭义的划分。从广义上来讲，中断和异常都被认为是一种广义上的异常。处理器广义上的异常，通常只分为同步异常（Synchronous Exception）和异步异常（Asynchronous Exception）。

### 1．同步异常

同步异常是指由于执行程序指令流或者试图执行程序指令流而造成的异常。这种异常的原因能够被精确定位于某一条执行的指令。同步异常的另外一个通俗的表象便是，无论程序在同样的环境下执行多少遍，每一次都能精确地重现出来。

譬如，程序流中有一条非法的指令，那么处理器执行到该非法指令便会产生非法指令异常（Illegal Instruction Exception），能被精确地定位于这一条非法指令，并且能够被反复重现。

### 2．异步异常

异步异常是指那些产生原因不能够被精确定位于某条指令的异常。异步异常的另外一个通俗的表象便是，程序在同样的环境下执行很多遍，每一次发生异常的指令 PC 都可能会不一样。

最常见的异步异常是"外部中断"。如第 4.1.1 节所述，外部中断的发生是由外围设备驱动的，一方面外部中断的发生带有偶然性，另一方面中断请求抵达于处理器核时，处理器的程序指令流执行到具体的哪一条指令更带有偶然性。因此一次中断的到来可能会巧遇到某一条"正在执行的不幸指令"，而该指令便成了"背锅侠"。在它的指令 PC 所在之处，程序便停止执行，并转而响应中断去执行中断服务程序。但是当程序重复执行时，却很难会出现同一条指令反复"背锅"的精确情形。

对于异步异常，根据其响应异常后的处理器状态，又可以分为两种。

（1）精确异步异常（Precise Asynchronous Exception）：指响应异常后的处理器状态能够精确反映为某一条指令的边界，即某一条指令执行完之后的处理器状态。

（2）非精确异步异常（Imprecise Asynchronous Exception）：指响应异常后的处理器状态无法精确反映为某一条指令的边界，即可能是某一条指令执行了一半然后被打断的结果，或者是其他模糊的状态。

常见的典型同步异常和异步异常如表 4-1 所示，此表可以帮助读者更加理解同步异常和异步异常的区别。

表 4-1 同步异常和异步异常

| | 典 型 异 常 |
|---|---|
| 同步异常 | • 取指令访问到非法的地址区间<br>譬如外设模块的地址区间往往是不可存放指令代码的，因此其属性是"不可执行"，并且还是读敏感的（Read Sensitive）。如果某条指令的 PC 位于外设区间，则会造成取指令错误。这种错误能够精确地定位到是哪一条指令 PC 造成的 |
| | • 读写数据访问地址属性出错<br>譬如有的地址区间的属性是只读或者只写的，假设 Load 或者 Store 指令以错误的方式访问了地址区间（譬如写了只读的区间），这种错误方式能够被存储器保护单元（Memory Protection Unit，MPU）或者存储器管理单元（Memory Management Unit，MMU）及时探测出来，则能够精确地定位到是哪一条 Load 或 Store 指令访存造成的<br>MPU 和 MMU 是分别对地址进行保护和管理的硬件单元，本书限于篇幅在此对其不做赘述，感兴趣的读者请自行查阅其他资料 |
| | • 取指令地址非对齐错误<br>处理器指令集架构往往规定指令存放在存储器中的地址必须是对齐的，譬如 16 位长的指令往往要求其 PC 值必须是 16 位对齐的。假设该指令的 PC 值不对齐，则会造成取指令不对齐错误。这种错误能够精确地定位到是哪一条指令 PC 造成的 |

续表

| 典 型 异 常 | |
|---|---|
| 同步异常 | • 非法指令错误<br>处理器如果对指令进行译码发现这是一条非法的指令（譬如不存在的指令编码），则会造成非法指令错误。这种错误能够精确地定位到是哪一条指令造成的<br>• 执行调试断点指令<br>处理器指令集架构往往会定义若干条调试指令，譬如断点（EBREAK）指令。当执行到该指令时处理器便会发生异常进入异常服务程序。该指令往往用于调试器（Debugger）使用，譬如设置断点。这种异常能够被精确地定位于具体是哪一条 EBREAK 指令造成的 |
| 精确异步<br>异常 | • 外部中断<br>外部中断是最常见的精确异步异常，第 4.1.1 节已对其专门论述，此处不再赘述 |
| 非精确异步<br>异常 | • 读写存储器出错<br>读写存储器出错是另外一种最常见的非精确异步异常，由于访问存储器（简称访存）需要一定的时间，处理器往往不可能坐等该访问结束（否则性能会很差），而是会继续执行后续的指令。等到访存结果从目标存储器返回来之后，发现出现了访问错误并汇报异常，但是处理器此时可能已经执行到了后续的某条指令，难以精确定位。并且存储器返回的时间延迟也具有偶然性，无法被精确地重现<br>这种异步异常的另外一个常见示例便是写操作将数据写入缓存行（Cache Line）中，然后该缓存行经过很久才被替换出来，写回外部存储器，但是写回外部存储器返回结果出错。此时处理器可能已经执行过了后续成百上千条指令，到底是哪一条指令当时写的这个地址的缓存行早已是"前朝旧事"，不可能被精确定位，更不要说复现了。有关缓存的细节，本书限于篇幅在此对其不做赘述，感兴趣的读者请自行查阅其他资料 |

## 4.2 RISC-V 架构异常处理机制

本节将介绍 RISC-V 架构的异常处理机制。如附录 A.1 节中所述，当前 RISC-V 架构文档主要分为"指令集文档"和"特权架构文档"。RISC-V 架构的异常处理机制定义在"特权架构文档"中。

如第 4.1.3 节中所述，狭义的中断和异常均可以被归于广义的异常范畴，因此本书自此将用"异常"作为统一概念进行论述，其包含了狭义上的"中断"和"异常"。

RISC-V 的架构不仅可以有机器模式（Machine Mode）的工作模式，还可以有用户模式（User Mode）、监督模式（Supervisor Mode）等工作模式。在不同的模式下均可以产生异常，并且有的模式也可以响应中断。见附录 A.8 节，了解更多工作模式的信息。

RISC-V 架构要求机器模式是必须具备的模式，其他的模式均是可选而非必选的模式。因此为了简化模型便于读者理解，且由于蜂鸟 E203 只实现了机器模式，本章仅介绍基于机器模式的异常处理机制。

## 4.2.1 进入异常

进入异常时，RISC-V 架构规定的硬件行为可以简述如下。

（1）停止执行当前程序流，转而从 CSR 寄存器 mtvec 定义的 PC 地址开始执行。

（2）进入异常不仅会让处理器跳转到上述的 PC 地址开始执行，还会让硬件同时更新其他几个 CSR 寄存器，分别是以下 4 个寄存器。

- 机器模式异常原因寄存器 mcause（Machine Cause Register）
- 机器模式异常 PC 寄存器 mepc（Machine Exception Program Counter）
- 机器模式异常值寄存器 mtval（Machine Trap Value Register ）
- 机器模式状态寄存器 mstatus（Machine Status Register）

下文将分别予以详述。

### 1．从 mtvec 定义的 PC 地址开始执行

RISC-V 架构规定，在处理器的程序执行过程中，一旦遇到异常发生，则终止当前的程序流，处理器被强行跳转到一个新的 PC 地址。该过程在 RISC-V 的架构中定义为"陷阱（trap）"，字面含义为"跳入陷阱"，更加准确的意译为"进入异常"。

RISC-V 处理器 trap 后跳入的 PC 地址由一个叫做机器模式异常入口基地址寄存器 mtvec（Machine Trap-Vector Base-Address Register）的 CSR 寄存器指定，其要点如下。

（1）mtvec 寄存器是一个可读可写的 CSR 寄存器，因此软件可以编程更改其中的值。

（2）mtvec 寄存器的详细格式如图 4-1 所示，其中的最低 2 位是 MODE 域，高 30 位是 BASE 域。

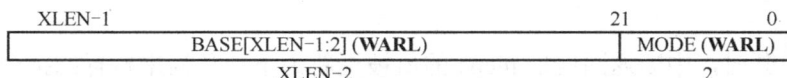

图 4-1　mtvec 寄存器的格式

- 假设 MODE 的值为 0，则所有的异常响应时处理器均跳转到 BASE 值指示的 PC 地址。
- 假设 MODE 的值为 1，则狭义的异常发生时，处理器跳转到 BASE 值指示的 PC 地址；狭义的中断发生时，处理器跳转到 BASE+4×CAUSE 值指示的 PC 地址。CAUSE 的值表示中断对应的异常编号（Exception Code），如图 4-2 所示。譬如机器计时器中断（Machine Timer Interrupt）的异常编号为 7，则其跳转的地址为 BASE+4×7=BASE+28= BASE+0x1c。

### 2．更新 CSR 寄存器 mcause

RISC-V 架构规定，在进入异常时，机器模式异常原因寄存器 mcause（Machine Cause

Register）被同时更新，以反映当前的异常种类，软件可以通过读此寄存器查询造成异常的具体原因。

mcause 寄存器的详细格式如图 4-3 所示，其中最高 1 位为 Interrupt 域，低 31 位为异常编号域。此两个域的组合表示值如图 4-2 所示，用于指示 RISC-V 架构定义的 12 种中断类型和 16 种异常类型。

### 3. 更新 CSR 寄存器 mepc

RISC-V 架构定义异常的返回地址由机器模式异常 PC 寄存器 mepc（Machine Exception Program Counter）保存。在进入异常时，硬件将自动更新 mepc 寄存器的值为当前遇到异常的指令 PC 值（即当前程序的停止执行点）。该寄存器将作为异常的返回地址，在异常结束之后，能够使用它保存的 PC 值回到之前被停止执行的程序点。

（1）值得注意的是，虽然 mepc 寄存器会在异常发生时自动被硬件更新，但是 mepc 寄存器本身也是一个可读可写的寄存器，因此软件也可以直接写该寄存器以修改其值。

（2）对于狭义的中断和狭义的异常而言，RISC-V 架构定义其返回地址（更新的 mepc 值）有些细微差别。

| Interrupt | Exception Code | Description |
|---|---|---|
| 1 | 0 | User software interrupt |
| 1 | 1 | Supervisor software interrupt |
| 1 | 2 | *Reserved* |
| 1 | 3 | Machine software interrupt |
| 1 | 4 | User timer interrupt |
| 1 | 5 | Supervisor timer interrupt |
| 1 | 6 | *Reserved* |
| 1 | 7 | Machine timer interrupt |
| 1 | 8 | User external interrupt |
| 1 | 9 | Supervisor external interrupt |
| 1 | 10 | *Reserved* |
| 1 | 11 | Machine external interrupt |
| 1 | $\geq 12$ | *Reserved* |
| 0 | 0 | Instruction address misaligned |
| 0 | 1 | Instruction access fault |
| 0 | 2 | Illegal instruction |
| 0 | 3 | Breakpoint |
| 0 | 4 | Load address misaligned |
| 0 | 5 | Load access fault |
| 0 | 6 | Store/AMO access misaligned |
| 0 | 7 | Store/AMO access fault |
| 0 | 8 | Environment call from U-mode |
| 0 | 9 | Environment call from S-mode |
| 0 | 10 | *Reserved* |
| 0 | 11 | Environment call from M-mode |
| 0 | 12 | Instruction page fault |
| 0 | 13 | Load page fault |
| 0 | 14 | *Reserved* |
| 0 | 15 | Store/AMO page fault |
| 0 | $\geq 16$ | *Reserved* |

图 4-2　mcause 寄存器中的 Exception Code

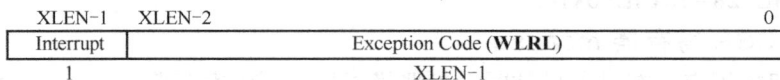

- 出现中断时，中断返回地址 mepc 的值被更新为下一条尚未执行的指令。
- 出现异常时，中断返回地址 mepc 的值被更新为当前发生异常的指令 PC。注意：如果异常由 ecall 或 ebreak 产生，由于 mepc 的值被更新为 ecall 或 ebreak 指令自己的 PC。因此在异常返回时，如果直接使用 mepc 保存的 PC 值作为返回地址，则会再次跳回 ecall 或者 ebreak 指令，从而造成死循环（执行 ecall 或者 ebreak 指令导致重新进入异常）。正确的做法是在异常处理程序中软件改变 mepc 指向下一条指令，由于现在 ecall/ebreak（或 c.ebreak）是 4（或 2）字节指令，因此改写设定 mepc=mepc+4（或+2）即可。

| XLEN-1 | XLEN-2 | 0 |
|---|---|---|
| Interrupt | Exception Code (**WLRL**) | |
| 1 | XLEN-1 | |

图 4-3　mcause 寄存器的格式

### 4．更新 CSR 寄存器 mtval

RISC-V 架构规定，在进入异常时，硬件将自动更新机器模式异常值寄存器 mtval（Machine Trap Value Register），以反映引起当前异常的存储器访问地址或者指令编码。

- 如果是由存储器访问造成的异常，譬如遭遇硬件断点、取指令、存储器读写造成的异常，则将存储器访问的地址更新到 mtval 寄存器中。
- 如果是由非法指令造成的异常，则将该指令的指令编码更新到 mtval 寄存器中。

**注意**：mtval 寄存器又名 mbadaddr 寄存器，在某些版本的 RISC-V 编译器中仅识别 mbadaddr 名称。

### 5．更新 CSR 寄存器 mstatus

RISC-V 架构规定，在进入异常时，硬件将自动更新机器模式状态寄存器 mstatus（Machine Status Register）的某些域。

（1）mstatus 寄存器的详细格式如图 4-4 所示，其中的 MIE 域表示在 Machine Mode 下中断全局使能。

| 31 | 30 | | | | | | 23 | 22 | 21 | 20 | 19 | 18 | 17 |
|---|---|---|---|---|---|---|---|---|---|---|---|---|---|
| SD | WPRI | | | | | | | TSR | TW | TVW | MXR | SUM | MPRV |
| 1 | 8 | | | | | | | 1 | 1 | 1 | 1 | 1 | 1 |

| 16 15 | 14 13 | 12 11 | 10 9 | 8 | 7 | 6 | 5 | 4 | 3 | 2 | 1 | 0 |
|---|---|---|---|---|---|---|---|---|---|---|---|---|
| XS[1:0] | FS[1:0] | MPP[1:0] | WPRI | SPP | MPIE | WPRI | SPIE | UPIE | MIE | WPRI | SIE | UIE |
| 2 | 2 | 2 | 2 | | | | | | | | | |

图 4-4　mstatus 寄存器的格式

- 当该 MIE 域的值为 1 时，表示机器模式下所有中断的全局打开。
- 当该 MIE 域的值为 0 时，表示机器模式下所有中断的全局关闭。

（2）RISC-V 架构规定，异常发生时有如下情况。

- MPIE 域的值被更新为异常发生前 MIE 域的值。MPIE 域的作用是在异常结束之后，能够使用 MPIE 的值恢复出异常发生之前的 MIE 值。
- MIE 的值则被更新成为 0（意味着进入异常服务程序后中断被全局关闭，所有的中断都将被屏蔽不响应）。
- MPP 的值被更新为异常发生前的模式。MPP 域的作用是在异常结束之后，能够使用 MPP 的值恢复出异常发生之前的工作模式。对于只支持机器模式（Machine Mode Only）的处理器核（譬如蜂鸟 E203），则 MPP 的值永远为二进制值 11。

**注意**：由于本书为简化知识模型，在此仅介绍"只支持机器模式"的架构，因此对 SIE、UIE、SPP、SPIE 等不做赘述。对其感兴趣的读者请参考 RISC-V "特权架构文档" 原文。

## 4.2.2 退出异常

当程序完成异常处理之后，最终需要从异常服务程序中退出，并返回主程序。RISC-V 架构定义了一组专门的退出异常指令（Trap-Return Instructions），包括 MRET、SRET 和 URET。其中 MRET 指令是必备的，而 SRET 和 URET 指令仅在支持监督模式和用户模式的处理器中使用。

**注意：** 由于本书为简化知识模型，在此仅介绍"只支持机器模式"的架构，对 SRET 和 URET 指令不做赘述。对其感兴趣的读者请参考 RISC-V"特权架构文档"原文。

在机器模式下退出异常时，软件必须使用 MRET 指令。RISC-V 架构规定，处理器执行 MRET 指令后的硬件行为如下。

- 停止执行当前程序流，转而从 CSR 寄存器 mepc 定义的 PC 地址开始执行。
- 执行 MRET 指令不仅会让处理器跳转到上述的 PC 地址开始执行，还会让硬件同时更新 CSR 寄存器机器模式状态寄存器 mstatus（Machine Status Register）。

下文将分别予以详述。

### 1．从 mepc 定义的 PC 地址开始执行

在第 4.2.1 节中曾经提及，在进入异常时，mepc 寄存器被同时更新，以反映当时遇到异常的指令的 PC 值。通过这个机制，意味着 MRET 指令执行后处理器回到了当时遇到异常的指令的 PC 地址，从而可以继续执行之前被中止的程序流。

### 2．更新 CSR 寄存器 mstatus

mstatus 寄存器的详细格式如图 4-4 所示。RISC-V 架构规定，在执行 MRET 指令后，硬件将自动更新机器模式状态寄存器 mstatus（Machine Status Register）的某些域。

RISC-V 架构规定，执行 MRET 指令退出异常时有如下情况。

- mstatus 寄存器 MIE 域的值被更新为当前 MPIE 的值。
- mstatus 寄存器 MPIE 域的值则被更新为 1。

在第 4.2.1 节中曾提及，在进入异常时，MPIE 的值曾经被更新为异常发生前的 MIE 值。而 MRET 指令执行后，再次将 MIE 域的值更新为 MPIE 的值。通过这个机制，则意味着 MRET 指令执行后，处理器的 MIE 值被恢复成异常发生之前的值（假设之前的 MIE 值为 1，则意味着中断被重新全局打开）。

## 4.2.3 异常服务程序

如第 4.2.1 节中所述，当处理器进入异常后，即开始从 mtvec 寄存器定义的 PC 地址执行新的程序。该程序通常为异常服务程序，并且程序还可以通过查询 mcause 中的异常编号

（Exception Code）决定进一步跳转到更具体的异常服务程序。譬如当程序查询 mcause 中的值为 0x2，则得知该异常是非法指令错误（Illegal Instructions）引起的，因此可以进一步跳转到非法指令错误异常服务子程序中去。

图 4-5 所示为一异常入口程序实例片段，程序通过读取 mcause 的值，进而判断异常的类型，从而进入不同的异常服务子程序。

**注意：** 由于 RISC-V 架构规定的进入异常和退出异常机制中没有硬件自动保存和恢复上下文的操作，因此需要软件明确地使用指令进行上下文的保存和恢复。

```
uintptr_t handle_trap(uintptr_t mcause, uintptr_t epc)
{
  if (0){
    // External Machine-Level interrupt from PLIC
  } else if ((mcause & MCAUSE_INT) && ((mcause & MCAUSE_CAUSE) == IRQ_M_EXT)) {
    handle_m_ext_interrupt();
    // External Machine-Level interrupt from PLIC
  } else if ((mcause & MCAUSE_INT) && ((mcause & MCAUSE_CAUSE) == IRQ_M_TIMER)){
    handle_m_time_interrupt();
  }
  else {
    write(1, "trap\n", 5);
    exit(1 + mcause);
  }
  return epc;
}
```

图 4-5　异常服务程序示例片段

# 4.3　RISC-V 架构中断定义

## 4.3.1　中断类型

RISC-V 架构定义的中断类型分为 4 种。
- 外部中断（External Interrupt）
- 计时器中断（Timer Interrupt）
- 软件中断（Software Interrupt）
- 调试中断（Debug Interrupt）

下文将分别予以详述。

**1．外部中断**

RISC-V 架构定义的外部中断要点如下。

（1）外部中断是指来自于处理器核外部的中断，譬如外部设备 UART、GPIO 等产生的中断。

（2）RISC-V 架构在机器模式、监督模式和用户模式下均有对应的外部中断。由于本书为简化知识模型，在此仅介绍"只支持机器模式"的架构，因此仅介绍机器模式外部中断。

（3）机器模式外部中断（Machine External Interrupt）的屏蔽由 CSR 寄存器 mie 中的 MEIE 域控制，等待（Pending）标志则反映在 CSR 寄存器 mip 中的 MEIP 域。见第 4.3.2 节和第 4.3.3 节，了解 mip 和 mip 寄存器的更多详情。

（4）机器模式外部中断可以作为处理器核的一个单比特输入信号，假设处理器需要支持很多个外部中断源，RISC-V 架构定义了一个平台级别中断控制器（Platform Level Interrupt Controller，PLIC）可用于多个外部中断源的优先级仲裁和派发。

- PLIC 可以将多个外部中断源仲裁为一个单比特的中断信号送入处理器核，处理器核收到中断进入异常服务程序后，可以通过读 PLIC 的相关寄存器查看中断源的编号和信息。
- 处理器核在处理完相应的中断服务程序后，可以通过写 PLIC 的相关寄存器和具体的外部中断源的寄存器，从而清除中断源（假设中断来源为 GPIO，则可通过 GPIO 模块的中断相关寄存器清除该中断）。
- 有关 PLIC 的详情见附录 C。

（5）虽然 RISC-V 架构只明确定义了一个机器模式外部中断，同时明确定义可通过 PLIC 在外部管理众多的外部中断源将其仲裁成为一根机器模式外部中断信号传递给处理器核。但是 RISC-V 架构也预留了大量的空间供用户扩展其他外部中断类型，如以下 3 种。

- CSR 寄存器 mie 和 mip 的高 20 位可以用于扩展控制其他的自定义中断类型。见第 4.3.2 节和第 4.3.3 节，了解 mie 和 mip 寄存器的更多详情。
- 用户甚至可以自定义若干组新的 mie<n>和 mip<n>寄存器以支持更多自定义中断类型。
- CSR 寄存器 mcause 的中断异常编号域为 12 及以上的值，均可以用于其他自定义中断的异常编号（Exception Code）。因此理论上通过扩展，RISC-V 架构可以支持无数根自定义的外部中断（External Interrupt）信号直接输入给处理器核。见第 4.2.1 节，了解 mcause 寄存器的更多详情。

### 2．计时器中断

RISC-V 架构定义的计时器中断要点如下。

（1）计时器中断是指来自计时器的中断。

（2）RISC-V 架构在机器模式、监督模式和用户模式下均有对应的计时器中断。由于本书为简化知识模型，在此仅介绍"只支持机器模式"的架构，因此仅介绍机器模式计时器中断（Machine Timer Interrupt）。

（3）机器模式计时器中断的屏蔽由 mie 寄存器中的 MTIE 域控制，等待（Pending）标志则反映在 mip 寄存器中的 MTIP 域。见第 4.3.2 节和第 4.3.3 节，了解 mip 和 mie 寄存器的更多详情。

（4）RISC-V 架构定义了系统平台中必须有一个计时器，并给该计时器定义了两个 64 位宽的寄存器 mtime（如图 4-6 所示）和 mtimecmp（如图 4-7 所示）。mtime 寄存器用于反映当前计时器的计数值，mtimecmp 用于设置计时器的比较值。当 mtime 中的计数值大于或者等于 mtimecmp 中设置的比较值时，计时器便会产生计时器中断。计时器中断会一直拉高，直到软件重新写 mtimecmp 寄存器的值，使得其比较值大于 mtime 中的值，从而将计时器中断清除。

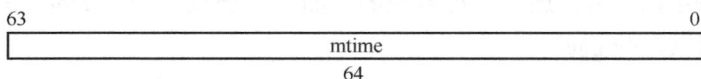

图 4-6　mtime 寄存器

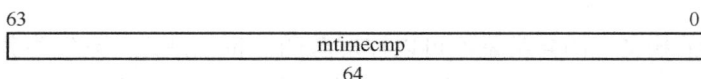

图 4-7　mtimecmp 寄存器

- 值得注意的是，RISC-V 架构并没有定义 mtime 寄存器和 mtimecmp 寄存器为 CSR 寄存器，而是定义其为存储器地址映射（Memory Address Mapped）的系统寄存器，具体的存储器映射（Memory Mapped）地址 RISC-V 架构并没有规定，而是交由 SoC 系统集成者实现。

  蜂鸟 E203 配套 SoC 中的 mtime 和 mtimecmp 寄存器的实现及存储器地址映射，见第 5.14.3 节中有关 CLINT 模块的介绍。
- 另一点值得注意的是，RISC-V 架构定义 mtime 定时器为实时（Real-Time）计时器，系统必须以一种恒定的频率作为计时器的时钟。该恒定的时钟频率必须为低速的电源常开的（Always-on）时钟，低速是为了省电，常开是为了提供准确的计时。

#### 3．软件中断

RISC-V 架构定义的软件中断要点如下。

（1）软件中断是指来自软件自己触发的中断。

（2）由于 RISC-V 架构在机器模式、监督模式和用户模式下均有对应的软件中断。由于本书为简化知识模型，在此仅介绍"只支持机器模式"的架构，因此仅介绍机器模式软件中断（Machine Software Interrupt）。

（3）机器模式软件中断的屏蔽由 mie 寄存器中的 MSIE 域控制，等待（Pending）标志则反映在 mip 寄存器中的 MSIP 域。

（4）RISC-V 架构定义的机器模式软件中断可以通过软件写 1 至 msip 寄存器来触发。

**注意**：此 msip 寄存器和 mip 寄存器中的 MSIP 域命名不可混淆。且 RISC-V 架构并没有定义 msip 寄存器为 CSR 寄存器，而是定义其为存储器地址映射的系统寄存器，具体的存储器映射地址 RISC-V 架构并没有规定，而是交由 SoC 系统集成者实现。

- 蜂鸟 E203 配套 SoC 中的 msip 寄存器的实现及存储器地址映射，见第 4.5.5 节中有关 CLINT 模块的介绍。

（5）当软件写 1 至 msip 寄存器触发了软件中断之后，CSR 寄存器 mip 中的 MSIP 域便会置高，反映其等待状态。软件可通过写 0 至 msip 寄存器来清除该软件中断。

**4．调试中断**

除了上述 3 种中断之外，还有一种特殊的中断——调试中断（Debug Interrupt）。此中断专用于实现调试器（Debugger）。

## 4.3.2　中断屏蔽

RISC-V 架构的狭义上的异常是不可以被屏蔽的，也就是说一旦发生狭义上的异常，处理器一定会停止当前操作转而处理异常。但是狭义上的中断则可以被屏蔽掉，RISC-V 架构定义了 CSR 寄存器机器模式中断使能寄存器 mie（Machine Interrupt Enable Registers）可以用于控制中断的屏蔽。

（1）mie 寄存器的详细格式如图 4-8 所示，其中每一个比特域用于控制每个单独的中断使能。

- MEIE 域控制机器模式（Machine Mode）下外部中断（External Interrupt）的屏蔽。

| XLEN-1 12 | 11 | 10 | 9 | 8 | 7 | 6 | 5 | 4 | 3 | 2 | 1 | 0 |
|---|---|---|---|---|---|---|---|---|---|---|---|---|
| **WPRI** | MEIE | **WPRI** | SEIE | UEIE | MTIE | **WPRI** | STIE | UTIE | MSIE | **WPRI** | SSIE | USIE |
| XLEN-12 | 1 | 1 | 1 | 1 | 1 | 1 | 1 | 1 | 1 | 1 | 1 | 1 |

图 4-8　mie 寄存器的格式

- MTIE 域控制机器模式（Machine Mode）下计时器中断（Timer Interrupt）的屏蔽。
- MSIE 域控制机器模式（Machine Mode）下软件中断（Software Interrupt）的屏蔽。

（2）软件可以通过写 mie 寄存器中的值达到屏蔽某些中断的效果。假设 MTIE 域为被设置成 0，则意味着将计时器中断屏蔽，处理器将无法响应计时器中断。

（3）如果处理器（譬如蜂鸟 E203）只实现了机器模式，则监督模式和用户模式对应的中断使能位（SEIE、UEIE、STIE、UTIE、SSIE 和 USIE）无任何意义。

**注意**：由于本书为简化知识模型，在此仅介绍"只支持机器模式"的架构，因此对 SEIE、UEIE、STIE、UTIE、SSIE 和 USIE 等不做赘述。对其感兴趣的读者请参考 RISC-V"特权架构文档"原文。

**注意**：除了对 3 种中断的分别屏蔽，通过 mstatus 寄存器中的 MIE 域还可以全局关闭所有中断。

## 4.3.3 中断等待

RISC-V 架构定义了 CSR 寄存器机器模式中断等待寄存器 mip（Machine Interrupt Pending Registers）可以用于查询中断的等待状态。

（1）mip 寄存器的详细格式如图 4-9 所示，其中的每一个域用于反映每个单独的中断等待状态（Pending）。

- MEIP 域反映机器模式（Machine Mode）下的外部中断的等待（Pending）状态。
- MTIP 域反映机器模式（Machine Mode）下的计时器中断的等待（Pending）状态。
- MSIP 域反映机器模式（Machine Mode）下的软件中断的等待（Pending）状态。

| XLEN-1 12 | 11 | 10 | 9 | 8 | 7 | 6 | 5 | 4 | 3 | 2 | 1 | 0 |
|---|---|---|---|---|---|---|---|---|---|---|---|---|
| **WPRI** | MEIP | **WIRI** | SEIP | UEIP | MTIP | **WIRI** | STIP | UTIP | MSIP | **WIRI** | SSIP | USIP |
| XLEN-12 | 1 | 1 | 1 | 1 | 1 | 1 | 1 | 1 | 1 | 1 | 1 | 1 |

图 4-9 mip 寄存器的格式

（2）如果处理器（譬如蜂鸟 E203）只实现了机器模式，则 mip 寄存器中监督模式和用户模式对应的中断等待状态位（SEIP、UEIP、STIP、UTIP、SSIP 和 USIP）无任何意义。

**注意：** 由于本书为简化知识模型，在此仅介绍"只支持机器模式"的架构，因此对 SEIP、UEIP、STIP、UTIP、SSIP 和 USIP 等不做赘述。对其感兴趣的读者请参考 RISC-V "特权架构文档"原文。

（3）软件可以通过读 mip 寄存器中的值达到查询中断状态的效果。

- 如果 MTIP 域的值为 1，则表示当前有计时器中断（Timer Interrupt）正在等待 "Pending"。注意：即便 mie 寄存器中 MTIE 域的值为 0（被屏蔽），如果计时器中断到来，则 MTIP 域仍然能够显示为 1。
- MSIP 和 MEIP 与 MTIP 同理。

（4）MEIP/MTIP/MSIP 域的属性均为只读，软件无法直接写这些域改变其值。只有这些中断的源头被清除后将中断源撤销，MEIP/MTIP/MSIP 域的值才能相应地归零。譬如 MEIP 对应的外部中断需要程序进入中断服务程序后配置外部中断源，将其中断撤销。MTIP 和 MSIP 同理。下一节将详细介绍中断的类型和清除方法。

## 4.3.4 中断优先级与仲裁

对于中断而言，第 4.1.1 节中曾经提到多个中断可能存在着优先级仲裁的情况。对于 RISC-V 架构而言，分为如下 3 种情况。

（1）如果 3 种中断同时发生，其响应的优先级顺序如下，mcause 寄存器中将按此优先级顺序选择更新异常编号（Exception Code）的值。

- 外部中断（External Interrupt）优先级最高。
- 软件中断（Software Interrupt）其次。
- 计时器中断（Timer Interrupt）再次。

（2）调试中断比较特殊。只有调试器（Debugger）介入调试时才发生，正常情形下不会发生，因此在此不予讨论。

（3）由于外部中断来自 PLIC，而 PLIC 可以管理数量众多的外部中断源，多个外部中断源之间的优先级和仲裁可通过配置 PLIC 的寄存器进行管理。见附录 C，了解 PLIC 的更多信息。

## 4.3.5　中断嵌套

第 4.1.1 节中曾经提到多个中断理论上可能存在着中断嵌套的情况。而对于 RISC-V 架构而言，如第 4.2.1 节中所述。

- 进入异常之后，mstatus 寄存器中的 MIE 域将会被硬件自动更新成为 0（意味着中断被全局关闭，从而无法响应新的中断）。
- 退出中断后，MIE 域才被硬件自动恢复成中断发生之前的值（通过 MPIE 域得到），从而再次全局打开中断。

由上可见，一旦响应中断进入异常模式后，中断被全局关闭再也无法响应新的中断，因此 RISC-V 架构定义的硬件机制默认无法支持硬件中断嵌套行为。

如果一定要支持中断嵌套，需要使用软件的方式达到中断嵌套的目的，从理论上来讲，可采用如下方法。

（1）在进入异常之后，软件通过查询 mcause 寄存器确认这是响应中断造成的异常，并跳入相应的中断服务程序中。在这期间，由于 mstatus 寄存器中的 MIE 域被硬件自动更新成为 0，因此新的中断都不会被响应。

（2）待程序跳入中断服务程序中后，软件可以强行改写 mstatus 寄存器的值，而将 MIE 域的值改为 1，意味着将中断再次全局打开。从此时起，处理器将能够再次响应中断。但是在强行打开 MIE 域之前，需要注意如下事项。

- 假设软件希望屏蔽比其优先级低的中断，而仅允许优先级比它高的新来打断当前中断，那么软件需要通过配置 mie 寄存器中的 MEIE/MTIE/MSIE 域，来有选择地屏蔽不同类型的中断。
- 对于 PLIC 管理的众多外部中断而言，由于其优先级受 PLIC 控制，假设软件希望屏蔽比其优先级低的中断，而仅允许优先级比它高的新来中断打断当前中断，那么软件需要通过配置 PLIC 阈值（Threshold）寄存器的方式来有选择地屏蔽不同类型的中断。

（3）在中断嵌套的过程中，软件需要注意保存上下文至存储器堆栈中，或者从存储器堆

栈中将上下文恢复（与函数嵌套同理），

（4）在中断嵌套的过程中，软件还需要注意将 mepc 寄存器，以及为了实现软件中断嵌套被修改的其他 CSR 寄存器的值保存至存储器堆栈中，或者从存储器堆栈中恢复（与函数嵌套同理）。

除此之外，RISC-V 架构也允许用户实现自定义的中断控制器实现硬件中断嵌套功能。

## 4.3.6 总结比较

中断和异常虽说本身不是一种指令，但却是处理器指令集架构非常重要的一环，任何一种指令集架构都会安排专门的章节去定义中断和异常的行为。同时中断和异常也往往是最复杂和难以理解的部分，可以说要了解一门处理器架构，熟悉其中断和异常的处理机制是必不可少的。

对 ARM 的 Cortex-M 系列或者 Cortex-A 系列比较熟悉的读者，可能会了解 Cortex-M 系列定义的嵌套向量中断控制器（Nested Vector Interrupt Controller，NVIC）和 Cortex-A 系列定义的通用中断控制器（General Interrupt Controller，GIC）。这两种中断控制器都非常强大，但也非常复杂。相比而言，RISC-V 架构中断和异常机制则要简单得多，这同样反映了 RISC-V 架构力图简化硬件的设计哲学。

## 4.4 RISC-V 架构异常相关 CSR 寄存器

将 RISC-V 架构中所有中断和异常相关的寄存器加以总结，如表 4-2 所示。

表 4-2　　　　　　　　　　　中断和异常相关的寄存器

| 类型 | 名称 | 全称 | 描述 |
|---|---|---|---|
| CSR | mtvec | 机器模式异常入口基地址寄存器（Machine Trap-Vector Base-Address Register） | 定义进入异常的程序 PC 地址 |
| | mcause | 机器模式异常原因寄存器（Machine Cause Register） | 反映进入异常的原因 |
| | mtval (mbadaddr) | 机器模式异常值寄存器（Machine Trap Value Register） | 反映进入异常的信息 |
| | mepc | 机器模式异常 PC 寄存器（Machine Exception Program Counter） | 用于保存异常的返回地址 |
| | mstatus | 机器模式状态寄存器（Machine Status Register） | mstatus 寄存器中的 MIE 域和 MPIE 域用于反映中断全局使能 |
| | mie | 机器模式中断使能寄存器（Machine Interrupt Enable Registers） | 用于控制不同类型中断的局部使能 |
| | mip | 机器模式中断等待寄存器（Machine Interrupt Pending Registers） | 反映不同类型中断的等待状态 |
| Memory Address Mapped | mtime | 机器模式计时器寄存器（Machine-mode timer register） | 反映计时器的值 |
| | mtimecmp | 机器模式计时器比较值寄存器（Machine-mode timer compare register） | 配置计时器的比较值 |
| | msip | 机器模式软件中断等待寄存器（Machine-mode Software Interrupt Pending Register） | 用以产生或者清除软件中断 |
| | PLIC | PLIC 的所有功能寄存器，见附录 C.5 节 | |

# 4.5 蜂鸟 E203 的中断和异常实现

见第 5.14 节，了解蜂鸟 E203 MCU SOC 中对中断和异常的实现。

# 第5章 开源蜂鸟 E203 MCU SoC 总体介绍

本章将介绍蜂鸟 E203 配套的 MCU 级别 SoC，该 SoC 是国内第一款完全开源的 RISC-V MCU SoC。其 Verilog RTL 源代码于 GitHub 上的 e200_opensource 项目（请在 GitHub 中搜索 "e200_opensource"）中托管开源。

## 5.1 Freedom E310 SoC 简介

由于蜂鸟 E203 MCU SoC 基本上借鉴于开源的 Freedom E310 SoC 平台，因此本节先对 Freedom E310 SoC 进行简单的介绍。

Freedom E310 SoC 平台是 Freedom E300 平台的一个具体平台型号。Freedom E300 平台由 SiFive 公司推出，SiFive 公司是由美国加州大学伯克利分校发明 RISC-V 架构的几个主要发起人创办的商业公司，力图加速 RISC-V 的商业化进程与生态推广。

SiFive 公司目前已经发布了几款 RISC-V 架构的商用处理器核 IP，不仅如此，还发布了几款 SoC 平台系列，其中 Freedom Everywhere 是一款可配置的 RISC-V SoC 家族系列，主要面向低功耗的嵌入式 MCU 领域。而 E300 平台是 Freedom Everywhere SoC 家族系列中的第一款 SoC 平台，关于 Freedom Everywhere E300 平台的具体信息，请在 SiFive 的官方网址中（无须注册）下载其技术手册 "SiFive-E300-platform-reference-manual.pdf"。

Freedom Everywhere E310-G000（简称 Freedom E310）是使用 Freedom Everywhere E300 平台配置出的一款特定配置 SoC，并且 SiFive 将此 SoC 的代码完全开源，读者可以在 GitHub 中搜索 "freedom" 来下载其源代码。Freedom E310 SoC 基于 Rocket Core，架构配置为 RV32IMAC 架构，配备 16KB 的指令缓存（Cache）与 16KB 的数据 SRAM、硬件乘除法器、调试（Debug）模块，并配有丰富的外设，如 PWM、UART、SPI 等。

## 5.2 蜂鸟 E203 MCU SoC 简介

蜂鸟 E203 MCU SoC 为蜂鸟 E203 处理器核配套的 MCU 级别 SoC，其特性概述如下。

（1）使用全开源的蜂鸟 E203 处理器核。

- 超低功耗 2 级流水线处理器核。
- 大小可配置的 ITCM 和 DTCM。

（2）为了更大程度上共享当前 HiFive1 开发板的软件生态，蜂鸟 E203 MCU SoC 尽可能地复用 SiFive 公司开源的 Freedom 310（HiFive1 开发板所使用）SoC IP，包括：

- 对已有的 IP 进行复用兼容。
- 对总线地址分配进行兼容。

（3）在兼容 Freedom 310 SoC 的基础上，增加如下 IP，使其 SoC 功能更加完整。

- $I^2C$ Master 接口。

## 5.3 蜂鸟 E203 MCU SoC 框图

蜂鸟 E203 MCU SoC 的框图如图 5-1 所示。

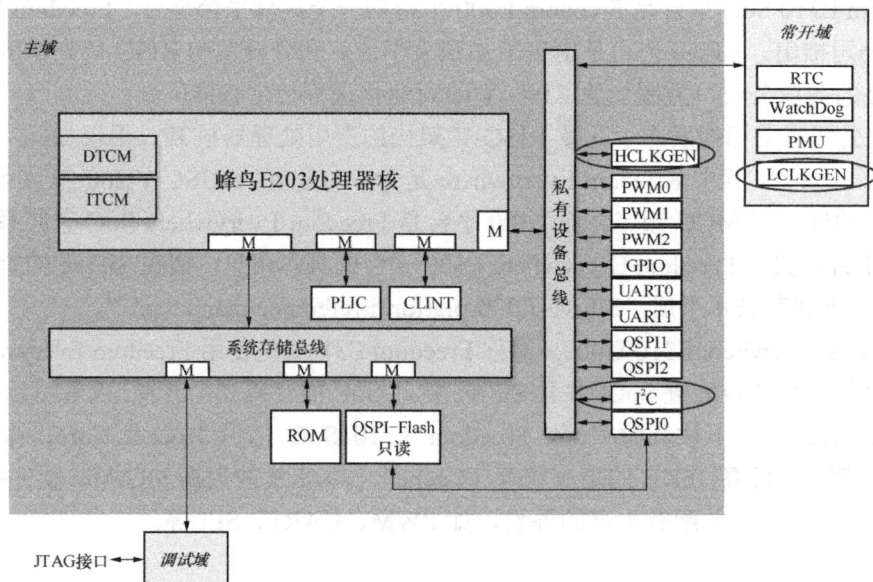

图 5-1 蜂鸟 E203 MCU SoC 结构图

图 5-1 中除了蜂鸟 E203 处理器核和总线之外，其他的主要外部设备 IP 模块的复用均来自 Freedom E310 SoC 平台。图中用椭圆线框标示的是开源 Freedom E310 SoC 平台所不具备的模块，为蜂鸟 E203 MCU SoC 所特有，包括如下。

- $I^2C$ Master：$I^2C$ 主控制模块。
- HCLKGEN：生成高速时钟（用于主域）。
- LCLKGEN：生成低速时钟（用于常开域）。

有关蜂鸟 E203 MCU SoC 中的各外设的详细介绍，见第 6 章。

## 5.4　蜂鸟 E203 MCU SoC 存储资源

蜂鸟 E203 MCU SoC 中的存储器资源分为片上存储资源和片外 Flash 存储资源，下面分别予以介绍。

### 5.4.1　片上存储资源

蜂鸟 E203 MCU SoC 的片上存储资源主要有 ITCM 和 DTCM，以及挂载在系统存储总线上的 ROM。

（1）ITCM 为 RISC-V 处理器内核私有的指令存储器，其特性如下。

- 大小可配置。
- 可配置的地址区间（默认起始地址为 0x8000_0000），见第 5.6 节中 SoC 的完整地址分配。
- ITCM SRAM 虽然主要用于存放指令，但是其地址区间也可以被处理器核的 Load 和 Store 指令访问，从而用来存放数据。

（2）DTCM 为 RISC-V 处理器内核私有的数据存储器，其特性如下。

- 大小可配置。
- 可配置的地址区间（默认起始地址为 0x9000_0000），见第 5.6 节中 SoC 的完整地址分配。
- DTCM 只能被处理器核的数据存储器访问指令访问，因此只能用于存放数据。

（3）ROM 挂载在系统存储总线上，其特性如下。

- 大小为 4KB。
- 默认仅存放了一条跳转指令，将直接跳转至 ITCM 的起始地址位置开始执行。

### 5.4.2　片外 Flash 存储资源

蜂鸟 E203 MCU SoC 的片外存储资源主要为 Flash 存储器，其要点如下。

- 外部 Flash 可以利用其 XiP（Execution in Place）模式，通过 QSPI0 被映射为一片只读的地址区间，地址区间为 0x2000_0000 ~ 0x3FFF_FFFF。
- 用户可以通过调试器将开发的程序烧写在 Flash 中，然后利用 Flash 的 XiP 模式，程序可以直接从 Flash 中被执行。
- 见第 6.7.11 节，获取 QSPI0 和 Flash XiP 模式的更多信息。

## 5.5 蜂鸟 E203 MCU SoC 外设资源

有关蜂鸟 E203 MCU SoC 外设的信息，见第 6 章。

## 5.6 蜂鸟 E203 MCU SoC 地址分配

蜂鸟 E203 MCU SoC 的总线地址分配如表 5-1 所示。

表 5-1　　　　　　　　　蜂鸟 E203 MCU SoC 地址分配表

| 总线分组 | 组件 | 地址区间 | 描述 |
| --- | --- | --- | --- |
| Core 直属 | CLINT | 0x0200_0000 ~ 0x0200_FFFF | Core Local Interrupt Controller 模块寄存器地址区间 |
| | PLIC | 0x0C00_0000 ~ 0x0CFF_FFFF | Platform Level Interrupt Controller 模块寄存器地址区间 |
| | ITCM | 0x8000_0000 ~ 0x8001_FFFF | ITCM 地址区间 |
| | DTCM | 0x9000_0000 ~ 0x9001_FFFF | DTCM 地址区间 |
| 系统存储总线接口 | Debug Module | 0x0000_0000 ~ 0x0000_0FFF | 注意：调试模块（Debug Module）主要供调试器使用，普通软件程序不应该使用此区间 |
| | ROM | 0x0000_1000 ~ 0x0000_1FFF | 片上 ROM 模块 |
| | Off-Chip QSPI0 Flash Read | 0x2000_0000 ~ 0x3FFF_FFFF | QSPI0 处于 Flash XiP 模式时将外部 Flash 映射的只读地址区间。有关 Flash XiP 模式的更多信息，见第 6.7.11 节。 |
| 私有设备总线接口（总区间为 0x1000_0000 ~ 0x1FFF_FFFF） | Always-On | 0x1000_0000 ~ 0x1000_7FFF | Always-on 模块包含 PMU、RTC、WatchDog 和 LCLKGEN |
| | HCLKGEN | 0x1000_8000 ~ 0x1000_8FFF | 高速时钟生成模块 |
| | GPIO | 0x1001_2000 ~ 0x1001_2FFF | GPIO 地址区间 |
| | UART0 | 0x1001_3000 ~ 0x1001_3FFF | 第一个 UART 模块地址区间 |
| | QSPI0 | 0x1001_4000 ~ 0x1001_4FFF | 第一个 QSPI 模块地址区间 |
| | PWM0 | 0x1001_5000 ~ 0x1001_5FFF | 第一个 PWM 模块地址区间 |
| | UART1 | 0x1002_3000 ~ 0x1002_3FFF | 第二个 UART 模块地址区间 |

续表

| 总线分组 | 组件 | 地址区间 | 描述 |
|---|---|---|---|
| 私有设备总线接口<br>（总区间为<br>0x1000_0000 ~<br>0x1FFF_FFFF） | QSPI1 | 0x1002_4000 ~ 0x1002_4FFF | 第二个 QSPI 模块地址区间 |
| | PWM1 | 0x1002_5000 ~ 0x1002_5FFF | 第二个 PWM 模块地址区间 |
| | QSPI2 | 0x1003_4000 ~ 0x1003_4FFF | 第三个 QSPI 模块地址区间 |
| | PWM2 | 0x1003_5000 ~ 0x1003_5FFF | 第三个 PWM 模块地址区间 |
| | I²C Master | 0x1004_2000 ~ 0x1004_2FFF | I²C Master 模块地址区间 |
| 其他地址区间 | 表中未使用到的地址区间，均为写忽略，读返回 0 | | |

# 5.7 蜂鸟 E203 MCU SoC 时钟域划分

如图 5-2 所示，整个 SoC 芯片划分为 3 个主要的时钟域。

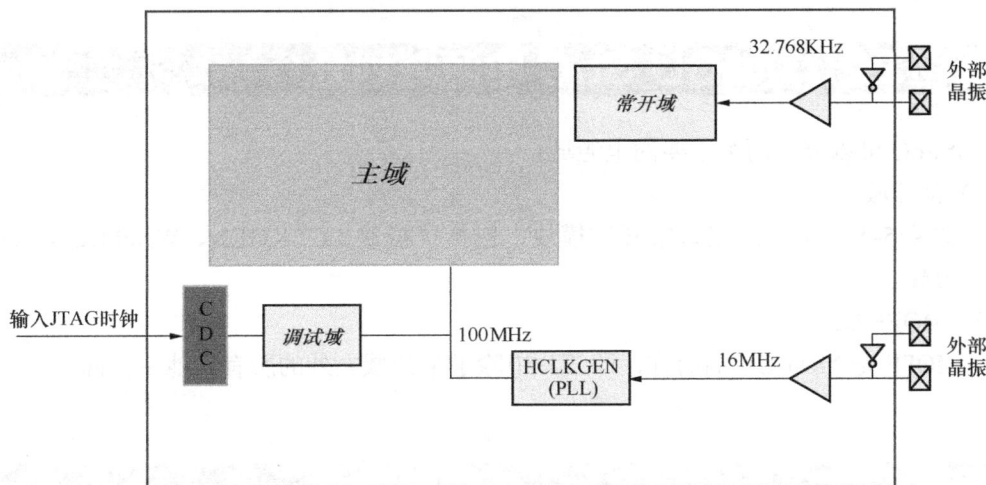

图 5-2　蜂鸟 E203 MCU SoC 时钟域划分

（1）常开域
- 此域主要使用低速的常开域时钟，频率为 32.768kHz，时钟可以选择来自片上振荡器、外部晶振或者直接通过芯片引脚输入。
- 在蜂鸟 E203 MCU SoC 中，由 LCLKGEN 模块控制生成常开域的时钟。见第 6.4 节，了解 LCLKGEN 模块的更多信息。
  **注意：** 在 FPGA 开发板中，LCLKGEN 模块为空模块，直接输出 32.768kHz 的参考时钟。

（2）主域

- 此域包含了芯片的主体，在此域中没有再划分时钟域，因此处理器核和总线以及外设 IP 均使用同样的时钟。
- 在蜂鸟 E203 MCU SoC 中，由 HCLKGEN 模块控制生成主域的时钟。时钟可以使用片上振荡器、外部晶振和片上 PLL 产生高速时钟，PLL 也可以通过软件配置将其旁路。见第 6.4 节，了解 LCLKGEN 模块的更多信息。

  **注意**：在 FPGA 开发板中，HCLKGEN 模块为空模块，直接输出 16MHz 的参考时钟。

（3）调试域

- 此域包含为了支持 JTAG 对 RISC-V 调试功能而添加的相关逻辑。
- 此模块由两个不同的时钟域组成，分别是 JTAG 时钟和 RISC-V 处理器核时钟（即主域的时钟），因此其内部有异步时钟跨越处理。

## 5.8 蜂鸟 E203 MCU SoC 电源域划分

整个 SoC 可以分为两个主要的电源域。

（1）常开域

- 如图 5-1 所示，此域即常开域模块，包括子模块 LCLKGEN、WatchDog、RTC 和 PMU。

（2）MOFF 域

- MOFF 是 Most-Off 的简称，即芯片中除了常开域之外的所有其他主体部分。

## 5.9 蜂鸟 E203 MCU SoC 低功耗模式

整个 SoC 可以工作在 3 种不同的工作模式下。

（1）正常模式

- 常开域和 MOFF 域均处于正常供电状态。
- 在真实芯片中，由 HCLKGEN 模块的 PLL 产生时钟，可以通过配置 PLL 的输出时钟频率在低速态运行，以节省功耗。

（2）等待模式

- 常开域和 MOFF 域均处于正常供电状态，但是 RISC-V 处理器核执行了一条 WFI 指令，因此处理器停止执行，其时钟被关闭进入等待模式，直到被中断唤醒。
- 有关 RISC-V 架构 WFI 指令以及中断唤醒的更多信息，见附录 A.14.2 节。

（3）休眠模式
- 常开域正常供电，但是 MOFF 域的电源切断。
- 通过配置 PMU 的 PMUSLEEP 寄存器可以进入此休眠模式，直到被 PMU 定义的唤醒条件唤醒。
- 有关 PMU 的 PMUSLEEP 寄存器以及 PMU 唤醒条件的更多信息，见第 6.13.5 节和 6.13.8 节。
- **注意：** 在 FPGA 开发板中，由于没有真正的电源域功能，因此在休眠模式下 MOFF 域不会真正断电。

# 5.10 蜂鸟 E203 MCU SoC 的全局复位

蜂鸟 E203 MCU SoC 的全局复位有 3 个来源。

（1）来自 POR（Power-On-Reset）电路。

在芯片上电后，POR 在电压达到稳定阈值之前一直输出复位信号，保证芯片能够被正确地自动上电复位。

（2）来自芯片引脚 AON_ERST_N。

AON_ERST_N 引脚可以用于外部复位。

（3）来自 WatchDog 生成的 Reset。

见第 6.11 节，了解 WatchDog 模块的更多信息。

上述 3 种全局复位来源中的任何一种驱动都将触发系统进行全局复位。全局复位后，具体的复位原因会反映在 PMU 的 PMUCAUSE 寄存器中，供复位后的软件读取查询。见第 6.13.10 节，了解 PMUCAUSE 寄存器的更多信息。

整个 SoC 的复位结构如图 5-3 所示，其要点如下。

（1）上述 3 种全局复位来源经过"或"操作成为 aonrst 信号。

（2）aonrst 信号将作为 Always-On 模块本身的复位信号，复位 Always-On 模块的 PMU、WatchDog、RTC 和 LCLKGEN 等。

（3）PMU 被 aonrst 复位之后，将执行其默认的唤醒指令序列，继而唤醒整个 SoC 复位。PMU 执行默认的唤醒指令序列将会生成 hclkrst 和 corerst 信号。
- hclkrst 信号用于复位 HCLKGEN 模块（主要包含 PLL 时钟生成）。
- corerst 用于除了 HCLKGEN 模块之外的所有主域（Main Domain）中的复位。

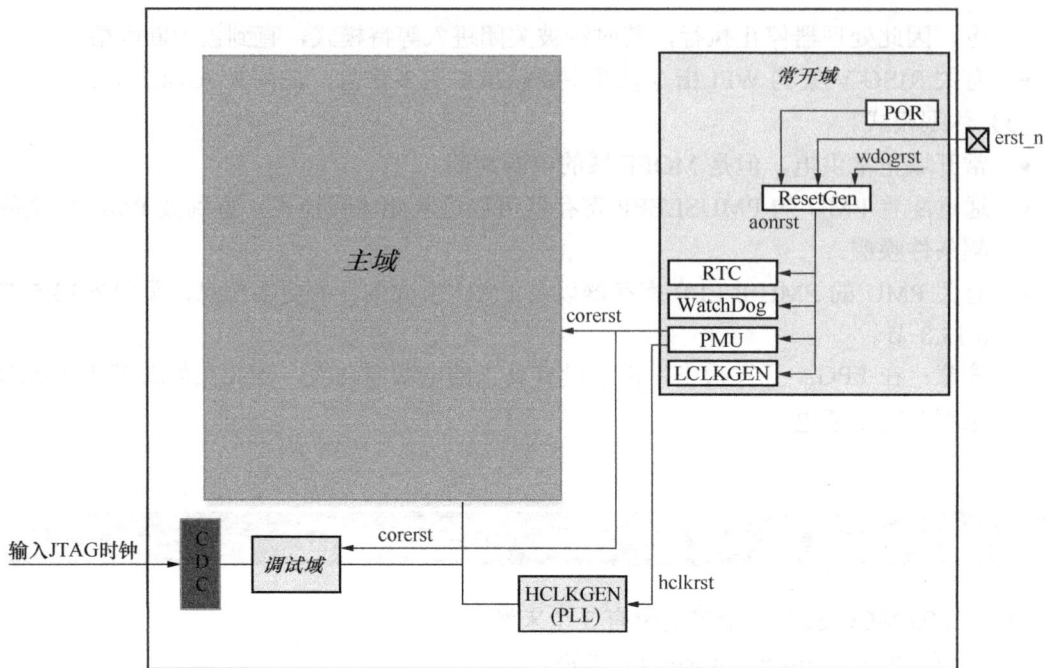

图 5-3 蜂鸟 E203 MCU SoC 复位结构图

# 5.11 蜂鸟 E203 MCU SoC 的上电流程控制

蜂鸟 E203 MCU SoC 中处理器核上电复位之后,可以从如下两个不同的地址进行执行程序。

(1) 从外部 Flash 开始执行。

- 由于映射的外部 Flash(Off-Chip QSPI0 Flash Read)的地址区间位于 0x2000_0000 ～ 0x3FFF_FFFF,因此如果从外部 Flash 开始执行,则 RISC-V 处理器核的 PC 复位值为 0x20000000。
- 用户可以通过调试器将开发的程序烧写在 Flash 中,利用 Flash 的 XiP 模式,程序可以直接从 Flash 中被执行。见第 6.7.11 节,了解 QSPI0 和 Flash XiP 模式的更多信息。

(2) 从内部 ROM 开始执行。

- 由于在蜂鸟 E203 MCU SoC 中内部 ROM 的地址区间位于 0x0000_1000 ～ 0x0000_1FFF,因此如果从内部 ROM 开始执行,则 RISC-V 处理器核的 PC 复位值为 0x0000_1000。
- 在 ROM 中存放的代码为固定代码,执行完固定代码后,直接跳转至 ITCM(地址为 0x8000_0000)中继续执行。

上述两种上电复位地址的选择可以由 SoC 的芯片引脚 BOOTROM_N 来控制,见第 5.12 节,了解 BOOTROM_N 引脚的更多信息。

# 5.12 蜂鸟 E203 MCU SoC 芯片引脚表

蜂鸟 E203 MCU SoC 的芯片顶层引脚如表 5-2 所示。

表 5-2            蜂鸟 E203 MCU SoC 顶层芯片引脚

| 类型 | 方向 | 名称 | 描述 |
|---|---|---|---|
| MOFF 域时钟 | Input | XTAL XI | 16MHz 晶振输入引脚 |
| | Output | XTAL XO | 16MHz 晶振输出引脚 |
| Always-On 时钟 | Input | AON_XTAL XI | 32.768kHz 晶振输入引脚 |
| | Output | AON_XTAL XO | 32.768kHz 晶振输出引脚 |
| Always-On 端口 | Output | AON_PMU_VDDPADEN | 来自 PMU 模块的输出控制信号 vddpaden,见第 6.13 节,了解 PMU 的更多信息 |
| | Output | AON_PMU_PADRST | 来自 PMU 模块的输出控制信号 padrst,见第 6.13 节,了解 PMU 的更多信息 |
| | Input | AON_PMU_DWAKEUP_N | 作为 PMU 模块的 dwakeup 输入信号(低电平有效),见第 6.13 节,了解 PMU 的更多信息 |
| | Input | AON_ERST_N | 整个 SoC 芯片的外部输入复位信号(低电平有效) |
| 上电地址选择 | Input | BOOTROM_N | 上电复位地址选择信号: <br> • 如果 BOOTROM_N 信号为 0,则处理器核从内部 ROM 地址(0x00001000)开始上电执行。 <br> • 如果 BOOTROM_N 信号为 1,则处理器核从外部 Flash 地址(0x20000000)开始上电执行。 <br> 见第 5.11 节,了解上电流程控制的更多信息 |
| JTAG 调试 | Input | JTAG TCK | JTAG TCK 信号 |
| | Output | JTAG TDO | JTAG TDO 信号 |
| | Input | JTAG TMS | JTAG TMS 信号 |
| | Input | JTAG TDI | JTAG TDI 信号 |
| QSPI0 外部 Flash | Bidir | QSPI DQ 3 | Quad SPI 数据线 |
| | Bidir | QSPI DQ 2 | Quad SPI 数据线 |
| | Bidir | QSPI DQ 1 | Quad SPI 数据线 |
| | Bidir | QSPI DQ 0 | Quad SPI 数据线 |
| | Output | QSPI CS | Quad SPI 使能信号 |
| | Output | QSPI SCK | Quad SPI 时钟信号 |

续表

| 类型 | 方向 | 名称 | 描述 |
|------|------|------|------|
| GPIO | Bidir | GPIO_0 | 32 根 GPIO 引脚，有关 GPIO 引脚复用情况，见第 5.13 节 |
| | Bidir | GPIO_1 | |
| | Bidir | GPIO_2 | |
| | Bidir | GPIO_3 | |
| | Bidir | GPIO_4 | |
| | Bidir | GPIO_5 | |
| | Bidir | GPIO_6 | |
| | Bidir | GPIO_7 | |
| | Bidir | GPIO_8 | |
| | Bidir | GPIO_9 | |
| | Bidir | GPIO_10 | |
| | Bidir | GPIO_11 | |
| | Bidir | GPIO_12 | |
| | Bidir | GPIO_13 | |
| | Bidir | GPIO_14 | |
| | Bidir | GPIO_15 | |
| | Bidir | GPIO_16 | |
| | Bidir | GPIO_17 | |
| | Bidir | GPIO_18 | |
| | Bidir | GPIO_19 | |
| | Bidir | GPIO_20 | |
| | Bidir | GPIO_21 | |
| | Bidir | GPIO_22 | |
| | Bidir | GPIO_23 | |
| | Bidir | GPIO_24 | |
| | Bidir | GPIO_25 | |
| | Bidir | GPIO_26 | |
| | Bidir | GPIO_27 | |
| | Bidir | GPIO_28 | |
| | Bidir | GPIO_29 | |
| | Bidir | GPIO_30 | |
| | Bidir | GPIO_31 | |

## 5.13 蜂鸟 E203 MCU SoC 的 GPIO 引脚分配

如表 5-2 所示，蜂鸟 E203 MCU SoC 有 32 根 GPIO 引脚，这是 SoC 与外界连接的主要通用接口。GPIO 可以通过 IOF0 和 IOF1 功能，使得 SoC 中的外设能够复用 GPIO 的 32 根引脚与芯片外界进行通信，其接口分配表如表 5-3 所示。见第 6.6 节，了解 GPIO 的更多详细信息。

表 5-3　　　　　　　　　　　　　GPIO 的 IOF0 和 IOF1 接口分配表

| GPIO Pad 编号 | IOF0 | IOF1 |
| --- | --- | --- |
| 0 | — | PWM0_0 |
| 1 | — | PWM0_1 |
| 2 | QSPI1:SS0 | PWM0_2 |
| 3 | QSPI1:SD0/MOSI | PWM0_3 |
| 4 | QSPI1:SD1/MISO | — |
| 5 | QSPI1:SCK | — |
| 6 | QSPI1:SD2 | — |
| 7 | QSPI1:SD3 | — |
| 8 | QSPI1:SS1 | — |
| 9 | QSPI1:SS2 | — |
| 10 | QSPI1:SS3 | PWM2_0 |
| 11 | — | PWM2_1 |
| 12 | I$^2$C:SDA | PWM2_2 |
| 13 | I$^2$C:SCL | PWM2_3 |
| 14 | — | — |
| 15 | — | — |
| 16 | UART0:RX | — |
| 17 | UART0:TX | — |
| 18 | — | — |
| 19 | — | PWM1_1 |
| 20 | — | PWM1_0 |
| 21 | — | PWM1_2 |
| 22 | — | PWM1_3 |
| 23 | — | — |
| 24 | UART1:RX | — |
| 25 | UART1:TX | — |
| 26 | QSPI2:SS | — |
| 27 | QSPI2:SD0/MOSI | — |
| 28 | QSPI2:SD1/MISO | — |
| 29 | QSPI2:SCK | — |
| 30 | QSPI2:SD2 | — |
| 31 | QSPI2:SD3 | — |

# 5.14 蜂鸟 E203 MCU SoC 的中断处理

## 5.14.1 蜂鸟 E203 处理器核的异常和中断处理

### 1. 蜂鸟 E203 处理器核所支持的异常和中断类型

图 4-3 中介绍了 RISC-V 架构所支持的所有中断和异常类型，但是蜂鸟 E203 处理器核并没有实现所有的中断和异常。

蜂鸟 E203 处理器核对异常和中断的硬件实现，要点概述如下。

- 蜂鸟 E203 为"只支持机器模式"架构，且没有实现 MPU 与 MMU（不会产生虚拟地址 Page-Fault 相关的异常），因此只支持 5.13 节中描述的 RISC-V 架构中和机器模式相关的异常类型。
- 蜂鸟 E203 只实现了 RISC-V 架构定义的 3 种基本中断类型（软件中断、计时器中断、外部中断），并未实现更多的自定义中断类型。
- 蜂鸟 E203 的 mtvec 寄存器最低位的 MODE 域仅支持模式 0，即在异常响应时，处理器均跳转到 BASE 域指示的 PC 地址。

综上所述，蜂鸟 E203 处理器支持的中断和异常类型总结如表 5-4 所示（请参考第 4 章来理解本表格中的相关内容）。

表 5-4 蜂鸟 E203 处理器的异常和中断类型

| | 异常编号 | 异常和中断类型 | 同步/异步 | 描述 |
|---|---|---|---|---|
| 中断<br>（Interrupts） | 3 | 机器模式软件中断（Machine Software Interrupt） | 精确异步 | 机器模式软件中断 |
| | 7 | 机器模式计时器中断（Machine Timer Interrupt） | 精确异步 | 机器模式计时器中断 |
| | 11 | 机器模式外部中断（Machine External Iinterrupt） | 精确异步 | 机器模式外部中断 |
| 异常<br>（Exceptions） | 0 | 指令地址非对齐（Instruction Address Misaligned） | 同步 | 指令 PC 地址非对齐 |
| | 1 | 指令访问错误（Instruction Access Fault） | 同步 | 取指令访存错误 |
| | 2 | 非法指令（Illegal Instruction） | 同步 | 非法指令 |
| | 3 | 断点（Breakpoint） | 同步 | RISC-V 架构定义了 EBREAK 指令，当处理器执行到该指令时，会发生异常进入异常服务程序。该指令往往用于调试器（Debugger），譬如设置断点 |

续表

| | 异常编号 | 异常和中断类型 | 同步/异步 | 描述 |
|---|---|---|---|---|
| 异常<br>（Exceptions） | 4 | 读存储器地址非对齐（Load Address Misaligned） | 同步 | Load 指令访存地址非对齐 |
| | 5 | 读存储器访问错误（Load Access Fault） | 非精确异步 | Load 指令访存错误 |
| | 6 | 写存储器和 AMO 地址非对齐（Store/AMO Address Misaligned） | 同步 | Store 或者 AMO 指令访存地址非对齐 |
| | 7 | 写存储器和 AMO 访问错误（Store/AMO Access Fault） | 非精确异步 | Store 或者 AMO 指令访存错误 |
| | 11 | 机器模式环境调用（Environment Call from M-mode） | 同步 | 机器模式下执行 ECALL 指令。<br>RISC-V 架构定义了 ECALL 指令，当处理器执行到该指令时，会发生异常，进入异常服务程序。该指令往往供软件使用，强行进入异常模式 |

**2．蜂鸟 E203 处理器对于 mepc 的处理**

RISC-V 架构在中断和异常时的返回地址定义（更新 mepc 的值）有细微的差别：在出现中断时，中断返回地址 mepc 被指向下一条尚未执行的指令；在出现异常时，mepc 则指向当前指令，因为当前指令触发了异常。

按照此原则，蜂鸟 E203 处理器核对 mepc 值的更新原则如下。

- 对于同步异常，mepc 值更新为当前发生异常的指令 PC 值。
- 对于精确异步异常（即中断），mepc 值更新为下一条尚未执行的指令 PC 值。
- 对于非精确异步异常，mepc 值更新为当前发生异常的指令 PC 值。

**注意**：蜂鸟 E203 处理器核实现中同步异常、精确异步异常以及非精确异步异常的分类如表 5-4 所示。

## 5.14.2　蜂鸟 E203 处理器的中断接口

RISC-V 架构支持 4 种中断类型，分别为软件中断、计时器中断、外部中断和调试中断。遵照此架构，在蜂鸟 E203 处理器核的顶层接口中有 4 根中断输入信号，分别是软件中断、计时器中断、外部中断和调试中断，如图 5-4 所示。

- SoC 层面的 CLINT 模块产生一根软件中断信号和一根计时器中断信号，通给蜂鸟 E203 处理器核。SoC 层面的 CLINT 模块的详情见第 5.14.3 节。
- SoC 层面的 PLIC 模块管理多个外部中断源将其仲裁后生成一根外部中断信号，通给蜂鸟 E203 处理器核。SoC 层面的 PLIC 模块的详情见第 5.14.4 节。

- SoC 层面的调试模块生成一根调试中断，通给蜂鸟 E203 处理器核。由于调试中断比较特殊，只有调试器（Debugger）介入调试时才发生，正常情形下不会发生，普通软件开发用户可以不予关注，因此在此不予讨论。对处理器核调试方案的详细感兴趣的读者可以参考本书的姊妹篇《手把手教你设计 CPU——RISC-V 处理器篇》。
- 所有的中断信号均由蜂鸟 E203 处理器核内部进行处理。

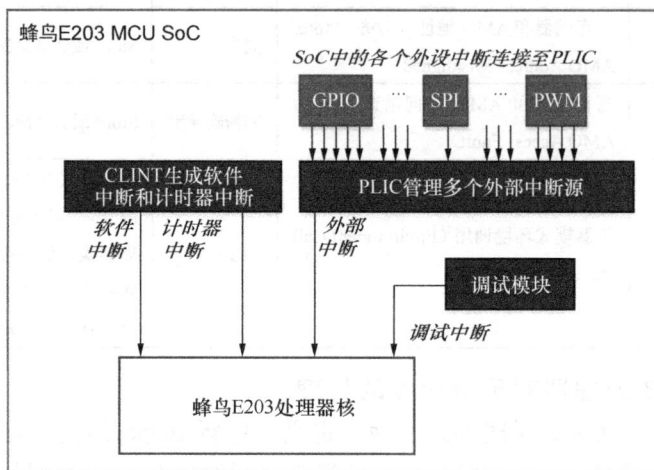

图 5-4　蜂鸟 E203 处理器的中断接口

# 5.14.3　CLINT 模块生成计时器中断和软件中断

### 1．CLINT 简介

CLINT 的全称为处理器核局部中断控制器（Core Local Interrupts Controller），在蜂鸟 E203 SoC 中主要用于产生计时器中断（Timer Interrupt）和软件中断（Software Interrupt）。见第 4.3.1 节，了解 RISC-V 架构中计时器中断与软件中断的详细信息。

### 2．CLINT 寄存器

CLINT 是一个存储器地址映射的模块，在蜂鸟 E203 MCU SoC 中其寄存器的地址区间如表 5-5 所示。

**注意**：CLINT 的寄存器只支持操作尺寸（Size）为 32 位的读写访问。

表 5-5　　　　CLINT 寄存器的存储器映射地址（Memory Mapped Address）

| 地址 | 寄存器名称 | 复位默认值 | 功能描述 |
|---|---|---|---|
| 0x0200_0000 | msip | 0x0 | 生成软件中断 |
| 0x0200_4000 | mtimecmp_lo | 0xFFFFFFFF | 配置计时器的比较值低 32 位 |
| 0x0200_4004 | mtimecmp_hi | 0xFFFFFFFF | 配置计时器的比较值高 32 位 |

续表

| 地址 | 寄存器名称 | 复位默认值 | 功能描述 |
|---|---|---|---|
| 0x0200_BFF8 | mtime_lo | 0x00000000 | 反映计时器的低 32 位值 |
| 0x0200_BFFF | mtime_hi | 0x00000000 | 反映计时器的高 32 位值 |

### 3. 通过 msip 寄存器生成软件中断

CLINT 可以用于生成软件中断，要点如下。

- CLINT 中实现了一个 32 位的 msip 寄存器。该寄存器只有最低位为有效位，该寄存器有效位直接作为软件中断信号通给处理器核。
- 当软件写 1 至 msip 寄存器触发了软件中断之后，蜂鸟 E203 处理器核 CSR 寄存器 mip 中的 MSIP 域便会置高，指示当前中断等待（Pending）状态。
- 软件可通过写 0 至 msip 寄存器来清除该软件中断。
- 见附录 B.2.19 节，了解 msip 寄存器的更多信息。

**注意：**只有蜂鸟 RISC-V 核的全局中断使能和软件中断局部使能被打开后，才能够响应此软件中断（见第 4.3.2 节，了解中断使能的相关信息）。

### 4. 通过 mtime 和 mtimecmp 寄存器生成计时器中断

CLINT 可以用于生成计时器中断，要点如下。

- CLINT 中实现了一个 64 位的 mtime 寄存器，该寄存器反映了 64 位计时器的值。计时器根据低速的输入节拍信号进行计时，计时器默认是打开的，因此会一直进行计数。

  **注意：**由于 CLINT 的计时器上电后默认会一直进行计数，为了在某些特殊情况下关闭此计时器计数，可以通过蜂鸟 E203 自定义的 CSR 寄存器 mcounterstop 中的 TIMER 域进行控制，见附录 B.3.1 节，了解 mcounterstop 寄存器的更多信息。

- CLINT 中实现了一个 64 位的 mtimecmp 寄存器，该寄存器作为计时器的比较值。假设计时器的值 mtime 大于或者等于 mtimecmp 的值，则产生计时器中断。软件可以通过改写 mtimecmp 的值（使得其大于 mtime 的值）来清除计时器中断。
- 见附录 B.2.19 节，了解 mtime 和 mtimecmp 寄存器的更多信息。

**注意：**只有蜂鸟 RISC-V 核的全局中断使能和计时器中断局部使能被打开后，才能响应此软件中断（见第 4.3.2 节，了解中断使能的相关信息）。

## 5.14.4  PLIC 管理多个外部中断

### 1. PLIC 简介

PLIC 全称为平台级别中断控制器（Platform Level Interrupt Controller），它是 RISC-V

架构标准定义的系统中断控制器，主要用于多个外部中断源的优先级仲裁，其要点简述如下。

（1）PLIC 理论上可以支持高达 1024 个外部中断源，在具体的 SoC 中连接的中断源个数可以不同。在蜂鸟 E203 MCU SoC 中，PLIC 连接了 GIPO、UART、PWM 等多个外部中断源，其中断分配如表 5-6 所示。

表 5-6                           PLIC 的中断分配

| PLIC 源中断号 | 来源 |
| --- | --- |
| 0 | 预留为表示没有中断 |
| 1 | wdogcmp |
| 2 | rtccmp |
| 3 | uart0 |
| 4 | uart1 |
| 5 | qspi0 |
| 6 | qspi1 |
| 7 | qspi2 |
| 8 | gpio0 |
| …… | …… |
| 39 | gpio31 |
| 40 | pwm0cmp0 |
| …… | …… |
| 43 | pwm0cmp3 |
| 44 | pwm1cmp0 |
| …… | …… |
| 47 | pwm1cmp3 |
| 48 | pwm2cmp0 |
| …… | …… |
| 51 | pwm2cmp3 |
| 52 | i2c |

（2）PLIC 将多个外部中断源仲裁为一个单比特的中断信号，送入处理器核作为机器模式外部中断（Machine External Interrupt），处理器核收到中断进入异常服务程序后，可以通过读 PLIC 的相关寄存器查看中断源的编号和信息。

（3）处理器核在处理完相应的中断服务程序后，可以通过写 PLIC 的相关寄存器和具体的外部中断源的寄存器来清除中断源（假设中断来源为 GPIO，则可以通过 GPIO 模块的中断相关寄存器清除该中断）。

见附录 C，了解 RISC-V 架构所定义 PLIC 的详细信息。

**2．PLIC 外部中断源分配表**

PLIC 在蜂鸟 E203 MCU SoC 中连接所有外设的中断，包括 GIPO、UART、PWM 等多个外部中断源。蜂鸟 E203 MCU SoC 的 PLIC 外部中断源分配如表 5-6 所示，从中可以看出蜂鸟 E203 MCU SoC 的外部中断源共有 53 个，其中除了 0 被预留表示"不存在的中断"之外，编号 1～52 对应的中断源接口信号线被用于连接有效的外部中断源。

**3．PLIC 寄存器**

PLIC 是一个存储器地址映射的模块，在蜂鸟 E203 MCU SoC 中其寄存器的地址区间如表 5-7 所示。**注意：** PLIC 的寄存器只支持操作尺寸（Size）为 32 位的读写访问。

表 5-7　　　　　　　　　　　　PLIC 寄存器的存储器映射地址

| 地址 | 寄存器英文名称 | 寄存器中文名称 | 复位默认值 |
|---|---|---|---|
| 0x0C00_0004 | Source 1 priority | 中断源 1 的优先级 | 0x0 |
| 0x0C00_0008 | Source 2 priority | 中断源 2 的优先级 | 0x0 |
| …… | …… | …… | |
| 0x0C00_0FFC | Source 1023 priority | 中断源 1023 的优先级 | 0x0 |
| …… | …… | …… | |
| 0x0C00_1000 | Start of pending array（read-only） | 中断等待标志的起始地址 | 0x0 |
| …… | …… | …… | |
| 0x0C00_107C | End of pending array | 中断等待标志的结束地址 | 0x0 |
| …… | …… | …… | |
| 0x0C00_2000 | Target 0 enables | 中断目标 0 的使能位 | 0x0 |
| …… | …… | …… | |
| 0x0C20_0000 | Target 0 priority threshold | 中断目标 0 的优先级门槛 | 0x0 |
| 0x0C20_0004 | Target 0 claim/complete | 中断目标 0 的响应/完成 | 0x0 |

- PLIC 理论上可以支持多个中断目标（Target）。由于蜂鸟 E203 处理器是一个单核处理器，且仅实现了机器模式，因此仅用到 PLIC 的 Target 0，表中的 Target 0 即为蜂鸟 E203 处理器核。
- 表 5-7 中的"Source 1 priority"～"Source 1023 priority"对应每个中断源的优先级寄存器（可读可写）。虽然每个优先级寄存器对应一个 32 位的地址区间（4 字节），但是优先级寄存器的有效位可以只有几位（其他位固定为 0 值）。譬如，假设硬件实现优先级寄存器的有效位为 3 位，则其可以支持的优先级个数为 0~7 这 8 个优先级。
  **注意：** 由于 PLIC 理论上可以支持 1024 个中断源，所以此处定义了 1024 个优先级寄存器的地址，但是在目前蜂鸟 E203 MCU SoC 中，实际上只使用到了表 5-6 所示的中断源。

- 表 5-7 中的 "Start of pending array" ~ "End of pending array" 对应每个中断源的 IP 中断等待寄存器 (只读)。由于每个中断源的 IP 仅有一位宽,而每个寄存器对应一个 32 位的地址区间 (4 字节),因此每个寄存器可以包含 32 个中断源的 IP。

  按照此规则,譬如 "Start of pending array" 寄存器包含中断源 0~中断源 31 的 IP 寄存器值,其他依次类推。每 32 个中断源的 IP 被组织在一个寄存器中,总共 1024 个中断源则需要 32 个寄存器,其地址为 0x0C00_1000~0x0C00_107C 的 32 个地址。

  **注意:** 由于 PLIC 理论上可以支持 1024 个中断源,所以此处定义了 1024 个等待阵列 (pending array) 寄存器的地址,但是在目前蜂鸟 E203 MCU SoC 中,实际上只使用到了表 5-6 所示的中断源。

- 表 5-7 中的 "Target 0 enables" 对应每个中断源的中断使能寄存器 (可读可写)。与 IP 寄存器同理,由于每个中断源的 IE 仅有一位宽,而每个寄存器对应于一个 32 位的地址区间 (4 字节),因此每个寄存器可以包含 32 个中断源的 IE。

  按照此规则,对于 "Target 0" 而言,每 32 个中断源的 IE 被组织在一个寄存器中,总共 1024 个中断源则需要 32 个寄存器,其地址为 0x0C00_2000~0x0C00_207C 的 32 个地址区间。

- 表 5-7 中的 "Target 0 priority threshold" 对应 "Target 0" 的阈值寄存器 (可读可写)。虽然每个阈值寄存器对应于一个 32 位的地址区间 (4 字节),但是阈值寄存器的有效位个数应该与每个中断源的优先级寄存器有效位个数相同。

- 表 5-7 中的 "Target 0 claim/complete" 对应 "Target 0" 的 "中断响应" 寄存器和 "中断完成" 寄存器。

  对于每个中断目标而言,由于 "中断响应" 寄存器为可读,"中断完成" 寄存器为可写,因此将其合并作为一个寄存器共享同一个地址,成为一个可读可写的寄存器。

# 第 6 章　开源蜂鸟 E203 MCU SoC 外设介绍

本章将介绍蜂鸟 E203 MCU SoC 中的所有外设。

## 6.1　蜂鸟 E203 MCU SoC 外设总述

蜂鸟 E203 MCU SoC 中的所有外设资源如表 6-1 所示。

表 6-1　　　　　　　　　　　　蜂鸟 E203 MCU SoC 的外设资源

| 类型 | 外设 | 数目 |
|---|---|---|
| 中断控制 | 外部中断控制模块（PLIC） | 1 组 |
| | 软件中断和计时器中断生成模块（CLINT） | 1 组 |
| 时钟控制 | 低速时钟生成模块（LCLKGEN） | 1 组 |
| | 高速时钟生成模块（HCLKGEN） | 1 组 |
| 端口控制 | GPIO | 32 个 pin 脚 |
| 通信协议接口 | SPI/QSPI | 3 组 |
| | I²C | 1 组 |
| | UART | 2 组 |
| 脉宽调制输出 | PWM | 3×4 组输出 |
| 计时器 | WDT（WatchDog Timer） | 1 组 |
| | RTC（RealTime Counter） | 1 组 |
| | Timer（来自 CLINT 模块） | 1 组 |
| 电源管理 | PMU | 1 组 |

下面将介绍各个外设的详细信息。

## 6.2 PLIC

PLIC 全称为平台级别中断控制器（Platform Level Interrupt Controller），它是 RISC-V 架构标准定义的系统中断控制器，主要用于多个外部中断源的优先级仲裁，最后产生一根外部中断信号通给 RISC-V 处理器核。PLIC 是一个存储器地址映射（Memory Address Mapped）的模块，挂载在蜂鸟 E203 处理器核为其实现的专用总线接口上。见第 5.14.4 节，了解蜂鸟 E203 MCU SoC 中 PLIC 的详情。

## 6.3 CLINT

CLINT 全称为 Core Local Interrupts Controller，在蜂鸟 E203 SoC 中主要用于产生计时器中断（Timer Interrupt）和软件中断（Software Interrupt）。见第 5.14.3 节，了解蜂鸟 E203 MCU SoC 中 CLINT 的详情。

## 6.4 LCLKGEN

### 6.4.1 LCLKGEN 简介

LCLKGEN 全称为 Low-Speed Clock Generation。如图 5-1 所示，LCLKGEN 主要为常开域（Always-On Domain）生成时钟。常开域主要使用低速的实时时钟，频率应为 32.768kHz，可以选择来自片上振荡器、外部晶振或者直接通过芯片引脚输入。

LCLKGEN 模块的结构取决于具体芯片的工艺和 IP，因此本书在此不做介绍。

**注意**：在 FPGA 开发板中，LCLKGEN 模块为空模块，直接输出由 FPGA 产生的 32.768kHz 时钟。

### 6.4.2 LCLKGEN 寄存器列表

在蜂鸟 E203 MCU SoC 的具体芯片中，LCLKGEN 模块有若干可编程寄存器（地址区间为 0x1000_0200~0x1000_02FF），用于控制 LCLKGEN 的相关功能。由于 LCLKGEN 模块的结构取决于具体芯片的工艺和 IP，因此本书在此对相关寄存器不做介绍。

# 6.5 HCLKGEN

## 6.5.1 HCLKGEN 简介

HCLKGEN 全称为 High-Speed Clock Generation。如图 5-1 所示，HCLKGEN 主要为主域生成高速时钟（譬如频率为 100MHz）。HCLKGEN 可以使用片上振荡器、外部晶振和片上 PLL 产生高速时钟，PLL 可以通过软件配置将其旁路。HCLKGEN 模块的结构取决于具体芯片的工艺和 IP，因此本书在此不做介绍。

**注意:** 在 FPGA 开发板中，HCLKGEN 模块为空模块，直接输出由 FPGA 产生的 16MHz 时钟。

## 6.5.2 HCLKGEN 寄存器列表

在蜂鸟 E203 MCU SoC 的具体芯片中，HCLKGEN 模块有若干可编程寄存器（地址区间为 0x1000_8000~0x1000_8FFF），其用于控制 HCLKGEN 的相关功能。由于 HCLKGEN 模块的结构取决于具体芯片的工艺和 IP，因此本书在此对相关寄存器不做介绍。

# 6.6 GPIO

## 6.6.1 GPIO 特性

GPIO 全称为 General Purpose I/O，蜂鸟 E203 MCU SoC 中的 GPIO 特性和功能简述如下。

（1）GPIO 为芯片提供一组 32 个 I/O 的通用输入输出接口。

（2）每个 I/O 均可以直接受软件编程的可配置寄存器控制，此模式称为软件控制模式。见第 6.6.3 节，了解软件控制模式的更多信息。

（3）每个 I/O 均可以直接受硬件接口信号控制，此模式称为 IOF 模式。见第 6.6.3 节，了解 IOF 模式的更多信息。

（4）每个 I/O 均可以产生中断。

下面将对各特性分别展开论述。

## 6.6.2  GPIO 寄存器列表

GPIO 的可配置寄存器为存储器地址映射寄存器（Memory Address Mapped），如图 5-1 所示，GPIO 作为一个从模块挂载在 SoC 的私有设备总线上，可配置寄存器在系统中的存储器映射地址区间如表 5-1 所示。GPIO 的可配置寄存器列表及其偏移地址如表 6-2 所示，各寄存器将在本章后续小节中详细讲解。

表 6-2　　　　　　　　　　　　　　GPIO 可配置寄存器列表

| 寄存器名称 | 偏移地址 | 复位默认值 | 描述 |
|---|---|---|---|
| GPIO_VALUE | 0x000 | 0x0 | Pin 的值 |
| GPIO_INPUT_EN | 0x004 | 0x0 | Pin 的输入使能 |
| GPIO_OUTPUT_EN | 0x008 | 0x0 | Pin 的输出使能 |
| GPIO_PORT | 0x00C | 0x0 | Pin 的输出值 |
| GPIO_PUE | 0x010 | 0x0 | 内部上拉使能 |
| GPIO_DS | 0x014 | 0x0 | Pin 的驱动强度 |
| GPIO_RISE_IE | 0x018 | 0x0 | 上升沿中断使能 |
| GPIO_RISE_IP | 0x01C | 0x0 | 上升沿中断等待标志（Pending） |
| GPIO_FALL_IE | 0x020 | 0x0 | 下降沿中断使能 |
| GPIO_FALL_IP | 0x024 | 0x0 | 下降沿中断等待标志（Pending） |
| GPIO_HIGH_IE | 0x028 | 0x0 | 高电平中断使能 |
| GPIO_HIGH_IP | 0x02C | 0x0 | 高电平中断等待标志（Pending） |
| GPIO_LOW_IE | 0x030 | 0x0 | 低电平中断使能 |
| GPIO_LOW_IP | 0x034 | 0x0 | 低电平中断等待标志（Pending） |
| GPIO_IOF_EN | 0x038 | 0x0 | H/W IO Function 使能 |
| GPIO_IOF_SEL | 0x03C | 0x0 | 选择 H/W IO 的来源 |
| GPIO_OUT_XOR | 0x040 | 0x0 | 对输出值进行异或（XOR）操作控制 |

注意：

- 由于 GPIO 在系统中的基地址为 0x1001_2000，因此表中 VALUE 寄存器的存储器映射地址为 0x1001_2000，INPUT_EN 寄存器的存储器映射地址为 0x1001_2004，其他依次类推
- 表中所有的寄存器均为 32 位宽度，每一位用于控制 GPIO 的一个 I/O，因此该 GPIO 总共支持最多 32 个 I/O
- 表中所有的寄存器需要以 32 位对齐的存储器访问方式进行读写

## 6.6.3  I/O 结构和 IOF 模式

GPIO 的 32 个 I/O 的结构完全相同，每个独立 I/O 的结构如图 6-1 所示，从图中可以看出如下要点。

（1）每个 I/O 的 Pad 有如下控制信号。

- PUE：上拉使能。
- IE：输入使能。
- IVAL：输入值。

  **注意**：如图 6-1 所示，当 IE 和 OE 信号均为高时，OVAL 信号的值也能反映在 IVAL 信号上。
- DS：输出驱动强度。
- OVAL：输出值。
- OE：输出使能。

（2）每个 I/O 具有两种模式，软件控制模式和 IOF（H/W IO Function）控制模式。介绍如下。

1）软件控制模式：当表 6-2 中 GPIO_IOF_EN 寄存器对应此 I/O 的比特位被配置成 0 时，此 I/O 处于软件控制模式。在此模式下：

- 此 I/O Pad 的 IE 控制信号值直接来自表 6-2 中的"GPIO_INPUT_EN 寄存器对应此 I/O 的比特位"。
- 此 I/O Pad 的 OE 控制信号值直接来自表 6-2 中的"GPIO_OUTPUT_EN 寄存器对应此 I/O 的比特位"。
- 此 I/O Pad 的 OVAL 控制信号值直接来自表 6-2 中的"GPIO_PORT 寄存器对应此 I/O 的比特位"与"GPIO_OUT_XOR 寄存器对应此 I/O 的比特位"进行异或操作的结果。

  **注意**：如果"GPIO_OUT_XOR 寄存器对应此 I/O 的比特位"的值为 1，则异或操作等效为取反操作；如果"GPIO_OUT_XOR 寄存器对应此 I/O 的比特位"的值为 0，则异或操作等效为无任何作用。

2）IOF 控制模式：当表 6-2 中 GPIO_IOF_EN 寄存器对应此 I/O 的比特位被配置成 1 时，此 I/O 处于 IOF 控制模式。在此模式下：

- 此 I/O 受 IOF 接口信号控制，IOF 接口包含了 IOF_OE、IOF_IE、IOF_OVAL、IOF_IVAL 这 4 根信号，其控制关系如下。

a）IOF 接口 IOF_IVAL 信号的值直接来自此 I/O Pad 的 IVAL 控制信号值。

b）此 I/O Pad 的 IE 控制信号值直接来自此 I/O 的 IOF 接口 IOF_IE 信号。

c）此 I/O Pad 的 OE 控制信号值直接来自此 I/O 的 IOF 接口 IOF_OE 信号。

d）此 I/O Pad 的 OVAL 控制信号值直接来自此 I/O 的 IOF 接口 IOF_OVAL 信号与 "GPIO_OUT_XOR 寄存器对应此 I/O 的比特位"进行异或操作的结果。

- IOF 接口信号可以有两个来源，分别为 IOF0 和 IOF1。当表 6-2 中的 GPIO_IOF_SEL 寄存器对应此 I/O 的比特位被配置成 0 时，选择 IOF0，否则选择 IOF1。

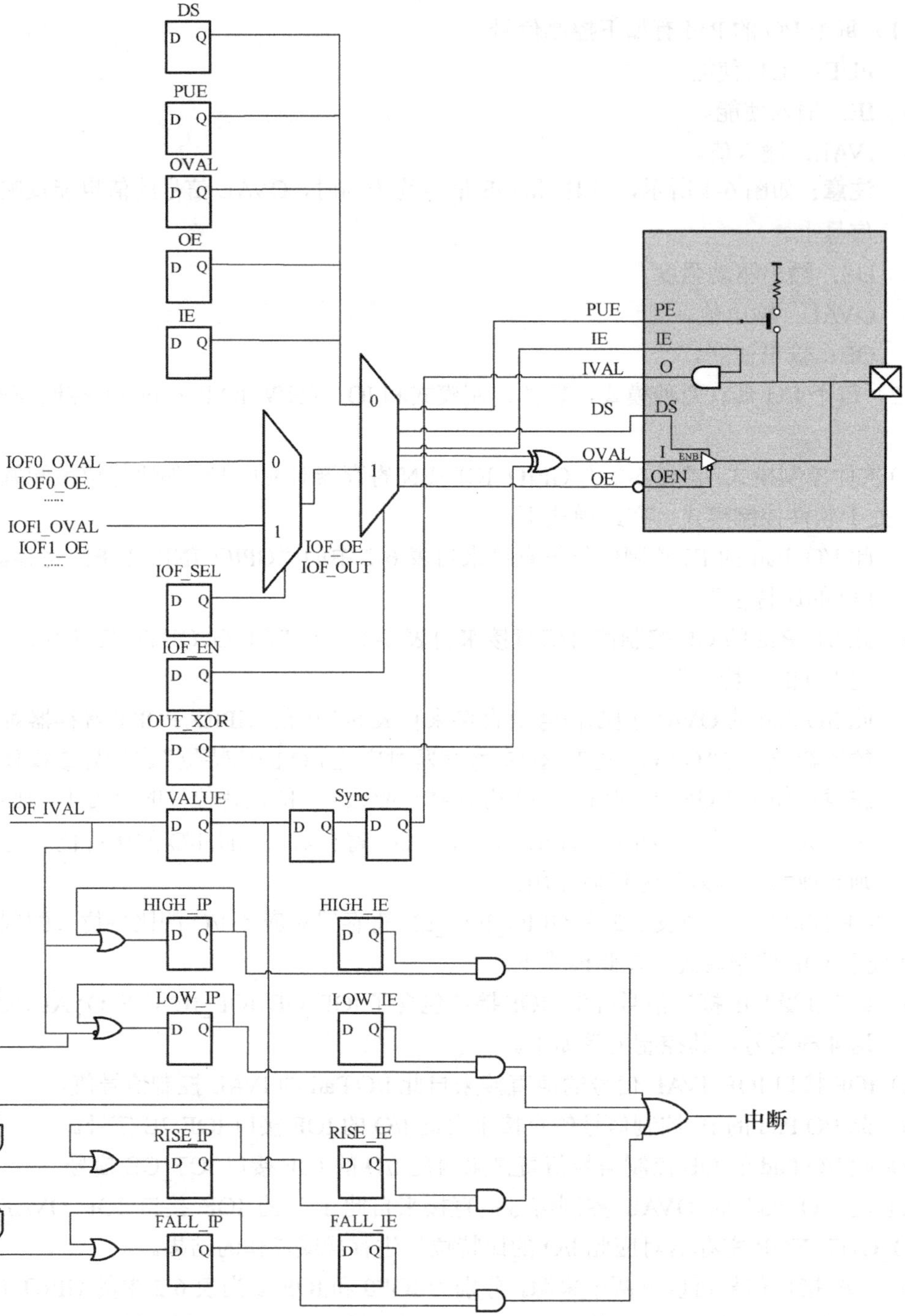

图 6-1 GPIO I/O 结构图

- IOF0 和 IOF1 可以被用于连接蜂鸟 E203 MCU SoC 中不同外设的接口,从而使得 SoC 中的外设能够复用 GPIO 的 32 个 Pad 与芯片外界进行通信。

a)由于 IOF 接口包含了 IOF_OE、IOF_IE、IOF_OVAL、IOF_IVAL 这 4 根信号,因此外设能够通过 GPIO 的 IOF 功能复用 Pad 充当输入或者输出接口与芯片外接进行通信。

b)蜂鸟 E203 MCU SoC 中各外设复用 GPIO 的 IOF0 和 IOF1 接口分配表如表 5-3 所示。

(3)不管是软件控制模式,还是 IOF 控制模式,都有:

- "GPIO_VALUE 寄存器对应此 I/O 的比特位"的值直接来自此 I/O Pad 的 IVAL 控制信号值。
- 此 I/O Pad 的 PUE 控制信号值直接来自表 6-2 中的"GPIO_PUE 寄存器对应此 I/O 的比特位"。
- 此 I/O Pad 的 DS 控制信号值直接来自表 6-2 中的"GPIO_DS 寄存器对应此 I/O 的比特位"。

**注意:** 某些平台可能不具备 I/O Pad 的 PUE 和 DS 控制信号。假设蜂鸟 E203 MCU SoC 是实现在 FPGA 原型平台中的,则由于 FPGA 的 Pad 可能不具备带使能的上拉和驱动强度能力。因此,在此类平台中,GPIO_PUE 和 GPIO_DS 寄存器将无任何作用。

## 6.6.4 SoC 各外设复用 GPIO 引脚

GPIO 的 IOF0 和 IOF1 接口可以被用于连接蜂鸟 E203 MCU SoC 中不同外设的接口,从而使得 SoC 中的外设能够复用 GPIO 的 32 个 Pad 与芯片外界进行通信。其接口分配表如表 5-3 所示。

## 6.6.5 GPIO 中断

如图 6-1 所示,GPIO 的每个 I/O 都可以根据 I/O Pad 的 IVAL 信号产生不同类型的中断,包括上升沿触发、下降沿触发、高电平触发和低电平触发,分别介绍如下。

(1)上升沿触发

- 如果表 6-2 中的 GPIO_RISE_IE 寄存器对应此 I/O 的比特位被配置成为 1,则表示对此 I/O Pad 的 IVAL 信号进行上升沿检测。
- 一旦检测到上升沿,则产生中断。产生的中断会反映在 GPIO_RISE_IP 寄存器对应此 I/O 的比特位中,该中断会一直保持,直到软件向 GPIO_RISE_IP 寄存器对应此 I/O 的比特位中写入 1 值。

(2)下降沿触发

- 如果表 6-2 中的 GPIO_FALL_IE 寄存器对应此 I/O 的比特位被配置成为 1,则表示对此 I/O Pad 的 IVAL 信号进行下降沿检测。

- 一旦检测到下降沿，则产生中断。产生的中断会反映在 GPIO_FALL_IP 寄存器对应此 I/O 的比特位中，该中断会一直保持，直到软件向 GPIO_FALL_IP 寄存器对应此 I/O 的比特位中写入 1 值。

（3）高电平触发

- 如果表 6-2 中的 GPIO_HIGH_IE 寄存器对应此 I/O 的比特位被配置成为 1，则表示对此 I/O Pad 的 IVAL 信号进行高电平检测。
- 一旦检测到高电平，则产生中断。产生的中断会反映在 GPIO_HIGH_IP 寄存器对应此 I/O 的比特位中，该中断会一直保持，直到软件向 GPIO_HIGH_IP 寄存器对应此 I/O 的比特位中写入 1 值。

（4）低电平触发

- 如果表 6-2 中的 GPIO_LOW_IE 寄存器对应此 I/O 的比特位被配置成为 1，则表示对此 I/O Pad 的 IVAL 信号进行低电平检测。
- 一旦检测到低电平，则产生中断。产生的中断会反映在 GPIO_LOW_IP 寄存器对应此 I/O 的比特位中，该中断会一直保持，直到软件向 GPIO_LOW_IP 寄存器对应此 I/O 的比特位中写入 1 值。

对于 GPIO 的每个 I/O，上述 4 种中断的"或"操作产生最终的一根中断，即上述任何一种中断产生，都会产生 GPIO 中断。由于 GPIO 支持 32 个 I/O，每个 I/O 均可以产生中断，因此总共可以产生 32 个中断信号，这些中断信号均会作为 SoC 中的 PLIC 的外部中断源。见第 5.14.4 节，了解更多信息。

**注意**：GPIO 对于 I/O Pad 的 IVAL 信号进行检测前需要被 GPIO 所处的时钟域进行同步和采样，因此外部的 Pad 输入信号必须持续超过两个 GPIO 时钟周期才能够被检测到，否则会被作为毛刺而忽略掉。在蜂鸟 E203 MCU SoC 中，GPIO 处于主域的时钟域。见第 5.7 节，了解时钟域的更多信息。

## 6.6.6　GPIO_VALUE 寄存器

GPIO_VALUE 寄存器用于反映 GPIO 的输入值。"GPIO_VALUE 寄存器对应每一个 I/O 的比特位"的值直接来自对应 I/O Pad 的 IVAL 控制信号值。

## 6.6.7　GPIO_INPUT_EN 寄存器

GPIO_INPUT_EN 寄存器用于在软件控制模式下配置 GPIO 的输入使能。"GPIO_INPUT_EN 寄存器对应每一个 I/O 的比特位"将会在软件控制模式下控制对应 I/O Pad 的 IE 控制信号。

## 6.6.8 GPIO_OUTPUT_EN 寄存器

GPIO_OUTPUT_EN 寄存器用于在软件控制模式下配置 GPIO 的输出使能。"GPIO_OUTPUT_EN 寄存器对应每一个 I/O 的比特位" 将会在软件控制模式下控制对应 I/O Pad 的 OE 控制信号。

## 6.6.9 GPIO_PORT 寄存器

GPIO_PORT 寄存器用于在软件控制模式下配置 GPIO 的输出值。"GPIO_PORT 寄存器对应每一个 I/O 的比特位" 将会在软件控制模式下控制对应 I/O Pad 的 OVAL 控制信号。

## 6.6.10 GPIO_PUE 寄存器

GPIO_PUE 寄存器用于配置 GPIO 的上拉使能。"GPIO_PUE 寄存器对应每一个 I/O 的比特位" 将会控制对应 I/O Pad 的 PUE 控制信号。

**注意：** 某些平台可能不具备 I/O Pad 的 PUE 控制信号。假设蜂鸟 E203 MCU SoC 是实现在 FPGA 原型平台中的，则由于 FPGA 的 Pad 可能不具备带使能的上拉能力。因此在此类平台中，GPIO_PUE 寄存器将无任何作用。

## 6.6.11 GPIO_DS 寄存器

GPIO_DS 寄存器用于配置 GPIO 的驱动强度。"GPIO_DS 寄存器对应每一个 I/O 的比特位" 将会控制对应 I/O Pad 的 DS 控制信号。

**注意：** 某些平台可能不具备 I/O Pad 的 DS 控制信号。假设蜂鸟 E203 MCU SoC 是实现在 FPGA 原型平台中的，则由于 FPGA 的 Pad 可能不具备带使能驱动强度能力。因此在此类平台中，GPIO_DS 寄存器将无任何作用。

## 6.6.12 GPIO_OUTPUT_XOR 寄存器

GPIO_OUTPUT_XOR 寄存器用于对 GPIO 的输出取反。

如果 "GPIO_OUT_XOR 寄存器对应某 I/O 的比特位" 的值为 1，则将此 I/O 的输出值进行取反操作。如果 "GPIO_OUT_XOR 寄存器对应某 I/O 的比特位" 的值为 0，则保持输出值不变。见第 6.6.3 节，了解更多详情。

## 6.6.13 GPIO_RISE_IE、GPIO_RISE_IP 等寄存器

GPIO_RISE_IE、GPIO_RISE_IP 等寄存器用于控制 GPIO 的中断。见第 6.6.5 节，了解更

多详情。

# 6.7 SPI

## 6.7.1 SPI 背景知识简介

SPI 全称为 Serial Peripheral Interface（串行外设接口），是 MCU 中常用的接口模块。SPI 的通信原理很简单，它以主从方式工作，通常有一个主设备和一个或多个从设备，需要至少 4 根线（支持全双工方式）或者 3 根线（支持半双工方式）工作，分别为 SDI（数据输入）、SDO（数据输出）、SCK（时钟）、CS（片选），下面分别予以介绍。

（1）MOSI：SPI 总线主机输出/从机输入（Master Output / Slave Input）。

（2）MISO：SPI 总线主机输入/从机输出（Master Input / Slave Output）。

（3）SCK：时钟信号，由主设备产生。

（4）CS：从设备使能信号（Chip Select），由主设备控制，有些芯片的此 pin 脚也称 SS。CS 控制芯片是否被选中，也就是说只有片选信号为预先规定的使能值时（高电平或低电平），对此芯片的操作才有效。此方法使得在同一总线上连接多个 SPI 设备成为可能。

一个主设备与一个从设备直接对接的示意图如图 6-2 所示。

一个主设备与多个从设备直接对接的示意图如图 6-3 所示。**注意：**在独立从设备配置中，每个从设备都有独立的片选线。同时，由于从设备的 MISO 引脚连接在一起，因此要求它们是三态引脚（高、低或高阻抗）。

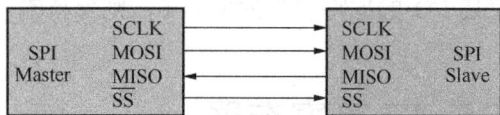

图 6-2  SPI 总线一个主设备与一个从设备直接对接　　图 6-3  SPI 总线一个主设备与多个从设备直接对接

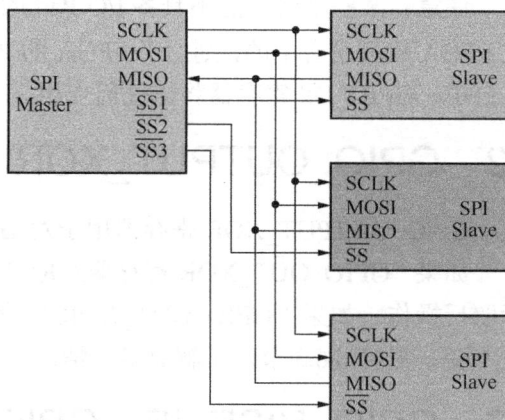

　　基本的 SPI 协议也称为 Single-SPI。Single-SPI 是串行通信协议，因此数据逐位进行传输，由 SCK 提供时钟脉冲，MOSI、MISO 则基于此脉冲完成数据传输。数据输出通过 MOSI 线传输，数据在时钟上升沿或下降沿时改变，在紧接着的下降沿或上升沿被采样完成一位数据传输，输入也是同样的原理。图 6-4 所示为一个典型的 Single-SPI 通信波形。

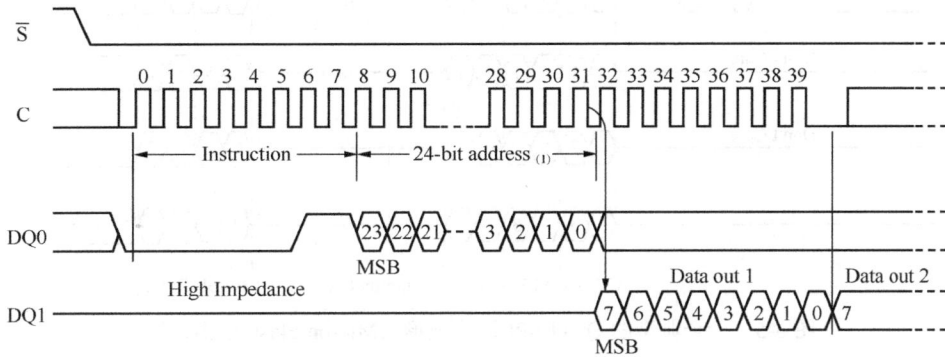

图 6-4　一个典型的 Single-SPI 通信波形（Micron Flash 读操作）

在基本的 Single SPI 协议基础上，扩展出了 Dual-SPI 和 Quad-SPI 协议，简介如下。

（1）Dual-SPI

- 由于在实际中较少使用全双工模式，因此为了能够充分利用数据线，Dual-SPI 协议被引入。
- 在 Dual-SPI 协议中，MOSI、MISO 数据线被重命名为 SD0、SD1，变成既可以做输出，也可以做输入的双向信号线。
- Dual-SPI 协议同时使用两根数据线进行传输，在一段时间内或者全部做输出（发送数据），或者全部做输入（接收数据），因此是半双工的方式。
- 由于同时使用两根数据线进行传输，一个周期可以传送 2bit 的信号，因此在单向传输时，数据的吞吐率能够提高一倍。

（2）Quad-SPI

- Quad-SPI 在 Dual-SPI 的基础上再新添加 2 根数据线，使得数据线变成 4 根，分别为 SD0、SD1、SD2 和 SD3。
- Quad-SPI 协议同样使用半双工的方式，一个周期可以传送 4bit 的信号，因此比 Dual-SPI 协议在单向传输时数据的吞吐率提高一倍。

图 6-5 所示为一个典型的 Quad-SPI 通信波形，Dual-SPI 通信波形与之相似。

本书限于篇幅，仅对 Single-SPI、Dual-SPI、Quad-SPI 进行简略的背景知识简介，更多内容请读者自行查阅资料学习。

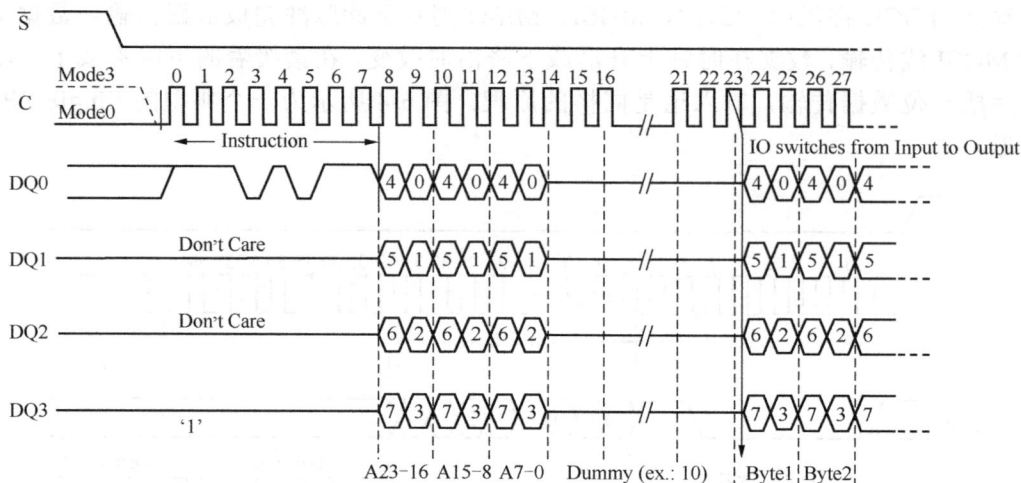

图 6-5 一个典型的 Quad-SPI 通信波形（Micron Flash 读操作）

## 6.7.2 SPI 特性

蜂鸟 E203 MCU SoC 支持 3 个 Quad-SPI 模块，分别为 QSPI0、QSPI1 和 QSPI2，如图 5-1 所示。3 个 QSPI 模块的工作原理和特性大致相同，简述如下。

（1）作为 SPI 主机，QSPI 模块支持发送和接收数据能力。

（2）虽然 Quad-SPI 有 4 根数据线，但是可以通过寄存器配置为单线（Single-SPI）、双线（Dual-SPI）和四线（Quad-SPI）模式。

（3）支持发送和接受 FIFO 缓存，同时支持软件可编程的阈值（Watermark）以产生中断。

（4）支持通过寄存器配置 SPI 时钟信号 SCK 的极性和相位。

（5）蜂鸟 E203 MCU SoC 中的 QSPI0 是专门用于访问外部闪存（Flash Memory）的接口，其特点如下。

- 仅支持一个使能信号（SS0）。
- 有专用的芯片引脚用于连接外部闪存。
- 特别地，支持 Flash 的 XiP 模式，使得外部 Flash 能够被映射为一片只读的地址区间，从而被直接读取。
- 见第 6.7.11 节，了解 QSPI0 对应 Flash XiP 模式的更多信息。

（6）蜂鸟 E203 MCU SoC 中的 QSPI1 和 QSPI2 可用于其他通用 SPI 接口的用途，其特点如下。

- QSPI1 支持 4 个使能信号（SS0、SS1、SS2、SS3）；QSPI2 仅支持 1 个使能（SS0）

信号。

- 通过 GPIO 的 IOF 功能复用 GPIO 引脚与芯片外部接口。
- 不支持 Flash 的 XiP 模式。

下面将对各特性分别展开论述。

## 6.7.3 SPI 寄存器列表

SPI 的可配置寄存器为存储器地址映射寄存器（Memory Address Mapped）。如图 5-1 所示，SPI 作为从模块挂载在 SoC 的私有设备总线上，蜂鸟 E203 MCU SoC 中 3 个 SPI 模块的可配置寄存器在系统中的存储器映射地址区间如表 5-1 所示。每个 SPI 的可配置寄存器列表及其偏移地址如表 6-3 所示。

表 6-3　　　　　　　　　　　　SPI 可配置寄存器列表

| 寄存器名称 | 偏移地址 | 描述 |
| --- | --- | --- |
| SPI_SCKDIV | 0x000 | SCK 时钟频率分频系数寄存器 |
| SPI_SCKMODE | 0x004 | SCK 模式配置寄存器 |
| SPI_CSID | 0x010 | CS 选通标识（ID）寄存器 |
| SPI_CSDEF | 0x014 | CS 默认电平配置 |
| SPI_CSMODE | 0x018 | CS 模式配置寄存器 |
| SPI_DELAY0 | 0x028 | 延迟控制寄存器 0 |
| SPI_DELAY1 | 0x02C | 延迟控制寄存器 1 |
| SPI_FMT | 0x040 | 传输参数配置寄存器 |
| SPI_TXDATA | 0x048 | 发送数据寄存器 |
| SPI_RXDATA | 0x04C | 接收数据寄存器 |
| SPI_TXMARK | 0x050 | 发送中断阈值寄存器 |
| SPI_RXMARK | 0x054 | 接收中断阈值寄存器 |
| SPI_FCTRL | 0x060 | Flash XiP 模式控制寄存器（仅 QSPI0 有） |
| SPI_FFMT | 0x064 | XiP 传输参数控制寄存器（仅 QSPI0 有） |
| SPI_IE | 0x070 | SPI 中断使能寄存器 |
| SPI_IP | 0x074 | SPI 中断等待标志寄存器 |

注意：

- 蜂鸟 E203 SoC 中有 3 个 SPI 模块，每个 SPI 的基地址不同。譬如 QSPI0 在系统中的基地址为 0x1001_4000，因此 QSPI0 的 SPI_SCKDIV 寄存器的存储器映射地址为 0x1001_4000，SPI_SCKMODE 寄存器的存储器映射地址为 0x1001_4004，其他依次类推
- 表中所有的寄存器需要以 32 位对齐的存储器访问方式进行读写

## 6.7.4　SPI 接口数据线

蜂鸟 E203 MCU SoC 中有 3 个 QSPI 模块，其中 QSPI0 是专用于访问外部 Flash 存储器的接口，拥有专用的芯片引脚。见第 5.12 节，了解芯片引脚分配的更多信息。而 QSPI1 和 QSPI2 则通过 GPIO 的 IOF 功能复用 GPIO 引脚，如表 5-3 所示。

## 6.7.5　通过 SPI_SCKDIV 寄存器配置 SCK 时钟频率

SPI_SCKDIV 可以用于设置 SPI 的 SCK 时钟频率。SPI_SCKDIV 寄存器的格式如图 6-6 所示。

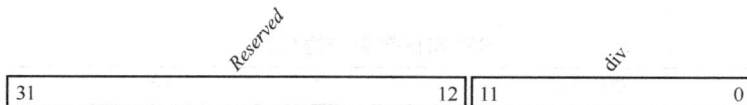

图 6-6　SPI_SCKDIV 寄存器格式

SPI_SCKDIV 寄存器各比特域的详细描述如表 6-4 所示。

表 6-4　　　　　　　　　　　　　SPI_SCKDIV 寄存器各比特域

| 域名 | 比特域 | 读写属性 | 复位默认值 | 描述 |
|------|--------|----------|------------|------|
| Div | 11:0 | 可读可写 | 0x3 | 用于配置产生 SCK 信号的分频系数 |

SCK 信号时钟频率的计算过程如下。

（1）假设 SPI_SCKDIV 寄存器值为 div。

（2）假设 SPI 模块在 SoC 中所处的时钟域频率为 Freq_SPI。

**注意**：在蜂鸟 E203 MCU SoC 中，SPI 处于主域的时钟域。见第 5.7 节，了解时钟域的更多信息。

（3）那么 SCK 的时钟频率 $Freq\_SCK = Freq\_SPI / (2*(div + 1))$。

## 6.7.6　通过 SPI_SCKMODE 寄存器配置 SCK 的极性与相位

SPI 协议时钟信号 SCK 的时钟极性与相位均有两种不同的模式，SPI 时钟信号 SCK 的不同极性和相位模式示意图如图 6-7 所示，简介如下。

（1）时钟极性（简称 CPOL）

- 假设 CPOL 为 0，则 SCK 在空闲时为低电平，时钟的 "前沿" 是上升沿，"后沿" 是下降沿。

- 假设 CPOL 为 1，则 SCK 在空闲时为高电平，时钟的"前沿"是下降沿，"后沿"是上升沿。

（2）时钟相位（简称 CPHA）

- 假设 CPHA 为 0，则数据在发送端的时钟后沿改变，在接收端的下一个时钟前沿被采样。**注意**：如果是第一个时钟周期，数据必须提前准备好，以便接收端能够在第一个时钟前沿采样到数据。

- 假设 CPHA 为 1，则数据在发送端的时钟前沿改变，在接收端的下一个时钟后沿被采样。**注意**：如果是第一个时钟周期，数据必须提前准备好，以便接收端能够在第一个时钟后沿采样到数据。

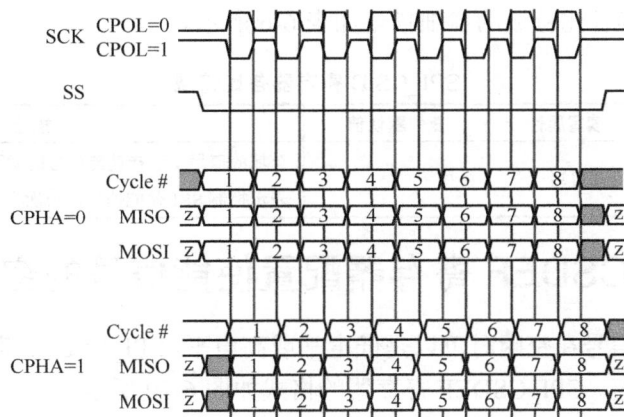

图 6-7 SPI 时钟信号 SCK 的不同极性和相位示意图

SPI_SCKMODE 寄存器可以用于设置 SPI 的 SCK 时钟极性和相位。SPI_SCKMODE 寄存器的格式如图 6-8 所示。

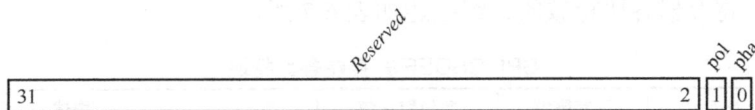

图 6-8 SPI_SCKMODE 寄存器格式

SPI_SCKMODE 寄存器各比特域的详细描述如表 6-5 所示。

表 6-5 　　　　　　　　　　　SPI_SCKMODE 寄存器各比特域

| 域名 | 比特域 | 读写属性 | 复位默认值 | 描述 |
|---|---|---|---|---|
| pol | 1 | 可读可写 | 0x0 | 此域配置 CPOL |
| pha | 0 | 可读可写 | 0x0 | 此域配置 CPHA |

## 6.7.7 通过 SPI_CSID 寄存器配置 SPI 使能信号

SPI 接口可以有最多 4 个使能信号，分别为 SS0、SS1、SS2 和 SS3。多个使能信号使得同一总线上连接多个 SPI 从设备成为可能，但是一次只能够使能一个 SPI 从设备。

SPI_CSID 寄存器可以用于选择设置 SPI 的使能信号。SPI_CSID 寄存器的格式如图 6-9 所示。

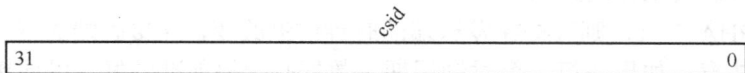

csid

| 31 | 0 |
|---|---|

图 6-9  SPI_CSID 寄存器格式

SPI_CSID 寄存器各比特域的详细描述如表 6-6 所示。

表 6-6　　　　　　　　　　　　　　SPI_CSID 寄存器各比特域

| 域名 | 比特域 | 读写属性 | 复位默认值 | 描述 |
|---|---|---|---|---|
| csid | 31:0 | 可读可写 | 0x0 | 该域的值用于选择使能信号的索引。假设此域的值为 1，则表示控制 SS1 使能信号，依次类推 |

## 6.7.8 通过 SPI_CSDEF 寄存器配置使能信号的空闲值

SPI 接口的使能信号在空闲时可以是低电平或高电平。SPI_CSDEF 寄存器可以用于设置 SPI 的使能信号空闲值。SPI_CSDEF 寄存器的格式如图 6-10 所示。

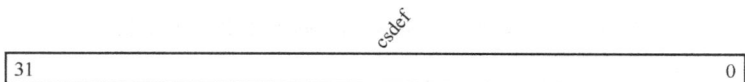

csdef

| 31 | 0 |
|---|---|

图 6-10  SPI_CSDEF 寄存器格式

SPI_CSDEF 寄存器各比特域的详细描述如表 6-7 所示。

表 6-7　　　　　　　　　　　　　　SPI_CSDEF 寄存器各比特域

| 域名 | 比特域 | 读写属性 | 复位默认值 | 描述 |
|---|---|---|---|---|
| cs3def | 3 | 可读可写 | 0x1 | 该域的值表示 SS3 使能信号的空闲值 |
| cs2def | 2 | 可读可写 | 0x1 | 该域的值表示 SS2 使能信号的空闲值 |
| cs1def | 1 | 可读可写 | 0x1 | 该域的值表示 SS1 使能信号的空闲值 |
| cs0def | 0 | 可读可写 | 0x1 | 该域的值表示 SS0 使能信号的空闲值 |

## 6.7.9 通过 SPI_CSMODE 寄存器配置使能信号的行为

SPI_CSMODE 寄存器可以用于设置使能信号的行为，SPI 接口使能信号的行为可以有多种，简介如下。

（1）AUTO 模式

- 在 SPI 开始发送数据之前，硬件自动将使能信号置为有效电平值（取决于高电平有效或者低电平有效），该过程称为 Assertion；在结束发送数据之后，硬件自动将使能信号恢复为空闲值，该过程称为 De-assertion。

（2）HOLD 模式

- 在 SPI 开始发送数据之前，硬件自动将使能信号置为有效电平（取决于高电平有效或者低电平有效）；在结束发送数据之后，使能信号一直保持为有效电平值。
- 使能信号在以下任一条件发生时会被恢复为空闲值。

a）SPI_CSMODE 或 SPI_CSID 寄存器被写入了新的不同值。

b）SPI_CSDEF 寄存器被写入了新值，改变了相应使能信号的空闲值设置。

c）SPI_FCTRL 寄存器被配置为 1，即直接 Flash 读模式被打开。

（3）OFF 模式

- 关闭使能信号功能。在此模式下，硬件将无法控制使能信号的行为，使能信号的值保持为空闲值。

SPI_CSMODE 寄存器的格式如图 6-11 所示。

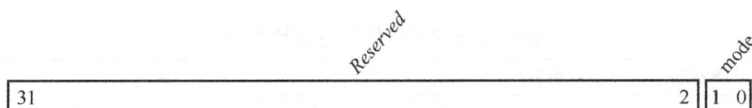

图 6-11 SPI_CSMODE 寄存器格式

SPI_CSMODE 寄存器各比特域的详细描述如表 6-8 所示。

表 6-8 SPI_CSMODE 寄存器各比特域

| 域名 | 比特域 | 读写属性 | 复位默认值 | 描述 |
|---|---|---|---|---|
| mode | 1:0 | 可读可写 | 0xSS0 | - 假设该域的值为 0，表示配置使能信号为 AUTO 模式<br>- 假设该域的值为 2，表示配置使能信号为 HOLD 模式<br>- 假设该域的值为 3，表示配置使能信号为 OFF 模式 |

## 6.7.10 通过 SPI_DELAY0 和 SPI_DELAY1 寄存器配置使能信号的行为

SPI_DELAY0 和 SPI_DELAY1 寄存器可以用于配置若干延迟周期参数。SPI_DELAY0 寄存器的格式如图 6-12 所示，SPI_DELAY1 寄存器的格式如图 6-13 所示。

图 6-12    SPI_DELAY0 寄存器格式

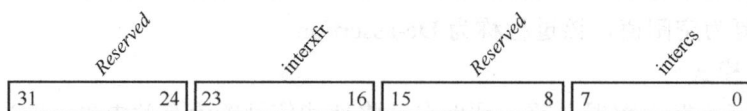

图 6-13    SPI_DELAY1 寄存器格式

SPI_DELAY0 寄存器各比特域的详细描述如表 6-9 所示，SPI_DELAY1 寄存器各比特域的详细描述如表 6-10 所示。

表 6-9                    SPI_DELAY0 寄存器各比特域

| 域名 | 比特域 | 读写属性 | 复位默认值 | 描述 |
|---|---|---|---|---|
| sckcs | 23:16 | 可读可写 | 0x1 | 该域的值指定在结束发送数据之后，在最后一个 SCK 时钟后沿之后至少多少个周期内仍会将使能信号（SS）保持为有效值 |
| cssck | 7:0 | 可读可写 | 0x1 | 该域的值指定在开始发送数据之前，在第一个 SCK 时钟前沿之前至少提前多少个周期会将使能信号（SS）置为有效值 |

表 6-10                    SPI_DELAY1 寄存器各比特域

| 域名 | 比特域 | 读写属性 | 复位默认值 | 描述 |
|---|---|---|---|---|
| interxfr | 23:16 | 可读可写 | 0x1 | 该域的值指定在使能信号一直保持不变的情况下，SPI 连续传输两个数据帧之间最少的间隔周期数<br>**注意**：该种情况只在 SPI_SCKMODE 被配置为 HOLD 或者 OFF 模式时才会发生 |
| intercs | 7:0 | 可读可写 | 0x0 | 该域的值指定使能信号从"有效值恢复为空闲值（de-assertion）后"到"重新置为有效值（assertion）"之间最少应该持续的空闲周期数（Mininum CS inactive time） |

# 6.7.11    通过 SPI_FCTRL 寄存器使能 QSPI0 的 Flash XiP 模式

蜂鸟 E203 MCU SoC 中的 QSPI0 特别地支持 Flash 的 XiP 模式，使得外部 Flash 能够被映射为一片只读的地址区间，从而被直接读取。因此对于 QSPI0 而言，有两种工作模式，简述如下。

（1）FIFO 发送接收模式

在此模式下，QSPI0 通过 SPI_TXDATA 和 SPI_RXDATA 寄存器进行发送或者接收数据操作。见第 6.7.14 节和第 6.7.15 节，了解更多信息。

（2）Flash XiP 模式

- 在此模式下，QSPI0 模块的 SPI_TXDATA 和 SPI_RXDATA 等寄存器的功能失效。整个 QSPI0（外接 Flash）被映射为一片只读的地址区间，从而被直接读取。
- 如表 5-1 所示，在蜂鸟 E203 MCU SoC 中，QSPI0 Flash 只读区间被映射到地址区间 0x2000_0000 ~ 0x3FFF_FFFF，因此软件直接从此区间读数据或者取指令会自动触发 QSPI0 通过 SPI 协议读取外部的 Flash。

QSPI0 通过 SPI 接口读取外部 Flash 的具体 SPI 协议行为受 SPI_FFMT 寄存器控制。见第 6.7.12 节，了解 SPI_FFMT 寄存器的更多信息。

- 在此模式下，支持常用的 Winbond/Numonyx Flash 串行读命令（0x03）读取外部的 Flash。

对于 QSPI0 而言，有一个特殊的 SPI_FCTRL 寄存器用于控制当前 Flash 处于的工作模式。SPI_FCTRL 寄存器的格式如图 6-14 所示。**注意**：蜂鸟 E203 MCU SoC 中的 QSPI1 和 QSPI2 不支持 Flash 的只读 XiP 模式，因此没有此寄存器控制。

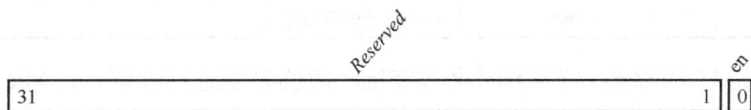

图 6-14　SPI_FCTRL 寄存器格式

SPI_FCTRL 寄存器各比特域的详细描述如表 6-11 所示。

表 6-11　　　　　　　　　　　　　SPI_FCTRL 寄存器各比特域

| 域名 | 比特域 | 读写属性 | 复位默认值 | 描述 |
|---|---|---|---|---|
| en | 0 | 可读可写 | 0x1 | • 如果该域为 1，则表示使能 QSPI0 的 Flash XiP 模式<br>• 如果该域为 0，则表示不使能 QSPI0 的 Flash XiP 模式，QSPI0 处于普通的 FIFO 发送接收模式 |

## 6.7.12　通过 SPI_FFMT 寄存器控制 QSPI0 读取外部 Flash

当 QSPI0 处于 Flash XiP 模式时，整个 QSPI0（外接 Flash）被映射为一片只读的地址区间，从而被直接读取。软件直接从此区间读数据或者取指令会自动触发 QSPI0 通过 SPI 协议读取外部的 Flash。QSPI0 通过 SPI 接口读取外部 Flash 的具体 SPI 协议行为受 SPI_FFMT 寄存器控制，SPI_FFMT 寄存器的格式如图 6-15 所示。

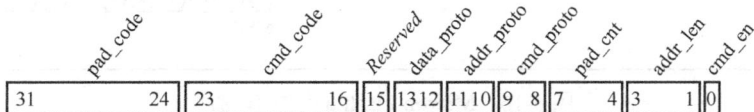

图 6-15　SPI_FFMT 寄存器格式

SPI_FFMT 寄存器各比特域的详细描述如表 6-12 所示。

表 6-12                         SPI_FFMT 寄存器各比特域

| 域名 | 比特域 | 读写属性 | 复位默认值 | 描述 |
| --- | --- | --- | --- | --- |
| pad_code | 31:24 | 可读可写 | 0x00 | 在 Dummay Cycles 中发送的头 8 个比特位 |
| cmd_code | 23:16 | 可读可写 | 0x03 | 具体的命令（Command）值。默认值 0x3 是常用的 Winbond/Numonx Flash 串行 READ 命令（0x03） |
| data_proto | 13:12 | 可读可写 | 0x0 | 发送数据（Data）阶段使用的 SPI 协议，见 SPI_FMT 寄存器的 proto 域的定义 |
| addr_proto | 11:10 | 可读可写 | 0x0 | 发送地址（Address）阶段使用的 SPI 协议，见 SPI_FMT 寄存器的 proto 域的定义 |
| cmd_proto | 9:8 | 可读可写 | 0x0 | 发送命令阶段使用的 SPI 协议，见 SPI_FMT 寄存器的 proto 域的定义 |
| pad_cnt | 7:4 | 可读可写 | 0x0 | 发送的 Dummy Cycles 的个数 |
| addr_len | 3:1 | 可读可写 | 0x3 | 地址位由多少字节组成（0~4）。默认为 3 字节（即 24 位） |
| cmd_en | 0 | 可读可写 | 0x1 | 是否发送命令的使能 |

对于 SPI_FFMT 寄存器，必须结合外部 Flash 的读时序进行理解。以 Micron Flash 为例，如果配置为表 6-12 中的默认值，则读操作时序如图 6-16 所示，要点如下。

（1）首先从 DQ0（MOSI）输出一个命令（Command）字节 0x03（对应的指令为 READ），即二进制 0000_0011。发送命令时使用的 SPI 协议为 Single-SPI。

（2）然后输出 3 字节的地址（Address），输出的方式为高位优先。发送地址时使用的 SPI 协议为 Single-SPI。

（3）最后通过 DQ1（MISO）读回 Address 指向的 Flash 存储数据（Data），每一字节读回的方式为高位优先。读回数据时使用的 SPI 协议为 Single-SPI。

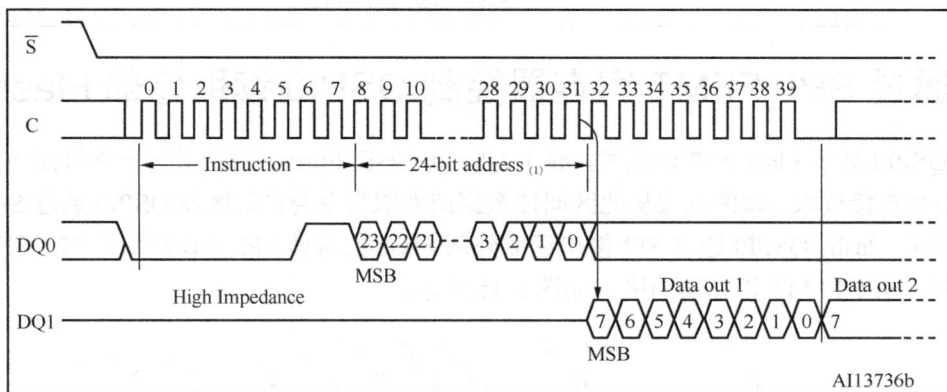

图 6-16 Micron Flash 的读操作时序

## 6.7.13　通过 SPI_FMT 寄存器配置传输参数

在 FIFO 发送接收模式下，可以通过 SPI_TXDATA 和 SPI_RXDATA 寄存器进行发送或者接收数据操作。

当通过写读 SPI_TXDATA 和 SPI_RXDATA 发送和接收数据时，SPI_FMT 寄存器可以用于配置若干传输参数。SPI_FMT 寄存器的格式如图 6-17 所示。

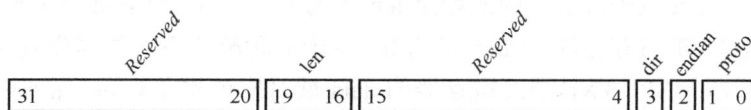

图 6-17　SPI_FMT 寄存器格式

SPI_FMT 寄存器各比特域的详细描述如表 6-13 所示。

表 6-13　　　　　　　　　　　SPI_FMT 寄存器各比特域

| 域名 | 比特域 | 读写属性 | 复位默认值 | 描述 |
| --- | --- | --- | --- | --- |
| len | 19:16 | 可读可写 | 0x8 | 该域的值指定发送一帧数据的比特位数（长度值），有效的长度值范围为 0 到 8 |
| dir | 3 | 可读可写 | 0x0 | （1）如果该域的值为 1，则表示 TX，即发送。在此模式下，RX-FIFO 将不会接收数据<br>（2）如果该域的值为 0，则表示 RX，即接收。在此模式下，RX-FIFO 将会接收数据：<br>• 如果 proto 域配置的是 Dual 或者 Quad-SPI 协议，则所有的 DQ 数据线均处于接收数据的输入状态<br>• 如果 proto 域配置的是 Single-SPI 协议，则根据普通 SPI 协议，DQ0（MOSI）仍然是会进行输出，DQ1（MISO）作为输入接收数据 |
| endian | 2 | 可读可写 | 0x0 | • 如果该域的值为 1，则对数据先发送低位（LSB 优先）<br>• 如果该域的值为 0，则对数据先发送高位（MSB 优先） |
| proto | 1:0 | 可读可写 | 0x0 | • 如果该域的值为 2，则配置传输协议为 Quad-SPI。在此模式下，有 4 根数据线 DQ0、DQ1、DQ2、DQ3 工作<br>• 如果该域的值为 1，则配置传输协议为 Dual-SPI。在此模式下，有两根数据线 DQ0 和 DQ1 工作<br>• 如果该域的值为 0，则配置传输协议为 Single-SPI。在此模式下，有两根数据线 DQ0（作为 MOSI）和 DQ1（作为 MISO）工作 |

## 6.7.14　通过 SPI_TXDATA 寄存器发送数据

在 FIFO 发送接收模式下，可以通过 SPI_TXDATA 寄存器发送数据。

SPI_TXDATA 寄存器其实是 SPI 发送 FIFO（TX-FIFO）的映像，TX-FIFO 的深度为 8 个表项，每个表项存储 1 字节的数据。FIFO 按照先入先出的方式组织，软件可以通过写 SPI_TXDATA 寄存器将数据压入（Enqueue）FIFO，FIFO 会按照先入先出的顺序将数据依次弹出（Dequeue）。每弹出 1 表项的字节数据作为一个数据帧，则将此帧依照 SPI 协议格式串行发送出去。

**注意：** 虽然 TX-FIFO 每次弹出 1 字节，但是具体通过 SPI 协议发送多少个比特位由 SPI_FMT 寄存器的 len 域来决定，因此如果 len 域的值小于 8，则有如下情况。

- 如果 SPI_FMT 寄存器的 endian 域为 0，由于此种配置下对数据先发送高位，因此软件将数据写入 SPI_TXDATA 寄存器的 data 域时应该靠左对齐（保证以高位优先的方式发送时能够选取到正确的数据）。
- 如果 SPI_FMT 寄存器的 endian 域为 1，由于此种配置下对数据先发送低位，因此软件将数据写入 SPI_TXDATA 寄存器的 data 域时应该靠右对齐（保证以低位优先的方式发送时能够选取到正确的数据）。

SPI_TXDATA 寄存器的格式如图 6-18 所示。

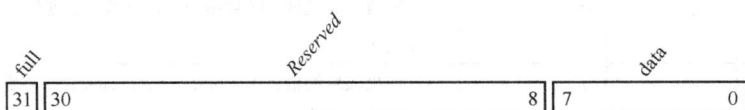

图 6-18　SPI_TXDATA 寄存器格式

SPI_TXDATA 寄存器各比特域的详细描述如表 6-14 所示。

表 6-14　SPI_TXDATA 寄存器各比特域

| 域名 | 比特域 | 读写属性 | 复位默认值 | 描述 |
| --- | --- | --- | --- | --- |
| full | 31 | 只读<br>写忽略 | 0x0 | • 该位为只读域，用于表示 SPI TX-FIFO 的状态是否为满<br>• 如果 full 位为 1，则表示当前的 SPI TX-FIFO 已经状态为满，写入 data 域的数据将被忽略；反之，则为非满，写入 data 域的数据将被接收<br>• **注意：** full 域为只读，软件写入 SPI_TXDATA 寄存器时并不会改变此域的值，但是也不会产生错误异常 |
| data | 7:0 | 可写<br>读为 0 | 0x0 | • 如果 full 域为 0，软件写入 data 域的数据将会被推入 SPI TX-FIFO<br>• 如果 full 域为 1，软件写入 data 域的数据将会被忽略 |

## 6.7.15　通过 SPI_RXDATA 寄存器接收数据

在 FIFO 发送接收模式下，可以通过 SPI_RXDATA 寄存器接收数据。

SPI_RXDATA 寄存器其实是 SPI 接收 FIFO（RX-FIFO）的映像，RX-FIFO 的深度为 8

个表项，每个表项存储 1 字节的数据。FIFO 按照先入先出的方式组织，SPI 接口通过 SPI 数据线依照 SPI 协议串行接收数据，每接收到一个数据帧之后便将数据以 1 字节的方式压入（Enqueue）FIFO。软件每读一次 SPI_RDATA 寄存器，便会将 1 字节的表项数据弹出（Dequeue）FIFO。

**注意**：即便是接收数据操作，也需要软件写入任意值至 TX-FIFO 触发一次假发送。因为只有如此才会触发 SPI 的 SCK 时钟信号，然后在时钟信号的控制下对输入数据进行采样，从而接收数据至 RX-FIFO 中。这是由 SPI 协议的特性决定的，SPI 的发送端和接收端就像一个移位寄存器模型一样。如图 6-19 所示，每一个 SCLK 时钟脉冲便会发送一位数据，同时也会接收一位数据，因此通过 SPI_RXDATA 寄存器接收数据也必须有 SCLK 的时钟脉冲。

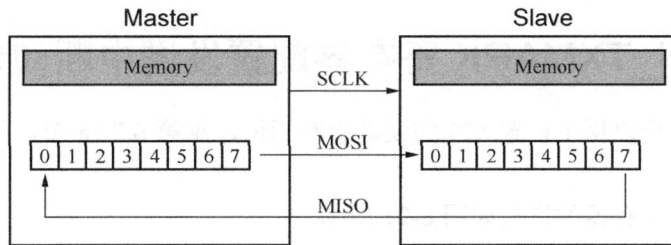

图 6-19　SPI 的移位器逻辑模型

**注意**：虽然 RX-FIFO 每次弹出 1 字节，但是具体通过 SPI 协议发送（即接收）多少个比特位由 SPI_FMT 寄存器的 len 域来决定，因此如果 len 域的值小于 8，则分为如下情况。

- 如果 SPI_FMT 寄存器的 endian 域为 0，由于此种配置下接收到数据先放在高位，因此接收数据对应在 SPI_TXDATA 寄存器 data 域中靠左对齐的位置。
- 如果 SPI_FMT 寄存器的 endian 域为 1，由于此种配置下接收到数据先放在低位，因此接收数据对应在 SPI_TXDATA 寄存器 data 域中靠右对齐的位置。

SPI_RXDATA 寄存器的格式如图 6-20 所示。

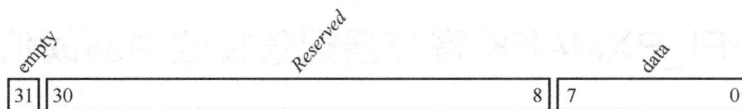

图 6-20　SPI_RXDATA 寄存器格式

SPI_RXDATA 寄存器各比特域的详细描述如表 6-15 所示。

表 6-15　　　　　　　　　　　　　　　SPI_RXDATA 寄存器各比特域

| 域名 | 比特域 | 读写属性 | 复位默认值 | 描述 |
|---|---|---|---|---|
| empty | 31 | 只读 写忽略 | 0x0 | • 该位为只读域,用于表示 SPI RX-FIFO 的状态是否为空<br>• 如果 empty 位为 1,则表示当前的 SPI RX-FIFO 已经状态为空,读出 data 域的数据没有意义;反之,则为非空,读出 data 域的数据是有效的数据<br>注意:empty 域为只读,软件写入 SPI_RXDATA 寄存器时并不会改变此域的值,但是也不会产生错误异常 |
| data | 7:0 | 只读 写忽略 | 0x0 | • 如果 empty 域为 0,软件读出 data 域的数据为有效数据<br>• 如果 empty 域为 1,软件读出 data 域的数据为无效数据<br>注意:data 域为只读,软件写入 SPI_RXDATA 寄存器时并不会改变此域的值,但是也不会产生错误异常 |

## 6.7.16　通过 SPI_TXMARK 寄存器配置发送中断阈值

SPI_TXMARK 可以用于设置 SPI 的发送中断阈值,见第 6.7.18 节,了解 SPI 产生发送中断的更多信息。

SPI_TXMARK 寄存器的格式如图 6-21 所示。

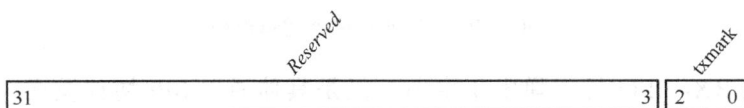

图 6-21　SPI_TXMARK 寄存器格式

SPI_TXMARK 寄存器各比特域的详细描述如表 6-16 所示。

表 6-16　　　　　　　　　　　　　　　SPI_TXMARK 寄存器各比特域

| 域名 | 比特域 | 读写属性 | 复位默认值 | 描述 |
|---|---|---|---|---|
| txmark | 2:0 | 可读可写 | 0x0 | 该域的值表示 TX-FIFO 产生中断的阈值(Watermark)。有关 SPI TX-FIFO 中断的更多信息,见第 6.7.18 节 |

## 6.7.17　通过 SPI_RXMARK 寄存器配置接收中断阈值

SPI_RXMARK 可以用于设置 SPI 的接收中断阈值,见第 6.7.18 节,了解 SPI 产生接收中断的更多信息。

SPI_RXMARK 寄存器的格式如图 6-22 所示。

SPI_RXMARK 寄存器各比特域的详细描述如表 6-17 所示。

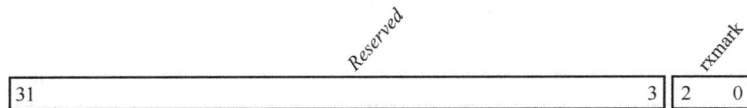

图 6-22    SPI_RXMARK 寄存器格式

表 6-17                                    SPI_RXMARK 寄存器各比特域

| 域名 | 比特域 | 读写属性 | 复位默认值 | 描述 |
|------|--------|----------|------------|------|
| rxmark | 2:0 | 可读可写 | 0x0 | 该域的值表示 RX-FIFO 产生中断的阈值（Watermark）。有关 SPI RX-FIFO 中断的更多信息，见第 6.7.18 节 |

# 6.7.18   通过 SPI_IE 和 SPI_IP 寄存器控制中断

SPI 的 TX-FIFO 和 RX-FIFO 均能够产生中断，其要点如下。

- 如果发送中断被使能，则当 TX-FIFO 中待发送的有效数据表项数目少于 SPI_TXMARK 寄存器 txmark 域中配置的阈值时，便会产生发送中断。
- 如果接收中断被使能，则当 RX-FIFO 中已收到的有效数据表项数目多于 SPI_RXMARK 寄存器 rxmark 域中配置的阈值时，便会产生接收中断。

每个 SPI 模块最终产生一根中断信号线，这个中断信号会作为 SoC 中的 PLIC 的外部中断源。见第 5.14.4 节，了解 PLIC 中断的更多信息。

SPI_IE 可以用于对 SPI 的中断进行使能，SPI_IP 可以用于反映 SPI 的中断等待（Pending）状态。

SPI_IE 寄存器的格式如图 6-23 所示。

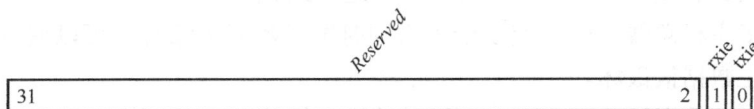

图 6-23    SPI_IE 寄存器格式

SPI_IE 寄存器各比特域的详细描述如表 6-18 所示。

表 6-18                                    SPI_IE 寄存器各比特域

| 域名 | 比特域 | 读写属性 | 复位默认值 | 描述 |
|------|--------|----------|------------|------|
| rxie | 1 | 可读可写 | 0x0 | • 如果 rxie 域为 1，则表示使能 SPI 的接收中断<br>• 如果 rxie 域为 0，则表示不使能 SPI 的接收中断 |
| txie | 0 | 可读可写 | 0x0 | • 如果 txie 域为 1，则表示使能 SPI 的发送中断<br>• 如果 txie 域为 0，则表示不使能 SPI 的发送中断 |

SPI_IP 寄存器的格式如图 6-24 所示。

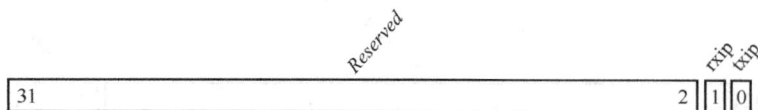

图 6-24　SPI_IP 寄存器格式

SPI_IP 寄存器各比特域的详细描述如表 6-19 所示。

表 6-19　　　　　　　　　　　　　　SPI_IP 寄存器各比特域

| 域名 | 比特域 | 读写属性 | 复位默认值 | 描述 |
|------|--------|----------|------------|------|
| rxip | 1 | 只读 | 0x0 | • 如果该域为 1，则表示当前正在产生接收中断<br>• 如果该域为 0，则表示当前没有产生接收中断 |
| txip | 0 | 只读 | 0x0 | • 如果该域为 1，则表示当前正在产生发送中断<br>• 如果该域为 0，则表示当前没有产生发送中断 |

# 6.8 I²C

## 6.8.1 I²C 背景知识简介

I²C 全称为 Inter-Integrated Circuit（集成电路互联总线），是 MCU 中常用的接口模块。I²C 总线的特点如下。

- 只有两条总线线路：一条串行数据线（SDA）和一条串行时钟线（SCL）。
- 每个连接到总线的设备都可以使用唯一地址来识别。
- 真正的多主机总线，两个或多个主机同时发起数据传输时，可以通过冲突检测和仲裁来防止数据被破坏。
- SDA（串行数据线）和 SCL（串行时钟线）都是双向 I/O 线，接口电路为开漏输出，需通过上拉电阻接电源。当总线空闲时，两根线都是高电平。图 6-25 所示为一个典型的 I²C 总线连接系统图。
- 通过 SDA 与 SCL 的关系可以表示不同的协议标志位。图 6-26 所示为 I²C 协议定义的主要标志位。

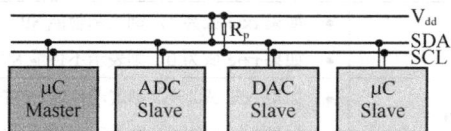

图 6-25　典型的 I²C 总线连接系统图

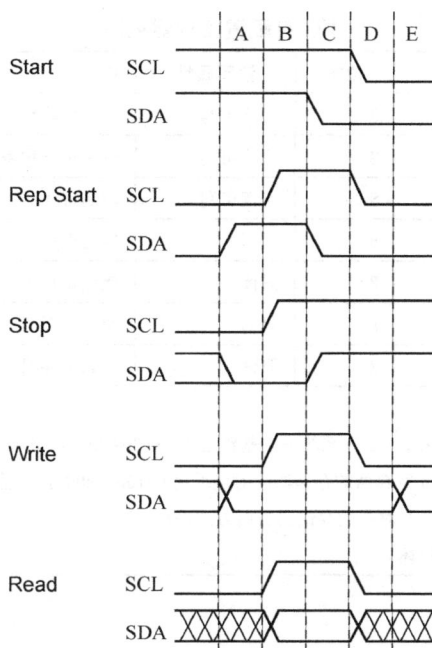

图 6-26　I²C 协议定义的主要标志位

本书限于篇幅，仅对 I²C 进行简略的背景知识介绍，更多内容请读者自行查阅资料学习。

## 6.8.2　I²C 特性

蜂鸟 E203 MCU SoC 支持一个 I²C 模块。I²C 模块的工作原理和特性简述如下：

- 支持作为 I²C 主设备向外部 I²C 从设备写或者读数据。
- 支持产生发送或者接收中断。
- 支持通过寄存器配置 SCL 的频率。

后续将对各特性分别展开论述。

## 6.8.3　I²C 寄存器列表

I²C 的可配置寄存器为存储器地址映射寄存器（Memory Address Mapped），如图 5-1 所示，I²C 作为从模块挂载在 SoC 的私有设备总线上，蜂鸟 E203 MCU SoC 中 I²C 模块的可配置寄存器在系统中的存储器映射地址区间如表 5-1 所示。I²C 的可配置寄存器列表及其偏移地址如表 6-20 所示。

表 6-20                    I$^2$C 可配置寄存器列表

| 寄存器名称 | 偏移地址 | 位宽 | 读写属性 | 描述 |
|---|---|---|---|---|
| I$^2$C_PRERlo | 0x00 | 8 | 可读可写 | 时钟预分频寄存器低 8 位 |
| I$^2$C_PRERhi | 0x01 | 8 | 可读可写 | 时钟预分频寄存器高 8 位 |
| I$^2$C_CTR | 0x02 | 8 | 可读可写 | 控制寄存器 |
| I$^2$C_TXR | 0x03 | 8 | 只写 | 发送寄存器 |
| I$^2$C_RXR | 0x03 | 8 | 只读 | 接受寄存器 |
| I$^2$C_CR | 0x04 | 8 | 只写 | 命令寄存器 |
| I$^2$C_SR | 0x04 | 8 | 只读 | 状态寄存器 |

**注意:**

- 表中所有的寄存器均为 8 位宽度,由于 I$^2$C 在系统中的基地址为 0x1004_2000,因此表中 I$^2$C_PRERlo 寄存器的存储器映射地址为 0x1004_2000,I$^2$C_PRERhi 寄存器的存储器映射地址为 0x1004_2001,其他依次类推
- 表中所有的寄存器需要以 8 位(字节)对齐的存储器访问方式进行读写
- 各寄存器将在本章后续小节中具体描述

## 6.8.4   I$^2$C 接口数据线

蜂鸟 E203 MCU SoC 中 I$^2$C 的接口数据线(SCL 和 SDA)通过 GPIO 的 IOF 功能复用 GPIO 引脚的分配如表 5-3 所示。

## 6.8.5   通过 I$^2$C_PRERlo 和 I$^2$C_PRERhi 寄存器配置 SCL 时钟频率

I$^2$C 模块中有一个 16 位宽的 Prescale 寄存器,I$^2$C_PRERlo 寄存器映射到 Prescale 的低 8 位,I$^2$C_PRERhi 寄存器映射到 Prescale 的高 8 位。

通过对 I$^2$C 模块所处时钟域的时钟进行分频,得到 SCL 信号的时钟频率,分频系数即为 Prescale 寄存器的值。根据"I$^2$C 模块所处时钟域的时钟频率"和"SCL 时钟频率",Prescale 寄存器的值可以由如下公式计算得到:

Prescale 寄存器的值="I$^2$C 模块所处时钟域的时钟频率"/((5 * "SCL 时钟频率")−1)

**注意:** Prescale 寄存器的值只有在 I$^2$C 模块的功能没有被使能(由 I$^2$C_CTR 寄存器的 EN 域控制)的情况下才能够更改。

## 6.8.6   通过 I$^2$C_CTR 寄存器配置功能和中断使能

I$^2$C_CTR 寄存器可以用于配置 I$^2$C 模块的功能和中断。I$^2$C_CTR 寄存器中仅使用 2 位,

其中最高位是最关键的，因为其控制 I²C 模块功能的打开与关闭。

I²C 模块最终产生一根中断信号线，这个中断信号会作为 SoC 中的 PLIC 的外部中断源，见第 5.14.4 节，了解 PLIC 中断的更多信息。

I²C_CTR 寄存器各比特域的详细描述如表 6-21 所示。

表 6-21　　　　　　　　　　　I²C_CTR 寄存器各比特域

| 域名 | 比特域 | 读写属性 | 复位默认值 | 描述 |
|---|---|---|---|---|
| EN | 7 | 可读可写 | 0 | • 如果该域的值为 1，则表示 I²C 的功能被打开，软件能够配置命令寄存器 I²C_CR 来发起操作命令请求<br>• 如果该域的值为 0，则表示 I²C 的功能被关闭，I²C 模块不会响应任何命令请求 |
| IEN | 6 | 可读可写 | 0 | • 如果该域的值为 1，则表示 I²C 的中断产生功能被使能<br>• 如果该域的值为 0，则表示 I²C 的中断产生功能被关闭 |

## 6.8.7　I²C 模块产生中断

I²C 模块能够在特定条件下生成中断，最终产生一根中断信号线，这个中断信号会作为 SoC 中的 PLIC 的外部中断源，见第 5.14.4 节，了解 PLIC 中断的更多信息。

见 I²C_SR 寄存器的 IF 域了解 I²C 模块产生中断的具体条件。

## 6.8.8　通过 I²C_TXR 和 I²C_RXR 寄存器发送和接收数据

I²C 模块通过 I²C_TXR 寄存器发送数据，通过 I²C_RXR 寄存器接收数据。

I²C_TXR 和 I²C_RXR 寄存器共用一个地址，I²C_TXR 寄存器为只写寄存器，I²C_RXR 寄存器为只读寄存器。

I²C_TXR 寄存器各比特域的详细描述如表 6-22 所示。

表 6-22　　　　　　　　　　　I²C_TXR 寄存器各比特域

| 域名 | 比特域 | 读写属性 | 复位默认值 | 描述 |
|---|---|---|---|---|
| TXR | 7:1 | 只写 | 0x0 | I²C 将发送字节的高 7 位 |
| LSB | 0 | 只写 | 0x0 | I²C 将发送字节的最低位<br>注意：根据 I²C 协议规定，在 I²C 传输从设备地址字节时，最低位表示读或者写操作<br>• '1' 表示从从设备读数据<br>• '0' 表示向从设备写数据 |

I²C_RXR 寄存器各比特域的详细描述如表 6-23 所示。

表 6-23                  I²C_RXR 寄存器各比特域

| 域名 | 比特域 | 读写属性 | 复位默认值 | 描述 |
|------|--------|----------|------------|------|
| RXR | 7:0 | 只读 | 0x0 | I²C 接收到的 1 字节 |

## 6.8.9　通过 I²C_CR 和 I²C_SR 寄存器发起命令和查看状态

I²C 模块通过 I²C_CR 寄存器发起命令请求，I²C_CR 命令寄存器在每个命令完成后都会自动清除。因此，I²C 在发起开始命令、写命令、读命令和停止等命令之前都要向 I²C_CR 命令寄存器中写值。

I²C 模块会监视 I²C 总线的操作，可以通过 I²C_SR 寄存器查看状态。

I²C_CR 和 I²C_SR 寄存器共用一个地址，I²C_CR 寄存器为只写寄存器，I²C_SR 寄存器为只读寄存器。

I²C_CR 寄存器各比特域的详细描述如表 6-24 所示。

表 6-24                  I²C_CR 寄存器各比特域

| 域名 | 比特域 | 读写属性 | 复位默认值 | 描述 |
|------|--------|----------|------------|------|
| STA | 7 | 只写 | 0x0 | 产生开始（再开始）命令 |
| STOP | 6 | 只写 | 0x0 | 产生停止命令 |
| RD | 5 | 只写 | 0x0 | 向从设备发起读命令 |
| WR | 4 | 只写 | 0x0 | 向从设备发起写命令 |
| ACK | 3 | 只写 | 0x0 | 在读数据时，接收完 1 字节数据后：<br>• 如果该域配置为 0，则发送"应答"标志<br>• 如果该域配置为 1，则发送"非应答"标志 |
| IACK | 0 | 只写 | 0x0 | 中断应答，置 1 时清除等待的中断 |

I²C_SR 寄存器各比特域的详细描述如表 6-25 所示。

表 6-25                  I²C_SR 寄存器各比特域

| 域名 | 比特域 | 读写属性 | 复位默认值 | 描述 |
|------|--------|----------|------------|------|
| RxACK | 7 | 只读 | 0x0 | 接收从设备应答的标志位，代表是否接收到从设备的应答<br>• '1'表示未接收到应答<br>• '0'表示已接收到应答 |
| BUSY | 6 | 只读 | 0x0 | 代表总线的忙或闲状态<br>• '1'表示已检测到开始位，总线忙<br>• '0'表示已检测到停止位，总线闲 |
| AL | 5 | 只读 | 0x0 | 仲裁丢失<br>该域置 1 时表示 I²C 仲裁丢失，仲裁丢失条件为：<br>• 未发停止位命令时检测到停止位<br>• 驱动 SDA 线为高，但 SDA 线的实际值为低 |

续表

| 域名 | 比特域 | 读写属性 | 复位默认值 | 描述 |
|------|--------|----------|------------|------|
| TIP | 1 | 只读 | 0x0 | 传送数据进程标志位<br>• '1'表示正在传送数据<br>• '0'表示已完成数据传送 |
| IF | 0 | 只读 | 0x0 | 中断标志位<br>当中断等待时该域置1,若 I²C_CTR 寄存器的 IEN 域为 1 时,I²C 模块能够产生中断请求。中断标志位置 1 的条件为:<br>• 已完成 1 字节的数据传送<br>• 仲裁丢失 |

## 6.8.10　初始化 I²C 模块的序列

I²C 模块的初始化序列如下。

- 首先需要在使能 I²C 之前,通过配置 I²C_PRERlo 和 I²C_PRERhi 寄存器来配置所需要的 SCL 时钟频率。
- 然后向 I²C_CTR 寄存器中写入一个值(8'h80)来使能 I²C 的功能。

## 6.8.11　通过 I²C 模块向外部从设备写数据的常用序列

根据 I²C 协议,主设备通过 I²C 总线写从设备的典型时序如图 6-27 所示。

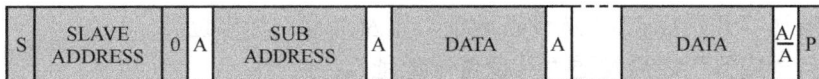

| S | SLAVE ADDRESS | 0 | A | SUB ADDRESS | A | DATA | A | | DATA | A/A | P |

图 6-27　典型的 I²C 总线写时序

- 首先发送"开始标志""从设备地址"以及"写"标志位。
- 在收到"应答"之后发送"从设备子地址"。
- 在收到"应答"之后发送"写数据"。
- 不断地发送"写数据",直到发送"非应答"给从设备,然后发送"停止标志"。

依照上述的写时序,通过 I²C 模块向外部的从设备写数据,需要软件使用如下序列。

(1)参照第 6.8.10 节中所述的初始化序列来初始化 I²C 模块。

(2)向 I²C_TXR 寄存器中写入值(高 7 位表示从设备地址+低位 0 表示写操作)。

(3)向 I²C_CR 寄存器中写入值(8'h90)设置 I²C_CR 寄存器的 STA 和 WR 域后,I²C 模块开始向 I²C 总线发送从"开始标志""从设备地址"以及"写"标志位。

(4)读 I²C_SR 寄存器的 TIP 域来确定步骤 3 中的命令已经发出。

（5）向 I²C_TXR 寄存器中写入值（从设备子地址）。

（6）向 I²C_CR 寄存器中写入值（8'h10）设置 I²C_CR 寄存器的 WR 域后，I²C 模块开始向 I²C 总线发送"从设备子地址"。

（7）读 I²C_SR 寄存器的 TIP 域来确定步骤 6 中的命令已经发出。

（8）向 I²C_TXR 寄存器中写入值（写数据字节）。

（9）向 I²C_CR 寄存器中写入值（8'h10），设置 I²C_CR 寄存器的 WR 域后，I²C 模块开始向 I²C 总线发送"写数据"。

（10）读 I²C_SR 寄存器的 TIP 域来确定步骤 8 中的命令已经发出。

（11）重复 8、9、10 步骤可多次发送写数据。

（12）向 I²C_TXR 寄存器中写入待发送的最后一个数据字节。

（13）向 I²C_CR 寄存器中写入值（8'h50），设置 I²C_CR 寄存器的 WR 和 STOP 域后，I²C 模块发送最后 1 字节的数据，然后发送"停止标志"来结束写操作。

## 6.8.12 通过 I²C 模块从外部从设备读数据的常用序列

根据 I²C 协议，主设备通过 I²C 总线读从设备的典型时序如图 6-28 所示。

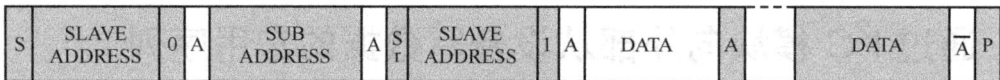

图 6-28 典型的 I²C 总线读时序

- 首先发送"开始标志""从设备地址"以及"写"标志位。
- 在收到"应答"之后发送"从设备子地址"。
- 发送"再开始标志""从设备地址"以及"读"标志位。
- 在收到"应答"之后接收"读数据"，然后发送"应答"给从设备。
- 不断地接收"读数据"，直到发送"非应答"给从设备，然后发送"停止标志"。

依照上述写时序，通过 I²C 模块从外部的从设备读数据，需要软件使用如下序列。

（1）参照第 6.8.10 节中所述的初始化序列，初始化 I²C 模块。

（2）向 I²C_TXR 寄存器中写入值（高 7 位表示从设备地址+低位 0 表示写操作）。

（3）向 I²C_CR 寄存器中写入值（8'h90）设置 I²C_CR 寄存器的 STA 和 WR 域后，I²C 模块开始向 I²C 总线发送从"开始标志""从设备地址"以及"写"标志位。

（4）读 I²C_SR 寄存器的 TIP 域来确定步骤 2 中的命令已经发出。

（5）向 I²C_TXR 寄存器中写入值（需要写入的从设备子地址）。

（6）向 I²C_CR 寄存器中写入值（8'h10），设置 I²C_CR 寄存器的 WR 域后，I²C 模块开

始向 $I^2C$ 总线发送"从设备子地址"。

(7) 读 $I^2C$_SR 寄存器的 TIP 域来确定步骤 6 中的命令已经发出。

(8) 向 $I^2C$_TXR 寄存器中写入值(高 7 位表示从设备地址+低位 1 表示读操作)。

(9) 向 $I^2C$_CR 寄存器中写入值(8'h90)设置 $I^2C$_CR 寄存器的 STA 和 WR 域后,$I^2C$ 模块开始向 $I^2C$ 总线发送从"再开始标志""从设备地址"以及"读"标志位。

(10) 读 $I^2C$_SR 寄存器的 TIP 域来确定步骤 9 中的命令已经发出。

(11) 向 $I^2C$_CR 寄存器中写入值(8'h20)设置 $I^2C$_CR 寄存器的 RD 域后,$I^2C$ 模块开始从 $I^2C$ 总线接收 1 字节的"读数据",之后发送"应答"标志。

(12) 读 $I^2C$_SR 寄存器的 TIP 域来确定步骤 11 中的命令已经发出。

(13) 重复步骤 11、12 可不断接收多字节的"读数据"。

(14) 当主设备决定停止从从设备读回数据时,往 $I^2C$_CR 寄存器写入值(8'h68),$I^2C$ 模块开始读回最后 1 字节的数据,然后发送一个"非应答",最后发送"停止标志"来结束读操作。

# 6.9 UART

## 6.9.1 UART 背景知识简介

UART 全称为 Universal Asynchronous Receiver-Transmitter(通用异步接收-发射器)。嵌入式中说的串口,一般就是指 UART 口,此说法虽然不是特别严谨精确,但算是常见的习惯说法。由于嵌入式系统往往没有配备显示屏,因此常用 UART 口连接主机 PC 的 COM 口(或者将 UART 转换为 USB 后连接主机 PC 的 USB 口)进行调试,这样便可以将嵌入式系统中的 printf 函数重定向打印至主机的显示屏。有关如何移植 printf 使其通过 UART 接口打印至主机 PC 的显示屏,见第 9.1.6 节。

在传输的过程中,UART 发送端将字节数据以串行的方式逐个比特地发送出去,UART 接收端逐个比特地接收数据,然后将其重新组织为字节数据。常见的传输格式如图 6-29 所示,其要点如下。

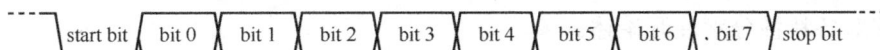

图 6-29 UART 数据传输格式

- 在空闲时,UART 输出保持高电平。之所以为高电平,是由历史原因造成的,早期的电信传输可以用高电平来表征线路并没有被破坏掉(如果是低电平,则无法判别）。

- 在发送 1 字节之前，应该先发送一个低电平表示起始位（Start Bit）。
- 发送起始位之后，通常以低位先发送的方式逐个比特地传输完一整个字节数据位（Data Bit）。当然，也有某些 UART 设备会以高位先发送的方式进行传输。
- 传输完字节之后，可选地会传输一位或者多位奇偶校验位（Parity Bit）。
- 最后传输的是以高电平表征的停止位（Stop Bit）。

衡量 UART 传输速度的主要标准是波特率（Baud Rate），需将其与比特率（Bit Rate）加以区分，其要点如下。

- 在信息传输通道中，携带数据信息的信号单元叫作码元，每秒通过信道传输的码元数称为码元传输速率，简称波特率。波特率是传输通道频宽的指标。
- 每秒通过信道传输的信息量称为位传输速率，简称比特率。比特率表示有效数据的传输速率。
- 波特率与比特率的关系是"比特率 = 波特率 * 单个调制状态对应的二进制位数"。以图 6-29 为例，波特率计算是指在单位时间内包含了起始位和停止位在内的所有码元的传输速率，而比特率计算仅为单位时间内有效的数据位的传输速率。

本书限于篇幅，仅对 UART 进行简略的背景知识介绍，更多内容请读者自行查阅资料学习。

## 6.9.2　UART 特性

蜂鸟 E203 MCU SoC 支持两个 UART 模块，分别为 UART0 和 UART1，如图 5-1 所示。两个 UART 的特性和功能完全相同，简述如下.

- 支持发送和接收数据能力。
- 支持 8-N-1 和 8-N-2 的数据传输格式：即 8 位数据位、没有奇偶校验位、1 位起始位、1 位或者 2 位停止位。
- 支持 8 个深度的发送和接受 FIFO 缓存，同时支持软件可编程的阈值（Watermark），以产生中断。
- 在接收端（Rx），采用 16 倍波特率的采样频率采样接收数据线，并且对于前后连续 3 次的采样结果进行判断，选择最多数的数值作为采样结果（2/3 Majority Voting）。

后续将对各特性分别展开论述。

## 6.9.3　UART 寄存器列表

UART 的可配置寄存器为存储器地址映射寄存器（Memory Address Mapped），如图 5-1

所示。UART 作为从模块挂载在 SoC 的私有设备总线上，蜂鸟 E203 MCU SoC 中两个 UART 模块的可配置寄存器在系统中的存储器映射地址区间如表 5-1 所示。每个 UART 的可配置寄存器列表及其偏移地址如表 6-26 所示。

表 6-26　　　　　　　　　　　　　UART 可配置寄存器列表

| 寄存器名称 | 偏移地址 | 描述 |
| --- | --- | --- |
| UART_TXDATA | 0x000 | 发送数据寄存器 |
| UART_RXDATA | 0x004 | 接收数据寄存器 |
| UART_TXCTRL | 0x008 | 发送控制寄存器 |
| UART_RXCTRL | 0x00C | 接收控制寄存器 |
| UART_IE | 0x010 | UART 中断使能寄存器 |
| UART_IP | 0x014 | UART 中断等待标志寄存器 |
| UART_DIV | 0x018 | 波特率生成分频系数 |

注意:

- 蜂鸟 E203 SoC 中有两个 UART 模块，每个 UART 的基地址不一样，譬如 UART0 在系统中的基地址为 0x1001_3000，因此 UART0 的 UART_TXDATA 寄存器的存储器映射地址为 0x1001_3000，UART_RXDATA 寄存器的存储器映射地址为 0x1001_3004，其他依次类推
- 表中所有的寄存器需要以 32 位对齐的存储器访问方式进行读写

## 6.9.4　UART 接口数据线

UART 模块依照 UART 协议标准的异步方式发送和接收数据，每个 UART 模块有 TX 和 RX 两根数据线，TX 为输出，RX 为输入。使用 TX 数据线串行发送数据，使用 RX 数据线串行接收数据。

蜂鸟 E203 MCU SoC 中 UART0 和 UART1 的接口数据线（TX 和 RX）通过 GPIO 的 IOF 功能复用 GPIO 引脚的分配如表 5-3 所示。

## 6.9.5　通过 UART_TXDATA 寄存器发送数据

UART_TXDATA 寄存器其实是 UART 发送 FIFO（TX-FIFO）的映像，TX-FIFO 的深度为 8 个表项，每个表项存储 1 字节的数据。FIFO 按照先入先出的方式组织，软件可以通过写 UART_TXDATA 寄存器将数据压入（Enqueue）FIFO，FIFO 会按照先入先出的顺序将数据依次弹出（Dequeue），每弹出一个表项的字节数据，则将此字节依照 UART 协议格式串行发送出去（通过 TX 数据线）。

UART_TXDATA 寄存器的格式如图 6-30 所示。

UART_TXDATA 寄存器各比特域的详细描述如表 6-27 所示。

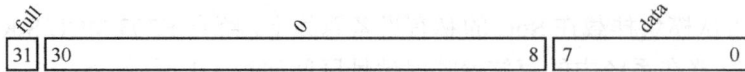

图 6-30    UART_TXDATA 寄存器格式

表 6-27                                            UART_TXDATA 寄存器各比特域

| 域名 | 比特域 | 读写属性 | 复位默认值 | 描述 |
|------|--------|----------|------------|------|
| full | 31 | 只读<br>写忽略 | 0x0 | • 该位为只读域，用于表示 UART TX-FIFO 的状态是否为满<br>• 如果 full 域为 1，则表示当前的 UART TX-FIFO 已经状态为满，写入 data 域的数据将被忽略；反之，则为非满，写入 data 域的数据将被接收<br>注意：full 域为只读，软件写入 UART_TXDATA 寄存器时并不会改变此域的值，但是也不会产生错误异常 |
| data | 7:0 | 可写<br>读为 0 | 0x0 | • 如果 full 域为 0，软件写入 data 域的数据将会被推入 UART TX-FIFO<br>• 如果 full 域为 1，软件写入 data 域的数据将会被忽略 |

## 6.9.6  通过 UART_RXDATA 寄存器接收数据

UART_RXDATA 寄存器其实是 UART 接收 FIFO（RX-FIFO）的映像，RX-FIFO 的深度为 8 个表项，每个表项存储 1 字节的数据。FIFO 按照先入先出的方式组织，UART 接口通过 RX 数据线依照 UART 协议串行接收数据，每接收到 1 字节之后便将数据压入（Enqueue）FIFO。软件每读一次 UART_RDATA 寄存器，便会将 1 字节的表项数据弹出（Dequeue）FIFO。

注意：UART 接收端采用 16 倍波特率的采样频率采样接收数据线，并且对于前后连续 3 次的采样结果进行判断，选择最多数的数值作为采样结果（2/3 Majority Voting）

UART_RXDATA 寄存器的格式如图 6-31 所示。

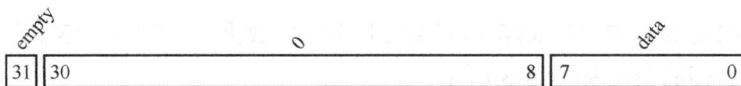

图 6-31    UART_RXDATA 寄存器格式

UART_RXDATA 寄存器各比特域的详细描述如表 6-28 所示。

表 6-28                                            UART_RXDATA 寄存器各比特域

| 域名 | 比特域 | 读写属性 | 复位默认值 | 描述 |
|------|--------|----------|------------|------|
| empty | 31 | 只读<br>写忽略 | 0x0 | • 该位为只读域，用于表示 UART RX-FIFO 的状态是否为空<br>• 如果 empty 位为 1，则表示当前的 UART RX-FIFO 已经状态为空，读出 data 域的数据没有意义；反之，则为非空，读出 data 域的数据是有效的数据<br>注意：empty 域为只读，软件写入 UART_RXDATA 寄存器时并不会改变此域的值，但是也不会产生错误异常 |

续表

| 域名 | 比特域 | 读写属性 | 复位默认值 | 描述 |
|---|---|---|---|---|
| data | 7:0 | 只读<br>写忽略 | 0x0 | • 如果 empty 域为 0，软件读出 data 域的数据为有效数据<br>• 如果 empty 域为 1，软件读出 data 域的数据为无效数据<br>**注意**：data 域为只读，软件写入 UART_RXDATA 寄存器时并不会改变此域的值，但是也不会产生错误异常 |

## 6.9.7　通过 UART_TXCTRL 寄存器进行发送控制

UART_TXCTRL 可以用于对 UART 的发送行为进行控制。UART_TXCTRL 寄存器的格式如图 6-32 所示。

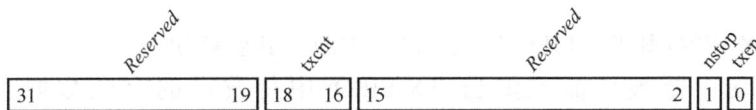

图 6-32　UART_TXCTRL 寄存器格式

UART_TXCTRL 寄存器各比特域的详细描述如表 6-29 所示。

表 6-29　　　　　　　　UART_TXCTRL 寄存器各比特域

| 域名 | 比特域 | 读写属性 | 复位默认值 | 描述 |
|---|---|---|---|---|
| txcnt | 18:16 | 可读可写 | 0x0 | 该域的值表示 TX-FIFO 产生中断的阈值（Watermark）。有关 UART TX-FIFO 中断的更多信息，见第 6.9.9 节，了解更多信息 |
| nstop | 1 | 可读可写 | 0x0 | • 如果 nstop 域为 0，则表示 UART 发送 1 字节后需要插入一位停止位，即 8-N-1 格式<br>• 如果 nstop 域为 1，则表示 UART 发送 1 字节后需要插入两位停止位，即 8-N-2 格式 |
| txen | 0 | 可读可写 | 0x0 | • 如果 txen 域为 1，则表示使能 UART 的发送行为<br>• 如果 txen 域为 0，则表示不使能 UART 的发送行为，UART 的 TX 输出信号将为高电平 |

## 6.9.8　通过 UART_RXCTRL 寄存器进行接收控制

UART_RXCTRL 可以用于对 UART 的接收行为进行控制。UART_RXCTRL 寄存器的格式如图 6-33 所示。

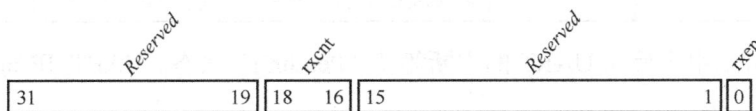

图 6-33　UART_RXCTRL 寄存器格式

UART_RXCTRL 寄存器各比特域的详细描述如表 6-30 所示。

表 6-30　　　　　　　　　　　　UART_RXCTRL 寄存器各比特域

| 域名 | 比特域 | 读写属性 | 复位默认值 | 描述 |
|------|--------|----------|------------|------|
| rxcnt | 18:16 | 可读可写 | 0x0 | 该域的值表示 RX-FIFO 产生中断的阈值（Watermark）。有关 UART RX-FIFO 中断的更多信息，见第 6.9.9 节 |
| rxen | 0 | 可读可写 | 0x0 | • 如果 rxen 域为 1，则表示使能 UART 的接收行为<br>• 如果 rxen 域为 0，则表示不使能 UART 的接收行为，UART RX 输入信号上的任何值都将被忽略 |

## 6.9.9　通过 UART_IE 和 UART_IP 寄存器控制中断

UART 的 TX-FIFO 和 RX-FIFO 均能够产生中断，其要点如下。

- 如果发送中断被使能，则当 TX-FIFO 中待发送的有效数据表项数目少于 UART_TXCTRL 寄存器 txcnt 域中配置的阈值时，便会产生发送中断。
- 如果接收中断被使能，则当 RX-FIFO 中已收到的有效数据表项数目多于 UART_RXCTRL 寄存器 rxcnt 域中配置的阈值时，便会产生接收中断。

每个 UART 模块最终产生一根中断信号线，这个中断信号会作为 SoC 中的 PLIC 的外部中断源。见第 5.14.4 节，了解 PLIC 中断的更多信息。

UART_IE 可以用于对 UART 的中断进行使能，UART_IE 寄存器的格式如图 6-34 所示。

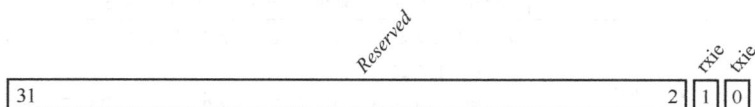

图 6-34　UART_IE 寄存器格式

UART_IE 寄存器各比特域的详细描述如表 6-31 所示。

表 6-31　　　　　　　　　　　　UART_IE 寄存器各比特域

| 域名 | 比特域 | 读写属性 | 复位默认值 | 描述 |
|------|--------|----------|------------|------|
| rxie | 1 | 可读可写 | 0x0 | • 如果该域为 1，则表示使能 UART 的接收中断<br>• 如果该域为 0，则表示不使能 UART 的接收中断 |
| txie | 0 | 可读可写 | 0x0 | • 如果该域为 1，则表示使能 UART 的发送中断<br>• 如果该域为 0，则表示不使能 UART 的发送中断 |

UART_IP 可以用于反映 UART 的中断等待（Pending）状态。UART_IP 寄存器的格式如图 6-35 所示。

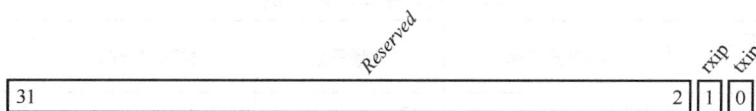

图 6-35　UART_IP 寄存器格式

UART_IP 寄存器各比特域的详细描述如表 6-32 所示。

表 6-32　　　　　　　　　　　　　　　UART_IP 寄存器各比特域

| 域名 | 比特域 | 读写属性 | 复位默认值 | 描述 |
|------|--------|----------|------------|------|
| rxip | 1 | 只读 | 0x0 | • 如果该域为 1,则表示当前正在产生接收中断<br>• 如果该域为 0,则表示当前没有产生接收中断 |
| txip | 0 | 只读 | 0x0 | • 如果该域为 1,则表示当前正在产生发送中断<br>• 如果该域为 0,则表示当前没有产生发送中断 |

## 6.9.10　通过 UART_DIV 寄存器配置波特率

UART_DIV 可以用于对 UART 的波特率进行设置,同时适用于发送和接收功能。
UART_DIV 寄存器的格式如图 6-36 所示。

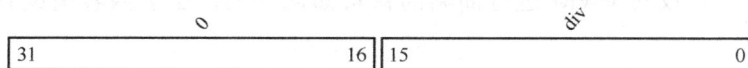

图 6-36　UART_DIV 寄存器格式

UART_DIV 寄存器各比特域的详细描述如表 6-33 所示。

表 6-33　　　　　　　　　　　　　　　UART_DIV 寄存器各比特域

| 域名 | 比特域 | 读写属性 | 复位默认值 | 描述 |
|------|--------|----------|------------|------|
| Div | 15:0 | 可读可写 | 0x21e | 用于配置 UART 波特率的分频系数 |

配置 UART 的波特率计算过程如下。

（1）假设 UART_DIV 寄存器的值为 div。

（2）假设 UART 模块在 SoC 中所处的时钟域频率为 Freq_UART。

**注意**：在蜂鸟 E203 MCU SoC 中,UART 处于主域的时钟域。见第 5.7 节,了解时钟域的更多信息。

（3）那么 UART 模块发送和接受的波特率 Baud_Rate = Freq_UART / (div + 1)。

常用的波特率计算实例如表 6-34 所示。

表 6-34　　　　　　　　　　　　常用的波特率计算实例

| UART 模块时钟频率<br>（Freq_UART） | 期望波特率 | 分频系数 | 实际波特率 | 误差（%） |
|---|---|---|---|---|
| 16MHz | 31250 | 512 | 31250 | 0 |
| 16MHz | 115200 | 139 | 115108 | 0.08 |
| 16MHz | 250000 | 64 | 250000 | 0 |

注意：
- 表中的分频系数值为 UART_DIV 寄存器 div 域的值加 1
- 由于 UART 的接收端采用 16 倍波特率的采样频率采样接收数据线，因此配置 UART 的分频系数必须起码要大于或者等于 16

# 6.10 PWM

## 6.10.1 PWM 背景知识简介

PWM 全称 Pulse-Width Modulation（脉冲宽度调制），是 MCU 中常用的模块。PWM 是利用 MCU 的数字输出来对模拟电路进行控制的一种非常有效的技术，广泛应用在从测量、通信到功率控制与变换的许多领域中。

本书限于篇幅，仅对 PWM 进行简略的背景知识介绍，更多内容请读者自行查阅资料学习。

## 6.10.2 PWM 特性和结构图

蜂鸟 E203 MCU SoC 中的 PWM 逻辑结构如图 6-37 所示。

蜂鸟 E203 MCU SoC 支持 3 个 PWM 模块，分别为 PWM0、PWM1 和 PWM2，如图 5-1 所示。其中，PWM0 是宽度为 8bit 的比较器，而 PWM1 和 PWM2 是宽度为 16bit 的比较器。除了计数器宽度的差别之外，3 个 PWM 的工作原理和特性完全相同，简述如下。

（1）每个 PWM 支持 4 个可编程的比较器（称为 pwmcmp0~pwmcmp3），每一个比较器可以产生对应的一路 PWM 输出（信号名为 pwmcmp<X>gpio）和中断（信号名为 pwmcmp<X>ip），如图 6-37 所示。为了对 PWM 的原理进行统一地介绍，本章将使用 pwmcmpwidth 作为参数表示 PWM 比较器的宽度。

（2）PWM 每一路输出均可以产生靠左对齐或者靠右对齐的脉冲信号。

（3）PWM 每一路输出均可以产生居中对齐的脉冲信号。

（4）PWM 每一路输出均可以产生任意形状的脉冲信号。

（5）PWM 每一路输出均可以产生周期性的脉冲信号或者一次性的脉冲信号。

（6）PWM 每一路输出均可以作为周期精确的中断发生器。

后续将对各特性分别展开论述。

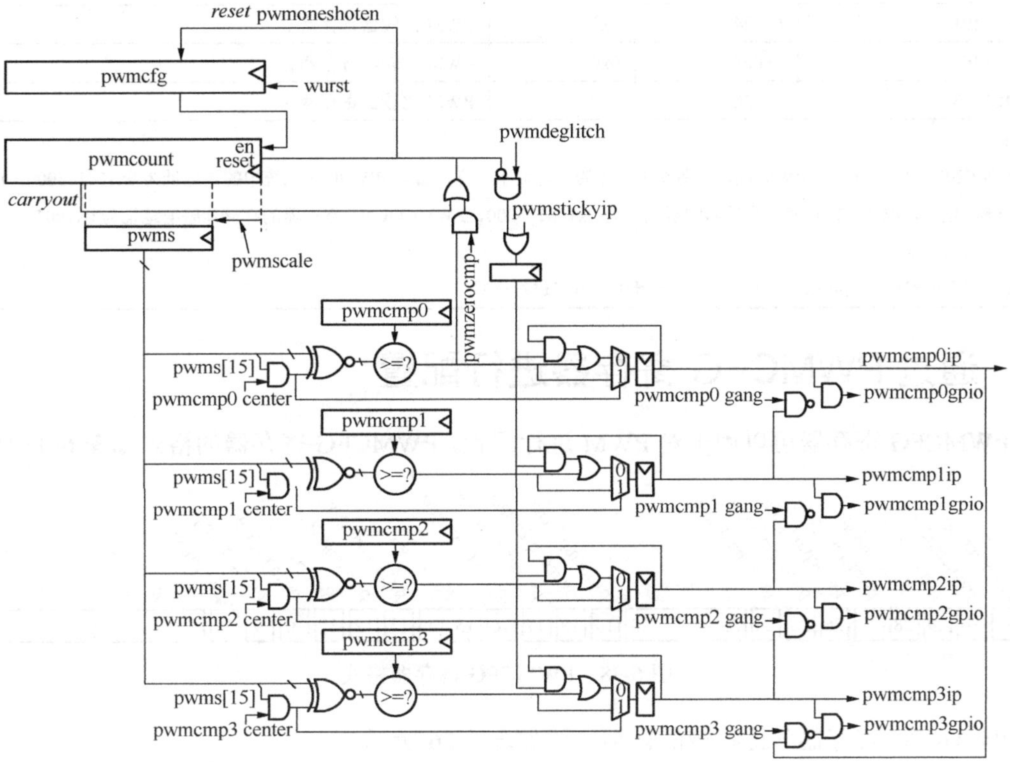

图 6-37　PWM 的结构图

## 6.10.3　PWM 寄存器列表

PWM 的可配置寄存器为存储器地址映射寄存器（Memory Address Mapped），如图 5-1 所示。PWM 作为从模块挂载在 SoC 的私有设备总线上，蜂鸟 E203 MCU SoC 中 3 个 PWM 模块的可配置寄存器在系统中的存储器映射地址区间如表 5-1 所示。每个 PWM 的可配置寄存器列表及其偏移地址如表 6-35 所示。

表 6-35　PWM 可配置寄存器列表

| 寄存器名称 | 偏移地址 | 复位默认值 | 描述 |
| --- | --- | --- | --- |
| PWMCFG | 0x000 | 0x0 | PWM 配置寄存器 |
| PWMCOUNT | 0x008 | 0x0 | PWM 计数器计数值寄存器 |
| PWMS | 0x010 | 0x0 | PWM 计数器比较值寄存器 |

续表

| 寄存器名称 | 偏移地址 | 复位默认值 | 描述 |
|---|---|---|---|
| PWMCMP0 | 0x020 | 0x0 | PWM 比较器寄存器 0 |
| PWMCMP1 | 0x024 | 0x0 | PWM 比较器寄存器 1 |
| PWMCMP2 | 0x028 | 0x0 | PWM 比较器寄存器 2 |
| PWMCMP3 | 0x02C | 0x0 | PWM 比较器寄存器 3 |

注意:

- 蜂鸟 E203 SoC 中有 3 个 PWM 模块,每个 PWM 的基地址不一样,譬如 PWM0 在系统中的基地址为 0x1001_5000,因此 PWM0 的 PWMCFG 寄存器的存储器映射地址为 0x1001_5000,PWMCOUNT 寄存器的存储器映射地址为 0x1001_5004,其他依次类推
- 表中所有的寄存器需要以 32 位对齐的存储器访问方式进行读写

## 6.10.4 通过 PWMCFG 寄存器进行配置

PWMCFG 寄存器可以用于对 PWM 进行配置,PWMCFG 寄存器的格式如图 6-38 所示。

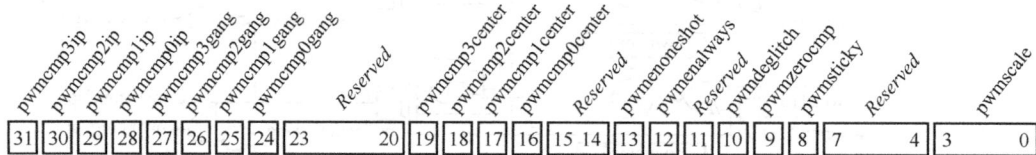

图 6-38 PWMCFG 寄存器格式

PWMCFG 寄存器各比特域的详细描述如表 6-36 所示。

表 6-36 PWMCFG 寄存器各比特域

| 域名 | 比特域 | 读写属性 | 复位默认值 | 描述 |
|---|---|---|---|---|
| pwmcmp3ip | 31 | 可读可写 | 0x0 | PWM 第 4 路输出的中断等待(Pending)状态 |
| pwmcmp2ip | 30 | 可读可写 | 0x0 | PWM 第 3 路输出的中断等待(Pending)状态 |
| pwmcmp1ip | 29 | 可读可写 | 0x0 | PWM 第 2 路输出的中断等待(Pending)状态 |
| pwmcmp0ip | 28 | 可读可写 | 0x0 | PWM 第 1 路输出的中断等待(Pending)状态 |
| pwmcmp3gang | 27 | 可读可写 | 0x0 | 配置 PWM 第 4 路输出的"结连"特性。见第 6.10.10 节,了解 PWM 的"结连"特性 |
| pwmcmp2gang | 26 | 可读可写 | 0x0 | 配置 PWM 第 3 路输出的"结连"特性。见第 6.10.10 节,了解 PWM 的"结连"特性 |
| pwmcmp1gang | 25 | 可读可写 | 0x0 | 配置 PWM 第 2 路输出的"结连"特性。见第 6.10.10 节,了解 PWM 的"结连"特性 |
| pwmcmp0gang | 24 | 可读可写 | 0x0 | 配置 PWM 第 1 路输出的"结连"特性。见第 6.10.10 节,了解 PWM 的"结连"特性 |

续表

| 域名 | 比特域 | 读写属性 | 复位默认值 | 描述 |
|---|---|---|---|---|
| pwmcmp3center | 19 | 可读可写 | 0x0 | 配置 PWM 第 4 路产生居中对齐的脉冲信号。见第 6.10.9 节，了解 PWM 如何产生居中对齐的脉冲信号 |
| pwmcmp2center | 18 | 可读可写 | 0x0 | 配置 PWM 第 3 路产生居中对齐的脉冲信号。见第 6.10.9 节，了解 PWM 如何产生居中对齐的脉冲信号 |
| pwmcmp1center | 17 | 可读可写 | 0x0 | 配置 PWM 第 2 路产生居中对齐的脉冲信号。见第 6.10.9 节，了解 PWM 如何产生居中对齐的脉冲信号 |
| pwmcmp0center | 16 | 可读可写 | 0x0 | 配置 PWM 第 1 路产生居中对齐的脉冲信号。见第 6.10.9 节，了解 PWM 如何产生居中对齐的脉冲信号 |
| pwmenoneshot | 13 | 可读可写 | 0x0 | 配置 PWM 输出一次性的脉冲信号。见第 6.10.5 节，了解 PWM 一次性脉冲信号的更多信息 |
| pwmenalways | 12 | 可读可写 | 0x0 | 配置 PWM 输出周期性的脉冲信号。见第 6.10.5 节，了解 PWM 周期性脉冲信号的更多信息 |
| pwmdeglitch | 10 | 可读可写 | 0x0 | 如果该域的值被配置为 1，则可以保证即使在软件修改 pwmcmp<X> 寄存器时，PWM 的输出也不会产生毛刺。反之，如果该域的值被配置为 0，则无法保证<br>见第 6.10.11 节，了解关于防止 PWM 输出毛刺的更多信息 |
| pwmzerocmp | 9 | 可读可写 | 0x0 | • 如果该域的值被配置为 1，则表示 PWM 计数器的计数值达到比较阈值之后，将会被清零<br>通过此特性，还可以用于产生精确的周期性中断。见第 6.10.12 节，了解 PWM 产生中断的更多信息<br>• 如果该域的值被配置为 0，则表示 PWM 计数器的计数值达到比较阈值之后，不会被清零，计数器会一直自增加一直到溢出归零 |
| pwmsticky | 8 | 可读可写 | 0x0 | 假设 PWMCFG 寄存器的 pwmsticky 域被配置为 1，一旦产生中断，pwmcmp<X>ip 域的值会一直保持（用于反映中断的 Pending 状态）。<br>见第 6.10.12 节，了解 PWM 产生中断的更多信息 |
| pwmscale | 3:0 | 可读可写 | 0x0 | 该域用于指定从 PWMCOUNT 寄存器中取出 pwmcmpwidth 位（作为 PWMS 寄存器的值）的低位起始位置<br>见第 6.10.6 节，了解 PWMS 寄存器的更多相关信息 |

## 6.10.5  计数器计数值 PWMCOUNT 寄存器和 PWM 周期

PWMCOUNT 是一个可读可写的寄存器，宽度为（15+pwmcmpwitdh）。该寄存器反映的是 PWM 计数器的值，譬如在蜂鸟 E203 MCU SoC 中，PWM0 的比较器宽度为 8bit，则计数器宽度为 23bit；PWM1 和 PWM2 的比较器宽度为 16bit，则计数器宽度为 31 位。

如果 PWMCFG 寄存器的 pwmenalways 域和 pwmenoneshot 域均没有被配置为 1，则 PWM

计数器处于未被使能状态，计数器的值不会自增。**注意**：系统上电复位后 PWM 处于未被使能状态。

PWM 计数器在被使能后会每个时钟周期自增加一，达到预定的条件后便会归零。从 PWM 开始计数到归零之间的这段时间称为一个 PWM 周期，同时需要注意以下几点。

（1）PWM 计数器归零的预定条件如下。

- 条件一：如果 PWMCFG 寄存器的 pwmzerocmp 域被配置为 1，则当"PWM 计数器比较值 PWMS 寄存器或其取反的值"大于或者等于"PWMCMP0 寄存器设定的比较阈值"时，计数器归零。
- 条件二：如果 PWMCFG 寄存器的 pwmzerocmp 域被配置为 0，则 PWM 计数器一直自增，直到 PWMS 寄存器反映的值达到最大值（全为 1）溢出后归零。

见第 6.10.4 节，了解 PWMCFG 寄存器 pwmzerocmp 域的更多信息；见第 6.10.6 节，了解 PWMS 寄存器的更多信息。

（2）PWM 计数器归零之后，可以重新开始自增计数，或者停止计数。

- 如果 PWMCFG 寄存器的 pwmenalways 域被配置为 1，则 PWM 计数器归零后会重新计数。

因此软件可以利用配置 PWMCFG 寄存器的 pwmenalways 域来达到产生周期性脉冲信号的效果。

- 如果 PWMCFG 寄存器的 pwmenoneshot 域被配置为 1，则 PWM 计数器归零后硬件也将 pwmenoneshot 域的值清零，并不再重新计数。

a）因此软件可以利用配置 PWMCFG 寄存器的 pwmenoneshot 域来达到只产生一次性脉冲信号的效果。

b）由于产生一次性脉冲信号之后，PWMCFG 寄存器 pwmenoneshot 域的值会被硬件清零。软件可以重新配置 PWMCFG 寄存器 pwmenoneshot 域为 1，再次发送一次性的脉冲信号。

PWMCOUNT 寄存器在系统复位后被清零，且由于 PWMCOUNT 寄存器是可读可写的寄存器，因此软件还可以直接写入此寄存器以改变 PWM 计数器的值。

如果 PWMCFG 寄存器的 pwmenalways 域和 pwmenoneshot 域均没有被配置为 1，则 PWM 计数器处于未被使能状态，计数器的值不会自增。**注意**：系统上电复位后，PWM 处于未被使能状态。

## 6.10.6 计数器比较值 PWMS 寄存器

PWMS 寄存器的值来自 PWMCOUNT 寄存器中取出的 pwmcmpwidth 位，如图 6-37 所示，PWMCFG 寄存器 pwmscale 域的值指定了 PWMCOUNT 寄存器中取出 pwmcmpwidth 位

的低位起始位置。因此，PWMS 寄存器只是一个只读的影子寄存器，软件对其他的写操作将会被忽略。

如果 PMWCFG 寄存器 pwmscale 域的值为 0，则意味着直接取出 PWMCOUNT 寄存器低 pwmcmpwidth 位作为 PWMS 寄存器的值；如果 PWMCFG 寄存器 pwmscale 域的值为最大值 15，则意味着将 PWMCOUNT 寄存器的值除以 $2^{15}$ 作为 PWMS 寄存器的值，在这种情况下：

- 由于在蜂鸟 E203 MCU SoC 中 PWM 处于主域的时钟域（见第 5.7 节，了解时钟域的更多信息）。譬如，假设主域的时钟频率为 16MHz，按照此频率计算，那么 PWMS 寄存器自增的频率约为 488.3Hz。
- 计算过程为 $(16000000)/(2^{15}) = 488.28125$。

## 6.10.7　PWM 接口数据线

每个 PWM 模块有 4 路输出信号，蜂鸟 E203 MCU SoC 中 PWM0、PWM1 和 PWM2 的输出信号线均通过 GPIO 的 IOF 功能复用 GPIO 引脚，分配情况如表 5-3 所示。

## 6.10.8　产生左对齐或者右对齐的脉冲信号

如果 PWMCFG 寄存器的 pwmcmp<X>center 域被配置为 0，则 PWM 会产生左对齐的脉冲信号波形。

左对齐脉冲信号波形示例如图 6-39 所示，此示例图要点如下。

- PWMCFG 寄存器的 pwmscale 域的值被配置为 0，因此 PWMS 寄存器的值每个周期自增一。
- PWMCMP0 寄存器被配置为 6，因此一个 PWM 周期为 7 个时钟。
- PWMCFG 寄存器的 pwmzerocmp 域被配置为 1，因此 PWMS 寄存器的值到 6 之后便归零。
- PWMCFG 寄存器的 pwmenalways 域被配置为 1，因此 PWMS 寄存器归零后 PWM 计数器重新开始计数，输出周期性的脉冲信号波形。
- 图中列举了 PWM 的 PWMCMP<X> 寄存器被配置不同值时输出的左对齐脉冲信号波形。该波形相对 PWMS 寄存器值进行比较的结果有一个周期的延迟错位，这是因为在图 6-37 中，PWM 的输出（pwmcmp<X>ip 的值）是将比较器输出的结果经过一级寄存器寄存后的结果。

**注意**：PWMCMP0 已经被配置为 6（用于产生 7 个时钟的周期）。只有 PWMCMP1、PWMCMP2、PWMCMP3 寄存器有可能被配置为其他不同的值。

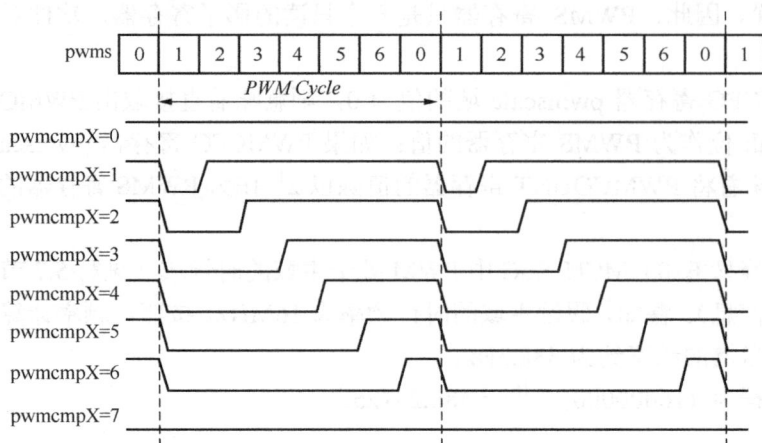

图 6-39 PWM 输出左对齐的脉冲信号波形

由于 PWM 的输出信号通过 GPIO 的 IOF 功能复用 GPIO 引脚，而 GPIO 的每个 I/O 可以通过配置 GPIO_OUTPUT_XOR 寄存器使得输出信号取反。因此，可以通过配置 GPIO 将左对齐的脉冲信号转换成右对齐的脉冲信号。

# 6.10.9  产生居中对齐的脉冲信号

如果 PWMCFG 寄存器的 pwmcmp<X>center 域被配置为 1，则当 PWMS 寄存器的最高位为 1 时，将 PWMS 寄存器的值进行取反后作为最终的比较值，与 PWMCMP<X>寄存器设定的比较阈值进行比较。由于 PWMS 寄存器的值取反后刚好是一种对称的分布，因此使用其进行比较后产生的脉冲信号为居中对齐的波形。

如图 6-40 所示，以 3bit 宽的 PWMS 为例演示 PWMS 取反的原理，左栏为原始值，右栏为取反后的值。**注意：** 在蜂鸟 E203 的 SoC 中，PWM0 是 8bit 宽，而 PWM1 和 PWM2 是 16bit 宽。图 6-40 中仅仅是为了方便演示而采用 3bit 宽的 PWMS 作为示例。

由于是当 PWMS 寄存器的最高位为 1 时，才将 PWMS 寄存器的值进行取反，因此为了得到严格对称的居中对齐波形，

| pwms | pwmscenter |
|------|------------|
| 000  | 000        |
| 001  | 001        |
| 010  | 010        |
| 011  | 011        |
| 100  | 011        |
| 101  | 010        |
| 110  | 001        |
| 111  | 000        |

图 6-40  当 PWMS 寄存器的最高位为 1 时，将 PWMS 寄存器的值进行取反

应该使得 PWMS 寄存器进行计数直至最大值（全为 1）溢出后归零。所以，PWMS 寄存器的宽度和 PWM 所在时钟域的时钟频率便决定了整个居中对齐波形的周期频率，举例如下。

假设 PWM 所在时钟域的频率为 16MHz。

- 如果将 PWMCFG 寄存器的 pwmscale 域配置为 0 值，则 PWMS 随着时钟频率进行自增。

a）假设 PWMS 的宽度为 16bit，则 PWM 产生居中对齐波形的周期频率最快约为 244Hz，计算公式为 $16000000Hz/(2^{16}) = 244.140625Hz$。

b）假设 PWMS 的宽度为 8bit，则 PWM 产生居中对齐波形的周期频率最快约为 62.5kHz，计算公式为 $16000000Hz/(2^8) = 62500Hz$。

- 如果将 PWMCFG 寄存器的 pwmscale 域配置为非 0 值，则会造成 PWMS 的自增频率降低（相当于被分频），从而产生周期频率更低的居中对齐波形。

居中对齐脉冲信号波形示例如图 6-41 所示，此示例图要点如下。

（1）PWMCFG 寄存器的 pwmscale 域被配置为 0，因此 PWMS 寄存器的值每个周期自增一。

（2）为了方便演示，此示例采用 3bit 宽的 PWMS 作为示例，PWMS 寄存器进行计数直至最大值（全为 1）溢出后归零，因此一个 PWM 周期为 8 个时钟。

（3）PWMCFG 寄存器的 pwmenalways 域被配置为 1，因此 PWMS 寄存器归零后 PWM 计数器重新开始计数，输出周期性的脉冲信号波形。

（4）图中列举了 PWM 的 PWMCMP<X>寄存器被配置不同值时输出的居中对齐脉冲信号波形。该波形相对 PWMS 寄存器值进行比较的结果有一个周期的延迟错位，这是因为在图 6-37 中，PWM 的输出（pwmcmp<X>ip 的值）是将比较器输出的结果经过一级寄存器寄存后的结果。

**注意**：PWMCMP0 已经被配置为 7（用于产生 8 个时钟的周期）。只有 PWMCMP1、PWMCMP2、PWMCMP3 寄存器有可能被配置为其他不同的值。

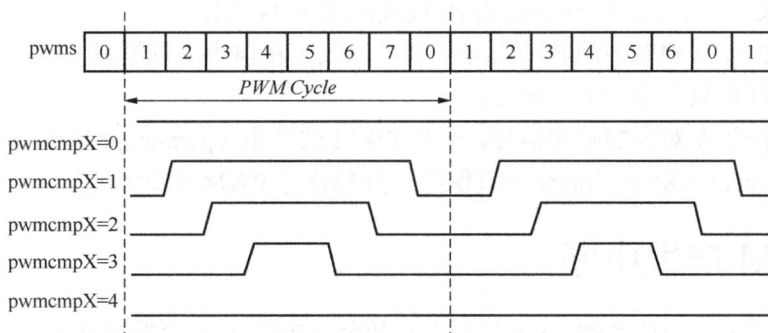

图 6-41　PWM 输出居中对齐的脉冲信号波形

由于 PWM 的输出信号通过 GPIO 的 IOF 功能复用 GPIO 引脚，而 GPIO 的每个 I/O 可以通过配置 GPIO_OUTPUT_XOR 寄存器使得输出信号取反。因此，可以通过配置 GPIO 将居中对齐的脉冲信号转换成两头对齐的脉冲信号。

## 6.10.10 配置 pwmcmp<X>gang 结连产生任意形状的脉冲信号

虽然每个 PWM 支持 4 路独立的输出，但是软件还可以配置 PWMCFG 寄存器的 pwmcmp<X>gang 域将相邻的两路 PWM 输出"结对"起来。如图 6-37 所示，对于 PWM 的每一路 pwmcmp<X>gpio 输出而言，如果其对应的 pwmcmp<X>gang 域被配置为 1，则其输出值不仅来自自身的输出值 pwmcmp<X>ip，还可以受它临近的另一路输出值 pwmcmp<X+1>ip 的影响。具体的逻辑关系是：

pwmcmp<X>gpio = pwmcmp<X>ip & (~pwmcmp<X+1>ip)

因此当 pwmcmp<X+1>ip 的值为 1，会将 pwmcmp<X>gpio 强行"与操作"为 0。

**注意**：如图 6-37 所示，PWM 的临近"结对"关系是 PWM0 与 PWM1 结对、PWM1 与 PWM2 结对、PWM2 与 PWM3 结对、PWM3 与 PWM0 结对。

软件可以通过灵活地配置不同 PWM 路之间的结对关系，使得不同路之间通过"与操作"产生任意形状的脉冲信号。

## 6.10.11 配置 pwmdeglitch 防止输出毛刺

如图 6-37 所示，由于 PWM 的输出信号来自"PWM 的计数器比较值（PWMS 寄存器的值）"与"PWMCMP<X>寄存器设定的比较阈值"进行比较的结果，因此假设软件在运行的过程中改变 PWMCMP<X>寄存器的值，那么就可能造成 PWM 的输出信号产生毛刺。为了防止此种情况下产生毛刺，软件可以配置 PWMCFG 寄存器的 pwmdeglitch 域为 1。

假设 PWMCFG 寄存器的 pwmdeglitch 域被配置为 1，则：

- 如果是产生居中对齐的脉冲信号，则可以保证在前半个周期只产生一个上升沿，在后半个周期只产生一个下降沿。
- 如果是产生左对齐的脉冲信号，一旦 PWM 的输出（pwmcmp<X>ip 的值）产生高电平，pwmcmp<X>ip 的值会一直保持，直到该轮 PWM 周期结束。

## 6.10.12 PWM 产生中断

如图 6-37 所示，一旦"PWM 的计数器比较值（PWMS 寄存器或其取反的值）"大于或者等于"PWMCMP<X>寄存器设定的比较阈值"，则会产生中断，中断会被反映在 PWMCFG 寄存器的 pwmcmp<X>ip 域中。

**注意**：

（1）假设 PWMCFG 寄存器的 pwmsticky 域被配置为 1。

- 如图 6-37 所示，一旦产生中断，pwmcmp<X>ip 域的值会一直保持（用于反映中断的 Pending 状态）。
- 软件只能通过写 pwmcmp<X>ip 域将其清除（或者被系统复位清零）。

（2）假设 PWMCFG 寄存器的 pwmsticky 域被配置为 0。

- pwmcmp<X>ip 域的值不会一直保持，其仅仅实时反映"PWM 的计数器比较值（PWMS 寄存器或其取反的值）"大于或者等于"PWMCMP<X>寄存器设定的比较阈值"。
- 软件只能通过改写 PWMCMP<X>或者 PWMCOUNT 寄存器的值，使得"PWM 的计数器比较值（PWMS 寄存器或其取反的值）"小于"PWMCMP<X>寄存器设定的比较阈值"，从而达到清除中断的效果。

如果 PWMCFG 寄存器中 pwmzerocmp 域的值被配置为 1，则 PWM 模块还可以用于产生周期性的中断。

# 6.11 WDT

## 6.11.1 WDT 背景知识简介

WDT 全称 Watchdog Timer，俗称"看门狗"，是 MCU 中常用的模块。WDT 是一个定时器电路，一般有一个操作俗称为"喂狗"，同时会有一个输出连接到 MCU 的全局复位端。MCU 在正常工作时，每隔一段时间便会对 WDT 进行"喂狗"操作，如果超过规定的时间不"喂狗"（一般在程序跑飞时），WDT 便会定时超时，从而产生复位信号造成 MCU 全局复位，以防止 MCU 死机。简而言之，看门狗的常见作用就是防止程序发生死循环，或者程序跑飞等错误情形。

本书限于篇幅，仅对 WDT 进行简略的背景知识介绍，更多内容请读者自行查阅资料学习。

## 6.11.2 WDT 特性和结构图

蜂鸟 E203 MCU SoC 中的 WDT 逻辑结构如图 6-42 所示。

蜂鸟 E203 MCU SoC 支持一个 WDT 模块，该模块位于电源常开部分（Always-On Domain），如图 5-1 所示，WDT 的特性和功能简述如下。

- WDT 本质上是一个 31 位的计数器，计数器在被使能后每个周期都会自增加一。
- 支持可编程寄存器设定计数器的比较阈值，一旦 WDT 计数器的比较值达到比较阈值，则可以产生复位信号复位整个 MCU SoC，或者产生中断。
- 如果无需"看门狗"功能，WDT 可以作为精确的周期性中断发生器。

- 只有对一个特殊的密码（Key）寄存器进行写入密码操作之后，才能够对看门狗的普通可编程寄存器进行写操作。此特性可以防止错误的代码意外写入 WDT 的寄存器。后续将对各特性分别展开论述。

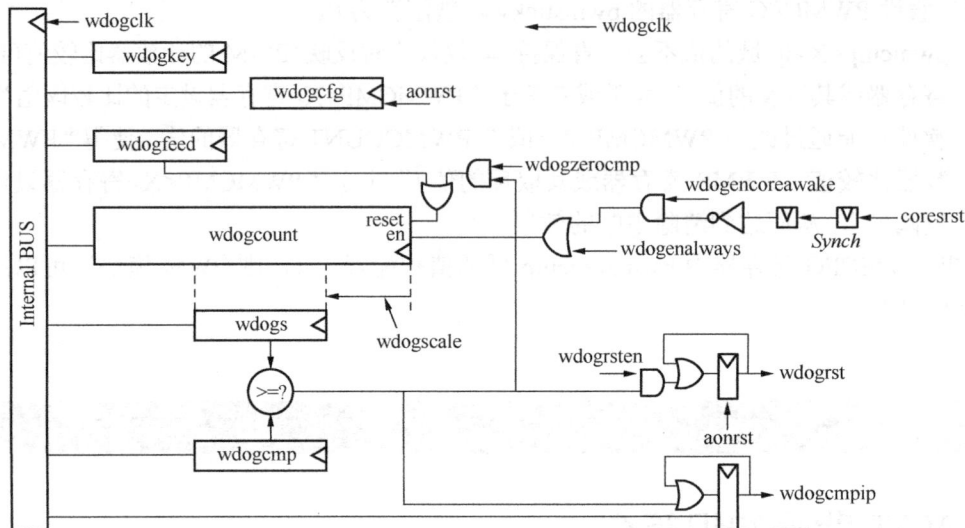

图 6-42　WDT 的结构图

## 6.11.3　WDT 寄存器列表

WDT 的可配置寄存器为存储器地址映射寄存器（Memory Address Mapped），如图 5-1 所示。Always-On 模块作为一个从模块挂载在 SoC 的私有设备总线上，其可配置寄存器在系统中的存储器映射地址区间如表 5-1 所示。WDT 作为 Always-On 模块的子模块，其可配置寄存器列表如表 6-37 所示。

表 6-37　　　　　　　　　　　　　WDT 可配置寄存器列表

| 寄存器名称 | 地址 | 复位默认值 | 描述 |
| --- | --- | --- | --- |
| WDOGCFG | 0x1000_0000 | 0x0 | WDT 配置寄存器 |
| WDGCOUNT | 0x1000_0008 | 0x0 | WDT 计数器计数值寄存器 |
| WDOGS | 0x1000_0010 | 0x0 | WDT 计数器比较值寄存器 |
| WDOGFEED | 0x1000_0018 | 0x0 | WDT 喂狗寄存器 |
| WDOGKEY | 0x1000_001C | 0x0 | WDT 密码寄存器 |
| WDOGCMP | 0x1000_0020 | 0xFFFF | WDT 比较器寄存器 |

注意：

表中所有的寄存器需要以 32 位对齐的存储器访问方式进行读写

## 6.11.4　通过 WDOGCFG 寄存器进行配置

WDOGCFG 寄存器可以对 WDT 进行配置，WDOGCFG 寄存器的格式如图 6-43 所示。

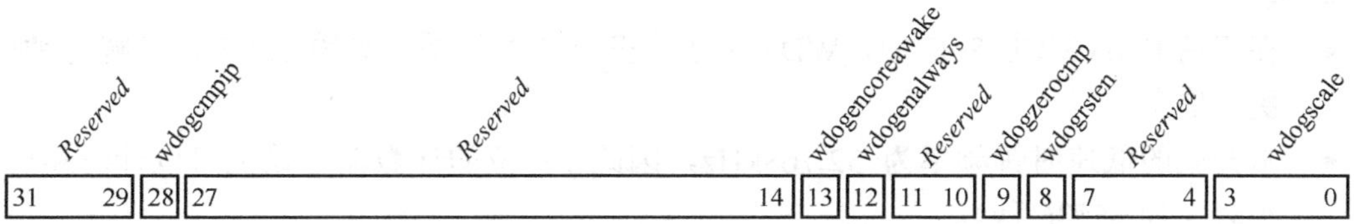

图 6-43　WDOGCFG 寄存器格式

WDOGCFG 寄存器各比特域的详细描述如表 6-38 所示。

表 6-38　　　　　　　　　　　WDOGCFG 寄存器各比特域

| 域名 | 比特域 | 读写属性 | 复位默认值 | 描述 |
|---|---|---|---|---|
| wdogcmpip | 28 | 可读可写 | 0x0 | 此域用于反映 WDT 产生的中断等待（Pending）状态<br>注意：此域是可读可写域，因此软件可以改变此域的值，也能够通过写入 0 达到清除中断的效果<br>见第 6.11.11 节，了解 WDT 产生中断的更多信息 |
| wdogencoreawake | 13 | 可读可写 | 0x0 | 如果该域的值被配置为 1，则计数器仅在主域没有被 PMU 关电的时候进行计数 |
| wdogenalways | 12 | 可读可写 | 0x0 | 如果该域的值被配置为 1，则计数器永远进行计数 |
| wdogzerocmp | 9 | 可读可写 | 0x0 | • 如果该域的值被配置为 1，则表示 WDT 的计数值达到比较阈值之后，将会被清零<br>通过此特性，可以用于产生精确的周期性中断。见第 6.11.11 节，了解 WDT 产生中断的更多信息<br>• 如果该域的值被配置为 0，则表示 WDT 的计数值达到比较阈值之后，不会被清零 |
| wdogrsten | 8 | 可读可写 | 0x0 | • 如果该域的值被配置为 1，则表示 WDT 能够产生全局复位<br>• 如果该域的值被配置为 0，则表示 WDT 不能够产生全局复位<br>见第 6.11.10 节，了解 WDT 产生全局复位的更多信息 |
| wdogscale | 3:0 | 可读可写 | 0x0 | 该域用于指定从 WDOGCOUNT 寄存器中取出 16 位（作为 WDOGS 寄存器的值）的低位起始位置<br>见第 6.11.8 节，了解 WDOGS 寄存器的更多相关信息 |

## 6.11.5　计数器计数值 WDOGCOUNT 寄存器

　　WDOGCOUNT 是一个 31 位的可读可写寄存器，该寄存器反映的是 WDT 计数器（31 位）的值，计数器在被使能后会每个时钟周期自增加一。

　　**注意：**

- 在蜂鸟 E203 MCU SoC 中，WDT 处于常开域的时钟域。见第 5.7 节，了解时钟域的更多信息。
- 常开域的低速时钟频率为 32.768kHz，因此 31 位的计数器理论上可以计时超过 18 小时（约 65536 秒）。

　　WDT 计数器在如下条件下会被使能。

- 条件一：如果 WDOGCFG 寄存器 wdogenalways 域的值被配置为 1，则计数器永远进行计数。
- 条件二：如果 WDOGCFG 寄存器 wdogencoreawake 域的值被配置为 1，则计数器仅在主域没有被 PMU 关电时进行计数。

　　见第 6.11.4 节，了解 WDOGCFG 寄存器 wdogenalways 域和 wdogencoreawake 域的更多信息。

　　如果上述两个条件均没有满足，则 WDT 计数器处于未被使能状态，计数器的值不会自增。

　　**注意：**系统上电复位后，WDT 处于未被使能状态。

　　WDT 计数器在如下情况下会被清零。

- WDT 计数器在系统复位后被清零。
- 软件通过写入特殊值至 WDOGFEED 寄存器进行"喂狗"操作，WDT 计数器将会被清零。见第 6.11.7 节，了解"喂狗"操作的更多信息。
- 如果 WDOGCFG 寄存器 wdogzerocmp 域的值被配置为 1，计数器的比较值不断自增达到了设定的比较阈值，那么 WDT 计数器将会被清零。

　　由于 WDOGCOUNT 寄存器是可读可写的寄存器，因此软件还可以直接写入此寄存器，以改变 WDT 计数器的值。

## 6.11.6　通过 WDOGKEY 寄存器解锁

　　为了防止软件误操作写入了 WDT 相关的寄存器而造成严重的副作用，WDT 在正常情况下处于被锁定状态，任何写入 WDT 寄存器的操作都将被忽略。

　　如果真的需要写入 WDT 相关的寄存器，则需要对 WDT 先进行解锁，其要点如下。

- WDOGKEY 寄存器是一个 1 位宽的寄存器，其值为 0 表示 WDT 处于上锁状态，值为 1 表示 WDT 处于解锁状态。

- WDT 在上电复位后处于上锁状态，即 WDOGKEY 寄存器值为 0。
- 软件写入特定值 0x51F15E 至 WDOGKEY 寄存器，则将 WDT 解锁，即 WDOGKEY 寄存器值变为 1。
- 软件对任何 WDT 相关的寄存器进行写操作（除了上述对 WDOGKEY 写入特定值进行解锁）之后，WDT 将会被重新上锁。

综上，因此每次写入一个 WDT 寄存器之前，都需要先写入特定值 0x51F15E 至 WDOGKEY 寄存器进行解锁。

**注意**：对 WDT 相关的寄存器进行读操作并不需要提前进行解锁。

## 6.11.7 通过 WDOGFEED 寄存器喂狗

WDT 可以通过写入特定值 0xD09F00D 至 WDOGFEED 寄存器而达到"喂狗"的效果。喂狗之后，WDT 的计数器将会被清零。

**注意**：

- 在写入 WDOGFEED 寄存器之前，必须要先通过上述的 WDOGKEY 寄存器进行解锁。典型的喂狗参考程序代码如图 6-44 所示。
- WDOGFEED 寄存器专门用于喂狗的写操作，如果软件读 WDOGFEED 寄存器的值，则永远返回为 0。

```
li t0, 0x51F15E  # Obtain key.
sw t0, wdogkey   # Unlock kennel.
li t0, 0xD09F00D # Get some food.
sw t0, wdogfeed  # Feed the watchdog.
```

图 6-44　WDT 的喂狗参考程序代码

## 6.11.8 计数器比较值 WDOGS 寄存器

WDOGS 寄存器的值来自 WDOGCOUNT 寄存器中取出的 16 位，如图 6-42 所示。WDOGCFG 寄存器 wdogscale 域的值指定了 WDOGCOUNT 寄存器中取出 16 位的低位起始位置。因此，WDOGS 寄存器只是一个只读的影子寄存器，软件对其他的写操作将会被忽略。

如果 WDOGCFG 寄存器 wdogscale 域的值为 0，则意味着直接取出 WDOGCOUNT 寄存器低 16 位作为 WDOGS 寄存器的值；如果 WDOGCFG 寄存器 wdogscale 域的值为最大值 15，则意味着将 WDOGCOUNT 寄存器的值除以 $2^{15}$ 作为 WDOGS 寄存器的值，在这种情况下：

- 由于在蜂鸟 E203 MCU SoC 中 WDT 处于常开域的时钟域（见第 5.7 节，了解时钟域的更多信息），而常开域的低速时钟频率为 32.768kHz，因此 WDOGS 寄存器的值便是每一秒自增一。
- 计算过程为 $(1/32768) \times 2^{15} = 1$。

## 6.11.9 通过 WDOGCMP 寄存器配置阈值

如图 6-42 所示，WDOGCMP 是一个 16 位宽的寄存器，该寄存器的值将作为比较阈值与 WDT 计数器比较值（WDOGS 寄存器的值）进行比较。一旦 WDOGS 寄存器的值大于或者等于 WDOGCMP 寄存器中的值，便会产生全局复位或者中断。见第 6.11.10 节和第 6.11.11 节，了解更多信息。

**注意**：WDOGCMP 寄存器的上电复位值为 0xFFFF。

## 6.11.10 WDT 产生全局复位

如果 WDOGCFG 寄存器中的 wdogrsten 域的值被配置为 1，且 WDT 被使能之后在相当长时间内没有被喂狗，使得其计数器比较值（WDOGS 寄存器的值）大于或者等于 WDOGCMP 寄存器设定的比较阈值，则会产生复位信号，造成整个 MCU SoC 的复位。见第 5.10 节，了解 MCU SoC 复位电路的更多信息。一旦 MCU SoC 被复位，WDT 模块本身也将会被复位。

## 6.11.11 WDT 产生中断

如图 6-42 所示，一旦 WDT 的计数器比较值（WDOGS 寄存器的值）大于或者等于 WDOGCMP 寄存器设定的比较阈值，则会产生中断，中断会被反映在 WDOGCFG 寄存器的 wdogcmpip 域中。

**注意**：如图 6-42 所示，一旦产生中断，wdogcmpip 域的值会一直保持（用于反映中断的 Pending 状态），因此有如下情况。

- 软件需要通过改写 WDOGCMP 或者 WDOGCOUNT 寄存器的值，使得 WDOGS 的值小于 WDOGCMP 的值，从而达到清除中断的效果。
- 除此之外，软件还需要通过写 wdogcmpip 域将其清除（或者被系统复位清零）。

利用此特性，如果 WDOGCFG 寄存器中的 wdogrsten 域的值被配置为 0，且 wdogzerocmp 域的值被配置为 1，则 WDT 模块可以用于产生周期性的中断。

# 6.12 RTC

## 6.12.1 RTC 背景知识简介

RTC 全称 Real-Time Clock，是 MCU 中常用的模块。RTC 通常在 MCU 系统中处于电源常开域，以固定不变的低速时钟运行，因此可以提供绝对精准的时间参考，所以被称为实时时钟。

本书限于篇幅，仅对 RTC 进行简略的背景知识介绍，更多内容请读者自行查阅资料学习。

## 6.12.2 RTC 特性和结构图

蜂鸟 E203 MCU SoC 中的 RTC 逻辑结构如图 6-45 所示。

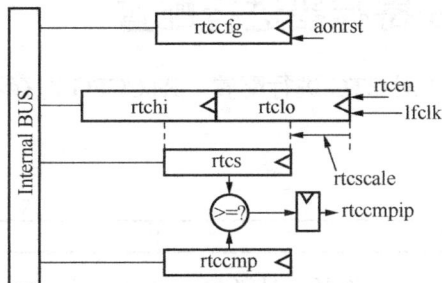

图 6-45 RTC 的结构图

蜂鸟 E203 MCU SoC 支持一个 RTC 模块，该模块位于电源常开部分（Always-On Domain），如图 5-1 所示，RTC 的特性和功能简述如下。

- RTC 本质上是一个 48 位的计数器，计数器在被使能后每个周期都会自增加一。
- 支持可编程寄存器设定计数器的比较阈值，一旦 RTC 计数器的比较值达到比较阈值，则可以产生中断。

后续将对各特性分别展开论述。

## 6.12.3 RTC 寄存器列表

RTC 的可配置寄存器为存储器地址映射寄存器（Memory Address Mapped），如图 5-1 所示。Always-On 模块作为一个从模块挂载在 SoC 的私有设备总线上，其可配置寄存器在系统中的存储器映射地址区间如表 5-1 所示。RTC 作为 Always-On 模块的子模块，其可配置寄存器列表如表 6-39 所示。

表 6-39                             RTC 可配置寄存器列表

| 寄存器名称 | 地址 | 复位默认值 | 描述 |
|---|---|---|---|
| RTCCFG | 0x1000_0040 | 0x0 | RTC 配置寄存器 |
| RTCLO | 0x1000_0048 | 0x0 | RTC 计数器计数值寄存器 |
| RTCHO | 0x1000_004C | 0x0 | RTC 计数器计数值寄存器 |
| RTCS | 0x1000_0050 | 0x0 | RTC 计数器比较值寄存器 |
| RTCCMP | 0x1000_0060 | 0xFFFFFFFF | RTC 比较器寄存器 |

注意：

表中所有的寄存器需要以 32 位对齐的存储器访问方式进行读写

## 6.12.4   通过 RTCCFG 寄存器进行配置

RTCCFG 寄存器可以用于对 RTC 进行配置，RTCCFG 寄存器的格式如图 6-46 所示。

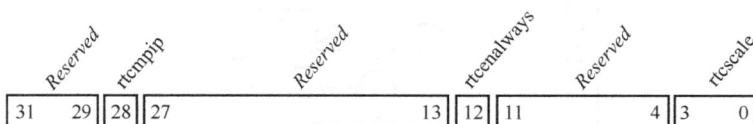

图 6-46   RTCCFG 寄存器格式

RTCCFG 寄存器各比特域的详细描述如表 6-40 所示。

表 6-40                           RTCCFG 寄存器各比特域

| 域名 | 比特域 | 读写属性 | 复位默认值 | 描述 |
|---|---|---|---|---|
| rtccmpip | 28 | 只读 | 0x0 | 此域用于反映 RTC 产生的中断等待（Pending）状态<br>**注意**：此域是只读域，软件不可以改变此域的值，因此不能够通过写入 0 达到清除中断的效果<br>见第 6.12.8 节，了解 RTC 产生中断的更多信息 |
| rtcenalways | 12 | 可读可写 | 0x0 | 如果该域的值被配置为 1，则计数器永远进行计数 |
| rtcscale | 3:0 | 可读可写 | 0x0 | 该域用于指定从 RTC 计数器计数值中取出 32 位（作为 RTCS 寄存器的值）的低位起始位置<br>见第 6.12.6 节，了解 RTCS 寄存器的更多相关信息 |

## 6.12.5 计数器计数值 RTCHI/RTCLO 寄存器

如图 6-47 所示，RTCLO 是一个 32 位的可读可写寄存器，该寄存器反映的是 RTC 计数器（共 48 位）的低 32 位的值；RTCHI 是一个 16 位的可读可写寄存器，该寄存器反映的是 RTC 计数器（共 48 位）的高 16 位的值。

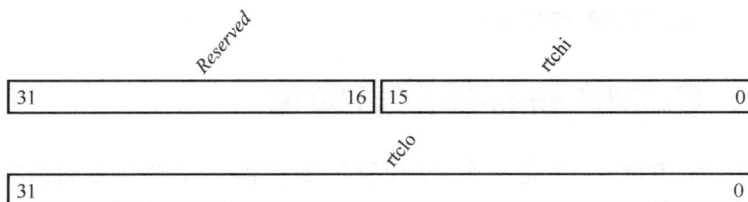

图 6-47　RTCLO 和 RTCHI 寄存器

RTC 计数器在被使能后会每个时钟周期自增加一。

**注意：**

- 在蜂鸟 E203 MCU SoC 中，RTC 处于常开域的时钟域。见第 5.7 节，了解时钟域的更多信息。
- 常开域的低速时钟频率为 32.768kHz，因此 48 位的计数器理论上可以计时超过 270 年。

RTC 计数器在如下条件下会被使能。

如果 RTCCFG 寄存器 rtcenalways 域的值被配置为 1，则计数器永远进行计数。

见第 6.12.4 节，了解 RTCCFG 寄存器 rtcenalways 域的更多信息。

如果没有满足上述条件，则 RTC 计数器处于未被使能状态，计数器的值不会自增。

**注意：** 系统上电复位后，RTC 处于未被使能状态。

RTC 计数器在系统复位后被清零。

由于 RTCLO 和 RTCHI 寄存器是可读可写的寄存器，因此软件还可以直接写入此两个寄存器，以改变 RTC 计数器的值。

## 6.12.6 计数器比较值 RTCS 寄存器

RTCS 寄存器的值来自 RTC 计数器计数值（RTCHI/RTCLO 寄存器）中取出的 32 位，如图 6-45 所示，RTCCFG 寄存器 rtcscale 域的值指定了 RTC 计数器计数值中取出 32 位的低位起始位置。因此，RTCS 寄存器只是一个只读的影子寄存器，软件对其他的写操作将会被忽略。

如果 RTCCFG 寄存器 rtcscale 域的值为 0,则意味着直接取出 RTC 计数器计数值低 32 位作为 RTCS 寄存器的值;如果 RTCCFG 寄存器 rtcscale 域的值为最大值 15,则意味着将 RTC 计数器计数值除以 $2^{15}$ 作为 RTCS 寄存器的值,在这种情况下:

- 由于在蜂鸟 E203 MCU SoC 中 RTC 处于常开域的时钟域(见第 5.7 节,了解时钟域的更多信息),而常开域的低速时钟频率为 32.768kHz,因此 RTCS 寄存器的值便是每一秒自增一。
- 计算过程为 $(1/32768) \times 215 = 1$。

## 6.12.7 通过 RTCCMP 寄存器配置阈值

如图 6-45 所示,RTCCMP 是一个 32 位宽的寄存器,该寄存器的值将作为比较阈值与 RTC 计数器比较值(RTCS 寄存器的值)进行比较。一旦 RTCS 寄存器的值大于或者等于 RTCCMP 寄存器中的值,便会产生中断。见第 6.12.8 节,了解 RTC 产生中断的更多信息。

注意:RTCCMP 寄存器的上电复位值为 0xFFFF_FFFF。

## 6.12.8 RTC 产生中断

如图 6-45 所示,一旦 RTC 的计数器比较值(RTCS 寄存器的值)大于或者等于 RTCCMP 寄存器设定的比较阈值,则会产生中断,中断会被反映在 RTCCFG 寄存器的 rtccmpip 域中。

注意:

- rtccmpip 域的值不会一直保持,其仅仅实时反映"RTCS 寄存器的值大于或者等于 RTCCMP 寄存器设定的比较阈值"。
- 软件只能通过改写 RTCCMP 或者 RTCHI/RTCLO 寄存器的值,使得 RTCS 的值小于 RTCCMP 的值,从而达到清除中断的效果。

# 6.13 PMU

## 6.13.1 PMU 背景知识简介

PMU 全称 Power Management Unit,即电源控制单元,是 MCU 中常用的模块。PMU 通常在 MCU 系统中处于电源常开域,控制 MCU SoC 其他部分的电源打开或者关闭,从而支持低功耗模式，以节省整个 SoC 的动态功耗。

本书限于篇幅，仅对 PMU 进行简略的背景知识介绍，更多内容请读者自行查阅资料学习。

## 6.13.2 PMU 特性和结构图

蜂鸟 E203 MCU SoC 中的 PMU 逻辑结构如图 6-48 所示。

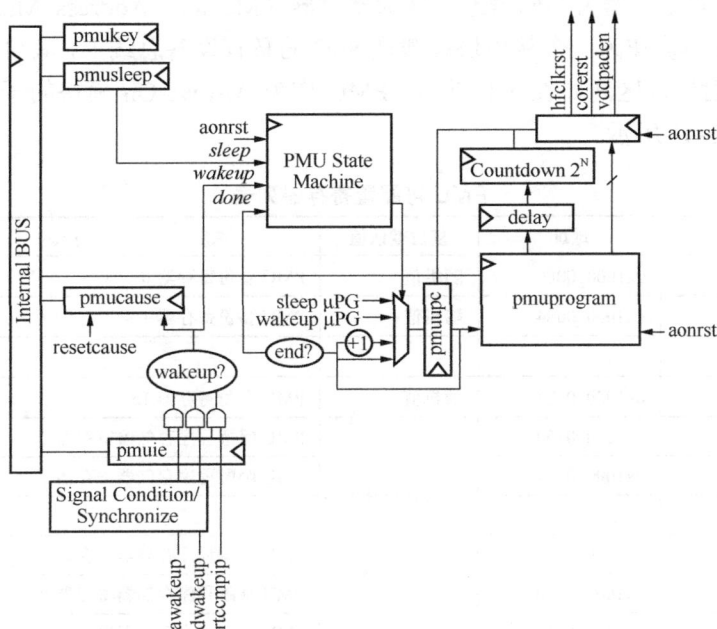

图 6-48 PMU 的结构图

蜂鸟 E203 MCU SoC 支持一个 PMU 模块，该模块位于电源常开部分（Always-On Domain），如图 5-1 所示，PMU 的特性和功能简述如下。

- 软件可以编程 PMU 的特定寄存器，从而将蜂鸟 E203 MCU SoC 的 MOFF 电源域部分（包括主域和调试域）的电源关闭。MOFF 电源被关闭之后，整个 MCU SoC 即进入了休眠模式。
- 见第 5.8 节和 5.9 节，了解蜂鸟 E203 MCU SoC 电源域划分和低功耗模式的更多信息。
- PMU 包含 16 个备份（Backup）寄存器，每个备份寄存器为 32 位宽。由于 PMU 处于电源常开部分（Always-On Domain），因此次其备份寄存器可以用于在 MOFF 关电后的低功耗模式下保存某些关键的信息。
- PMU 支持若干种不同的唤醒条件，可以将 MCU SoC 从休眠模式唤醒，重新恢复对

MOFF 电源域的供电。

- 见第 6.13.5 节，了解 PMU 如何控制 MCU SoC 进入休眠模式；见第 6.13.8 节，了解 PMU 如何控制 MCU SoC 退出休眠模式。

后续将对各特性分别展开论述。

## 6.13.3 PMU 寄存器列表

PMU 的可配置寄存器为存储器地址映射寄存器（Memory Address Mapped），如图 5-1 所示，Always-On 模块作为一个从模块挂载在 SoC 的私有设备总线上，其可配置寄存器在系统中的存储器映射地址区间如表 5-1 所示。PMU 作为 Always-On 模块的子模块，其可配置寄存器列表如表 6-41 所示。

表 6-41                            PMU 可配置寄存器列表

| 寄存器名称 | 地址 | 复位默认值 | 描述 |
|---|---|---|---|
| PMUBACKUP0 | 0x1000_0080 | 随机值 | PMU 备份寄存器 0 |
| PMUBACKUP1 | 0x1000_0084 | 随机值 | PMU 备份寄存器 1 |
| …… | …… | …… | …… |
| PMUBACKUP15 | 0x1000_00BC | 随机值 | PMU 备份寄存器 15 |
| PMUWAKEUPI0 | 0x1000_0100 | 见第 6.13.9 节 | PMU 唤醒程序存储器寄存器 0 |
| PMUWAKEUPI1 | 0x1000_0104 | | PMU 唤醒程序存储器寄存器 1 |
| …… | …… | | …… |
| PMUWAKEUPI7 | 0x1000_011C | | PMU 唤醒程序存储器寄存器 7 |
| PMUSLEEPI0 | 0x1000_0120 | 见第 6.13.6 节 | PMU 休眠程序存储器寄存器 0 |
| PMUSLEEPI1 | 0x1000_0124 | | PMU 休眠程序存储器寄存器 1 |
| …… | …… | | …… |
| PMUSLEEPI7 | 0x1000_013C | | PMU 休眠程序存储器寄存器 7 |
| PMUIE | 0x1000_0140 | 0x0 | PMU 中断使能寄存器 |
| PMUCAUSE | 0x1000_0144 | 0x0 | PMU 唤醒原因寄存器 |
| PMUSLEEP | 0x1000_0148 | 0x0 | PMU 休眠控制寄存器 |
| PMUKEY | 0x1000_014C | 0x0 | PMU 解锁寄存器 |

注意：

表中所有的寄存器需要以 32 位对齐的存储器访问方式进行读写

## 6.13.4 通过 PMUKEY 寄存器解锁

为了防止软件误操作写入了 PMU 相关的寄存器造成严重的副作用，PMU 在正常情况下处于被锁定的状态，任何写入 PMU 寄存器的操作都将被忽略。

如果真的需要写入 PMU 相关的寄存器，则需要对 PMU 提前进行解锁，其要点如下。

- PMUKEY 寄存器是一个 1 位宽的寄存器，其值为 0，表示 PMU 处于上锁状态；值为 1，表示 PMU 处于解锁状态。
- PMU 在上电复位后处于上锁状态，即 PMUKEY 寄存器值为 0。
- 软件写入特定值 0x51F15E 至 PMUKEY 寄存器，则将 PMU 解锁，即 PMUKEY 寄存器值变为 1。
- 软件对任何 PMU 相关的寄存器进行写操作（除了上述对 PMUKEY 写入特定值进行解锁）之后，PMU 将会被重新上锁。

综上，每次需要写入一个 PMU 寄存器之前，都需要先写入特定值 0x51F15E 至 PMUKEY 寄存器进行解锁。

**注意：** 对 PMU 相关的寄存器进行读操作并不需要先进行解锁。

## 6.13.5 通过 PMUSLEEP 寄存器进入休眠模式

如果 MCU SoC 要进入休眠模式（关闭 MOFF 域的电源），则软件可以通过写入任何值至 PMUSLEEP 寄存器而触发 PMU 执行休眠指令序列，从而使得 SoC 进入休眠模式。见第 5.9 节，了解蜂鸟 E203 MCU SoC 休眠模式的更多信息。

下面将介绍休眠指令序列的更多信息。

## 6.13.6 通过 PMUSLEEPI<X>寄存器配置休眠指令序列

PMU 实现了一个可编程的休眠程序存储器（Sleep Program Memory）用于软件配置 PMU 的休眠指令序列。虽然命名为 Memory，但是事实上是由 8 个 32 位的寄存器组成，每个寄存器被依次命名为 pmusleepi0~pmusleepi7，每个寄存器都可以被单独寻址，其详细地址分配如表 6-41 所示。

寄存器 pmusleepi0~pmusleepi7 可以用于存储 PMU 的休眠指令序列，每个寄存器可以存储一个具体的 PMU 指令，因此 PMU 的休眠指令序列总共由 8 条 PMU 指令组成。PMU 指令的格式如图 6-49 所示。

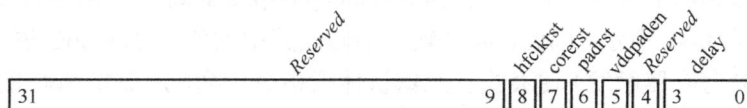

图 6-49 PMU 指令的格式

当软件写入了任何值到 PMUSLEEP 寄存器，便触发 PMU 开始依次执行 pmusleepi0～pmusleepi7 中的 8 条 PMU 指令，PMU 指令的执行要点如下。

（1）PMU 指令的低 4 位为 delay 域，表示执行此指令前的等待时钟周期数为 2 的 delay 次方。

（2）PMU 指令的第 4～8 位为输出控制域，每一位对应一个输出控制信号，各位的值表示此指令执行后对应输出控制信号的新值。

- 第 5 位对应输出控制信号 vddpaden。蜂鸟 E203 MCU SoC 的输出信号 AON_PMU_VDDPADEN 受此 vddpaden 控制，可以用于连接芯片外的供电开关，控制 MOFF 电源域的打开和关闭。如果此信号为 1，则表示 MOFF 电源打开；反之，则表示 MOFF 电源关闭。

- 第 6 位对应输出控制信号 padrst。蜂鸟 E203 MCU SoC 的输出信号 AON_PMU_PADRST 受此 padrst 控制，可以用于休眠模式下复位芯片外的其他相关芯片。此信号默认低电平有效，因此如果此信号为 1，则表示不复位；反之，则表示复位。

- 第 7 位对应输出控制信号 corerst。该信号可以用于休眠模式下复位 SoC 的 MOFF 域所有电路逻辑。如果此信号为 1，则表示复位；反之，则表示不复位。**注意**：由于 MOFF 域在休眠模式下会掉电丢失变成未知态，因此退出休眠模式后，MOFF 域必须通过复位恢复到其默认值。

  **注意**：corerst 信号仅仅复位 SoC 的 MOFF 域，而对于 PMU 所在的 Always-On 域则不会进行复位。

- 第 8 位对应输出控制信号 hfclkrst。该信号可以用于休眠模式下关闭 SoC 的高速时钟生成单元（即 PLL）的电源。如果此信号为 1，则表示关闭；反之，则表示不关闭。

  **注意**：上述 4 个输出控制信号的值在上电复位后默认为 1，之后只有在每次执行一条"PMU 指令"之后才会变化，其他时间保持不变。

（3）举例如下。

假设某条"PMU 指令"的值为 0x108，则表示首先等待 $2^8$（即 256）个时钟周期，然后将 hfclkrst 信号置为 1，将 corersts、padrst、vddpaden 信号置为 0。

在整个 MCU SoC 初始上电后，寄存器 pmusleepi0~pmusleepi7 中的值被复位成为默认休眠指令序列，如表 6-42 所示。因此，如果软件不修改其中的值，每次 SoC 进入休眠模式（通过写 PMUSLEEP 寄存器触发）便会执行此默认休眠指令序列，从而将 SoC 的 MOFF 域关电休眠。软件也可以通过修改寄存器 pmusleepi0~pmusleepi7 中的值来定制其所需的休眠指令序列。

表 6-42 PMU 默认休眠指令序列

| 索引 | 复位默认值 | 操作 |
|---|---|---|
| 0 | 0x0f0 | 将 corerst 信号拉高（Assert corerst） |
| 1 | 0x1f0 | 将 hfclkrst 信号拉高（Assert hfclkrst） |
| 2 | 0x1d0 | 将 vddpaden 信号拉低（Deassert vddpaden） |
| 3 | 0x1c0 | 将 Reserved 信号拉低（Deassert Reserved） |
| 4～7 | 0x1c0 | 重复上一条指令 |

## 6.13.7 通过 PMUBACKUP<X>寄存器保存关键信息

由于进入休眠模式后整个 MOFF 域都会被关电，因此所有的寄存器状态都会丢失。如果希望某些关键的信息能够被保存到电源的常开域里面，可以利用 PMU 的备份（PMUBACKUP）寄存器。

PMU 包含 16 个备份寄存器，每个备份寄存器 32 位宽，每个寄存器都可以被单独寻址，其详细地址分配如表 6-41 所示。

PMU 的备份寄存器可以用于在 MOFF 关电后的低功耗模式下保存某些关键的信息。待 MOFF 域被重新唤醒之后，软件可以读取备份寄存器而快速地将关键信息恢复出来。

## 6.13.8 通过 PMUIE 寄存器配置唤醒条件

MCU SoC 进入休眠模式（关闭 MOFF 域的电源）后，可以被以下情形唤醒。

（1）被输入控制信号 dwakeup 唤醒

- 蜂鸟 E203 MCU SoC 的输入信号 AON_PMU_DWAKEUP_N（低电平有效）取反后的值即为 dwakeup 信号。

  见第 5.12 节，了解蜂鸟 E203 MCU SoC 的输入信号 AON_PMU_DWAKEUP_N 更多信息。

- 如果此唤醒条件被使能（受 PMUIE 寄存器控制），则当 dwakeup 信号为高时，会触发唤醒条件，PMU 将执行其唤醒指令将 MOFF 重新上电并且复位。

  见第 6.13.9 节，了解 PMU 唤醒指令序列的更多信息。

- **注意**：PMU 仅仅将 MOFF 复位，而包含 PMU 的 Always-On 部分则不会被复位。

（2）被 RTC 的中断唤醒

- RTC 的中断信号反映在 RTCCFG 寄存器的 rtccmpip 域中。

  见第 6.12.8 节，了解 RTC 中断的更多信息。

- 如果此唤醒条件被使能（受 PMUIE 寄存器控制），则当 RTC 中断信号为高时，会触发唤醒条件，PMU 将执行其唤醒指令将 MOFF 重新上电并且复位。

见第 6.13.9 节，了解 PMU 唤醒指令序列的更多信息。

**注意：** PMU 仅仅将 MOFF 复位，而包含 PMU 的 Always-On 部分则不会被复位。

（3）整个 MCU SoC 被全局复位

当 SoC 被全局复位之后，包含 PMU 的 Always-On 部分也被复位，那么 PMU 被复位成为默认值，开始执行默认的上电指令序列，从而将整个 SoC 复位唤醒。见第 5.10 节，了解全局复位的更多信息；见第 6.13.9 节，了解默认上电指令序列的更多信息。

PMUIE 寄存器可以用于对 dwakeup 和 RTC 中断的唤醒条件进行使能配置，PMUIE 寄存器的格式如图 6-50 所示。

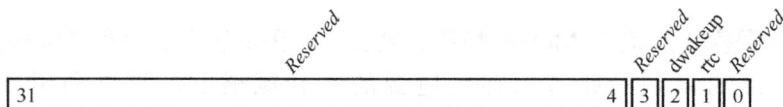

图 6-50　PMUIE 寄存器格式

PMUIE 寄存器各比特域的详细描述如表 6-43 所示。

表 6-43　　　　　　　　　　　PMUIE 寄存器各比特域

| 域名 | 比特域 | 读写属性 | 复位默认值 | 描述 |
|---|---|---|---|---|
| dwakeup | 2 | 可读可写 | 0x0 | 如果该域的值被配置为 1，则能够被 dwakeup 信号唤醒；反之，则不能 |
| rtc | 1 | 可读可写 | 0x0 | 如果该域的值被配置为 1，则能够被 RTC 中断唤醒；反之，则不能 |

## 6.13.9　通过 PMUWAKEUPI<X>寄存器配置唤醒指令序列

PMU 实现了一个可编程的唤醒程序存储器（Wakeup Program Memory），用于软件配置 PMU 的唤醒指令序列。虽然命名为 Memory，但是事实上是由 8 个 32 位的寄存器组成，每个寄存器被依次命名为 pmuwakeupi0~pmuwakeupi7，每个寄存器都可以被单独寻址，其详细地址分配如表 6-41 所示。

寄存器 pmuwakeupi0~pmuwakeupi7 可以用于存储 PMU 的休眠指令序列，每个寄存器可以存储一个具体的 PMU 指令，因此 PMU 的休眠指令序列总共由 8 条 PMU 指令组成。PMU 指令的格式见第 6.13.6 节（如图 6-49 所示），本节不再赘述。

**注意：**

（1）如果 SoC 是由全局复位所唤醒的，那么 Always-On 部分（包含 PMU 模块本身）也被复位，因此 PMU 寄存器 pmuwakeupi0~pmuwakeupi7 中的值被复位成为默认唤醒指令序列，如表 6-44 所示。因此，每次 SoC 被全局复位唤醒后，PMU 便会执行此默认唤醒指令序列，从而将 SoC 的 MOFF 域开电唤醒。

（2）如果 SoC 由输入控制信号 dwakeup 或者 RTC 唤醒，则为常规的唤醒，Always-On 部分（包含 PMU 模块本身）不会被复位。PMU 开始依次执行 pmuwakeupi0~pmuwakeupi7 寄存器中存储的 PMU 指令。

- 软件可以通过修改寄存器 pmuwakeupi0~pmuwakeupi7 中的值来定制其所需的唤醒指令序列。通常说来，需要将 MOFF 重新开电和重新进行复位。
- 如果软件不做任何修改，则运行表 6-44 中的默认唤醒指令序列。

表 6-44 　　　　　　　　　　　PMU 默认唤醒指令序列

| 索引 | 复位默认值 | 操作 |
|---|---|---|
| 0 | 0x1f0 | 将所有复位信号和电源使能信号拉高（Assert all resets and enable all power supplies） |
| 1 | 0x0f8 | 空闲 $2^8$ 个周期，然后将 hfclkrst 信号拉低（Idle $2^8$ cycles, then deassert hfclkrst） |
| 2 | 0x030 | 将 corerst 和 padrst 信号拉低（Deassert corerst and padrst） |
| 3~ss7 | 0x030 | 重复上一条指令 |

## 6.13.10　通过 PMUCAUSE 寄存器查看唤醒原因

MCU SoC 被唤醒之后，软件可以通过查看 PMUCAUSE 寄存器来判断唤醒原因。PMUCAUSE 寄存器的格式如图 6-51 所示。

PMUCAUSE 寄存器各比特域的详细描述如表 6-45 所示。

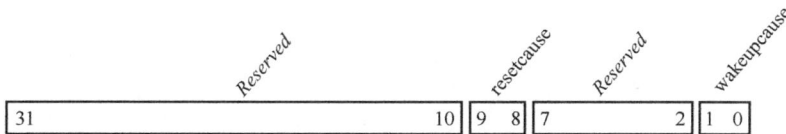

图 6-51　PMUCAUSE 寄存器格式

表 6-45 　　　　　　　　　　　PMUIE 寄存器各比特域

| 域名 | 比特域 | 读写属性 | 描述 |
|---|---|---|---|
| resetcause | 9:8 | 只读 | • 如果该域的值为 0，则表示这是由 POR 电路复位造成的全局复位<br>• 如果该域的值为 1，则表示这是由外部复位信号造成的全局复位<br>• 如果该域的值为 2，则表示这是由 Watchdog Timer 生成复位信号造成的唤醒<br>见第 5.10 节，了解全局复位的更多信息 |
| wakeupcause | 1:0 | 只读 | • 如果该域的值为 0，则表示这是由整个 MCU SoC 被全局复位造成的唤醒<br>• 如果该域的值为 1，则表示这是由 RTC 中断造成的唤醒<br>• 如果该域的值为 2，则表示这是由输入控制信号 dwakeup 造成的唤醒 |

**注意:** 对于支持休眠模式的系统而言,在进入休眠模式之前,应该先将某些关键信息保存在系统休眠后不会掉电的 PMU 备份寄存器中(见第 6.13.7 节,了解 PMU 备份寄存器的更多信息);待系统被唤醒后,软件应该在上电初始化函数中通过读取 PMUCAUSE 寄存器的 resetcause 域对唤醒原因进行判断,取决于如下唤醒条件。

- 如果这是由整个 MCU SoC 被全局复位造成的唤醒,则可以通过读取 PMUCAUSE 寄存器的 wakeupcause 域,进一步判断是由哪种复位造成的,从而采取相应的措施,进一步跳转到不同的函数入口进行处理,或者进行常规的上电初始化操作。
- 如果这是 PMU 被输入控制信号 dwakeup 或者 RTC 中断唤醒,则可以进入唤醒程序入口,首先将关键信息从 PMU 的备份寄存器中恢复出来,然后进行其他唤醒后的操作。

# 第 7 章　开源蜂鸟 E203 MCU 开发板与调试器

## 7.1 蜂鸟 E203 MCU 开发板

为了便于初学者能够快速地学习 RISC-V 嵌入式开发，蜂鸟 E203 MCU SoC 定制了基于 FPGA 的专用开发板。**注意：**下文中将此开发板简称为"蜂鸟 E203 MCU 原型开发板"或"蜂鸟 E203 MCU 开发板"或"MCU 原型开发板"或"MCU 开发板"。

感兴趣的读者可到 e200_opensource 项目（请在 GitHub 中搜索"e200_opensource"）的 boards 目录中了解"蜂鸟 E203 MCU 开发板"的详细信息。

## 7.2 蜂鸟 E203 JTAG 调试器

蜂鸟 E203 MCU SoC 定制了专用的 JTAG 调试器，该调试器具有如下特性。

（1）调试器的一端为普通 U 盘接口，便于直接将其插入主机 PC 的 USB 接口，另一端为标准的 4 线 JTAG 接口和 2 线 UART 接口。

（2）调试器具备 USB 转 JTAG 功能，通过标准的 4 线 JTAG 接口与蜂鸟 E203 MCU 开发板连接。如第 5.12 节所述，蜂鸟 E203 MCU SoC 支持标准的 JTAG 接口，通过此接口可以下载程序和交互式调试。

（3）调试器具备 UART 转 USB 功能，通过标准的 2 线 UART 接口与蜂鸟 E203 MCU 开发板连接。由于嵌入式系统往往没有配备显示屏，因此常用 UART 口连接主机 PC 的 COM 口（或者将 UART 转换为 USB 后连接主机 PC 的 USB 口）进行调试，这样便可以将嵌入式系统中的 printf 函数重定向打印至主机的显示屏。见第 9.1.6 节，了解更多详情。

感兴趣的读者可到 e200_opensource 项目（请在 GitHub 中搜索 "e200_opensource"）的 boards 目录中了解蜂鸟 E203 专用 JTAG 调试器，及其如何与蜂鸟 E203 MCU 开发板进行连接的详细信息。

# 第 8 章  编译过程简介

本章将介绍如何将高层的 C/C++语言编写的程序转换为处理器能够执行的二进制代码，该过程即一般编译原理书中所介绍的过程，包括如下 4 个步骤。

- 预处理（Preprocessing）。
- 编译（Compilation）。
- 汇编（Assembly）。
- 链接（Linking）。

本书限于篇幅，将不会对各个步骤的原理进行详解，仅结合 Linux 自带的 GCC 工具链对其过程进行简述。感兴趣的读者可以自行查阅其他资料，深入学习编译原理的相关知识。

**注意**：为了简化描述并便于初学者理解，本章将在 Linux 操作系统平台上编译一个 Hello World 程序，并在此 Linux 平台上运行。而本书面向的是嵌入式开发，使用的交叉编译的使用方法与本章所述的编译过程有所差异，见第 9.1 节，了解嵌入式系统编译的更多内容。本章使用 Linux 自带的 GCC 工具链作为演示，而未涉及如何使用 RISC-V GCC 工具链，见第 9.2 节，了解如何使用 RISC-V GCC 工具链的更多内容。

## 8.1  GCC 工具链介绍

### 8.1.1  GCC 工具链概述

我们通常所说的 GCC 是 GUN Compiler Collection 的简称，是 Linux 系统上常用的编译工具。GCC 实质上不是一个单独的程序，而是多个程序的集合，因此通常称为 GCC 工具链。工具链软件包括 GCC、C 运行库、Binutils 和 GDB 等。

（1）GCC

- GCC（GNU C Compiler）是编译工具。本章所要介绍的将 C/C++语言编写的程序转换成为处理器能够执行的二进制代码的过程即由编译器完成。有关编译过程的更多介绍见第 8.3 节。

- GCC 既支持本地编译（即在一个平台上编译该平台运行的程序），也支持交叉编译（即在一个平台上编译供另一个平台运行的程序）。

a）本章为了简化描述，便于初学者理解，将在 Linux 操作系统平台上编译一个 Hello World 程序，并在此 Linux 平台上运行，即为一种本地编译的开发方式。

b）交叉编译多用于嵌入式系统的开发，有关交叉编译的更多介绍见第 9.1.1 节。

（2）C 运行库

由于 C 运行库的相关背景知识较多，见第 8.1.3 节中的详细介绍。

（3）Binutils

由于 Binutils 的相关信息较多，见第 8.1.2 节中的详细介绍。

（4）GDB

GDB（GNU Project Debugger）是调试工具，可以用于对程序进行调试。见第 11.7 节中对 GDB 的更多介绍和使用示例。

## 8.1.2  Binutils

一组二进制程序处理工具，包括 addr2line、ar、objcopy、objdump、as、ld、ldd、readelf 和 size 等。这一组工具是开发和调试不可缺少的工具，分别简介如下。

（1）addr2line：用来将程序地址转换成其所对应的程序源文件及所对应的代码行，也可以得到所对应的函数。该工具将帮助调试器在调试的过程中定位对应的源代码位置。

（2）as：主要用于汇编，有关汇编的详细介绍见第 8.3.3 节。

（3）ld：主要用于链接，有关链接的详细介绍见第 8.3.4 节。

（4）ar：主要用于创建静态库。为了便于初学者理解，在此介绍动态库与静态库的概念。

- 如果要将多个.o 目标文件生成一个库文件，则存在两种类型的库，一种是静态库，另一种是动态库。
- 在 Windows 系统中，静态库是以 .lib 为后缀的文件，共享库是以 .dll 为后缀的文件。在 Linux 系统中，静态库是以.a 为后缀的文件，共享库是以.so 为后缀的文件。
- 静态库和动态库的不同点在于代码被载入的时刻不同。静态库的代码在编译过程中已经被载入可执行程序，因此体积较大。共享库的代码是在可执行程序运行时才载入内存的，在编译过程中仅简单地引用，因此代码体积较小。在 Linux 系统中，可以用 ldd 命令查看一个可执行程序依赖的共享库。
- 如果一个系统中存在多个需要同时运行的程序且这些程序之间存在共享库，那么采用动态库的形式将更节省内存。但是对于嵌入式系统，大多数情况下整个软件就是一个可执行程序且不支持动态加载的方式，即以静态库为主。

（5）ldd：可以用于查看一个可执行程序依赖的共享库。

（6）objcopy：将一种对象文件翻译成另一种格式，譬如将.bin 转换成.elf，或者将.elf 转换成.bin 等。

（7）objdump：主要的作用是反汇编。有关反汇编的详细介绍，见第 8.4.5 节。

（8）readelf：显示有关 ELF 文件的信息，见第 8.4 节，了解更多信息。

（9）size：列出可执行文件每个部分的尺寸和总尺寸、代码段、数据段、总大小等，见第 8.3.4 节，了解使用 size 的具体使用实例。

（10）Binutils 还有其他工具，每个工具的功能都很强大，本节限于篇幅无法详细介绍其功能，读者可以自行查阅资料了解详情。

# 8.1.3 C 运行库

为了解释 C 运行库，需要先回忆一下 C 语言标准。C 语言标准主要由两部分组成：一部分描述 C 的语法，另一部分描述 C 标准库。C 标准库定义了一组标准头文件，每个头文件中包含一些相关的函数、变量、类型声明和宏定义，譬如常见的 printf 函数便是一个 C 标准库函数，其原型定义在 stdio 头文件中。

C 语言标准仅仅定义了 C 标准库函数原型，并没有提供实现。因此，C 语言编译器通常需要一个 C 运行时库（C Run Time Library，CRT）的支持。C 运行时库又常被简称为 C 运行库。与 C 语言类似，C++也定义了自己的标准，同时提供相关支持库，称为 C++运行时库。

如上所述，要在一个平台上支持 C 语言，不仅要实现 C 编译器，还要实现 C 标准库，这样的实现才能完全支持 C 标准。glibc（GNU C Library）是 Linux 下面的 C 标准库的实现，其要点如下。

（1）glibc 本身是 GNU 旗下的 C 标准库，后来逐渐成为了 Linux 的标准 C 库。glibc 的主体分布在 Linux 系统的/lib 与/usr/lib 目录中，包括 libc 标准 C 函式库、libm 数学函式库等，都以.so 结尾。

**注意：** Linux 系统下的标准 C 库不仅有 glibc，而且有如 uclibc、klibc 和 Linux libc，但是 glibc 使用最为广泛。而在嵌入式系统中使用较多的 C 运行库为 Newlib，有关 Newlib 的详细介绍见第 9.1.2 节。

（2）Linux 系统通常将 libc 库作为操作系统的一部分，它被视为操作系统与用户程序的接口。譬如：glibc 不仅实现标准 C 语言中的函数，还封装了操作系统提供的系统服务，即系统调用的封装。

- 通常情况下，每个特定的系统调用对应了至少一个 glibc 封装的库函数，如系统提供的打开文件系统调用 sys_open 对应的是 glibc 中的 open 函数；glibc 一个单独的 API 可能调用多个系统调用，如 glibc 提供的 printf 函数就会调用如 sys_open、sys_mmap、sys_write、sys_close 等系统调用；另外，多个 glibc API 也可能对应同一个系统调用，如 glibc 下实现的 malloc、free 等函数用来分配和释放内存，都利用了内核的 sys_brk 的系统调用。

（3）对于 C++语言，常用的 C++标准库为 libstdc++。**注意：** libstdc++通常与 GCC 捆绑在一起的，即安装 gcc 时会把 libstdc++装上。而 glibc 并没有和 GCC 捆绑在一起，这是因为 glibc 需要与操作系统内核打交道，因此与具体的操作系统平台紧密耦合。libstdc++虽然提供了 C++程序的标准库，但并不与内核打交道。对于系统级别的事件，libstdc++会与 glibc 交互，从而和内核通信。

### 8.1.4　GCC 命令行选项

GCC 有着丰富的命令行选项，支持各种不同的功能，本书限于篇幅，在此不一一赘述，请读者自行查阅相关资料学习。

RISC-V 的 GCC 工具链还有其特有的编译选项，见第 9.2 节，了解 RISC-V GCC 工具链的更多详情。

## 8.2　准备工作

### 8.2.1　Linux 安装

由于 GCC 工具链主要是在 Linux 环境中进行使用的，因此本章将以 Linux 系统作为工作环境。

安装 Linux 系统前，要准备好自己的电脑环境。如果是个人电脑，推荐如下配置。

- 使用 VMware 虚拟机在个人电脑上安装虚拟的 Linux 操作系统。
- Linux 操作系统的版本众多，推荐使用 Ubuntu 16.04 版本的 Linux 操作系统。

有关如何安装 VMware 和 Ubuntu 操作系统，以及 Linux 的基本使用，本书不做介绍，请读者自行查阅资料学习。

### 8.2.2　准备 Hello World 程序

为了能够演示整个编译过程，本节先准备一个 C 语言编写的简单程序作为示例，源代码如下所示：

```
// C 语言编写的 Hello World 程序源代码 hello.c

#include <stdio.h> //由于 printf 函数是一个标准的 C 语言库函数，其函数原型定义在标准的
```

```
                    // C语言 stdio 头文件中。stdio 是指 "standard input & output"
                    //（标准输入输出）的缩写。所以，源代码中如用到标准输入输出函数时，
                    // 就要包含此头文件
```

```
//此程序很简单，仅仅打印一个 Hello World 的字符串。
int main(void)
{
  printf("Hello World! \n");
  return 0;
}
```

# 8.3　编译过程

## 8.3.1　预处理

预处理主要包括以下过程。

- 将所有的#define 删除，并展开所有的宏定义，处理所有的条件预编译指令，比如#if、#ifdef、#elif、#else 和#endif 等。
- 处理#include 预编译指令，将被包含的文件插入该预编译指令的位置。
- 删除所有注释"//"和"/* */"。
- 添加行号和文件标识，以便编译时产生调试用的行号及编译错误警告行号。
- 保留所有的#pragma 编译器指令，后续编译过程需要使用它们。

使用 gcc 进行预处理的命令如下：

```
$ gcc -E hello.c -o hello.i // 将源文件 hello.c 文件预处理生成 hello.i
// GCC 的选项-E 使 GCC 在进行完预处理后即停止
```

hello.i 文件可以作为普通文本文件打开进行查看，其代码片段如下所示：

**// hello.i 代码片段**

```
  extern void funlockfile (FILE *__stream) __attribute__ ((__nothrow__ , __
leaf__));
  # 942 "/usr/include/stdio.h" 3 4

  # 2 "hello.c" 2


  # 3 "hello.c"
  int
  main(void)
  {
    printf("Hello World!" "\n");
```

```
    return 0;
}
```

## 8.3.2　编译

编译过程就是对预处理完的文件进行一系列的词法分析、语法分析、语义分析及优化后生成相应的汇编代码。

使用 gcc 进行编译的命令如下：

**$ gcc -S hello.i -o hello.s** // 将预处理生成的 hello.i 文件编译生成汇编程序 hello.s
// GCC 的选项-S 使 GCC 在执行完编译后停止，生成汇编程序

上述命令生成的汇编程序 hello.s 的代码片段如下所示，全部为汇编代码。

**// hello.s 代码片段**

```
main:
.LFB0:
    .cfi_startproc
    pushq   %rbp
    .cfi_def_cfa_offset 16
    .cfi_offset 6, -16
    movq %rsp, %rbp
    .cfi_def_cfa_register 6
    movl $.LC0, %edi
    call puts
    movl $0, %eax
    popq %rbp
    .cfi_def_cfa 7, 8
    ret
    .cfi_endproc
```

## 8.3.3　汇编

汇编过程调用对汇编代码进行处理，生成处理器能识别的指令，保存在后缀为.o 的目标文件中。由于每一个汇编语句几乎都对应一条处理器指令，因此汇编相对于编译过程比较简单，通过调用 Binutils 中的汇编器 as，根据汇编指令和处理器指令的对照表一一翻译即可。

当程序由多个源代码文件构成时，每个文件都要先完成汇编工作，生成.o 目标文件后，才能进入下一步的链接工作。**注意**：目标文件已经是最终程序的某一部分了，但是在链接之前还不能执行。

使用 gcc 进行汇编的命令如下：

```
$ gcc -c hello.s -o hello.o // 将编译生成的 hello.s 文件汇编生成目标文件 hello.o
// GCC 的选项-c 使 GCC 在执行完汇编后停止，生成目标文件
//或者直接调用 as 进行汇编
$ as -c hello.s -o hello.o //使用 Binutils 中的 as 将 hello.s 文件汇编生成目标文件
```

**注意**：hello.o 目标文件为 ELF（Executable and Linkable Format）格式的可重定向文件，不能以普通文本的形式查看（vim 文本编辑器打开看到的是乱码）。有关 ELF 文件的更多介绍，见第 8.4 节。

## 8.3.4　链接

经过汇编以后的目标文件还不能直接运行，为了变成能够被加载的可执行文件，文件中必须包含固定格式的信息头，还必须与系统提供的启动代码链接起来才能正常运行，这些工作都是由链接器来完成的。

GCC 可以通过调用 Binutils 中的链接器 ld 来链接程序运行需要的所有目标文件，以及所依赖的其他库文件，最后生成一个 ELF 格式可执行文件。

如果直接调用 Binutils 中的 ld 进行链接，命令如下，则会报出错误：

```
//直接调用 ld 试图将 hello.o 文件链接成为最终的可执行文件 hello
$ ld hello.o -o hello
ld: warning: cannot find entry symbol _start; defaulting to 00000000004000b0
hello.o: In function `main':
hello.c:(.text+0xa): undefined reference to `puts'
```

之所以直接用 ld 进行链接会报错，是因为仅仅依靠一个 hello.o 目标文件还无法链接成为一个完整的可执行文件。需要明确地指出其需要的各种依赖库、引导程序和链接脚本，此过程在嵌入式软件开发时是必不可少的。见第 9.1.4 节，了解嵌入式系统链接的示例。在 Linux 系统中，可以直接使用 gcc 命令执行编译直至链接的过程，gcc 会自动将所需的依赖库以及引导程序链接在一起，成为 Linux 系统可以加载的 ELF 格式可执行文件。使用 gcc 进行编译直至链接的命令如下：

```
$ gcc hello.c -o hello    // 将 hello.c 文件编译汇编链接生成可执行文件 hello
                          // GCC 没有添加选项，则使 GCC 一步到位地执行到链接后停
                          // 止，生成最终的可执行文件

$ ./hello                 //成功执行该文件，在终端上会打印 Hello World! 字符串
Hello World!
```

**注意**：hello 可执行文件为 ELF（Executable and Linkable Format）格式的可执行文件，不能以普通文本的形式查看（vim 文本编辑器打开会显示乱码）。

第 8.1.2 节中介绍了动态库与静态库的差别，与之对应的，链接也分为静态链接和动态链接，其要点如下。

（1）静态链接是指在编译阶段直接把静态库加入可执行文件中去，这样可执行文件会比较大。链接器将函数的代码从其所在地（不同的目标文件或静态链接库中）复制到最终的可执行程序中。为创建可执行文件，链接器必须要完成的主要任务是符号解析（把目标文件中符号的定义和引用联系起来）和重定位（把符号定义和内存地址对应起来，然后修改所有对符号的引用）。

（2）动态链接是指在链接阶段只加入一些描述信息，而在程序执行时，再从系统中把相应动态库加载到内存中去。

- 在 Linux 系统中，gcc 编译链接时的动态库搜索路径的顺序通常为：首先从 gcc 命令的参数-L 指定的路径寻找；再从环境变量 LIBRARY_PATH 指定的路径寻址；最后从默认路径/lib、/usr/lib、/usr/local/lib 中寻找。
- 在 Linux 系统中，执行二进制文件时的动态库搜索路径的顺序通常为：首先搜索编译目标代码时指定的动态库搜索路径；再从环境变量 LD_LIBRARY_PATH 指定的路径寻址；接着从配置文件/etc/ld.so.conf 中指定的动态库搜索路径；最后从默认路径/lib、/usr/lib 中寻找。
- 在 Linux 系统中，可以用 ldd 命令查看一个可执行程序依赖的共享库。

（3）由于链接动态库和静态库的路径可能有重合，所以如果在路径中有同名的静态库文件和动态库文件，比如 libtest.a 和 libtest.so，gcc 链接时默认优先选择动态库，会链接 libtest.so。如果要让 gcc 选择链接 libtest.a，则可以指定 gcc 选项-static，该选项会强制使用静态库进行链接。以本节的 Hello World 为例，讲解如下。

- 如果使用命令 "gcc hello.c -o hello"，则会使用动态库进行链接，生成的 ELF 可执行文件的大小（使用 Binutils 的 size 命令查看）和链接的动态库（使用 Binutils 的 ldd 命令查看）如下所示：

```
$ gcc hello.c -o hello
$ size hello  //使用 size 查看大小
   text     data     bss     dec     hex  filename
   1183      552       8    1743     6cf  hello
$ ldd hello //可以看出该可执行文件链接了很多其他动态库，主要是 Linux 的 glibc 动态库
        linux-vdso.so.1 =>  (0x00007fffefd7c000)
        libc.so.6 => /lib/x86_64-linux-gnu/libc.so.6 (0x00007fadcdd82000)
        /lib64/ld-linux-x86-64.so.2 (0x00007fadce14c000)
```

- 如果使用命令 "gcc -static hello.c -o hello"，则会使用静态库进行链接，生成的 ELF 可执行文件的大小（使用 Binutils 的 size 命令查看）和链接的动态库（使用 Binutils 的 ldd 命令查看）如下所示：

```
$ gcc -static hello.c -o hello
$ size hello //使用 size 查看大小
```

```
          text    data     bss     dec     hex filename
        823726    7284    6360  837370    cc6fa     hello //可以看出 text 的代码尺寸变得
极大
    $ ldd hello
          not a dynamic executable //说明没有链接动态库
```
　　链接器链接后生成的最终文件为 ELF 格式可执行文件，一个 ELF 可执行文件通常被链接为不同的段，常见的段有.text、.data、.rodata、.bss 等。有关 ELF 文件和常见段的更多介绍，见第 8.4.2 节。

## 8.3.5　一步到位的编译

　　从功能上分，预处理、编译、汇编、链接是 4 个不同的阶段，但 GCC 的实际操作上，它可以把这 4 个步骤合并为一个步骤来执行。如下所示：

```
$ gcc -o test first.c second.c third.c
      //该命令将同时编译 3 个源文件，即 first.c、second.c 和 third.c，然后将它们链接成
      //一个可执行文件，名为 test。
```

**注意：**
- 一个程序无论有一个源文件还是多个源文件，所有被编译和链接的源文件中必须有且仅有一个 main 函数。
- 如果仅仅是把源文件编译成目标文件，因为不会进行链接，所以 main 函数不是必需的。

# 8.4　分析 ELF 文件

## 8.4.1　ELF 文件介绍

　　在介绍 ELF 文件之前，首先将其与另一种常见的二进制文件格式 bin 进行对比。
- binary 文件中只有机器码。
- elf 文件中除了含有机器码之外，还有其他信息，如段加载地址、运行入口地址、数据段等。

ELF 全称 Executable and Linkable Format，可执行链接格式，ELF 文件格式主要有如下 3 种。
- 可重定向（Relocatable）文件：文件保存着代码和适当的数据，用来和其他的目标文件一起来创建一个可执行文件或一个共享目标文件。
- 可执行（Executable）文件：文件保存着一个用来执行的程序（例如 bash、gcc 等）。
- 共享（Shared）目标文件（Linux 下后缀为.so 的文件）：即所谓的共享库。

## 8.4.2 ELF 文件的段

ELF 文件格式如图 8-1 所示，位于 ELF Header 和 Section Header Table 之间的都是段（Section）。一个典型的 ELF 文件包含下面几个段。

- .text：已编译程序的指令代码段。
- .rodata：ro 代表 read only，即只读数据（譬如常数 const）。
- .data：已初始化的 C 程序全局变量和静态局部变量。

**注意：** C 程序普通局部变量在运行时被保存在堆栈中，既不出现在.data 段中，也不出现在.bss 段中。此外，如果变量被初始化值为 0，也可能会放到 bss 段。

- .bss：未初始化的 C 程序全局变量和静态局部变量。

**注意：** 目标文件格式区分初始化和未初始化变量是为了空间效率，在 ELF 文件中.bss 段不占据实际的存储器空间，它仅仅是一个占位符。

- .debug：调试符号表，调试器用此段的信息帮助调试。

上述仅讲解了最常见的节，ELF 文件还包含很多其他类型的节，本书在此不做赘述，请感兴趣的读者自行查阅资料学习。

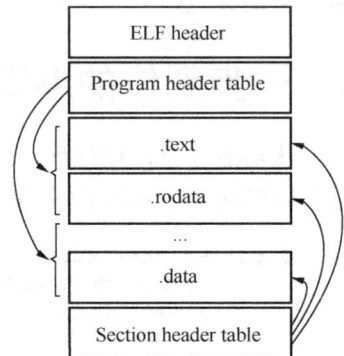

图 8-1 ELF 格式

## 8.4.3 查看 ELF 文件

使用 Binutils 中 readelf 来查看 ELF 文件的信息，通过 readelf --help 来查看 readelf 的选项：

```
$ readelf --help
Usage: readelf <option(s)> elf-file(s)
 Display information about the contents of ELF format files
 Options are:
  -a --all               Equivalent to: -h -l -S -s -r -d -V -A -I
  -h --file-header       Display the ELF file header
  -l --program-headers   Display the program headers
     --segments          An alias for --program-headers
  -S --section-headers   Display the sections' header
```

以本章 Hello World 示例，使用 readelf -S 查看其各个 section 的信息如下：

```
$ readelf -S hello
There are 31 section headers, starting at offset 0x19d8:

Section Headers:
  [Nr] Name            Type             Address          Offset
       Size            EntSize          Flags  Link  Info  Align
  [ 0]                 NULL             0000000000000000  00000000
```

```
             0000000000000000  0000000000000000            0        0       0
......
   [11] .init             PROGBITS          00000000004003c8  000003c8
        000000000000001a  0000000000000000  AX          0        0       4
......
   [14] .text             PROGBITS          0000000000400430  00000430
        0000000000000182  0000000000000000  AX          0        0      16
   [15] .fini             PROGBITS          00000000004005b4  000005b4
......
```

## 8.4.4 反汇编

由于 ELF 文件无法被当作普通文本文件打开，如果希望直接查看一个 ELF 文件包含的指令和数据，需要使用反汇编的方法。反汇编是调试和定位处理器问题时最常用的手段。

使用 Binutils 中 objdump 来对 ELF 文件进行反汇编，通过 objdump --help 来查看其选项：

```
$ objdump --help
Usage: objdump <option(s)> <file(s)>
 Display information from object <file(s)>.
 At least one of the following switches must be given:
......
  -D, --disassemble-all    Display assembler contents of all sections
  -S, --source             Intermix source code with disassembly
......
```

以本章 Hello World 示例，使用 objdump -D 对其进行反汇编如下：

```
$ objdump -D hello
......
0000000000400526 <main>:    // main 标签的 PC 地址
//PC 地址：指令编码                        指令的汇编格式
   400526:    55                    push   %rbp
   400527:    48 89 e5              mov    %rsp,%rbp
   40052a:    bf c4 05 40 00        mov    $0x4005c4,%edi
   40052f:    e8 cc fe ff ff        callq  400400 <puts@plt>
   400534:    b8 00 00 00 00        mov    $0x0,%eax
   400539:    5d                    pop    %rbp
   40053a:    c3                    retq
   40053b:    0f 1f 44 00 00        nopl   0x0(%rax,%rax,1)
......
```

使用 objdump -S 将其反汇编，并将其 C 语言源代码混合显示出来：

```
$ gcc -o hello -g hello.c //要加上 -g 选项
$ objdump -S hello
......
0000000000400526 <main>:
#include <stdio.h>
```

```
int
main(void)
{
  400526:    55                            push    %rbp
  400527:    48 89 e5                  mov     %rsp,%rbp
  printf("Hello World!" "\n");
  40052a:    bf c4 05 40 00            mov     $0x4005c4,%edi
  40052f:    e8 cc fe ff ff            callq   400400 <puts@plt>
  return 0;
  400534:    b8 00 00 00 00            mov     $0x0,%eax
}
  400539:    5d                            pop     %rbp
  40053a:    c3                            retq
  40053b:    0f 1f 44 00 00            nopl    0x0(%rax,%rax,1)
......
```

## 8.5 嵌入式系统编译的特殊性

为了帮助初学者入门，并易于读者理解，本章以一个 Hello World 程序为例讲解了在 Linux 环境中的编译过程。但对于嵌入式开发，仅了解这些基础背景知识还远远不够。嵌入式系统的编译有其特殊性，总结如下。

- 嵌入式系统需要使用交叉编译与远程调试的方法进行开发。
- 需要自己定义引导程序。
- 需要注意减少代码尺寸。
- 需要移植 printf，从而使得嵌入式系统也能够打印输入。
- 使用 Newlib 作为 C 运行库。
- 每个特定的嵌入式系统都需要配套的板级支持包。

为了易于读者理解，本章使用的是 Linux 自带的 GCC 工具链，其并不能反映嵌入式开发的特点。请读者阅读第 9 章，了解嵌入式系统软件开发的特点和 RISC-V GCC 工具链的更多信息。

## 8.6 本章小结

编译原理是一门博大精深的学科，虽然大多数的用户只是将编译器作为一门工具使用，无须关注其内部原理，但是适当地了解编译的过程对于开发大有裨益，尤其是对于嵌入式软件开发而言，更需要了解编译与链接的基本过程。

　　本章为了简化描述，便于初学者理解，仅以在 Linux 操作系统平台上使用其自带的 GCC 编译一个 Hello World 程序作为示例。本书面向的是 RISC-V 嵌入式开发，其使用的 RISC-V 工具链交叉编译使用方法与本章所述的编译过程有所差异，但是原理和使用方法大致相同，因此也适合初学者学习参考。

# 第 9 章　嵌入式开发特点与 RISC-V GCC 工具链

本章主要介绍嵌入式开发的特点和 RISC-V GCC 开发工具链使用的相关内容。

## 9.1　嵌入式系统开发特点

嵌入式系统的程序编译和开发过程有其特殊性，譬如：

- 嵌入式系统需要使用交叉编译与远程调试的方法进行开发；
- 需要自定义引导程序；
- 需要注意减少代码体积（Code Size）；
- 需要移植，printf 从而使得嵌入式系统也能够打印输入；
- 使用 Newlib 作为 C 运行库；
- 每个特定的嵌入式系统都需要配套的板级支持包。

下文将分别予以介绍。

### 9.1.1　交叉编译和远程调试

第 8.3 节中介绍了如何在 Linux 系统的电脑上开发一个 Hello World 程序，对其进行编译，并运行在电脑上。在这种方式下，我们使用电脑上的编译器编译出该电脑本身可执行的程序，这种编译方式称为本地编译。

嵌入式平台上往往资源有限，嵌入式系统（譬如常见 ARM MCU 或 8051 单片机）的存储器容量通常只在几 KB 到几 MB 之间，且只有闪存，没有硬盘这种大容量存储设备。在这种资源有限的环境中，不可能将编译器等开发工具安装在嵌入式设备中，所以无法直接在嵌入式设备中进行软件开发。因此，嵌入式平台的软件一般在主机 PC 上进行开发和编译，然后将编译好的二进制代码下载至目标嵌入式系统平台上运行，这种编译方式属于交叉编译。

交叉编译可以简单理解为：在当前编译平台下，编译出来的程序能运行在体系结构不同的另一种目标平台上，但是编译平台本身却不能运行该程序。譬如，在 x86 平台的电脑上编写程序，并编译成能运行在 ARM 平台的程序，编译得到的程序在 x86 平台上不能运行，必须放到 ARM 平台上才能运行。

与交叉编译同理，在嵌入式平台上往往也无法运行完整的调试器。当运行于嵌入式平台上的程序出现问题时，需要借助主机 PC 平台上的调试器来对嵌入式平台进行调试，这种调试方式属于远程调试。

常见的交叉编译和远程调试工具是 GCC 和 GDB。GCC 不仅能作为本地编译器，还能作为交叉编译器；同理，GDB 不仅可以作为本地调试器，还可以作为远程调试器。

当作为交叉编译器时，GCC 通常有如下不同的命名。

- arm-none-eabi-gcc 和 arm-none-eabi-gdb 是面向裸机（Bare-Metal）ARM 平台的交叉编译器和远程调试器。

所谓裸机（Bare-Metal），是嵌入式领域的一个常见形态，表示不运行操作系统的系统

- riscv-none-embed-gcc 和 riscv-none-embed-gdb 是面向裸机 RISC-V 平台的交叉编译器和远程调试器。

见第 9.2 节，了解 RISC-V GCC 工具链的更多信息。

## 9.1.2　移植 newlib 或 newlib-nano 作为 C 运行库

newlib 是一个面向嵌入式系统的 C 运行库。与 glibc 相比，newlib 实现了大部分的功能函数，但体积却小很多。newlib 独特的体系结构将功能实现与具体的操作系统分层，使之能够很好地进行配置，以满足嵌入式系统的要求。由于 newlib 专为嵌入式系统设计，因此它具有可移植性强、轻量级、速度快、功能完备等特点，已广泛应用于各种嵌入式系统中。

嵌入式操作系统和底层硬件具有多样性，为了将 C/C++语言所需要的库函数实现与具体的操作系统和底层硬件进行分层，newlib 的所有库函数都建立在 20 个桩函数的基础上，这20 个桩函数完成具体操作系统和底层硬件相关的如下功能。

- I/O 和文件系统访问（open、close、read、write、lseek、stat、fstat、fcntl、link、unlink、rename）。
- 扩大内存堆的需求（sbrk）。
- 获得当前系统的日期和时间（gettimeofday、times）。
- 各种类型的任务管理函数（execve、fork、getpid、kill、wait、exit）。

这20 个桩函数在语义和语法上与 POSIX（Portable Operating System Interface of UNIX）标准下对应的 20 个同名系统调用完全兼容。

如果需要移植 newlib 至某个目标嵌入式平台，成功移植的关键是在目标平台下找到能

够与 newlib 桩函数衔接的功能函数或者实现这些桩函数。见第 11.3.1 节，了解蜂鸟 E203 的 HBird-E-SDK 平台如何实现移植实现 newlib 的桩函数。

**注意：** newlib 的一个特殊版本——newlib-nano 版本为嵌入式平台进一步减少了代码体积（Code Size），因为 newlib-nano 提供了更加精简版本的 malloc 和 printf 函数的实现，并且对库函数使用 GCC 的-Os（侧重代码体积的优化）选项进行编译优化。

## 9.1.3　嵌入式引导程序和中断异常处理

在第 8.3 节内容的基础上，程序员只需要关注 Hello World 程序本身，程序的主体由 main 函数组织而成，程序员无须关注 Linux 操作系统在运行该程序的 main 函数之前和之后需要做什么。事实上，在 Linux 操作系统中运行应用程序（譬如简单的 Hello World 程序时），操作系统需要动态地创建一个进程，为其分配内存空间，创建并运行该进程的引导程序，然后才会开始执行该程序的 main 函数。待其运行结束之后，操作系统还要清除并释放其内存空间、注销该进程等。

从上述过程中可以看出，程序的引导和清除这些"脏活累活"都是由 Linux 这样的操作系统来负责的。但是在嵌入式系统中，程序员除了开发以 main 函数为主体的功能程序之外，还需要关注如下两个方面。

（1）引导程序
- 嵌入式系统上电后需要对系统硬件和软件运行环境进行初始化，这些工作往往由用汇编语言编写的引导程序完成。
- 引导程序是嵌入式系统上电后运行的第一段软件代码。对于嵌入式系统来说，引导程序非常关键。引导程序执行的操作依赖所开发的嵌入式系统的软硬件特性，一般流程包括：初始化硬件、设置异常和中断向量表、把程序复制到片上 SRAM 中、完成代码的重映射等，最后跳转到 main 函数入口。
- 见第 11.3.4 节，结合 HBird-E-SDK 平台的引导程序实例了解引导程序的更多细节。

（2）中断异常处理
- 中断和异常是嵌入式系统非常重要的一个环节，因此嵌入式系统软件还必须正确地配置中断和异常处理函数。
- 见第 11.3.5 节，结合 HBird-E-SDK 程序实例了解如何配置中断和异常处理函数。

## 9.1.4　嵌入式系统链接脚本

在第 8.3 节内容的基础上，程序员也无须关心编译过程中的"链接"步骤所使用的链接脚本，无须为程序分配具体的内存空间。但是在嵌入式系统中，程序员除了开发以 main 函数为主体的功能程序之外，还需要关注"链接脚本"，为程序分配合适的存储器空间，譬如程序段放在什么区间、数据段放在什么区间等。见第 11.3.3 节，结合 HBird-E-SDK 的"链接脚本"实例了解更多细节。

## 9.1.5 减少代码体积

嵌入式平台上往往存储器资源有限，程序的代码体积（Code Size）显得尤其重要，有效地降低代码体积（Code Size）是嵌入式软件开发人员必须要考虑的问题，常见的方法如下。

- 使用 newlib-nano 作为 C 运行库，以取得较小代码体积（Code Size）的 C 库函数。
- 尽量少使用 C 语言的大型库函数，譬如在正式发行版本的程序中避免使用 printf 和 scanf 等函数。
- 如果在开发的过程中一定需要使用 printf 函数，可以使用某些自己实现的简化版的 printf 函数（而不是 C 运行库中提供的 printf 函数），以生成较小的代码体积。
- 除此之外，在 C/C++语言的语法和程序开发方面也有众多技巧来取得更小的代码体积（Code Size）。

见第 11.3.6 节，结合 HBird-E-SDK 平台实例了解"减少代码体积"的更多实现细节。

## 9.1.6 支持 printf 函数

第 8.3 节中的 Hello World 程序在 Linux 系统里面运行时，字符串被成功地输出到了 Linux 的终端界面上。在这个过程中，程序员无须关心 Linux 系统到底是如何将 printf 函数的字符串输出到 Linux 终端上的。事实上，在 Linux 本地编译的程序会链接使用 Linux 系统的 C 运行库 glibc，而 glibc 充当了应用程序和 Linux 操作系统之间接口的角色。glibc 提供的 printf 函数会调用如 sys_write 等操作系统的底层系统调用函数，从而能够将字符串输出到 Linux 终端上。

从上述过程中可以看出，由于有 glibc 的支持，因此 printf 函数能够在 Linux 系统中正确地进行输出。但是在嵌入式系统中，printf 的输出却不那么容易了，主要原因如下。

- 嵌入式系统使用 newlib 作为 C 运行库，而 newlib 的 C 运行库所提供的 printf 函数最终依赖于桩函数 write，因此必须实现此 write 函数才能够正确地执行 printf 函数。
- 嵌入式系统往往没有"显示终端"存在，譬如常见的单片机作为一个黑盒子般的芯片，根本没有显示终端。为了能够支持显示输出，通常需要借助单片机芯片的 UART 接口将 printf 函数的输出重新定向到主机 PC 的 COM 口上，然后借助主机 PC 的串口调试助手显示出输出信息。同理，对于 scanf 输入函数，也需要通过主机 PC 的串口调试助手获取输入，然后通过主机 PC 的 COM 口发送给单片机芯片的 UART 接口。

- 从以上两点可以看出，嵌入式平台的 UART 接口非常重要，通扮演输出管道的角色。为了将 printf 函数的输出定向到 UART 接口，需要实现 newlib 的桩函数 write，使其通过编程 UART 的相关寄存器将字符通过 UART 接口输出。

见第 11.3.2 节，结合 HBird-E-SDK 平台移植 printf 函数的实例了解更多细节。

## 9.1.7　提供板级支持包

为了方便用户在硬件平台上开发嵌入式程序，特定的嵌入式硬件平台一般会提供板级支持包（Board Support Package，BSP）。板级支持包所包含的内容没有绝对的标准，通常来说必须包含如下内容。

- 底层硬件设备的地址分配信息。
- 底层硬件设备的驱动函数。
- 系统的引导程序。
- 中断和异常处理服务程序。
- 系统的链接脚本。
- 如果使用 newlib 作为 C 运行库，一般还提供 newlib 桩函数的实现。

由于板级支持包往往会将很多底层的基础设施和移植工作搭建好，因此应用程序开发人员通常都无须关心第 9.1.2～9.1.6 节中的内容，能够从底层细节中解放出来，避免重复建设而出错。见第 11.3 节，结合 HBird-E-SDK 平台的 BSP 实例了解更多细节。

# 9.2　RISC-V GCC 工具链简介

## 9.2.1　RISC-V GCC 工具链种类

RISC-V GCC 工具链与普通的 GCC 工具链基本相同，用户可以遵照开源的 riscv-gnu-toolchain 项目（请在 GitHub 中搜索 riscv-gnu-toolchain）中的说明自行生成全套的 GCC 工具链。

GCC 工具链支持各种不同的处理器架构，不同处理器架构的 GCC 工具链会有不同的命名。遵循 GCC 工具链的命名规则，当前 RISC-V GCC 工具链有如下几个版本。

（1）以"riscv64-unknown-linux-gnu-"为前缀的版本，譬如 riscv64-unknown-linux-gnu-gcc、riscv64-unknown-linux-gnu-gdb、riscv64-unknown-linux-gnu-ar 等。具体的后缀名称与第 8.1

节中描述的 GCC、GDB 和 Binutils 工具相对应。

- "riscv64-unknown-linux-gnu-"前缀表示该版本的工具链是 64 位架构的 Linux 版本工具链。**注意**：此 Linux 不是指当前版本工具链一定要运行在 Linux 操作系统的电脑上，而是指该 GCC 工具链会使用 Linux 的 Glibc 作为 C 运行库。见第 8.1.3 节，了解 Glibc 的更多信息。
- "riscv32-unknown-linux-gnu-"前缀的版本表示该版本的工具链是 32 位架构的 Linux 版本工具链。

**注意**：此处的前缀 riscv64（还有 riscv32 的版本）与运行在 64 位或者 32 位电脑上毫无关系，64 和 32 是指如果没有通过-march 和-mabi 选项指定 RISC-V 架构的位宽，默认将会按照 64 位还是 32 位的 RISC-V 架构来编译程序。有关-march 和-mabi 选项的含义，见第9.2.3 节。

（2）以"riscv64-unknown-elf-"为前缀的版本，表示该版本为非 Linux（Non-linux）版本的工具链。

**注意**：

- 此 Non-Linux 不是指当前版本工具链一定不能运行在 Linux 操作系统的电脑上，而是指该 GCC 工具链会使用 newlib 作为 C 运行库。见第 9.1.2 节，了解 newlib 的更多信息。
- 此处的前缀 riscv64（还有 riscv32 的版本）与运行在 64 位或者 32 位电脑上同样无关，而是指如果没有通过-march 和-mabi 选项指定 RISC-V 架构的位宽，默认将会按照 64 位还是 32 位的 RISC-V 架构来编译程序。有关-march 和-mabi 选项的含义，见第9.2.3 节。

（3）以"riscv-none-embed-"为前缀的版本表示是最新为裸机（bare-metal）嵌入式系统而生成的交叉编译工具链。所谓裸机（bare-metal），是嵌入式领域的一种常见形态，表示不运行操作系统的系统。该版本使用新版本的 newlib 作为 C 运行库，并且支持 newlib-nano，能够为嵌入式系统生成更加优化的代码体积（Code Size）。本书介绍的蜂鸟 E203 MCU 系统是典型的嵌入式系统，因此将使用以"riscv-none-embed-"为前缀的版本作为 RISC-V GCC 交叉工具链。

## 9.2.2  riscv-none-embed 工具链下载

对于 riscv-none-embed 版本的工具链，为了方便用户直接使用预编译好的工具链，Eclipse 开源社区会定期更新发布最新版本的预编译好的 RISC-V 嵌入式 GCC 工具链，包括 Windows 版本和 Linux 版本。请搜索"releases gnu-mcu-eclipse/riscv-none-gcc"，进入网页下载 Windows 版本或者 Linux 版本，如图 9-1 所示。Linux 和 Windows 版本只需在相应的操作系统中解压即可使用，第 11.4.1 节也将会介绍直接使用已下载的 riscv-none-embed 的详细步骤。

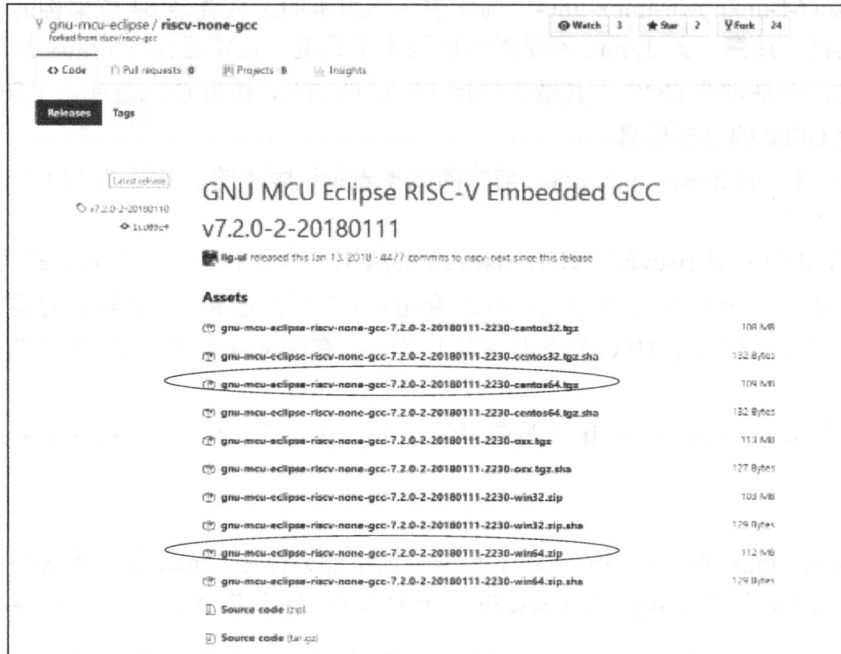

图 9-1  riscv-none-embed 工具链的下载

# 9.2.3  RISC-V GCC 工具链的（–march=）和（–mabi=）选项

### 1.（–march=）选项

由于 RISC-V 的指令集是模块化的指令集，因此在为目标 RISC-V 平台进行交叉编译时，需要通过选项指定目标 RISC-V 平台所支持的模块化指令集组合，该选项为（-march=），有效的选项值如下。

- rv32i[m][a][f[d]][c]
- rv32g[c]
- rv64i[m][a][f[d]][c]
- rv64g[c]

**注意**：在上述选项中，rv32 表示目标平台是 32 位架构，rv64 表示目标平台是 64 位架构，其他 i/m/a/f/d/c/g 分别是附录 A.1 节中所介绍的模块化指令子集的字母简称。

后续会介绍（-march=）选项使用的具体实例。

### 2.（–mabi=）选项

由于 RISC-V 的指令集是模块化的指令集，因此在为目标 RISC-V 平台进行交叉编译时，需要通过选项指定嵌入式 RISC-V 目标平台所支持的 ABI 函数调用规则（有关 ABI 函数调用规则的相关背景知识见附录 A 中的图 A-1）。RISC-V 定义了 2 种整数的 ABI 调用规则和 3 种浮点 ABI 调用规则，选项（-abi=）指明有效的选项值如下。

- ilp32
- ilp32f
- ilp32d
- lp64
- lp64f
- lp64d

**注意：**

（1）在上述选项中，两种前缀（ilp32 和 lp64）表示的含义如下。

- 前缀 ilp32 表示目标平台是 32 位架构，在此架构下，C 语言的"int"和"long"变量长度为 32bit，"long long"变量为 64 位。
- 前缀 lp64 表示目标平台是 64 位架构，C 语言的"int"变量长度为 32bit，而"long"变量长度为 64bit。
- RISC-V 的 32 位和 64 位架构下更多的数据类型宽度如表 9-1 所示。

表 9-1　　　　　　　　　　RISC-V 的 32 位和 64 位架构下的数据类型宽度

| C 语言类型 | RV32 架构中的字节数 | RV64 架构中的字节数 |
| --- | --- | --- |
| char | 1 | 1 |
| short | 2 | 2 |
| int | 4 | 4 |
| long | 4 | 8 |
| long long | 8 | 8 |
| void * | 4 | 8 |
| float | 4 | 4 |
| double | 8 | 8 |
| long double | 16 | 16 |

（2）上述选项中的 3 种后缀类型（无后缀、后缀 f、后缀 d）表示的含义如下。

- 无后缀：在此架构下，如果使用了浮点类型的操作，直接使用 RISC-V 浮点指令进行支持。但是当浮点数作为函数参数进行传递时，无论单精度浮点数还是双精度浮点数均需要通过存储器中的堆栈进行传递。
- f：表示目标平台支持硬件单精度浮点指令。在此架构下，如果使用了浮点类型的操作，直接使用 RISC-V 浮点指令进行支持。但是当浮点数作为函数参数进行传递时，

单精度浮点数可以直接通过寄存器传递，而双精度浮点数需要通过存储器中的堆栈
进行传递。

- d：表示目标平台支持硬件双精度浮点指令。在此架构下，如果使用了浮点类型的操作，直接使用 RISC-V 浮点指令进行支持。当浮点数作为函数参数进行传递时，无论单精度还是双精度浮点数都可以直接通过寄存器传递。

后续会介绍（-mabi=）选项使用的具体实例。

**3．（–march=）和（–mabi=）不同选项编译实例**

为了便于读者理解（-march=）和（-mabi=）选项的具体含义，下面用一个实例加以
介绍。

假设有一段 C 语言函数代码，如下所示：

```
//这是一个名为 dmul 的函数，它有两个参数，为 double 类型的双精度浮点数。
double dmul(double a, double b) {
    return b * a;
}
```

（1）如果使用-march=rv64imafdc -mabi=lp64d 的选项组合进行编译，则会生成如下汇编
代码：

```
$ riscv64-unknown-elf-gcc test.c -march=rv64imafdc -mabi=lp64d -o- -S -O3
```

//生成的汇编代码如下，从中可以看出，浮点数乘法操作直接使用了 RISC-V 的 fmul.d 指令进行支持，且函数的两个 double 类型的参数直接使用浮点通用寄存器 fa0 和 fa1 进行传递。这是因为：
//-march 选项指明了目标平台支持的模块化指令子集为 imafdc，其中包含了 F 和 D 指令子集，即支持单精度和双精度浮点指令，因此可以直接使用 RISC-V 的浮点指令来支持浮点数的操作；
//-mabi 选项指明了后缀"d"，表示当浮点数作为函数参数进行传递时，无论单精度还是双精度浮点数都可以直接通过寄存器传递。

```
dmul:
    fmul.d  fa0,fa0,fa1
    ret
```

（2）如果使用-march=rv32imac -mabi=ilp32 的选项组合进行编译，则会生成如下汇编
代码：

```
$ riscv64-unknown-elf-gcc test.c -march=rv32imac -mabi=ilp32 -o- -S -O3
```

//生成的汇编代码如下，从中可以看出，浮点数乘法操作由 C 库函数（__muldf3）进行支持,这是因为：
-march 选项指明了目标平台支持的模块化指令子集为 I/M/A/C，其中未包含了 F 和 D 指令子集，即不支持单精度和双精度浮点指令，因此无法直接使用 RISC-V 的浮点指令来支持浮点数的操作。

```
dmul:
    mv      a4,a2
    mv      a5,a3
    add     sp,sp,-16
    mv      a2,a0
    mv      a3,a1
    mv      a0,a4
    mv      a1,a5
    sw      ra,12(sp)
    call    __muldf3
    lw      ra,12(sp)
    add     sp,sp,16
    jr      ra
```

（3）如果使用-march=rv32imafdc -mabi=ilp32 的选项组合进行编译，则会生成如下汇编代码：

```
$ riscv64-unknown-elf-gcc test.c -march=rv32imafdc -mabi=ilp32 -o- -S -O3
```

//生成的汇编代码如下，从中可以看出，浮点数乘法操作直接使用了 **RISC-V** 的 **fmul.d** 指令进行支持，但是函数的两个浮点类型的参数均通过堆栈进行的传递，这是因为：

//**-march** 选项指明了目标平台支持的模块化指令子集为 **I/M/A/F/D/C**，其中包含了 **F** 和 **D** 指令子集，即支持单精度和双精度浮点指令，因此可以直接使用 **RISC-V** 的浮点指令来支持浮点数的操作；

//**-mabi** 选项指明了"无后缀"，表示当浮点数作为函数参数进行传递时，无论单精度还是双精度浮点数都需要通过堆栈进行传递。

```
dmul:
    add      sp,sp,-16       //对堆栈指针寄存器（sp）进行调整，分配堆栈空间
    sw       a0,8(sp)        //将函数参数寄存器 a0 中的值存入堆栈
    sw       a1,12(sp)       //将函数参数寄存器 a1 中的值存入堆栈
    fld      fa5,8(sp)       //从堆栈中取回双精度浮点操作数
    sw       a2,8(sp)        //将函数参数寄存器 a2 中的值存入堆栈
    sw       a3,12(sp)       //将函数参数寄存器 a3 中的值存入堆栈
    fld      fa4,8(sp)       //从堆栈中取回双精度浮点操作数
    fmul.d   fa5,fa5,fa4     //调用 RISC-V 的浮点指令进行运算
    fsd      fa5,8(sp)       //将计算结果存回堆栈
    lw       a0,8(sp)        //通过堆栈将结果赋值给函数结果返回寄存器 a0
    lw       a1,12(sp)       //通过堆栈将结果赋值给函数结果返回寄存器 a1
    add      sp,sp,16        //对堆栈指针寄存器（sp）进行调整，回收堆栈空间
    jr       ra
```

（4）如果使用-march=rv32imac -mabi=ilp32d 的选项组合进行编译，则会报非法错误：

```
$ riscv64-unknown-elf-gcc test.c -march=rv32imac -mabi=ilp32d -o- -S -O3
```

//报非法错误如下，这是因为：

//**-march** 选项指明了目标平台支持的模块化指令子集为 **I/M/A/C**，其中未包含了 **F** 和 **D** 指令子集，即

不支持单精度和双精度浮点指令，因此无法直接使用 **RISC-V** 的浮点指令来支持浮点数的操作；

　　**//-mabi** 选项指明了后缀 **"d"**，表示目标平台支持硬件浮点指令。这一点与 **-march** 选项中指明的指令集子集产生了冲突。

```
cc1: error: requested ABI requires -march to subsume the 'D' extension
```

### 4.（-march=）和（-mabi=）选项合法组合

虽然（-march=）和（-mabi=）选项在理论上可以组成很多种不同的组合，但是目前并不是所有的（-march=）和（-mabi=）选项组合都是合法的。目前，riscv-none-embed 工具所支持的组合如下。

- march=rv32i/mabi=ilp32
- march=rv32ic/mabi=ilp32
- march=rv32im/mabi=ilp32
- march=rv32imc/mabi=ilp32
- march=rv32iac/mabi=ilp32
- march=rv32imac/mabi=ilp32
- march=rv32imaf/mabi=ilp32f
- march=rv32imafc/mabi=ilp32f
- march=rv32imafdc/mabi=ilp32f
- march=rv32gc/mabi=ilp32f
- march=rv64imac/mabi=lp64
- march=rv64imafdc/mabi=lp64d
- march=rv64gc/mabi=lp64d

**注意**：上述有效组合来自本书撰写时的信息。随着时间推移，新发布的 riscv-none-embed 工具可能会支持更多的组合，请读者以最新的发布说明（Release Notes）为准。

## 9.2.4 RISC-V GCC 工具链的（-mcmodel=）选项

目前 RISC-V GCC 工具链认为，在实际的情形中，一个程序的大小一般不会超过 4GB，因此在程序内部的寻址空间不能超过 4GB 的空间。而在 64 位的架构中，地址空间的大小远远大于 4GB 的空间。因此对于 RV64 架构而言，RISC-V GCC 工具链定义了（-mcmodel=）选项，用于指定寻址范围的模式，使得编译器在编译阶段能够按照相应的策略编译生成代码，有效的选项值如下。

- -mcmodel=medlow
- -mcmodel=medany

**注意:**

- 在 RV32 架构中,整个地址空间的大小就是 4GB,因此(-mcmodel=)选项的任何值对于编译的结果都无影响。
- RISC-V GCC 工具链在未来可能也会支持大于 4GB 的寻址空间。

medlow 和 medany 两个选项的含义分别解释如下。

### 1.(-mcmodel=medlow)选项

(-mcmodel==medlow)选项用于指示该程序的寻址范围固定只能在-2GB~+2GB 的空间内。**注意:** 地址区间没有负数可言,-2GB 是指整个 64 位地址空间最高 2GB 地址区间。

此模式的寻址空间是固定的-2GB~+2GB 的空间内,编译器能够相对生成比较高效的代码。但是寻址空间固定,无法访问到整个 64 位的大多数地址空间,用户需小心使用。

### 2.(-mcmodel=medany)选项

(-mcmodel==medlow)选项用于指示该程序的寻址范围可以在任意的一个 4GB 空间内。此模式的寻址空间不是固定的,相对比较灵活。

## 9.2.5 RISC-V GCC 工具链的其他选项

本章仅介绍了 RISC-V GCC 工具链中几个特别的选项,有关 RISC-V GCC 工具链的完整选项列表和解释,感兴趣的读者可以 搜索关键"gcc/RISC-V-Options",进入相关网页查询,如图 9-2 所示。

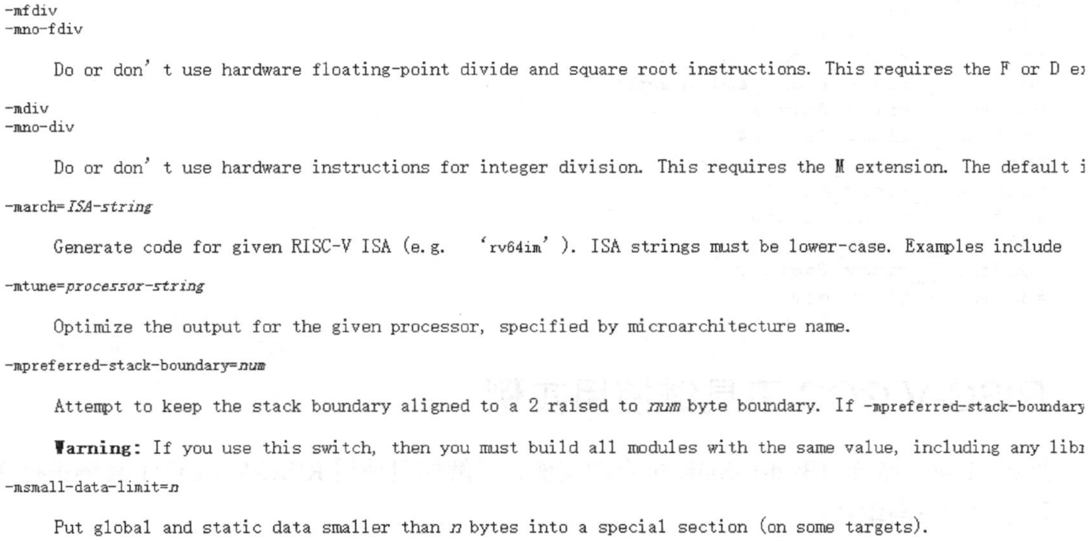

```
-mfdiv
-mno-fdiv

    Do or don't use hardware floating-point divide and square root instructions. This requires the F or D e

-mdiv
-mno-div

    Do or don't use hardware instructions for integer division. This requires the M extension. The default i

-march=ISA-string

    Generate code for given RISC-V ISA (e.g.   'rv64im'). ISA strings must be lower-case. Examples include

-mtune=processor-string

    Optimize the output for the given processor, specified by microarchitecture name.

-mpreferred-stack-boundary=num

    Attempt to keep the stack boundary aligned to a 2 raised to num byte boundary. If -mpreferred-stack-boundary

    Warning: If you use this switch, then you must build all modules with the same value, including any libr

-msmall-data-limit=n

    Put global and static data smaller than n bytes into a special section (on some targets).
```

图 9-2 RISC-V GCC 工具链的完整选项列表和解释

## 9.2.6 RISC-V GCC 工具链的预定义宏

RISC-V GCC 会根据编译生成若干预定义的宏，在 Linux 操作环境中可以使用如下方法查看和 RISC-V 相关的宏。

```
//首先创建一个空文件
touch empty.h

//使用 RISC-V GCC 的-E 选项对 empty.h 进行预处理，有关“预处理”的背景知识见第 8.3.1 节
//通过 grep 命令对于处理后的文件搜索 riscv 的关键字

//如果使用-march=rv32imac -mabi=ilp32 选项可以看出生成如下预定义宏
riscv-none-embed-gcc -march=rv32imac -mabi=ilp32 -E -dM empty.h | grep riscv

#define __riscv 1
#define __riscv_atomic 1
#define __riscv_cmodel_medlow 1
#define __riscv_float_abi_soft 1
#define __riscv_compressed 1
#define __riscv_mul 1
#define __riscv_muldiv 1
#define __riscv_xlen 32
#define __riscv_div 1

//如果使用-march=rv32imafdc -mabi=ilp32f 选项可以看出生成如下预定义宏
riscv-none-embed-gcc -march=rv32imafdc -mabi=ilp32f -E -dM empty.h | grep riscv

#define __riscv 1
#define __riscv_atomic 1
#define __riscv_cmodel_medlow 1
#define __riscv_float_abi_single 1
#define __riscv_fdiv 1
#define __riscv_flen 64
#define __riscv_compressed 1
#define __riscv_mul 1
#define __riscv_muldiv 1
#define __riscv_xlen 32
#define __riscv_fsqrt 1
#define __riscv_div 1
```

## 9.2.7 RISC-V GCC 工具链使用实例

见第 11 章，结合 HBird-E-SDK 平台的实例，了解如何使用 RISC-V GCC 工具链进行嵌入式程序的开发与编译。

# 第 10 章   RISC-V 汇编语言程序设计

第 8.3 节中介绍了 C/C++语言如何被编译成为汇编语言，本章将介绍如何直接使用 RISC-V 架构的汇编语言进行程序设计。

## 10.1   汇编语言简介

汇编语言（Assembly Language）是一种"低级"语言，但此"低级"非彼"低级"。之所以说汇编语言是一种低级的语言，是因为其面向的是最底层的硬件，直接使用处理器的基本指令。因此，相对于抽象层次更高的 C/C++语言，汇编语言确实是一门"低级"语言，"低级"是指其抽象层次比较低。

汇编语言的"低级"属性导致它有如下缺点。

- 由于汇编语言直接接触最底层的硬件，要求使用者对底层硬件非常熟悉才能编写出高效的汇编程序。因此，汇编语言是一门比较难以使用的语言，故而有"汇编语言不会编"的说法。
- 由于汇编语言的抽象层次很低，因此使用者在使用汇编语言设计程序时，无法像高级语言那样写出灵活多样的程序，并且程序代码很难阅读和维护。
- 由于汇编语言使用的是处理器的基本指令，而处理器指令与其处理器架构一一对应，导致不同架构处理器的汇编程序必然是无法直接移植的，所以汇编程序的可移植性和通用性很差。

但是每一枚硬币皆有其两面，汇编语言也有其优点。

- 由于汇编的过程是汇编器将汇编指令直接翻译成二进制的机器码（处理器指令）的过程，因此使用者可以完全掌控生成的二进制代码，不会受到编译器的影响。
- 由于汇编语言直接面向最底层的硬件，因此其可以对处理器进行直接控制，可以最大化挖掘硬件的特性和潜能，开发出最佳优化的代码。

综上，虽然现在大多数的程序设计已经不再使用汇编语言，但是在一些特殊的场合，譬如底层驱动、引导程序、高性能算法库等领域，汇编语言还经常扮演着重要的角色。尤其对于嵌入式软件开发人员而言，即便无法娴熟地编写复杂的汇编语言，但是能够阅读理解并且编写简单地汇编程序也是嵌入式软件人员必备的技能。

# 10.2 RISC-V 汇编程序概述

汇编程序的最基本元素是指令，指令集是处理器架构的最基本要素，因此 RISC-V 汇编语言的最基本元素自然是一条条的 RISC-V 指令。

除了指令之外，由于本书介绍的 RISC-V 工具链是 GCC 工具链，因此一般的 GNU 汇编语法也能被 GCC 的汇编器识别，GNU 汇编语法中定义的伪操作、操作符、标签等语法规则均可以在 RISC-V 汇编语言中使用。一个完整的 RISC-V 汇编程序由 RISC-V 指令和 GNU 汇编规则定义的伪操作、操作符、标签等组成。

一条典型的 RISC-V 汇编语句由 4 部分组成，包含如下字段：

```
[label:]  opcode  [operands]  [;comment]
[标签:]    操作码   [操作数]      [;注释]
```

（1）标签：表示当前指令的位置标记，见第 10.5.1 节，了解具体使用实例。

（2）操作码可以是如下任意一种。

- RISC-V 指令的指令名称，譬如 addi 指令、lw 指令等。有关 RISC-V 指令的完整列表和详情见附录 A。
- 汇编语言的伪操作，见第 10.4 节，了解更多信息。
- 用户自定义的宏，见第 10.5.2 节，了解具体使用实例。

（3）操作数：操作码所需的参数，与操作码之间以空格分开，可以是符号、常量，或者由符号和常量组成的表达式。

（4）注释：为了程序代码便于理解而添加的信息，注释并不发挥实际功能，仅起到注解作用。注释是可选的，如果添加注释，需要注意以下规则。

- 以 ";" 或者 "#" 作为分隔号，以分隔号开始的本行之后部分到本行结束都会被当作注释。
- 或者使用类似 C 语言的注释语法//和/* */对单行或者大段程序进行注释。

一段典型的 RISC-V 汇编程序如下所示：

```
.section .text          #使用.section 伪操作指定 text 段
.globl _start           #使用.global 伪操作指定汇编程序入口
_start:                 #定义标签 _start
    lui a1,    %hi(msg)        # RISC-V 的 LUI 指令
    addi a1, a1, %lo(msg)     # RISC-V 的 ADDI 指令
```

```
        jalr ra, puts                    # RISC-V 的 JALR 指令
2:      j 2b                      # RISC-V 的跳转指令，并在此指令处定义标签 2

.section .rodata              #使用 .section 指定 rodata 段
msg:                          #定义标签 msg
    .string "Hello World\n"   #使用 .string 伪操作分配空间存放"Hello World"字符串
```

上述汇编程序中使用到的汇编语法将在后续章节分别予以介绍。

## 10.3 RISC-V 汇编指令

除了普通的指令，RISC-V 还定义了伪指令，以便于用户编写汇编程序，第 10.5.3 节和 10.5.4 节给出了使用伪指令的汇编程序实例。见附录 A.15 节，了解 RISC-V 伪指令的详细信息。

## 10.4 RISC-V 汇编程序伪操作

在汇编语言中，有一些特殊的操作助记符通常被称为伪操作（Pseudo Ops）。伪操作在汇编程序中的作用是指导汇编器处理汇编程序的行为，且仅在汇编过程中起作用，一旦汇编结束，伪操作的使命就此结束。

本书介绍的 RISC-V 工具链是 GCC 工具链，一般的 GNU 汇编语法中定义的伪操作均可在 RISC-V 汇编语言中使用。经过不断地增加，目前 GNU 汇编中定义的伪操作数目众多，感兴趣的读者可以自行查阅完整的 GNU 汇编语法手册。本节将仅简单介绍一些常见的伪操作。

1．.file　filename

.file 伪操作用指示汇编器该汇编程序的逻辑文件名。

2．.global　symbol_name 或者.globl symbol_name

.global 和.globl 伪操作用于定义一个全局的符号，使得链接器能够全局识别它，即一个程序文件中定义的符号能够被所有其他程序文件可见。

3．.local　symbol_name

.local 伪操作用于定义局部符号，使得此符号不被其他程序文件可见。

4．.weak　symbol_name

在汇编程序中，符号的默认属性为强（strong），.weak 伪操作则用于设置符号的属性为弱（weak），如果此符号之前没有定义过，那么同时创建此符号并定义其属性为 weak。

如果符号的属性为 weak，那么它无须定义具体的内容。在链接的过程中，另外一个属性为 strong 的同名符号可以将此 weak 符号的内容强制覆盖。利用此特性，.weak 伪操作常用于预留一个空符号，使得其能够通过汇编器语法检查，但是在后续的程序中定义符号的真正实体，并且在链接阶段将空符号覆盖并链接。

5．.type　name , type description

.type 伪操作用于定义符号的类型。譬如".type symbol,@function"表示将名为 symbol 的符号定义为一个函数（function）。

6．.align　integer

.align 伪操作用于将当前 PC 地址推进到"2 的 integer 次方字节"对齐的位置。譬如".align 3"表示将当前 PC 地址推进到 8 个字节对齐的位置处。

7．.balign　integer

.balign 伪操作用于将当前 PC 地址推进到"integer 字节"对齐的位置。

8．.zero　integer

.zero 伪操作将从当前 PC 地址处开始分配"integer 字节"空间并且用 0 值填充。譬如".zero 3"表示分配 3 字节的 0 值。

9．.byte　expression [, expression]*

.byte 伪操作将从当前 PC 地址处开始分配若干字节（Byte）的空间，每一字节填充的值由分号分隔开的 expression 指定。

10．.2byte　expression [, expression]*

.2byte 伪操作将从当前 PC 地址处开始分配若干双字节（2Byte）的空间，每个双字节填充的值由分号分隔开的 expression 指定。空间分配的地址可以与双字节非对齐。

11．.4byte　expression [, expression]*

.4byte 伪操作将从当前 PC 地址处开始分配若干个四字节（4Byte）的空间，每个四字节填充的值由分号分隔开的 expression 指定。空间分配的地址可以与四字节非对齐。

12．.8byte　expression [, expression]*

.8byte 伪操作将从当前 PC 地址处开始分配若干个八字节（8Byte）的空间，每个八字节填充的值由分号分隔开的 expression 指定。空间分配的地址可以与八字节非对齐。

13．.half　expression [, expression]*

.half 伪操作将从当前 PC 地址处开始分配若干个半字（half-word）的空间，每个半字填充的值由分号分隔开的 expression 指定。空间分配的地址一定与半字对齐（half-word aligned）。

14．.word　expression [, expression]*

.word 伪操作将从当前 PC 地址处开始分配若干个字（word）的空间，每个字填充的值由分号分隔开的 expression 指定。空间分配的地址一定与字对齐（word aligned）。

**15．.dword    expression [, expression]***

.dword 伪操作将从当前 PC 地址处开始分配若干个双字（double-word）的空间，每个双字填充的值由分号分隔开的 expression 指定。空间分配的地址一定与双字对齐（double-word aligned）。

**16．.string    "string"**

.string 伪操作将从当前 PC 地址处开始分配若干字节空间用于存放"string"字符串。字节的个数取决于字符串的长度。

**17．.float 或者.double expression [, expression]***

.float 伪操作将从当前 PC 地址处开始分配若干个单精度浮点数（32 位）的空间，每个单精度浮点数填充的值由分号分隔开的 expression 指定。空间分配的地址一定与 32 位对齐。

.double 伪操作将从当前 PC 地址处开始分配若干个双精度浮点数（64 位）的空间，每个双精度浮点数填充的值由分号分隔开的 expression 指定。空间分配的地址一定与 64 位对齐。

若干.float 和.double 伪操作的示例如下：

```
minf:   .double -Inf
three:  .double 3.0
big:    .float 1221
small:  .float 2.9133121e-37
tiny:   .double 2.3860049081905093e-40
```

**18．.comm 或者.common    name, length**

.comm 和.common 伪操作用于声明一个名为 name 的未初始化存储区间，区间大小为 length 字节。由于是未初始化存储区间，在链接阶段会将其链接到.bss 段中。有关编译和汇编的原理见第 8.3 节，有关链接后 ELF 文件常见段.text、.data、.rodata、.bss 见第 8.4.2 节，了解更多信息。

**19．.option    {rvc,norvc,push,pop}**

（1）.option 伪操作用于设定某些架构特定的选项，使得汇编器能够识别此选项并按照选项的定义采取相应的行为。

（2）Rvc 和 norvc 是 RISC-V 架构特有的选项，用于控制是否生成 16 位宽的压缩指令：

- ".option rvc"伪操作表示接下来的汇编程序可以被汇编生成 16 位宽的压缩指令。
- ".option norvc"伪操作表示接下来的汇编程序不可以被汇编生成 16 位宽的压缩指令。

（3）Push 和 pop 用于临时性地保存或者恢复.option 伪操作指定的选项。

- ".option push"伪操作暂时将当前的选项设置保存起来，从而允许之后使用.option 伪操作指定新的选项，而".option pop"伪操作将最近保存的选项设置恢复出来重新生效。

- 通过 ".option push" 和 ".option pop" 的组合，便可以在不影响全局选项设置的情况下，为汇编程序中嵌入的某一段代码特别地设置不同的选项。

## 20．.section    name [, subsection]

.section 伪操作指明将接下来的代码汇编链接到名为 name 的段（Section）中，还可以指定可选的子段（Subsection），常见的段有.text、.data、.rodata、.bss。

- ".section .text" 伪操作将接下来的代码汇编链接到.text 段。
- ".section .data" 伪操作将接下来的代码汇编链接到.data 段。
- ".section .rodata" 伪操作将接下来的代码汇编链接到.rodata 段。
- ".section .bss" 伪操作将接下来的代码汇编链接到.bss 段。
- 有关编译和汇编的原理见第 8.3 节，有关链接后 ELF 文件的常见段.text、.data、.rodata、.bss，见第 8.4.2 节，了解更多信息。

## 21．.text

.text 伪操作基本等效于 ".section .text"。

## 22．.data

.data 伪操作基本等效于 ".section .data"。

## 23．.rodata

.rodata 伪操作基本等效于 ".section .rodata"。

## 24．.bss

.bss 伪操作基本等效于 ".section .bss"。

## 25．.pushsection name 和.popsection

- .pushsection 伪操作将之前的段设置保存起来，并且将当前的段设置改为名为 name 的段，也就是指明将接下来的代码汇编链接到名为 name 的段中。
- .popsection 伪操作将最近保存的段设置恢复出来。
- 通过 ".pushsection" 和 ".popsection" 的组合，便可以在汇编程序的编写过程中，在某一个段的汇编代码中特别地插入另外一个段的代码。这种编写方式在某些情况下会给代码编写带来极大的方便，示例代码如下：

```
        .section .text.init;    定义当前的段名为.text.init
        .align  6;              将当前 PC 地址推进到 "2 的 6 次方" 字节对齐的位置
        .weak stvec_handler;    将 stvec_handler 符号定义为 weak 属性
        .weak mtvec_handler;    将 mtvec_handler 符号定义为 weak 属性
        .globl _start;          将 _start 标签定义为全局可见
_start:                         定义此处的标签为 _start
        csrw mscratch, a0;
        la  a0, test_trap_data ;
        sw t5, 0(a0);
```

```
        sw t6, 4(a0);
    .pushsection .data;          使用.pushsection 从此处开始插入一些数据至.data 段中
    .align 2;
    test_trap_data:
    .word 0;
    .word 0;
    .popsection                  使用.popsection 至此处结束插入
```

26．.macro 和.endm

- .macro 和.emdm 伪操作用于将一串汇编代码定义为一个宏。
- ".macro name arg1 [, argn]"用于定义名为 name 的宏，并且可以传入若干由分号分隔的参数。
- ".endm"用于结束宏定义。

27．.equ    name, value

.equ 伪操作用于将名为 name 的符号赋值为 value 的值。

# 10.5 RISC-V 汇编程序示例

## 10.5.1 定义标签

标签名称通常在一个冒号（:）之前，常见的标签分为文本标签和数字标签。

文本标签在一个程序文件中是全局可见的，因此定义必须使用独一无二的命名，文本标签通常被作为分支或跳转指令的目标地址，示例如下：

```
loop:    //定义一个名为 loop 的标签，该标签代表了此处的 PC 地址

    ......

        j loop    //跳转指令跳转到标签 loop 所在的位置
```

数字标签为 0~9 之间的数字表示的标签，数字标签属于一种局部标签，需要时可以被重新定义。在被引用时，数字标签通常需要带上一个字母"f"或者"b"的后缀，"f"表示向前，"b"表示向后，示例如下：

```
        j 1f     //跳转到"向前寻找第一个数字为 1 的标签"所在的位置，即下一行（标签为 1）所在
                 //的位置
    1:
        j 1b     //跳转到"向后寻找第一个数字为 1 的标签"所在的位置，即上一行（标签为 1）所在
                 //的位置
```

## 10.5.2　定义宏

宏（macro）是将汇编语言中具有一组独立功能的汇编语句组织在一起，然后可以以宏调用的方式进行调用。示例如下：

```
.macro mac, a, b, c     //定义一个名为 mac 的宏，参数为 a、b、c
mul t0, b, c            // mul 指令将 b 和 c 相乘得到乘积写入 t0 寄存器
add a, t0, a            // add 指令将 a 与 t0 相加，将乘累加结果写入 a
.endm

//调用 mac 宏
mac x1, x2, x3
```

## 10.5.3　定义常数

在汇编语言中可以使用 .equ 伪操作定义常数，并为其赋予一个别名，然后在汇编程序中直接使用别名，示例如下：

```
.equ UART_BASE, 0x40003000           //定义一个常数，别名为 UART_BASE

        lui a0,      %hi(UART_BASE)   //直接使用别名替代常数
        addi a0, a0, %lo(UART_BASE)   //直接使用别名替代常数
```

## 10.5.4　立即数赋值

在汇编语言中可以使用 RISC-V 的伪指令 li 进行立即数的赋值。li 不是真正的指令，而是一种 RISC-V 的伪指令，等效于若干条指令（计算得到立即数）。有关 RISC-V 伪指令的更多介绍见附录 A.15 节。示例如下：

```
.section .text
.globl _start
_start:

.equ CONSTANT, 0xcafebabe

        li a0, CONSTANT      //将常数赋值给 a0 寄存器
```

上述指令经过汇编之后产生的指令如下，可以看出 li 指令等效于若干条指令。

```
0000000000000000 <_start>:
   0: 00032537         lui     a0,0x32
   4: bfb50513         addi a0,a0,-1029
   8: 00e51513         slli a0,a0,0xe
```

```
c: abe50513          addi a0,a0,-1346
```

## 10.5.5 标签地址赋值

在汇编语言中可以使用 RISC-V 的伪指令 la 进行标签地址的赋值。la 不是真正的指令，而是一种 RISC-V 的伪指令，等效于若干条指令（计算得到标签的地址）。有关 RISC-V 伪指令的更多介绍见附录 A.15 节。示例如下：

```
.section .text
.globl _start
_start:

        la a0, msg      //将 msg 标签对应的地址赋值给 a0 寄存器

.section .rodata
msg:                                        //msg 标签
        .string "Hello World\n"
```

上述指令经过汇编之后产生的指令如下，可以看出 la 指令等效于 auipc 和 addi 这两条指令。

```
0000000000000000 <_start>:
   0: 00000517         auipc    a0,0x0
        0: R_RISCV_PCREL_HI20    msg
   4: 00850513         addi     a0,a0,8 # 8 <_start+0x8>
        4: R_RISCV_PCREL_LO12_I    .L11
```

## 10.5.6 设置浮点舍入模式

对于 RISC-V 浮点指令而言，可以通过一个额外的操作数来设定舍入模式（Rounding Mode）。譬如 fcvt.w.s 指令需要舍入零（round-to-zero），则可以写为 fcvt.w.s a0、fa0、rtz。如果没有指定舍入模式，则默认使用动态舍入模式（dyn）。有关 RISC-V 浮点指令的舍入模式，见附录 A.14.4 节，了解更多信息。

不同舍入模式的缩写分别如下。

- rne：最近舍入，朝向偶数方向（round to nearest, ties to even）。
- rtz：向零舍入（round towards zero）。
- rdn：向下舍入（round down）。
- rup：向上舍入（round up）。
- rmm：最近舍入，朝向最大幅度方向（round to nearest, ties to max magnitude）。
- dyn：动态舍入模式（dynamic rounding mode）。

## 10.5.7 完整实例

为了便于读者理解汇编程序，下面列举一个完整的汇编程序实例。

```
.equ RTC_BASE,      0x40000000      //定义常数，命名为 RTC_BASE
.equ TIMER_BASE,    0x40004000      //定义常数，命名为 TIMER_BASE

# setup machine trap vector
1:      la  t0, mtvec               //将标签 mtvec 的 PC 地址赋值为 t0
        csrrw   zero, mtvec, t0     //使用 csrrw 指令将 t0 寄存器的值赋值给 CSR 寄存器 mtvec
                                    //有关 csrrw 指令的细节，见附录 A.14.2 节

# set mstatus.MIE=1 (enable M mode interrupt)
        li  t0, 8                   //将常数 8 赋值给 t0 寄存器
        csrrs   zero, mstatus, t0   //使用 csrrs 指令，进行如下操作：
                                    //以操作数寄存器 t0 中的值逐位作为参考，如果 t0 中的值某个比特位
                                    //为 1，则将 mstatus 寄存器中对应的比特位置为 1，其他位则不受影响
                                    //有关 csrrs 指令的细节，见附录 A.14.2 节

# set mie.MTIE=1 (enable M mode timer interrupts)
        li  t0, 128                 //将常数 128 赋值给 t0 寄存器
        csrrs   zero, mie, t0       //使用 csrrs 指令，进行如下操作：
                                    //以操作数寄存器 t0 中的值逐位作为参考，如果 t0 中的值某个比特位
                                    //为 1，则将 mie 寄存器中对应的比特位置为 1，其他位则不受影响
                                    //有关 csrrs 指令的细节，见附录 A.14.2 节

# read from mtime
        li  a0, RTC_BASE            //将立即数 RTC_BASE 赋值给 t0 寄存器
        lw  a1, 0(a0)               //使用 lw 指令将 a0 寄存器索引的存储器地址中的值读出赋值
                                    //给 a1 寄存器

# write to mtimecmp
        li  a0, TIMER_BASE
        li  t0, 1000000000
        add a1, a1, t0
        sw  a1, 0(a0)

# loop
loop:                               //设定 loop 标签
    wfi
    j loop                          //跳转到 loop 标签的位置

# break on interrupt
mtvec:
        csrrc  t0, mcause, zero     //读取 mcause 寄存器的值赋值给 t0 寄存器
        bgez t0, fail       # interrupt causes are less than zero
```

```
        slli t0, t0, 1      # shift off high bit
        srli t0, t0, 1
        li t1, 7            # check this is an m_timer interrupt
        bne t0, t1, fail
        j pass

pass:
        la a0, pass_msg
        jal puts
        j shutdown

fail:
        la a0, fail_msg
        jal puts
        j shutdown

.section .rodata

pass_msg:
        .string "PASS\n"

fail_msg:
        .string "FAIL\n"
```

# 10.6 在 C/C++程序中嵌入汇编

前文介绍了如何编写 RISC-V 汇编语言程序，但是在实际工程中，目前的编程主要使用 C/C++这样的高级语言，因此使用汇编语言的情形更多是将汇编程序嵌入 C/C++语言编写的程序中。

以 RISC-V 为例，RISC-V 架构中定义的 CSR 寄存器需要使用特殊的 CSR 指令进行访问，如果在 C/C++程序中需要使用 CSR 寄存器，只能采用内嵌汇编指令（CSR 指令）的方式，才能对 CSR 寄存器进行操作。

## 10.6.1 GCC 内联汇编简述

本书介绍的是 GCC 的 RISC-V 工具链，在 C/C++程序中嵌入汇编程序遵循 GCC 内联汇编（inline asm）语法规则，其格式由如下部分组成：

```
asm volatile (
汇编指令列表
    : 输出操作数                    // 非必需
    : 输入操作数                    // 非必需
    : 可能影响的寄存器或存储器      // 非必需
);
```

下面分别予以简述。

- "关键字 asm"为 GCC 的关键字，表示进行内联汇编操作。

**注意：**也可以使用前后各带两个下划线的__asm__，__asm__是 GCC 关键字 asm 的宏定义。

- "关键字 volatile"或"__volatile__"。__volatile__或 volatile 是可选的。如果添加了该关键字，则要求编译器对后续括号内添加的汇编程序不进行任何优化以保持其原状；如果没有添加此关键字，则编译器可能会将某些汇编指令优化掉。

**注意：**也可以使用__volatile__，__volatile__是 GCC 关键字 volatile 的宏定义。

- "汇编指令列表"，即需要嵌入的汇编指令。每条指令必须被双引号括起来（作为字符串），两条指令之前必须以"\n"或者";"作为分隔符，没有添加分隔符的两个字符串将会被合并成为一个字符串。

**注意：**"汇编指令列表"中的编写语法和普通的汇编程序编写一样，可以在其中定义标签（Label）、对齐（.align n）、段（.section name）等。

- "输出操作数"，用来指定当前内联汇编程序的输出操作符列表，详细介绍见第 10.6.2 节。
- "输入操作数"，用来指定当前内联汇编语句的输入操作符列表，详细介绍见第 10.6.2 节。
- "可能影响的寄存器或存储器"，用于告知编译器当前内联汇编语句可能会对某些寄存器或内存进行修改，使得编译器在优化时将其因素考虑进去，详细介绍见第 10.6.3 节。

综上，一个典型的完整内联汇编程序格式如下：

```
__asm__ __volatile__(
  "Instruction_1\n"
  "Instruction_2\n"
  ...
  "Instruction_n\n"
  :[out1]"=r"(value1), [out2]"=r"(value2), ... [outn]"=r"(valuen)
  :[in1]"r"(value1), [in2]"r"(value2), ... [inn]"r"(valuen)
  :"r0", "r1", ... "rn"
);
```

后续将进行详述。

## 10.6.2  GCC 内联汇编"输出操作数"和"输入操作数"部分

C/C++中使用的是抽象层次较高的变量或者表达式，如下所示：

```
sum = add1 + add2; //将变量 add1 和 add2 相加，得到的结果赋给 sum
```

而汇编指令中直接操作的是寄存器，以 RISC-V 指令集为例，一个加法指令的汇编指令如下：

```
add  x2, x3, x4; 将 x3 和 x4 寄存器相加得到 x2。
```

那么，在 C/C++程序中添加了汇编程序时，程序员如何将其所需要操作的 C/C++变量与汇编指令的操作数对应起来呢？那就需要使用到 GCC 内联汇编的"输出操作数"和"输入操作数"部分来指定。

GCC 内联汇编语法的"输入操作数"和"输出操作数"部分用来指定当前内联汇编程序的输入和输出操作符列表，遵循的语法如下。

（1）每一个输入或者输出操作符都由以下 3 部分组成。

• 方括号[]中的符号名用于将内联汇编程序中使用的操作数（由%[字符]指定）和此操作符（由[字符]指定）通过同名"字符"绑定起来。

除了"%[字符]"中明确的符号命名指定外，还可以使用"%数字"的方式进行隐含指定。"数字"从 0 开始，依次表示输出操作数和输入操作数。假设包含"输出操作数"列表中有 2 个操作数，"输入操作数"列表中有 2 个操作数，则汇编程序中%0 表示第一个输出操作数，%1 表示第二个输出操数，%2 表示第一个输入操作数，%3 表示第二个输入操作数。

• 引号中的限制字符串，用于约束此操作数变量的属性，常用的约束如下。

a）字母"r"表示使用编译器自动分配的寄存器来存储该操作数变量；字母"m" 表示使用内存地址来存储该操作数变量。如果同时指明"rm"，则编译器自动选择最优方案。

b）对于"输出操作数"而言，"="代表输出变量用作输出，原来的值会被新值替换；"+"代表输出变量不仅作为输出，而且作为输入。

**注意：** 此约束对不适用于"输入操作数"。

• 圆括号（）中的 C/C++变量或者表达式。

（2）输出操作符之间需使用逗号分隔。

见第 10.6.4 节和 10.6.5 中的实例，进一步理解上述语法。

## 10.6.3　GCC 内联汇编"可能影响的寄存器或存储器"部分

如果内联汇编中的某个指令会更新某些寄存器的值，则必须在 asm 中第三个冒号后的"可能影响的寄存器或存储器"中地指定出这些寄存器，通知 GCC 编译器不再假定之前存入这些寄存器中的值依然合法。指定出这些寄存器由逗号分隔开，每个寄存器由引号包含住，如下所示：

```
: "x1", "x2"
```

**注意：** 对于那些已经由"输入操作数"和"输出操作数"部分约束指定了的变量，由于编译器自动分配寄存器，因此编译器知道哪些寄存器会被更新，读者无须担心这部分寄存器，不用在"可能影响的寄存器或存储器"进行显示地指定。

　　如果内联汇编中的某个指令以无法预料的形式修改了存储器中的值,则必须在 asm 中第三个冒号后的"可能影响的寄存器或存储器"中显示地加上"memory",从而通知 GCC 编译器不要将存储器中的值暂存在处理器的通用寄存器中。

　　见第 10.6.4 节和 10.6.5 节中的实例,进一步理解上述语法。

# 10.6.4　GCC 内联汇编参考实例一

　　下面结合第 10.6.2 节中描述的"add"汇编示例给出一个完整的实例。

```
#include <stdio.h>

int main(void)
{
    printf("\n###################################################\n");
    printf("##################################################\n");
    printf("##################################################\n");
    printf("##################################################\n");
    printf("\nThis is a Demo to use the inline ASM to conduct ADD operations\n");
    printf("We will use the inline assembly 'add' instruction to add two
operands 100 and 200\n");
    printf("The expected result is 300\n");
    printf("\n\nIf the result is 300, then we print PASS, otherwise FAIL\n");

    // 使用 C 语言声明 3 个变量
    int sum;
    int add1 = 100;
    int add2 = 200;

    //插入汇编代码调用 add 汇编指令进行加法操作
    __asm__ __volatile__(
    "add %[dest],%[src1],%[src2]"       //使用 add 指令,一个目标操作数(命名为 dest),
                                        // 两个源操作数(分别命名为 src1 和 src2)

    :[dest]"=r"(sum)                    //将 add 指令的目标操作数 dest 和 C 程序中的
                                        // sum 变量绑定。
                                        // "=r"约束表示
    :[src1]"r"(add1), [src2]"r"(add2)   //将 add 指令的源操作数 src1 和 C 程序中的
                                        // add1 变量绑定;将源操作数 src2 和 add2 变
                                        // 量绑定
    //此内联汇编没有指定可能影响的寄存器或存储器,因此省略第三个冒号
    );

    // 上述代码使用了"%[字符]"的方式明确指定变量关系,如果使用"%数字"的方式进行隐含指定,则
方式如下:
    //      "add %0,%1,%2"              //使用 add 指令,一个目标操作数(用%0 指定第一个输出操作数 sum,
    //                                  // 两个源操作数分别用%1 和%2 指定第一个操作数 add1 和第二个
```

```
//                              // 输入操作数 add2。
//    :"=r"(sum)                // 只有一个输出操作数，由%0 隐含指定
//                              // "=r"约束表示
//    :"r"(add1), "r"(add2) //有两个输出操作数，由%1 和%2 隐含指定
//

    //判断内联汇编是否正确算出结果，如果汇编指令 add 正确执行并且将结果返回，那么 sum 变
    // 量应该等于 300
    if(sum == 300) {
        printf("!!! PASS !!!");
    }else{
        printf("!!! FAIL !!!");
    }
    return 0;
}
```

从上述示例中可以看出，通过使用"输出操作数"和"输入操作数"部分的指定，可以将 C/C++中的变量或者表达式映射到汇编指令中充当操作数。在此过程中，程序员无须关心真正执行的汇编指令具体使用的寄存器索引（譬如到底是 x1 还是 x2 等），编译器会根据引号中指定的操作数约束，按照编译优化的原则来分配合理的寄存器索引号。程序员仅需要关心操作数和变量的映射，无须关心操作数会映射到处理器具体的哪个通用寄存器，这样能使软件程序员能够从底层硬件的细节中解放出来。

见第 12.3 节，了解在 HBird-E-SDK 环境中运行该实例的详细信息。

## 10.6.5 GCC 内联汇编参考实例二

RISC-V 架构中定义的 CSR 寄存器需要使用特殊的 CSR 指令进行访问，如果需要在 C/C++程序中使用 CSR 寄存器，只能采用内嵌汇编（CSR 指令）的方式，才能对 CSR 寄存器进行操作。以下是在 C 语言中调用 RISC-V 的 CSR 读或者写汇编指令访问 CSR 寄存器的实例，代码如下：

```
//定义以下宏，在 C 语言中直接调用此宏即相当于读取指定 CSR 寄存器的值，譬如 C 语言
// "value = read_csr(mstatus)" 即相当于读取 mstatus 寄存器的值将其赋值给变量 value 中
//
#define read_csr(reg) ({ unsigned long __tmp; \
 asm volatile ("csrr %0, " #reg : "=r"(__tmp)); \
 __tmp; })
//
// 上述宏由 3 个独立的 C 语言语句组成，其中中间的是一个 asm 内联汇编，#reg 是 C 语言语法的
一个特殊宏定义语法，相当于将 reg 进行替换并用双引号包裹。譬如 read_csr(mstatus) 对应 asm 语句宏
展开等于 "asm volatile ("csrr %0," "mstatus": "=r"(__tmp))"。按照第 10.6.2 节中描述的
语法可知，此内联汇编表达的含义要点为：此汇编程序输出变量为__tmp，编译器可以选择分配任意通用寄存
器用于承载它的值，并且用于 csrr 指令%0 对应操作数，因此相当于使用 csrr 指令将 CSR 寄存器 mstatus
```

| 的值读出，赋给变量 `__tmp`

## 10.6.6 小结

GCC 内联汇编语法的规则比较复杂，信息量很大。本书限于篇幅，仅对最基本的语法和示例进行介绍，以帮助读者能够看懂并且编写简单的 C/C++内联汇编程序。感兴趣的读者可以自行查阅完整的 GNU C/C++内联汇编语法手册，了解更多详情。

# 10.7 在汇编中调用 C/C++函数

除了在 C/C++程序中内嵌汇编程序之外，还可以在汇编程序中调用 C/C++函数。这种情形在实际的工程中也很常见，C/C++语言构造的函数非常普遍，在某些以汇编程序为主体的程序中也会调用 C/C++的函数。

在介绍 C/C++函数调用之前，先介绍应用程序二进制接口（Abstract Binary Interface，ABI），ABI 描述了应用程序和操作系统之间、应用和它的库之间，以及应用的组成部分之间的接口。ABI 涵盖了如下细节。

- 数据类型的大小、布局和对齐。
- 函数调用约定（控制着函数的参数如何传送以及接受返回值），例如，是所有的参数都通过栈传递，还是部分参数通过寄存器传递；哪个寄存器用于哪个函数参数；通过栈传递的第一个函数参数是最先还是最后推到栈上。
- 系统调用的编码和一个应用如何向操作系统进行系统调用。
- 在一个完整的操作系统 ABI 中，目标文件的二进制格式、程序库等。

其中，函数调用约定决定了函数调用时参数传递和函数返回结果的规则，有关 RISC-V架构 ABI 的函数调用约定，见附录 A 中的图 A-1。

对于 RISC-V 汇编程序而言，在汇编程序中调用 C/C++语言函数，必须遵照 ABI 所定义的函数调用规则，即函数参数由寄存器 a0~a7 传递，函数返回由寄存器 a0~a1 指定。一个具体的示例代码如下：

```
//C 语言函数如下，此函数 handle_trap 有两个参数，分别为 mcause 和 epc，返回一个返回值

uintptr_t handle_trap(uintptr_t mcause, uintptr_t epc)
{
  if (0){
    // External Machine-Level interrupt from PLIC
  } else if ((mcause & MCAUSE_INT) && ((mcause & MCAUSE_CAUSE) == IRQ_M_EXT)) {
  handle_m_ext_interrupt();
    // External Machine-Level interrupt from PLIC
```

```
    } else if ((mcause & MCAUSE_INT) && ((mcause & MCAUSE_CAUSE) == IRQ_M_TIMER)){
      handle_m_time_interrupt();
    }
    else {
      write(1, "trap\n", 5);
      _exit(1 + mcause);
    }
    return epc;
}
```

//汇编程序如下，此程序指定函数参数，然后调用 **handle_trap**，取得函数的返回值

```
  csrr a0, mcause    // 由于 a0 负责传输第一个函数参数，因此给 a0 赋值作为函数参数一
  csrr a1, mepc      // 由于 a1 负责传输第二个函数参数，因此给 a1 赋值作为函数参数二
  call handle_trap   //调用函数 handle_trap，注意：call 是一条 auipc + jalr 的伪指令，
                     // 见附录 A.15 节，了解伪指令的更多信息
  csrw mepc, a0      //由于 a0 负责传输返回结果，因此此处 a0 寄存器的值即为函数的返回值
```

# 10.8 本章小结

　　汇编语言的抽象层次较低，程序的编写难度较大。在实际的工作中，更多的是能够阅读理解某些现有的汇编代码，或者编写比较简单的汇编程序。

　　本书介绍的 RISC-V 工具链基于 GCC 工具链 RISC-V 汇编程序也遵循 GNU 汇编语法规则，完整的 GNU 汇编语法手册长达数百页，介绍了大量的伪操作和语法，但是大多数的语法并不常用。本书限于篇幅，仅对 RISC-V 汇编常用的语法进行简要介绍，以帮助读者初步认识 RISC-V 汇编语言程序，能够看懂并且编写简单而基本的汇编程序。对于 RISC-V 汇编编程进阶感兴趣的读者可以自行查阅 RISC-V 汇编语言的完整的 GNU 汇编语法手册。

# 第 11 章　基于 HBird-E-SDK 平台的软件开发与运行

　　Linux 操作系统在很多工程领域更受推崇，其使用的命令行和脚本操作使项目具备更高的可重现性和高效的自动化特性，因此作者更推荐基于 Linux 环境的 SDK 软件开发平台。本章将介绍如何使用基于 Linux 环境的 HBird-E-SDK 开发环境对蜂鸟 E203 MCU 进行嵌入式软件的开发。

　　**注意：**
- 本 SDK 平台只是一个 MCU 软件开发平台的雏形，在"库开发"方面还有进一步优化的空间，感兴趣的读者可以将其自行升级封装得更加完美。
- 本章所介绍的内容需要 Linux 操作和 Makefile 的基本知识，请读者自行学习。

## 11.1　HBird-E-SDK 平台简介

　　为了让用户能够非常容易地使用 RISC-V 处理器开发软件，蜂鸟 E203 开源项目不仅开源了其 SoC 平台，还开发并开源了配套的软件开发平台，称为 HBird-E-SDK 平台。

　　HBird-E-SDK 的所有源代码均开源托管在 GitHub 网站上，请在 GitHub 中搜索"hbird-e-sdk"查看，本书将以"HBird-E-SDK 项目"代指其 GitHub 上的具体网址。

　　需要注意的是，HBird-E-SDK 并不是一个软件，它本质上是由一些 Makefile、板级支持包（Board Support Package，BSP）、脚本和软件示例组成的一套开发环境。HBird-E-SDK 基于 Linux 平台，使用标准的 RISC-V GNU 工具链对程序进行编译，使用 OpenOCD+GDB 将程序下载到硬件平台中并进行调试。HBird-E-SDK 主要包含如下两个方面的内容。

　　（1）板级支持包（Board Support Package，BSP）。

　　（2）若干软件示例。

　　**注意：** HBird-E-SDK 平台主要以 SiFive 公司开源的 Freedom-E-SDK 为蓝本，Freedom-E-SDK 的所有源代码均开源托管在 GitHub 网站上（请在 GitHub 中搜索

"sifive/freedom-e-sdk"查看）。目前 Freedom-E-SDK 支持 SiFive 公司的所有硬件产品，包括 HiFive1 开发板和若干 SiFive 公司的处理器 IP 和 FPGA 原型平台。

# 11.2　HBird-E-SDK 平台代码结构

HBird-E-SDK 平台的代码结构如下：

```
hbird-e-sdk                    // 存放 hbird-e-sdk 的目录
    |----bsp                   // 存放板级支持包（Board Support Package）的目录
            |---- hbird-e200   // 存放蜂鸟 E203 系列的 BSP 文件
            |----env           // 存放一些基本的支持性文件
            |----drivers       // 存放底层设备驱动文件
            |----include       // 存放一些头文件
            |----stubs         // 存放移植 newlib 的底层桩函数
            |----tools         // 存放一些工具脚本文件
    |----software              // 存放示例程序的源代码
        |----hello_world       // hello_world 示例程序
        |----demo_gpio         // GPIO 示例程序，见第 12.4 节
        |----demo_iasm         // 内嵌汇编示例程序，见第 12.3 节
        |----dhrystone         // Dhrystone 跑分程序，见第 12.1 节
        |----coremark          // Coremark 跑分程序，见第 12.2 节
    |----work                  // 存放工具链的目录
    |----Makefile              // 主 Makefile 文件
```

各个主要的目录简述如下。

（1）software 目录主要用于存放软件示例，包括基本的 hello_world 示例、demo_gpio 示例、demo_iasm 示例程序、dhrystone 跑分程序和 CoreMark 跑分程序。每个示例均有单独的文件夹，包含了各自的源代码、Makefile 和编译选项（在 Makefile 中指定）等。

（2）bsp/hbird-e200/drivers 目录主要用于存放驱动程序代码，譬如 PLIC 模块的底层驱动函数和代码。

（3）bsp/hbird-e200/include 目录主要用于存放包含 SoC 中外设模块的寄存器地址等参数的头文件。

（4）bsp/hbird-e200/stubs 目录主要用于存放一些移植 Newlib 所需的底层桩函数的具体实现。见第 11.3.1 节，了解 Newlib 移植桩函数的更多信息。

（5）bsp/hbird-e200/env 目录主要用于存放一些基本的支持性文件，简述如下。

- board.h：定义了开发板上引脚或者按键相关的宏定义。
- platform.h：定义了 SoC 平台相关的宏定义。

- common.mk：调用 GCC 进行编译的 Makefile 脚本，也会指定编译相关的选项。
- encoding.h：存放编码和常数的宏定义。
- entry.S：异常和中断入口函数，见 11.3.5 节，了解中断处理相关的程序。
- init.c：系统上电初始化函数，见 11.3.4 节，了解系统启动引导程序。
- link_flash.lds：将程序存放在 Flash 中，上电后上载至 ITCM 中进行执行的链接脚本，见第 11.3.3 节，了解更多信息。
- link_flashxip.lds：将程序存放在 Flash 中直接进行执行的链接脚本，见第 11.3.3 节，了解更多信息。
- openocd_hbird.cfg：使用蜂鸟调试器的 OpenOCD 配置文件。
- start.S：系统上电启动的引导程序。

# 11.3 HBird-E-SDK 板级支持包解析

在第 9.1 节中讲解了嵌入式开发的特点以及需要解决的几个基本问题，嵌入式平台通常会提供板级支持包预先解决这些问题，应用开发人员无须关注底层的细节。本节将结合 HBird-E-SDK 平台来阐述相关的基本问题。

HBird-E-SDK 平台的板级支持包均存放于 bsp 目录下，下面介绍该板级支持包如何解决嵌入式开发的几个基本问题。

**注意：**

- 此节涉及的内容比较底层，且需要对 Linux 的 Makefile 等脚本有所了解，初学者请自行查阅相关脚本进行学习。
- 不想关注底层细节的应用开发人员可以略过此节，见第 11.4 节，了解如何使用 Hbird-E-SDK 进行程序开发。

## 11.3.1 移植了 Newlib 桩函数

在第 9.1.2 节中介绍了 Newlib 是嵌入式系统常用的 C 运行库。Newlib 的所有库函数都建立在 20 个桩函数的基础上，这 20 个桩函数完成具体操作系统和底层硬件的相关功能。

**注意：** 不同的桩函数可能会被不同的 C 库函数调用，在嵌入式程序中使用到的 C 库函数不多时，并不需要实现所有的 20 个桩函数。

HBird-E-SDK 平台在板级支持包中完成了 Newlib 桩函数的实现。具体体现在 bsp/hbird-e200/stubs 目录下，实现了如下桩函数。

- close.c：实现了_close 函数。

- _exit.c：实现了_exit 函数。
- fstat.c：实现了_fstat 函数。
- lseek.c：实现了_lseek 函数。
- read.c：实现了_read 函数。
- sbrk.c：实现了_sbrk 函数。
- write.c：实现了_write 函数。

**注意：**

- 上述有的函数的函数体实现为空，这是因为在嵌入式程序中，这些函数所支持的功能基本用不到（譬如文件操作）。
- 上述的函数名称都是以下划线开始的（譬如_write），与原始的 Newlib 定义的桩函数名称（譬如 write）不一致。这是因为在 Newlib 的底层桩函数中存在着多层嵌套，wirte 函数会调用名为 write_r 的可重入函数，然后 write_r 函数调用了最终的_write 函数。

上述实现的桩函数将会在 bsp/hbird-e200/env/common.mk 脚本中作为普通源文件加入被编译的文件列表，common.mk 代码片段如下：

```
// bsp/hbird-e200/env/common.mk 脚本片段


//将桩函数加入源文件列表
C_SRCS += $(STUB_DIR)/_exit.c
C_SRCS += $(STUB_DIR)/write_hex.c
C_SRCS += $(STUB_DIR)/fstat.c
C_SRCS += $(STUB_DIR)/isatty.c
C_SRCS += $(STUB_DIR)/lseek.c
C_SRCS += $(STUB_DIR)/read.c
C_SRCS += $(STUB_DIR)/sbrk.c
C_SRCS += $(STUB_DIR)/write.c
C_SRCS += $(STUB_DIR)/malloc.c
C_SRCS += $(STUB_DIR)/printf.c

......

C_OBJS := $(C_SRCS:.c=.o)

......
//调用 GCC 对源文件进行编译
$(C_OBJS): %.o: %.c $(HEADERS)
    $(CC) $(CFLAGS) $(INCLUDES) -include sys/cdefs.h -c -o $@ $<
```

由于这些桩函数作为源文件一起进行了编译，所以在链接阶段，链接器在链接 Newlib

的 C 库函数时能够找到这些桩函数一并进行链接（否则便会报错称找不到桩函数的实现）。

综上，HBird-E-SDK 平台通过实现桩函数的函数体并将其与其他普通源文件进行一并编译，实现了 Newlib 的移植和支持。

## 11.3.2 支持了 printf 函数

在第 9.1.6 节中介绍了 printf 函数在嵌入式早期开发阶段对于分析程序行为非常有帮助，对 printf 的支持必不可少，同时介绍了在嵌入式平台中通常需要将 printf 的输出重定位 UART 接口传输至主机 PC 的显示器上。

printf 函数属于典型的 C 标准函数，它会调用 Newlib C 运行库中的库函数。而在 Newlib 的 printf 库函数中，最终将字符逐个输出依靠的是底层桩函数 write 函数。因此，printf 函数的移植归根结底在于对 Newlib 桩函数 write 函数的实现。

HBird-E-SDK 平台在板级支持包中完成了 write 桩函数的实现。如第 11.3.1 节中所述，write 函数最终调用 _write 函数，而该函数被实现在 bsp/hbird-e200/stubs/write.c 文件中，其代码片段如下：

```
......

//write.c 函数片段

ssize_t _write(int fd, const void* ptr, size_t len)
{
  const uint8_t * current = (const char *)ptr;

  if (isatty(fd)) {
    for (size_t jj = 0; jj < len; jj++) {
      while (UART0_REG(UART_REG_TXFIFO) & 0x80000000) ;//等待 UART 的 TXFIFO 有空
      //向 UART 的 TXFIFO 寄存器写入字符，从而使字符通过 UART 输出
      UART0_REG(UART_REG_TXFIFO) = current[jj];
      if (current[jj] == '\n') {
        while (UART0_REG(UART_REG_TXFIFO) & 0x80000000) ;
        UART0_REG(UART_REG_TXFIFO) = '\r';
      }
    }
    return len;
  }

  return _stub(EBADF);
}
```

从 _write 函数体中可以看出，该函数通过向 UART 的 TXFIFO 写入字符，最终将输出字符重定向至 UART 将其输出，最终显示在主机 PC 的显示屏幕上（借助主机 PC 的串口调试

助手软件)。

综上,HBird-E-SDK 平台通过实现桩函数 _write 来实现 printf 的移植。请结合第 11.4 节,以 hello_world 为例进行更为直观的了解。

## 11.3.3　提供系统链接脚本

在第 9.1.4 节中介绍了在嵌入式系统中,需要关注"链接脚本"为程序分配合适的存储器空间,譬如程序段放在什么区间、数据段放在什么区间等。有关 GCC 的"链接脚本(Link Scripts)"的语法和说明,请读者自行查阅资料学习。

HBird-E-SDK 平台提供 3 个不同的"链接脚本",在编译时,可以通过 Makefile 的命令行指定不同的"链接脚本"作为 GCC 的链接脚本,从而实现不同的运行方式。见第 11.4.3~11.4.5 节,了解更多信息。

3 个不同的"链接脚本"分别介绍如下。

### 1．程序存放在 Flash 中并从 Flash 中直接执行

使用链接脚本 bsp/hbird-e200/env/link_flashxip.lds,可以将程序存放在 Flash 中,并且直接从 Flash 中执行。该链接脚本代码片段及解释如下:

```
//bsp/hbird-e200/env/link_flashxip.lds 代码片段

ENTRY( _start )    //指明程序入口为_start 标签


MEMORY
{
//定义了两块地址区间,分别命名为 flash 和 ram,对应 Flash 和 DTCM 的地址区间
  flash (rxai!w) : ORIGIN = 0x20000000, LENGTH = 4M
  ram (wxa!ri) : ORIGIN = 0x90000000, LENGTH = 64K
}


SECTIONS
{
  __stack_size = DEFINED(__stack_size) ? __stack_size : 2K;

  .init        :
  {
   KEEP (*(SORT_NONE(.init)))
  } >flash AT>flash

  .ilalign       :
  {
   . = ALIGN(4);
      PROVIDE( _itcm_lma = . );  //创建一个标签名为_itcm_lma,地址为 flash 地址区
```

间的起始地址

```
    } >flash AT>flash

    .ialign        :
    {
      PROVIDE( _itcm = . ); //创建一个标签名为_itcm，地址也为flash地址区间的起始地址
    } >flash AT>flash

    .text          :
    {
      *(.text.unlikely .text.unlikely.*)
      *(.text.startup .text.startup.*)
      *(.text .text.*)
      *(.gnu.linkonce.t.*)
    } >flash AT>flash
```
//注意：此"链接脚本"意图是让程序存储在 **Flash** 中，且直接从 **Flash** 中运行，其物理地址和虚拟地址相同，所以上述 **.text** 代码段的物理地址是 **flash** 区间，而虚拟地址为 **flash** 区间

```
    .data          :
    {
      *(.rdata)
      *(.rodata .rodata.*)
      *(.gnu.linkonce.r.*)
      *(.data .data.*)
      *(.gnu.linkonce.d.*)
      . = ALIGN(8);
      PROVIDE( __global_pointer$ = . + 0x800 );//创建一个标签名为__global_pointer$
      *(.sdata .sdata.*)
      *(.gnu.linkonce.s.*)
      . = ALIGN(8);
      *(.srodata.cst16)
      *(.srodata.cst8)
      *(.srodata.cst4)
      *(.srodata.cst2)
      *(.srodata .srodata.*)
    } >ram AT>flash
```

//注意：此"链接脚本"意图是让数据存储在 **Flash** 中，而将数据段上载至 DTCM 中运行，数据段物理地址和虚拟地址不同，所以上述 **.data** 数据段的物理地址是 **flash** 区间，而虚拟地址为 **ram** 区间

### 2. 程序存放在 ITCM 中并从 ITCM 中直接执行

使用链接脚本 bsp/hbird-e200/env/link_itcm.lds，可以将程序存放在 ITCM 中并且直接从 ITCM 中执行。该链接脚本代码片段及解释如下：

```
//bsp/hbird-e200/env/link_itcm.lds 代码片段

ENTRY( _start )    //指明程序入口为_start标签
```

```
MEMORY
{
//定义了两块地址区间，分别命名为 itcm 和 ram，对应 ITCM 和 DTCM 的地址区间
  itcm (rxai!w) : ORIGIN = 0x80000000, LENGTH = 64K
  ram (wxa!ri) : ORIGIN = 0x90000000, LENGTH = 64K
}

SECTIONS
{
  __stack_size = DEFINED(__stack_size) ? __stack_size : 2K;

  .init           :
  {
    KEEP (*(SORT_NONE(.init)))
  } >itcm AT>itcm

  .ilalign        :
  {
    . = ALIGN(4);
    PROVIDE( _itcm_lma = . );
    //创建一个标签名为_itcm_lma，地址为 itcm 地址区间的起始地址
  } >itcm AT>itcm

  .ialign         :
  {
      PROVIDE( _itcm = . ); //创建一个标签名为_itcm，地址也为 itcm 地址区间的起始地址
  } >itcm AT>itcm


  .text           :
  {
    *(.text.unlikely .text.unlikely.*)
    *(.text.startup .text.startup.*)
    *(.text .text.*)
    *(.gnu.linkonce.t.*)
  } >itcm AT>itcm
//注意：此 "链接脚本" 意图是让程序存储在 ITCM 中，且直接从 ITCM 中运行，所其物理地址和虚拟地
址相同，所以上述.text 代码段的物理地址是 itcm 区间，而虚拟地址也为 itcm 区间

  .data           :
  {
    *(.rdata)
    *(.rodata .rodata.*)
    *(.gnu.linkonce.r.*)
    *(.data .data.*)
    *(.gnu.linkonce.d.*)
    . = ALIGN(8);
    PROVIDE( __global_pointer$ = . + 0x800 );//创建一个标签名为__global_pointer$
    *(.sdata .sdata.*)
    *(.gnu.linkonce.s.*)
    . = ALIGN(8);
```

```
    *(.srodata.cst16)
    *(.srodata.cst8)
    *(.srodata.cst4)
    *(.srodata.cst2)
    *(.srodata .srodata.*)
  } >ram AT>itcm
```

//注意：此"链接脚本"意图是让数据存储在 **ITCM** 中，而将数据段上载至 **DTCM** 中运行，数据段物理地址和虚拟地址不同，所以上述 **.data** 数据段的物理地址是 **itcm** 区间，而虚拟地址为 **ram** 区间

### 3. 程序存放在 Flash 中，但是上电后上载至 ITCM 中进行执行

使用链接脚本 bsp/hbird-e200/env/link_flash.lds，可以将程序存放在 Flash 中，但是上电后上载至 ITCM 中执行。该链接脚本代码片段及解释如下：

**//bsp/hbird-e200/env/link_flash.lds** 代码片段

```
ENTRY( _start )    //指明程序入口为_start标签

MEMORY
{
//定义了 3 块地址区间，分别名为 flash、itcm 和 ram，对应 Flash、ITCM 和 DTCM 的地址区间
  flash (rxai!w) : ORIGIN = 0x20000000, LENGTH = 4M
  itcm (rxai!w) : ORIGIN = 0x80000000, LENGTH = 64K
  ram (wxa!ri) : ORIGIN = 0x90000000, LENGTH = 64K
}

  .ilalign        :
  {
    . = ALIGN(4);
    PROVIDE( _itcm_lma = . );//创建一个标签名为_itcm_lma，地址为 flash 地址区间的起始地址
  } >flash AT>flash

  .ialign         :
  {
    PROVIDE( _itcm = . ); //创建一个标签名为_itcm，地址为 itcm 地址区间的起始地址
  } >itcm AT>flash


SECTIONS
{
  __stack_size = DEFINED(__stack_size) ? __stack_size : 2K;


  .init           :
  {
    KEEP (*(SORT_NONE(.init)))
  } >flash AT>flash
```
//注意：上述语法中 **AT** 前的一个 **flash** 表示该段的虚拟地址，**AT** 后的 **flash** 表示该段的物理地址。
//有关此语法的详细细节，请读者自行搜索 **GCC Link** 脚本语法进行学习

//物理地址是该程序要被存储的存储器地址（调试器下载程序时会遵从此物理地址进行下载），虚拟地址是指程序真正运行起来后所处于的地址，程序中的相对寻址都会遵从此虚拟地址

//注意：上述 .init 段为上电引导程序所处的段，它直接在 Flash 中执行，其虚拟地址和物理地址相同，都是 flash 区间

```
.ilalign          :
{
  . = ALIGN(4);
  PROVIDE( _itcm_lma = . );  //创建一个标签名为_itcm_lma，地址为 flash 地址区间的起始地址

} >flash AT>flash

.ialign           :
{
  PROVIDE( _itcm = . );  //创建一个标签名为_itcm，地址为 itcm 地址区间的起始地址

} >itcm AT>flash

.text             :
{
  *(.text.unlikely .text.unlikely.*)
  *(.text.startup .text.startup.*)
  *(.text .text.*)
  *(.gnu.linkonce.t.*)
} >itcm AT>flash
```
//注意：此"链接脚本"意图是让程序存储在 Flash 中，上载至 ITCM 中运行，其物理地址和虚拟地址不同，所以上述 .text 代码段的物理地址是 flash 区间，而虚拟地址为 itcm 区间

```
.data             :
{
  *(.rdata)
  *(.rodata .rodata.*)
  *(.gnu.linkonce.r.*)
  *(.data .data.*)
  *(.gnu.linkonce.d.*)
  . = ALIGN(8);
  PROVIDE( __global_pointer$ = . + 0x800 );  //创建一个标签名为__global_pointer$
  *(.sdata .sdata.*)
  *(.gnu.linkonce.s.*)
  . = ALIGN(8);
  *(.srodata.cst16)
  *(.srodata.cst8)
  *(.srodata.cst4)
  *(.srodata.cst2)
  *(.srodata .srodata.*)
} >ram AT>flash
```
//注意：此"链接脚本"的意图是让数据存储在 Flash 中，将数据段上载至 DTCM 中运行，数据段物理地址和虚拟地址不同，所以上述 .data 数据段的物理地址是 flash 区间，而虚拟地址为 ram 区间

## 11.3.4　系统启动引导程序

在第 9.1.3 节中介绍了嵌入式系统上电后执行的第一段软件代码是引导程序，该程序往往由汇编语言编写。

HBird-E-SDK 平台的引导程序为 bsp/hbird-e200/env/start.S，该程序由汇编语言编写，有关 RISC-V 汇编语法的详细信息，见第 10 章。

start.S 代码中主要完成一些基本配置，如果有需要，还会将代码从 Flash 上载至 ITCM 中（也就是将 Flash 中的代码搬运到 ITCM 中）。

### 1．start.S 代码解读

start.S 代码片段和功能解释如下：

```
// start.S 文件代码片段

  .section .init            //声明此处的 section 名为 .init
  .globl _start             //指明标签 _start 的属性为全局性的
  .type _start,@function

_start:                     //标签名 _start 处于此处
.option push
.option norelax
  //设置全局指针
  la gp, __global_pointer$  //将标签 __global_pointer$ 所处的地址赋值给 gp 寄存器
          //注意：标签 __global_pointer 在链接脚本中定义，见链接脚本的 __global_pointer$标签
.option pop

  //设置堆栈指针
    la sp, _sp              //将标签 _sp 所处的地址赋值给 sp 寄存器
                            //注意：标签 _sp 在链接脚本中定义，参见链接脚本的 _sp 标签


  //下列代码判断 _itcm_lma 与 _itcm 标签的地址值是否相同：
  //  如果相同，则意味着代码直接从 Flash 中执行（link_flashxip.lds 中定义的 _itcm_lma 与
_itcm 标签地址相等），那么直接跳转到后面数字标签 2 所在的代码继续执行。
  //如果不相同，则意味着代码需要从 Flash 中上载至 ITCM 中执行（link_flash.lds 中定义的
_itcm_lma 与 _itcm 标签地址不相等），因此使用 lw 指令逐条地将指令从 Flash 中读取出来，然后使用 sw
指令逐条地写入 ITCM 中，通过此方式完成将指令上载至 ITCM 中


    la a0, _itcm_lma//将标签 _itcm_lma 所处的地址赋值给 a0 寄存器
    //注意：标签 _itcm_lma 在链接脚本中定义，见链接脚本的 _itcm_lma 标签
    la a1, _itcm//将标签 _itcm 所处的地址赋值给 a1 寄存器
```

```
                    //注意：标签 a1 在链接脚本中定义，见链接脚本的 a1 标签
  beq a0, a1, 2f            //a0 和 a1 的值分别为标签 _itcm_lma 和 _itcm 标签的地址，判断其
                            //是否相等。如果相等，则直接跳到后面的数字"2"标签所在的地方；
                            //如果不等，则继续向下执行


  la a2, _eitcm            //将标签 _eitcm 所处的地址赋值给 a2 寄存器
  //注意：标签 _eitcm 在链接脚本中定义，见链接脚本的 _eitcm 标签

  //通过一个循环，将指令从 Flash 中搬到 ITCM 中
  bgeu a1, a2, 2f          //如果 _itcm 标签地址比 _eitcm 标签地址还大，属于不正常的配置，
                            //那么放弃搬运，直接跳转到后面数字标签 2 所在的位置
1:
  lw t0, (a0)          //从地址指针 a0 所在的位置（Flash 中）读取 32 位数
  sw t0, (a1)          //将读取的 32 位数写入地址指针 a1 所在的位置（ITCM 中）
  addi a0, a0, 4       //将地址指针 a0 寄存器加 4（即 32 位）
  addi a1, a1, 4       //将地址指针 a0 寄存器加 4（即 32 位）
  bltu a1, a2, 1b      //跳转回之前数字标签 1 所在的位置
2:

  /* 使用与上述相同的原理，通过一个循环，将数据从 Flash 中搬运到 DTCM 中*/
  la a0, _data_lma
  la a1, _data
  la a2, _edata
  bgeu a1, a2, 2f
1:
  lw t0, (a0)
  sw t0, (a1)
  addi a0, a0, 4
  addi a1, a1, 4
  bltu a1, a2, 1b
2:

    //BSS 段是链接器预留的未初始化变量所处的地址段，引导程序必须对其初始化为 0
    //有关 BSS 段的更多背景知识，见第 8.4.2 节
  //此处通过一个循环来初始化 BSS 段
  la a0, __bss_start
  la a1, _end
  bgeu a0, a1, 2f
1:
  sw zero, (a0)
  addi a0, a0, 4
  bltu a0, a1, 1b
2:


  /* 以下调用全局的构造函数（Global constructors）*/
  //
  la a0, __libc_fini_array  //将标签 __libc_fini_array 的值赋给 a0 作为函数参数
```

```
    call atexit                      //调用 atexit 函数
    call __libc_init_array           //调用 __libc_init_array
    //
    //注意：上述的 __libc_fini_array、atexit 和 __libc_init_array 函数都是 Newlib C
    //      运行库的特殊库函数，用于处理一些 C/C++程序中的全局性的构造和析构函数。本书在
    //      此不做详细介绍，请读者自行查阅相关资料学习。
    //
    //值得注意的是：__libc_init_array 函数中会调用一个名为_init 的函数，HBird-E-SDK
    //环境中的_init 函数定义在 bsp/hbird-e200/env/init.c 中，因此此处会执行该函数，后
    //文将对此_init.c 文件进行进一步的介绍。



    //下列代码通过将 CSR 寄存器 MSTATUS 的 FS 域设置为非零值，从而将 FPU 打开使能。有关 MSTATUS
    //的 FS 域的更多信息，见附录 B.2.9 节

#ifdef __riscv_flen    //只有定义了此宏（即意味着支持浮点指令），才需要执行下列打开 FPU
                       //的操作。有关 RISC-V GCC 预定义宏的更多信息，见第 9.2.6 节
    li t0, MSTATUS_FS
    csrs mstatus, t0   //向 MSTATUS 的 FS 域设置非零值
    csrw fcsr, x0      //初始化 fcsr 的值为 0
#endif

       //调用 main 函数
       //根据 ABI 调用原则，函数调用时由 a0 和 a1 寄存器传递参数，因此此处赋参数值给 a0 和 a1
       //见第 10.7 节，了解汇编语言中调用 C 函数的原则
       /* argc = argv = 0 */
    li a0, 0
    li a1, 0
    call main //调用 main 函数，开始执行 main 函数
    tail exit //完成了 main 函数后，调用 exit 函数（Newlib 桩函数之一，见第 11.3.1
              //节，了解 Newlib 桩函数的更多信息）

1:
    j 1b     //最后的死循环，程序在理论上不可能执行到此处
```

## 2. init.c 代码解读

如 start.S 代码中所述，在执行__libc_init_array 函数时会调用一个名为_init 的函数，而
HBird-E-SDK 平台中的_init 函数定义在 bsp/hbird-e200/env/init.c 中。

init.c 文件中的_init 函数定义和功能解释如下：

```
//bsp/hbird-e200/env/init.c 代码片段
```

```
//_init 函数声明
void _init()
{
  #ifndef NO_INIT
  uart_init(115200);
```
// 调用 **uart_init** 函数对 **UART** 模块进行设置。如第 **11.3.2** 节中所述，
// **UART** 是支持 **printf** 函数输出的物理接口，必须对 **UART** 进行正确的设置。

//打印当前 **core** 的运行频率，此处调用了 **get_cpu_freq()** 函数来计算当前运行频率。见后文中对此函数的详解
```
  printf("Core freq at %d Hz\n", get_cpu_freq());
```

//将 **CSR** 寄存器 **MTVEC** 的值设置为 **trap_entry** 函数的地址
```
  write_csr(mtvec, &trap_entry);
```
//注意：上述 **write_csr** 是位于 **bsp/hbird-e200/env/encoding.h** 中定义的宏，使用在 C 语言中内联汇编的方法。有关 C 语言中内联汇编的更多背景知识，见第 **10.6** 节
```
  }
  #endif

}
```

_init 函数中调用的若干功能函数的解释如下：

//**bsp/hbird-e200/env/init.c** 代码片段

//**uart_init** 函数实现
```
static void uart_init(size_t baud_rate)
```
//**参数为波特率**
```
{
  //设置 UART0 相关的寄存器和 GPIO 相关寄存器
  GPIO_REG(GPIO_IOF_SEL) &= ~IOF0_UART0_MASK;
  GPIO_REG(GPIO_IOF_EN)  |= IOF0_UART0_MASK;
  UART0_REG(UART_REG_DIV) = get_cpu_freq() / baud_rate - 1;
  UART0_REG(UART_REG_TXCTRL) |= UART_TXEN;
  UART0_REG(UART_REG_RXCTRL) |= UART_RXEN;
}
```

//**get_cpu_freq** 函数实现
```
unsigned long get_cpu_freq()
{
  static uint32_t cpu_freq;

  if (!cpu_freq) {
    // warm up
    measure_cpu_freq(1);
    // measure for real
    cpu_freq = measure_cpu_freq(100);
```
//调用 **measure_cpu_freq** 函数
```
  }
```

```
    return cpu_freq;
}


//measure_cpu_freq 函数实现
static unsigned long __attribute__((noinline)) measure_cpu_freq(size_t n)
{
  unsigned long start_mtime, delta_mtime;
  unsigned long mtime_freq = get_timer_freq();

  // Don't start measuruing until we see an mtime tick
  unsigned long tmp = mtime_lo();
  do {
    start_mtime = mtime_lo();
  } while (start_mtime == tmp); //不断观察 MTIME 计数器并将其值作为初始时间值
```

//通过读取 **CSR** 寄存器 **MCYCLE** 得到当前时钟周期，并作为初始计数值

```
unsigned long start_mcycle = read_csr(mcycle);

  do {
    delta_mtime = mtime_lo() - start_mtime;
  } while (delta_mtime < n); //不断观察 MTIME 计数器，直到其值等于函数参数设定的目标值
```

//通过读取 **CSR** 寄存器 **MCYCLE** 得到当前时钟周期，并与初始计数值相减得到这段时间消耗的时钟周期

```
  unsigned long delta_mcycle = read_csr(mcycle) - start_mcycle;
```

// **MTIME** 计数器的频率是常开域的参考频率（譬如 **32.768kHz**），Core 的运行频率与 **CSR** 寄存器 **MCYCLE** 的值一致。有关开源蜂鸟 E203 MCU SoC 的时钟域划分，见第 **5.7** 节
//通过 **MCYCLE** 和 **MTIME** 的相对关系计算出当前 Core 的时钟频率

```
  return (delta_mcycle / delta_mtime) * mtime_freq
        + ((delta_mcycle % delta_mtime) * mtime_freq) / delta_mtime;
}
```

## 11.3.5 系统异常和中断处理

本节需要读者了解 RISC-V 架构的中断和异常相关知识，见第 4 章。

HBird-E-SDK 平台的板级支持包中已经实现了中断和异常处理的基础框架，因此普通应用开发人员无须关心这些底层细节。

**注意：**不想关注底层细节的应用开发人员可以略过此节，请直接阅读第 12.3 节，了解如何使用 Hbird-E-SDK 进行带有中断处理的应用程序开发。

下面介绍板级支持包中实现中断和异常处理基础框架的相关源代码。

### 1. 设置 mtvec 寄存器的值

RISC-V 处理器在程序执行过程中，一旦遇到异常或者中断，则终止当前的程序流，处

理器被强行跳转到一个新的 PC 地址，该地址由 mtvec 寄存器指定。在系统启动引导程序中，需要设置 mtvec 寄存器的值，使其指向中断和异常处理函数的入口。

HBird-E-SDK 平台的系统启动引导程序调用了 _init 函数，该函数定义在 bsp/hbird-e200/env/init.c 中。在 _init 函数中，设置了 mtvec 寄存器的值，相关代码如下：

```
//bsp/hbird-e200/env/init.c 代码片段

void _init()
{
  #ifndef NO_INIT
  uart_init(115200);

  printf("Core freq at %d Hz\n", get_cpu_freq());

//将 CSR 寄存器 MTVEC 的值设置为 trap_entry 函数的地址。trap_entry 函数将在后文予以介绍。
  write_csr(mtvec, &trap_entry);
//注意：上述 write_csr 是位于 bsp/hbird-e200/env/encoding.h 中定义的宏，使用在 C 语言
中内联汇编的方法。有关 C 语言中内联汇编的更多背景知识，见第 10.6 节

  #endif

}
```

### 2.　中断和异常入口程序 trap_entry

trap_entry 函数是使用汇编代码编写的中断和异常入口程序，该函数位于 bsp/hbird-e200/env/entry.S 中，其代码如下：

```
// bsp/hbird-e200/env/entry.S 代码片段

//该宏用于保存 ABI 定义的"调用者应存储的寄存器（Caller saved register）"进入堆栈
#only save caller registers
.macro TRAP_ENTRY

//更改堆栈指针，分配 16 个单字（32 位）的空间用于保存寄存器
  addi sp, sp, -16*REGBYTES

    //保存 ABI 定义的"调用者应存储的寄存器（Caller saved register）"进入堆栈
  STORE x1,  0*REGBYTES(sp)
  STORE x5,  1*REGBYTES(sp)
  STORE x6,  2*REGBYTES(sp)
  STORE x7,  3*REGBYTES(sp)
  STORE x10, 4*REGBYTES(sp)
  STORE x11, 5*REGBYTES(sp)
  STORE x12, 6*REGBYTES(sp)
  STORE x13, 7*REGBYTES(sp)
  STORE x14, 8*REGBYTES(sp)
```

```
    STORE x15,  9*REGBYTES(sp)
    STORE x16, 10*REGBYTES(sp)
    STORE x17, 11*REGBYTES(sp)
    STORE x28, 12*REGBYTES(sp)
    STORE x29, 13*REGBYTES(sp)
    STORE x30, 14*REGBYTES(sp)
    STORE x31, 15*REGBYTES(sp)
.endm
```

//该宏用于从堆栈中恢复 **ABI** 定义的“调用者应存储的寄存器（**Caller saved register**）”

```
#restore caller registers
.macro TRAP_EXIT

    LOAD x1,   0*REGBYTES(sp)
    LOAD x5,   1*REGBYTES(sp)
    LOAD x6,   2*REGBYTES(sp)
    LOAD x7,   3*REGBYTES(sp)
    LOAD x10,  4*REGBYTES(sp)
    LOAD x11,  5*REGBYTES(sp)
    LOAD x12,  6*REGBYTES(sp)
    LOAD x13,  7*REGBYTES(sp)
    LOAD x14,  8*REGBYTES(sp)
    LOAD x15,  9*REGBYTES(sp)
    LOAD x16, 10*REGBYTES(sp)
    LOAD x17, 11*REGBYTES(sp)
    LOAD x28, 12*REGBYTES(sp)
    LOAD x29, 13*REGBYTES(sp)
    LOAD x30, 14*REGBYTES(sp)
    LOAD x31, 15*REGBYTES(sp)
```

//恢复寄存器后，更改堆栈指针，回收 16 个单字（32 位）的空间

```
    addi sp, sp, 16*REGBYTES
    mret //使用 mret 指令从异常模式返回
.endm

    .section    .text.entry
    .align 2
    .global trap_entry
trap_entry:    //定义标签名 trap_entry，该标签名作为函数入口
    TRAP_ENTRY    //进入中断和异常处理函数前必须先保存处理器的上下文
               //此处调用 TRAP_ENTRY 保存 ABI 定义的“调用者应存储的寄存器（Caller saved
               //register）”进入堆栈

    //调用 handle_trap 函数
    //根据 ABI 调用原则，函数调用时由 a0 和 a1 寄存器传递参数，因此此处赋参数值给 a0 和 a1
    //见第 10.7 节，了解汇编语言中调用 C 函数的原则
    csrr a0, mcause
    csrr a1, mepc
    call handle_trap    //调用 handle_trap 函数
```

```
    csrw mepc, a0    //根据 ABI 调用原则，a0 用于返回函数值，因此此处将 a0 赋值给 mepc

    TRAP_EXIT    //在退出中断和异常处理函数之前需要恢复之前保存的处理器上下文
                        //调用 TRAP_EXIT 从堆栈中恢复 ABI 定义的"调用者应存储的寄存器
(Caller saved register)"


    .weak handle_trap    //此处定义 handle_trap 标签为"弱（weak）"属性。"弱（weak）"属性
是 C/C++语法中定义的一种属性，一旦有具体的"非弱"性质同名函数存在，将会覆盖此函数
    handle_trap:  //handle_trap 标签
    1:        //数字标签 1
      j 1b    //跳转回标签 1 处，因此会成为死循环
```

### 3. 中断和异常处理函数 handle_trap

handle_trap 函数是使用 C/C++语言编写的中断和异常处理函数，该函数位于 bsp/hbird-e200/env/init.c 中，其代码如下：

```
//bsp/hbird-e200/env/init.c 代码片段

    //定义一种"弱（weak）"属性的外部中断（External Interrupt）处理函数，函数体为空
__attribute__((weak)) void handle_m_ext_interrupt()  {};

    //定义一种"弱（weak）"属性的计时器中断（Timer Interrupt）处理函数，函数体为空
__attribute__((weak)) void handle_m_time_interrupt()  {};

    //注意："弱（weak）"属性是 C/C++语法中定义的一种属性，一旦有具体的"非弱"性质同名函
数存在，将会覆盖此函数。此处定义"弱（weak）"属性中断处理函数是为了保证不需要使用中断的应用程序
无须实现这些具体的函数也能够编译通过；而需要使用中断的应用程序可以实现这些具体的函数，并覆盖此处
的"弱"属性函数

//handle_trap 函数的实体
uintptr_t handle_trap(uintptr_t mcause, uintptr_t epc)
{
//判断 mcause 寄存器中指示的中断和异常原因属于机器模式外部中断（Machine Model
//External Interrupt）
if ((mcause & MCAUSE_INT) && ((mcause & MCAUSE_CAUSE) == IRQ_M_EXT)) {
  handle_m_ext_interrupt(); //调用外部中断处理函数
  // External Machine-Level interrupt from PLIC
  } else if ((mcause & MCAUSE_INT) && ((mcause & MCAUSE_CAUSE) == IRQ_M_TIMER)){
//判断 mcause 寄存器中指示的中断和异常原因属于机器模式计时器中断（Machine Model
//Timer Interrupt）
  handle_m_time_interrupt();//调用计时器处理函数
  }

  else {
      //其他类型的中断和异常则打印 trap 字符串，并且调用_exit 函数
//注意：此处没有对其他类型中断和异常进行处理，感兴趣的读者可以自行修改或增加其他类型
```

```
    write(1, "trap\n", 5);
    _exit(1 + mcause);
  }
  return epc; //返回 epc 的值
}
```

## 11.3.6 减少代码体积

在第 9.1.5 节中介绍了嵌入式系统减少代码体积（Code Size）的重要性，在嵌入式系统
开发中减少代码体积的方法很多，本节将介绍几种能够比较显著地减少代码体积的方法。

### 1. 使用 newlib-nano

newlib-nano 是一个特殊的 newlib 版本，它提供了更加精简版本的 malloc 和 printf 函数
的实现，并对所有库函数使用 GCC 的-Os（对于代码体积的优化）选项进行编译优化。

在嵌入式系统中，推荐使用 newlib-nano 版本作为 C 运行库。如果需要使用 newlib-nano
版本，需要执行如下步骤。

- 在 GCC 的链接步骤时，使用选项（--specs=nano.specs）来指定 newlib-nano 作为链接库。
- 如果不需要使用系统调用，还可以在链接时添加选项（--specs=nosys.specs）来指定使用空的桩函数来进行链接。
- 默认的 newlib-nano 的精简版 printf 是不支持浮点数的，如果需要输出浮点数，那么需要额外再加上一个选项（-u _printf_float）来指定支持浮点数的格式输出。

  **注意**：添加此选项后会在一定程度上造成代码体积的膨胀，因为它需要链接更多的浮点相关的函数库。

在 HBird-E-SDK 平台的 Makefile 中，有选项可以控制是否使用 newlib-nano 版本，默认
情形下使用 newlib-nano 版本。相关脚本的代码片段和解释如下：

```
//hbird-e-sdk 目录下的主 Makefile 片段

USE_NANO         := 1    //在此 Makefile 中有一个变量控制是否使用 newlib-nano，默认为 1
NANO_PFLOAT      := 1    //在此 Makefile 中有一个变量控制是否需要 newlib-nano 版本的
                         //printf 支持浮点数，默认为 1


//hbird-e-sdk/bsp/hbird-e200/env/目录下的 common.mk 片段


//如果 USE_NANO 变量为 1，则在 GCC 的链接选项中加入--specs=nano.specs
ifeq ($(USE_NANO),1)
LDFLAGS += --specs=nano.specs
```

```
    endif
```

//如果 **NANO_PFLOAT** 变量为 **1**，则在 **GCC** 的链接选项中加入**-u _printf_float**
```
ifeq ($(NANO_PFLOAT),1)
LDFLAGS += -u _printf_float
endif
```

### 2. 替换库函数中的 printf 和 malloc

printf 和 malloc 函数是体积非常大的 C 标准库函数，如果能够减少这两个函数的代码体积，对于减少使用到此类函数的程序代码体积将有着显著的作用。

虽然与普通的 newlib 相比，newlib-nano 已经使用了精简版的 printf 和 malloc，但是在嵌入式开发中，高水平的嵌入式开发人员有时还会另辟蹊径地自己编写更加简洁版的 printf 和 malloc，以进一步减少代码体积。

HBird-E-SDK 平台中也提供了自定义的简化版 printf 和 malloc 函数来替代标准的库函数，使得生成的代码尺寸更小，涉及的相关文件和脚本介绍如下。

（1）首先，简化版的 printf 和 malloc 函数位于 bsp/hbird-e200/stubs 目录下，文件名分别为 printf.c 和 malloc.c，代码片段分别如下：

// 简化版 **printf.c** 文件代码片段

//定义了一个名为**__wrap_printf** 的函数
```c
int __wrap_printf(const char* fmt, ...)
{
  va_list ap;
  va_start(ap, fmt);

  vprintfmt((void*)putchar, 0, fmt, ap);

  va_end(ap);
  return 0; // incorrect return value, but who cares, anyway?
}
```

// 简化版 **malloc.c** 文件代码片段

//定义了一个名为**__wrap_malloc** 的函数
```c
void* __wrap_malloc(unsigned long sz)
{
  extern void* sbrk(long);
  void* res = sbrk(sz);
  if ((long)res == -1)
    return 0;
  return res;
```

```
    }
```

（2）其次，在 bsp/hbird-e200/env/common.mk 脚本中加入了如下 GCC 选项，使得 __wrap_malloc 和 __wrap_printf 的函数替代原始的标准 C 库函数 malloc 和 printf。

**// bsp/hbird-e200/env/common.mk 脚本片段**

```
//在 GCC 的编译选项中加入选项-fno-builtin-printf 和-fno-builtin-malloc
//此两个选项分别要求 GCC 编译器不要使用标准库函数中的 printf 和 malloc 函数
CFLAGS +=    -fno-builtin-printf -fno-builtin-malloc

//在 GCC 的链接选项中加入选项-Wl,--wrap=malloc -Wl,--wrap=printf
//此两个选项分别要求 GCC 链接器在链接的时候使用函数名为 __wrap_malloc 和 __wrap_printf 的
函数来替代原始的标准 C 库函数 malloc 和 printf
LDFLAGS += -Wl,--wrap=scanf -Wl,--wrap=malloc -Wl,--wrap=printf
```

有关上述 GCC 编译选项 -fno-builtin-printf、-fno-builtin-malloc 和链接选项 -Wl、--wrap=malloc -Wl、--wrap=printf 的详细含义，请读者自行查询相关资料，本文在此不再赘述。

**注意：**

- HBird-E-SDK 中提供的简洁版 printf 和 malloc 的功能不是特别完整，譬如在输出浮点数时，某些极端情况下会显示异常。因此在 HBrid-E-SDK 平台的 Makefile 控制中，默认并不会使用此简洁版 printf 和 malloc。
- 本文并不推荐用户使用此简洁版的 printf 和 malloc（以免出现奇怪错误），本文在此介绍此方法的意义更多在于供初学者了解如何使用自己编写的函数替代 C 运行库中的库函数。

### 3．其他方法

嵌入式开发中减小代码体积（Code Size）的方法还有很多，本书在此不做一一赘述，请读者自行查阅相关资料进行学习。

## 11.4 使用 HBird-E-SDK 开发和编译程序

### 11.4.1 在 HBird-E-SDK 环境中安装工具链

编译程序需要使用到 RISC-V GCC 交叉编译工具链，本节先介绍如何在 HBird-E-SDK 环境中安装预先编译好的 GCC 工具链，步骤如下：

// 注意：下列步骤的完整描述也被记载于 **hbird-e-sdk** 项目的 **doc** 目录下的文档中，以便读者直接复制进行重现。

// 步骤一：准备好自己的电脑环境，可以在公司的服务器环境中运行，如果是个人用户，推荐如下配置。
// (1) 使用 **VMware** 虚拟机在个人电脑上安装虚拟的 **Linux** 操作系统。
// (2) **Linux** 操作系统的版本众多，推荐使用 **Ubuntu 16.04** 版本的 **Linux** 操作系统。
// 有关如何安装 **VMware** 和 **Ubuntu** 操作系统，以及 **Linux** 的基本使用，本书不做介绍，请读者自行查阅资料学习。

// 步骤二：将 **HBird-E-SDK** 项目下载到本机 **Linux** 环境中，使用如下命令。

```
git clone https://github.com/SI-RISCV/hbird-e-sdk
            // 经过此步骤将项目克隆下来，本机上即可具有如第 11.2 节中所述完整的
            // hbird-e-sdk 目录文件夹，假设该目录为<your_sdk_dir>，后文将使用该缩
            // 写指代。
```

// 步骤三：由于编译软件程序需要使用到 GNU 工具链，使用完整的 **riscv-tools** 来自己编译 GNU 工具链费时费力，因此本书推荐使用预先已经编译好的 GCC 工具链。作者已经将工具链上传至网盘，网盘具体地址记载于 e200_opensource 项目（ 请在 GitHub 中搜索"e200_opensource"）中的 **prebuilt_tools** 目录下的 README 中，读者可以在网盘中的 "RISC-V Software Tools/RISC-V_GCC_201801_Linux" 目录下载压缩包 gnu-mcu-eclipse-riscv-none-gcc-7.2.0-2-20180111-2230-centos64.tgz 和 **gnu-mcu-eclipse-openocd-0.10.0-6-20180112-1448-centos64.tgz**，按照如下步骤解压使用（ 注意：上述链接网盘上的工具链可能会不断更新，用户请自行判断使用最新日期的版本，下列步骤仅为特定版本的示例 ）。

```
cp gnu-mcu-eclipse-riscv-none-gcc-7.2.0-2-20180111-2230-centos64.tgz ~/
cp gnu-mcu-eclipse-openocd-0.10.0-6-20180112-1448-centos64.tgz ~/
        //将两个压缩包均复制到用户的根目录下

cd ~/
tar -xzvf gnu-mcu-eclipse-riscv-none-gcc-7.2.0-2-20180111-2230-centos64.tgz
tar -xzvf gnu-mcu-eclipse-openocd-0.10.0-6-20180112-1448-centos64.tgz
    // 进入根目录并解压上述两个压缩包，解压后可以看到一个生成的 gnu-mcu-eclipse 文件夹


cd <your_sdk_dir>
        // 进入 hbird-e-sdk 目录文件夹
mkdir -p work/build/openocd/prefix
        // 在 hbird-e-sdk 目录下创建上述这个 prefix 目录
cd work/build/openocd/prefix
        // 进入 prefix 目录

ln -s ~/gnu-mcu-eclipse/openocd/0.10.0-6-20180112-1448/bin bin
        // 将用户根目录下解压的 OpenOCD 目录下的 bin 目录作为软链接链接到该 prefix 目录下

cd <your_sdk_dir>
```

```
              // 再次进入 hbird-e-sdk 目录文件夹
mkdir -p work/build/riscv-gnu-toolchain/riscv32-unknown-elf/prefix/
              // 在 hbird-e-sdk 目录下创建上述这个 prefix 目录
cd work/build/riscv-gnu-toolchain/riscv32-unknown-elf/prefix
         // 进入 prefix 该目录

ln -s ~/gnu-mcu-eclipse/riscv-none-gcc/7.2.0-2-20180111-2230/bin bin
         // 将用户根目录下解压的 GNU Toolchain 目录下的 bin 目录作为软链接链接到该 prefix 目录下
```

## 11.4.2  在 HBird-E-SDK 环境中开发程序

下面以一个简单的 Hello World 程序为例，介绍如何在 HBird-E-SDk 环境中开发一个应用程序，步骤如下。

- 步骤一：在 hbird-e-sdk/software 目录下创建一个 hello_world 的文件夹。
- 步骤二：在 hbird-e-sdk/software/hello_world 目录下创建一个文件 hello_world.c，内容如下。

```
#include <stdio.h>

int main(void)
{
  //简单的 Printf 输出 Hello World 字符串
  printf("Hello World!" "\n");
  printf("Hello World!" "\n");
  printf("Hello World!" "\n");
  printf("Hello World!" "\n");
  printf("Hello World!" "\n");
  printf("Hello World!" "\n");
  printf("Hello World!" "\n");
  printf("Hello World!" "\n");
  printf("Hello World!" "\n");
  printf("Hello World!" "\n");
  printf("Hello World!" "\n");
  printf("Hello World!" "\n");
  printf("Hello World!" "\n");
  printf("Hello World!" "\n");
  printf("Hello World!" "\n");
  return 0;
}
```

- 步骤三：在 hbird-e-sdk/software/hello_world 目录下创建一个文件 Makefile，内容如下。

```
TARGET = hello_world  //指明生成的 elf 文件名

CFLAGS += -O2 //指明程序所需要的特别的 GCC 编译选项，此处指明使用 GCC 的 O2 优化级别

BSP_BASE = ../../bsp
```

```
C_SRCS += hello_world.c //指明程序所需要的C源文件

  //调用板级支持包（bsp）目录下的 common.mk
include $(BSP_BASE)/$(BOARD)/env/common.mk
```

经过上述步骤后，Hello World 程序在 **hbird-e-sdk** 的相关代码结构如下所示。

```
hbird-e-sdk                // 存放 hbird-e-sdk 的目录
    |----software              // 存放示例程序的源代码
        |----hello_world       // Hello World 示例程序目录
            |----hello_world.c    //Hello World源代码
            |----Makefile         //Makefile脚本
```

# 11.4.3　编译使得程序从 Flash 直接运行

系统链接脚本（link_flashxip.lds）可以控制将程序段存放在 Flash 中，并且使得代码段的物理地址和虚拟地址完全一致，那么在上电系统引导程序（见第 11.3.4 节所述的 start.S）中便不会将程序上载至 ITCM 中运行，而是直接在 Flash 中运行。

以第 11.4.2 节中开发的 Hello World 程序为例，在 HBird-E-SDK 平台中进行编译时，使用如下命令选项将会使用链接脚本（link_flashxip.lds）：

```
// 注意：确保在 HBird-E-SDK 中正确安装了 RISC-V GCC 工具链，见第 11.4.1 节。

cd hbird-e-sdk
        // 确保目前处于 hbird-e-sdk 目录下

make dasm PROGRAM=hello_world BOARD=hbird-e200 CORE=e203 DOWNLOAD=flashxip
USE_NANO=1 NANO_PFLOAT=0
// 上述命令使用了如下几个 Makefile 参数，分别解释如下。
//      dasm：该选项表示对程序进行编译，并且对可执行文件（elf 文件）进行反汇编（生成.dump
文件）。
//   DOWNLOAD=flashxip：指明采用"将程序从 Flash 直接运行的方式"进行编译，即选择使用
链接脚本（link_flashxip.lds）。
//   PROGRAM=hello_world：指定需要编译 software/hello_world 目录下的示例程序。
//   BOARD=hbird-e200：确定开发板型号，指明需要使用 bsp/hbird-e200 目录下的板级支
持包。
//   CORE=e203：指明开发板上使用的蜂鸟 E203 系列的具体处理器内核型号，此处指明开源的
蜂鸟 E203。
//   USE_NANO=1：指明使用 newlib-nano 作为 C 运行库，见第 11.3.6 节，了解相关信息。
//   NANO_PFLOAT=0：由于 Hello World 程序的 printf 函数不需要输出浮点数，指明
newlib-nano 的 printf 函数无须支持浮点数，见第 11.3.6 节，了解相关信息。
```

编译成功后在终端的显示信息如图 11-1 所示，可以看出代码尺寸信息（7576），且反汇

编文件生成在 software/hello_world/hello_world.dump 中。

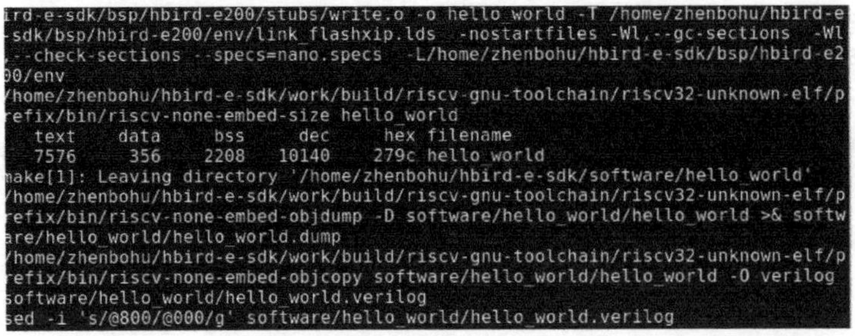

```
ird-e-sdk/bsp/hbird-e200/stubs/write.o -o hello_world -T /home/zhenbohu/hbird-e
-sdk/bsp/hbird-e200/env/link_flashxip.lds  -nostartfiles -Wl,--gc-sections  -Wl
,--check-sections --specs=nano.specs  -L/home/zhenbohu/hbird-e-sdk/bsp/hbird-e2
00/env
/home/zhenbohu/hbird-e-sdk/work/build/riscv-gnu-toolchain/riscv32-unknown-elf/p
refix/bin/riscv-none-embed-size hello_world
   text    data     bss     dec     hex filename
   7576     356    2208   10140    279c hello_world
make[1]: Leaving directory '/home/zhenbohu/hbird-e-sdk/software/hello_world'
/home/zhenbohu/hbird-e-sdk/work/build/riscv-gnu-toolchain/riscv32-unknown-elf/p
refix/bin/riscv-none-embed-objdump -D software/hello_world/hello_world >& softw
are/hello_world/hello_world.dump
/home/zhenbohu/hbird-e-sdk/work/build/riscv-gnu-toolchain/riscv32-unknown-elf/p
refix/bin/riscv-none-embed-objcopy software/hello_world/hello_world -O verilog
software/hello_world/hello_world.verilog
sed -i 's/@800/@000/g' software/hello_world/hello_world.verilog
```

图 11-1　编译 Hello World 程序，并使程序从 Flash 直接运行

使用此种方式进行编译，按照第 11.5 节中所述的步骤下载程序至开发板，然后按照第 11.6.1 节中所述的步骤在开发板上运行程序，通过打印到 PC 中断上的字符串显示速度可以看出运行速度非常慢。这是因为程序直接从 Flash 中运行需要每次都从 Flash 中取指令，取指时间较长，影响了程序的执行速度。

## 11.4.4 编译使得程序从 ITCM 中运行

系统链接脚本（link_itcm.lds）可以控制将程序段存放在 ITCM 中，并且使得代码段的物理地址和虚拟地址完全一致，那么在上电系统引导程序（见第 11.3.4 节所述的 start.S）中便不会将程序进行重复上载，而是直接在 ITCM 中运行。

以第 11.4.2 节中开发的 Hello World 程序为例，在 HBird-E-SDK 平台中进行编译时，使用如下命令选项将会使用链接脚本（link_itcm.lds）：

```
// 注意：确保在 HBird-E-SDK 中正确的安装了 RISC-V GCC 工具链，见第 11.4.1 节。

cd hbird-e-sdk
      // 确保目前处于 hbird-e-sdk 目录下

make dasm PROGRAM=hello_world BOARD=hbird-e200 CORE=e203 DOWNLOAD=itcm
USE_NANO=1 NANO_PFLOAT=0
// 上述命令使用到的 Makefile 参数与第 11.4.3 节中所述的几乎一致，除了如下参数
      //    DOWNLOAD=itcm：指明采用“将程序从 ITCM 中运行的方式”进行编译，即选择使用链接
脚本（link_itcm.lds）
```

编译成功后在终端的显示信息与图 11-1 所示几乎一致，从中同样可以看出代码尺寸信息，且反汇编文件生成在 software/hello_world/hello_world.dump 中。

使用此种方式进行编译，按照第 11.5 节中所述的步骤下载程序至开发板，然后按照第

11.6.2 节中所述的步骤在开发板上运行程序，通过打印到 PC 中断上的字符串显示速度可以看出运行速度非常快。这是因为程序直接从 ITCM 中运行时，每次都从 ITCM 中取指令，能够做到每一个周期取一条指令，所以执行速度很快。

## 11.4.5　编译使得程序从 Flash 上载至 ITCM 中运行

通过系统链接脚本（link_flash.lds）可以控制将程序段存放在 Flash 中，但是使得代码段的物理地址和虚拟地址不一致，那么在上电系统引导程序（见第 11.3.4 节所述的 start.S）中便会将程序上载至 ITCM 中运行。

以第 11.4.2 节中开发的 Hello World 程序为例，在 HBird-E-SDK 平台中进行编译时，使用如下命令选项将会使用链接脚本（link_flash.lds）：

```
// 注意：确保在 HBird-E-SDK 中正确安装了 RISC-V GCC 工具链，见第 11.4.1 节

cd hbird-e-sdk
        // 确保目前处于 hbird-e-sdk 目录下。

make dasm PROGRAM=hello_world BOARD=hbird-e200 CORE=e203 DOWNLOAD=flash
USE_NANO=1 NANO_PFLOAT=0
// 上述命令使用到的 Makefile 参数与第 11.4.3 节中所述的几乎一致，除了如下参数。
//      DOWNLOAD=flash：指明采用"将程序从 Flash 上载至 ITCM 中运行的方式"进行编译，
// 即选择使用链接脚本（link_flash.lds）。
//      注意：DOWNLOAD 选项的默认值在 Makefile 中被设定成了 flash。所以如果不指明
// DOWNLOAD 选项，则默认采用"将程序从 Flash 上载至 ITCM 进行执行的方式"进行编译。
```

编译成功后在终端的显示信息与图 11-1 所示几乎一致，从中同样可以看出代码尺寸信息，且反汇编文件生成在 software/hello_world/hello_world.dump 中。

使用此种方式进行编译，按照第 11.5 节中所述的步骤下载程序至开发板，然后按照第 11.6.3 节中所述的步骤在开发板上运行程序，通过打印到 PC 中断上的字符串显示速度可以看出运行速度非常之快。这是因为程序上载至 ITCM 中运行后，运行时每次都从 ITCM 中取指令，能够做到每一个周期取一条指令，所以执行速度很快。

## 11.5　使用 HBird-E-SDK 下载程序

### 11.5.1　JTAG 调试器与 MCU 原型开发板的连接

见第 11.7.1 节，了解处理器调试器的工作原理。见第 7.2 节，了解蜂鸟 E203 JTAG 调试

器与蜂鸟 E203 MCU 开发板，以及如何将二者连接的详细信息。

## 11.5.2 设置 JTAG 调试器在 Linux 系统中的 USB 权限

如果使用 Linux 操作系统，需要按照如下步骤保证正确设置 JTAG 调试器的 USB 权限。

```
// 步骤一：准备好自己的电脑环境，可以在公司的服务器环境中运行，如果是个人用户，推荐如下配置。
// （1）使用 VMware 虚拟机在个人电脑上安装虚拟的 Linux 操作系统。
// （2）Linux 操作系统的版本众多，推荐使用 Ubuntu 16.04 版本的 Linux 操作系统
// 有关如何安装 VMware 和 Ubuntu 操作系统，以及 Linux 的基本使用，本书不做介绍，请读者自行
```
查阅资料学习。

```
// 步骤二：将"蜂鸟 E203 JTAG 调试器"插入电脑 PC 的 USB 接口。
// 注意：
// （1）务必使该 USB 接口被虚拟的 Linux 系统识别（而非被 Windows 识别），如图 11-2 中圆圈
```
所示，若 USB 图标在虚拟机中显示为高亮，则表明 USB 被虚拟机中的 Linux 系统正确识别（而非被 Windows
识别）。
```
// （2）若 USB 图标在虚拟机中显示为灰色，则表明 USB 没有被虚拟机中的 Linux 系统正确识别，如
```
图 11-3 所示，可以使用鼠标点中 USB 图标，选择将其"连接（与主机的连接）"，将其连接至 Linux 系统（而
非外部 Windows）。

```
// 步骤三：使用如下命令查看 USB 设备的状态。

lsusb      // 运行该命令后会显示如下信息。
 ...
 Bus 001 Device 003: ID 0403:6010 Future Technology Devices International,
Ltd FT2232C Dual USB-UART/FIFO IC
```

```
// 步骤四：使用如下命令设置 udev rules 使得该 USB 设备能够被 plugdev group 访问。

sudo vi /etc/udev/rules.d/99-openocd.rules
      // 用 vi 打开该文件，然后添加以下内容至该文件中，然后保存退出。
SUBSYSTEM=="usb", ATTR{idVendor}=="0403",
ATTR{idProduct}=="6010", MODE="664", GROUP="plugdev"
SUBSYSTEM=="tty", ATTRS{idVendor}=="0403",
ATTRS{idProduct}=="6010", MODE="664", GROUP="plugdev"
```

```
// 步骤五：使用如下命令查看该 USB 设备是否属于 plugdev group。

ls /dev/ttyUSB*          // 运行该命令后会显示类似如下信息
/dev/ttyUSB0 /dev/ttyUSB1

ls -l /dev/ttyUSB1       // 运行该命令后会显示类似如下信息
crw-rw-r-- 1 root plugdev 188, 1 Nov 28 12:53 /dev/ttyUSB1
```

```
// 步骤六：将你自己的用户添加到 plugdev group 中。
```

```
whoami
                // 运行该命令能显示自己用户名，假设你的自己用户名显示为 your_user_name
                // 运行如下命令将 your_user_name 添加到 plugdev group 中
sudo usermod -a -G plugdev your_user_name
```

**// 步骤七：确认自己的用户是否属于 plugdev group。**

```
groups          // 运行该命令后会显示类似如下信息
... plugdev ...
                // 只要从显示的 groups 中看到 plugdev，则意味着自己的用户属于该组，设置成功
```

图 11-2  虚拟机 Linux 系统识别 USB 图标

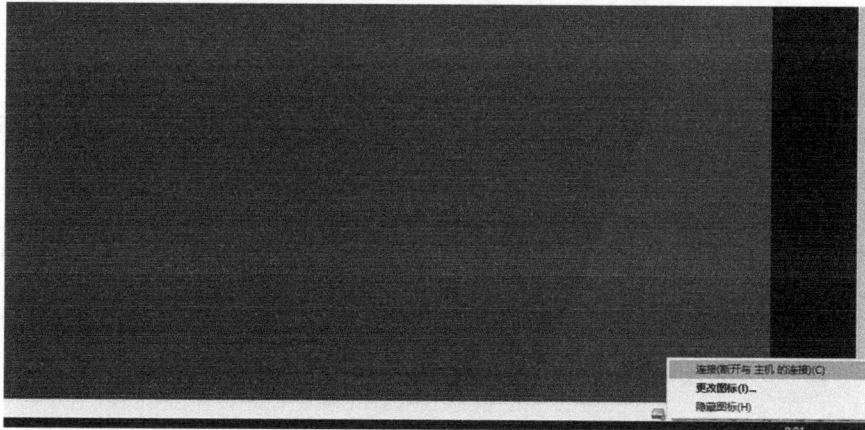

图 11-3  将 USB 接口连接至虚拟机中

## 11.5.3 将程序下载至 MCU 原型开发板

以第 11.4.2 节中开发的 Hello World 程序为例,在 HBird-E-SDK 平台中,使用如下命令将编译好的 hello_world 程序下载至 MCU 原型开发板中。

```
// 注意:确保在 HBird-E-SDK 中正确安装了 RISC-V GCC 工具链,见第 11.4.1 节。
// 注意:确保在 JTAG 调试器与蜂鸟 E203 MCU 原型开发板正确地进行连接,见第 11.5.1 节。
// 注意:确保在 Linux 系统中正确设置了 JTAG 调试器的 USB 权限,见第 11.5.2 节。

//如第 11.4 节所述,将编译好的 Hello World 程序下载至 MCU 原型开发板中,使用如下命令:

make upload  PROGRAM=hello_World BOARD=hbird-e200 CORE=e203
   // 上述命令使用到了如下几个 Makefile 参数,分别解释如下。
   //    upload:该选项表示对程序进行下载。
   //    PROGRAM=hello_world:指定需要下载 software/hello_world 目录下的示例程序。
   //    BOARD=hbird-e200:确定开发板型号,指明需要使用 bsp/hbird-e200 目录下的板级支持包。
   //    CORE=e203:指明开发板上使用的具体处理器内核型号,此处指明开源的蜂鸟 E203。
```

# 11.6 在 MCU 原型开发板上运行程序

由于 Hello World 程序将通过串口(UART 转 USB 口连接至主机 PC),Printf 输出字符串到主机 PC 的显示屏上,因此需要先将串口显示终端准备好,在 Ubuntu 的命令行终端中使用如下命令。

```
sudo screen /dev/ttyUSB1 115200
           // 该命令将设备 ttyUSB1 设置为串口显示的来源,波特率为 115200
           // 若该命令执行成功,Ubuntu 的该命令行终端将被锁定,用于显示串口发送的字符。
           // 注意:
           // 若该命令无法执行成功,请检查如下几项。
           // (1) 确保已按照第 11.5.2 节中所述方法将 USB 的权限设置正确。
           // (2) 确保已按照第 11.5.2 节中所述方法将 USB 被 Linux 虚拟机识别(右下角
           //     显示为高亮)。
           // (3) 按照第 11.5.2 节中所述使用命令 "ls /dev/ttyUSB*" 查看 USB 被识别成为
           //     ttyUSB1 还是 ttyUSB2,若被识别成为 ttyUSB2,则应使用命令 sudo screen
           //     /dev/ttyUSB2 115200
```

将主机 PC 的串口显示终端准备好后,按照后续小节中介绍的方法运行程序。

## 11.6.1　程序从 Flash 直接运行

以第 11.4.2 节中开发的 Hello World 程序为例，将程序按照第 11.4.3 节中的编译方式（使得程序从 Flash 中直接运行）进行编译后，按照第 11.5.3 节中的方法将程序下载至开发板，便可以在开发板上运行程序。

Hello World 程序正确执行后将字符串打印至主机 PC 的串口显示终端上，如图 11-4 所示。通过打印到 PC 中断上的字符串显示速度可以看出运行速度非常慢，这是因为程序直接从 Flash 中运行需要每次都从 Flash 中取指令，取指时间较长，影响了程序的执行速度。

由于程序被烧写进入了 Flash 中，因此程序不会掉电丢失。

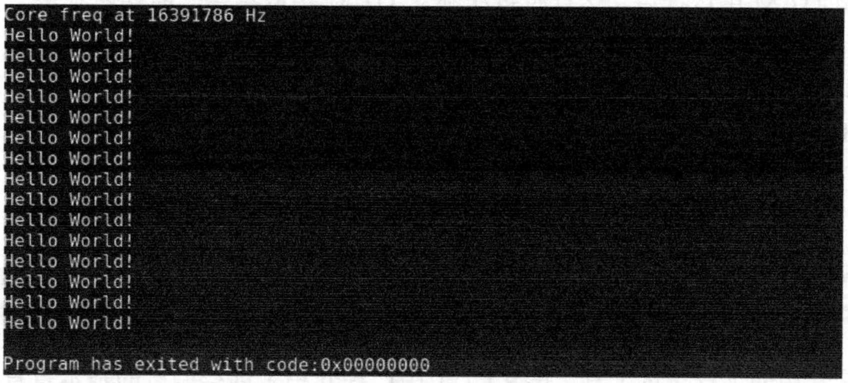

图 11-4　运行 Hello World 程序的输出

可以通过按开发板上的 RESET 按键，让处理器复位重新执行程序。**注意**：由于程序是被烧写在 Flash 中的，因此需要保证蜂鸟 E203 处理器复位后从外部 Flash 开始执行，将 SoC 引脚 BOOTROM_N 设置为高电平。见第 5.11 节，了解更多信息。

## 11.6.2　程序从 ITCM 中运行

以第 11.4.2 节中开发的 Hello World 程序为例，将程序按照第 11.4.4 节中的编译方式（使得程序从 ITCM 中直接运行）进行编译后，按照第 11.5.3 节中的方法将程序下载至开发板，便可以在开发板上运行程序。

Hello World 程序正确执行后将字符串打印至主机 PC 的串口显示终端上，如图 11-4 所示。通过打印到 PC 中断上的字符串显示速度可以看出运行速度非常快，这是因为程序直接从 ITCM 中运行时每次都从 ITCM 中取指令，能够做到每一个周期取一条指令，所以执行速度很快。

可以通过按开发板上的 RESET 按键，让处理器复位重新执行程序。**注意**：由于程序是被烧写在 ITCM 中的，因此需要保证蜂鸟 E203 处理器复位后从 ITCM 开始执行，将 SoC 引脚 BOOTROM_N 设置为低电平。见第 5.11 节，了解更多信息。

## 11.6.3 程序从 Flash 上载至 ITCM 中运行

以第 11.4.2 节中开发的 Hello World 程序为例，将程序按照第 11.4.5 节中的编译方式（使得程序从 ITCM 中直接运行）进行编译后，按照第 11.5.3 节中的方法将程序下载至开发板，便可以在开发板上运行程序。

Hello World 程序正确执行后将字符串打印至主机 PC 的串口显示终端上，如图 11-4 所示。通过打印到 PC 中断上的字符串显示速度可以看出运行速度非常快，这是因为程序从 Flash 上载至 ITCM 中运行后，运行时每次都从 ITCM 中取指令，能够做到每一个周期取一条指令，所以执行速度很快。

可以通过按开发板上的 RESET 按键，让处理器复位重新执行程序。**注意：** 由于程序是被烧写在 Flash 中的，因此需要保证蜂鸟 E203 处理器复位后从外部 Flash 开始执行，将 SoC 引脚 BOOTROM_N 设置为高电平。见第 5.11 节，了解更多信息。

# 11.7 使用 GDB 远程调试程序

GDB 是常用的远程调试工具，第 9.1.1 节中已经介绍了远程调试的基本背景知识，本节将介绍如何使用 GDB 在 HBird-E-SDK 平台中进行远程调试。

## 11.7.1 调试器工作原理

不同于普通的固定电路芯片，处理器运行的是软件程序。试想一下，如果一款处理器不具备调试能力，那么一旦程序运行出现问题，开发人员便束手无策，处理器也就秒变为"砖"了。因此，处理器对于运行于其上的软件程序提供调试功能是至关重要的。

对于处理器的调试功能而言，常用的两种是"交互式调试"和"追踪调试"。本节将对此两种调试的功能及原理加以简述。感兴趣的读者可以参考本书的姊妹篇《手把手教你设计 CPU——RISC-V 处理器篇》，了解调试机制的更多详细内容。

### 1．交互调试概述

交互调试（Interactive Debug）功能是处理器提供的最常见的一种调试功能，从最低端到最高端的处理器，交互调试几乎是必备的功能。交互调试是指调试器软件（譬如常见的调试软件 GDB）能够直接对处理器取得控制权，进而对处理器以一种交互的方式进行调试，譬如通过调试软件对处理器进行调试。

对于嵌入式平台而言，调试器软件一般是运行于主机 PC 端的一款软件，而被调试的处理器往往是在嵌入式开发板上，这是交叉编译和远程调试的一种典型情形。调试器软件为何能够取得处理器的控制权，从而对其进行调试呢？可想而知，需要硬件的支持才能做到。在处理器核的硬件中，通常需要一个硬件调试模块。该调试模块通过物理介质（譬如 JTAG 接口）与主机端的调试软件进行通信，并接受其控制，然后调试模块对处理器核进行控制。

为了帮助读者进一步理解，以交互式调试中常见的一种调试情形为例来阐述此过程。假设调试软件 GDB 试图对程序中的某个 PC 地址设置一个断点，然后希望程序运行到此处时停下来，之后 GDB 能够读取处理器当时的某个寄存器的值。调试软件和调试模块便会进行如下协同操作。

- 开发人员通过运行于主机端的 GDB 软件在其软件界面上设置某行程序的断点，GDB 软件通过底层驱动 JTAG 接口访问远程处理器的调试模块，并下达命令，告诉调试模块希望于某 PC 设置一个断点。
- 调试模块得令后即开始对处理器核进行控制，首先它会请求处理器核停止，然后修改存储器中那个 PC 地址的指令，替换为一个 Breakpoint 指令，最后将处理器核放行，让处理器恢复执行。
- 当处理器恢复执行后，执行到那个 PC 地址时碰到了 Breakpoint 指令，会产生异常，进入调试模式的异常服务程序。调试模块探测到处理器核进入了调试模式的异常服务程序，并将此信息显示出来。主机端的 GDB 软件一直在监测调试模块的状态，从而得知处理器核已经运行到断点处停止了下来，并显示在 GDB 软件界面上。
- 开发人员通过运行于主机端的 GDB 软件在其软件界面上设置读取某个寄存器的值，GDB 软件通过底层驱动 JTAG 接口访问远程处理器的调试模块，并下达命令，告诉调试模块希望读取某个寄存器的值。
- 调试模块得令后即开始对处理器核进行控制，从处理器核中将那个寄存器的值读取出来，并显示此信息。主机端的 GDB 软件一直在监测调试模块的状态，从而得知此信息，通过 JTAG 接口将读取的值返回到主机 PC 端，并显示在 GDB 软件界面上。

**注意：**以上采用极为通俗的语言来描述此过程，以便于读者理解，但难免失之严谨，请以具体的调试机制文档为准。

从上述过程中可以看出，调试机制是一套复杂的软硬件协同工作机制，需要调试软件和硬件调试模块的精密配合。

同时，也可以看出交互式调试对于处理器的运行通常是具有打扰性（Intrusive）的。调试单元会在后台"偷偷地"控制住处理器核，时而让其停止，时而让其运行。由于交互式调试对处理器运行的程序具有影响，甚至会改变处理器行为，尤其是对时间先后性有依赖的程序，有时交互式调试并不能完整地重现某些程序的漏洞。最常见的情形是处理器在全速运行某个程序时会出现漏洞，当开发人员使用调试软件对其进行交互式调试时，漏洞又不见了。如此反复，主要原因往往就是交互式调试过程的打扰性，使得程序在调试模式和全速运行下的结果出现了差异。

### 2．跟踪调试概述

交互式调试的一个缺点是对处理器的运行具有打扰性，为了克服此缺陷而引入了跟踪调试（Trace Debug）机制。

跟踪调试，即调试器只跟踪记录处理器核执行过的所有程序指令，而不会打断干扰处理器的执行过程。跟踪调试同样需要硬件的支持才能做到，比交互式调试的实现难度更大。处理器的运行速度非常快，每秒能执行上百万条指令，如果长时间运行某个程序，产生的信息量十分巨大。跟踪调试器的硬件单元需要跟踪记录下所有的指令，对于处理速度，数据的压缩、传输和存储等都是极大的挑战。跟踪调试器的硬件实现会涉及比交互调试更复杂的技术，同时硬件开销更大，因此跟踪调试器一般只在较高端的处理器中使用。

## 11.7.2 GDB 常用操作示例

GDB 能够用于调试由 C、C++、Ada 等编程语言编写的程序，它提供如下功能。

- 下载或者启动程序。
- 通过设定各种特定条件来停止程序。
- 查看处理器的运行状态，包括通用寄存器的值、存储器地址的值等。
- 查看程序的状态，包括变量的值、函数的状态等。
- 改变处理器的运行状态，包括通用寄存器的值、存储器地址的值等。
- 改变程序的状态，包括变量的值、函数的状态等。

GDB 可以用于在主机 PC 的 Linux 系统中调试运行的程序，同时也能调试嵌入式硬件。在嵌入式硬件的环境中，由于资源有限，一般的嵌入式目标硬件上无法直接构建 GDB 的调试环境（譬如显示屏和 Linux 系统等），这时可以通过 GDB+GdbServer 的方式进行远程（Remote）调试。通常 GdbServer 在目标硬件上运行，GDB 则在主机 PC 上运行。

为了能支持 GDB 的调试，蜂鸟 E203 MCU 使用 OpenOCD 作为 GdbServer，与 GDB 进行配合。OpenOCD（Open On-Chip Debugger）是一款开源的免费调试软件，由社区共同维护。因其开放开源的特点，众多的公司和个人使用 OpenOCD 作为调试软件，支持大多数主流的 MCU 和硬件开发板。通过编写 OpenOCD 的底层驱动文件，能够使 GDB 通过 JTAG 接口连接蜂鸟 E203 MCU，并利用硬件调试特性对蜂鸟 E203 MCU 进行调试。

为了完全支持 GDB 的功能，在使用 GCC 对源代码进行编译时，需要使用-g 选项，例如："gcc -g -o hello hello.c"。-g 选项会将调试所需信息加入编译所得的可执行程序中，该选项会增大可执行程序的大小，在正式发布的版本中通常不使用该选项。

GDB 虽然可以使用一些前端工具实现图形化界面，但是更常见的是使用命令行直接进行操作。常用的 GDB 命令如表 11-1 所示。

表 11-1 　　　　　　　　　　　常用的 GDB 命令

| 命令 | 介绍 |
| --- | --- |
| load file | 动态链入 file 文件，并读取它的符号表 |
| Jump | 使当前执行的程序跳转到某一行，或者跳转到某个地址 |
| info br | 查看断点信息，br 是断点 break 的缩写，GDB 具有自动补齐功能，此命令等效于 info break |
| info source | 查看当前程序的信息 |
| info stack | 查看程序的调用层次关系 |
| list function-name | 列出某个函数 |
| list line-number | 列出某行附近的代码 |
| break function<br>break line-number | 在指定的函数或者行号处设置断点 |
| break *address | 在指定的地址处设置断点，一般在没有源代码时使用 |
| continue | 恢复程序运行，直到遇到下一个断点 |
| step | 执行下一行代码，会进入函数内部 |
| step number | 等效于连续执行 number 次 step 命令 |
| next | 执行下一行代码，但不会进入函数内部 |
| next number | 等效于连续执行 number 次 next 命令 |
| until<br>until line-number | 继续运行直到指定行号，或者函数、地址等 |
| stepi<br>nexti | stepi/nexti 命令与 step/next 的区别在于其执行下一条汇编指令，而不是下一行代码（譬如 C/C++中的一行代码） |
| x address | 打印指定存储器地址中的值 |
| p variable | 打印指定变量的值 |

## 11.7.3 使用 GDB 调试 Hello World 示例

以第 11.4.5 节中开发的 Hello World 程序为例（从 Flash 上载至 ITCM 中执行），在 HBird-E-SDK 平台中，按照如下步骤使用 GDB 和 OpenOCD 对基于蜂鸟 E203 MCU 原型开发板进行调试。

> // 注意：确保在 HBird-E-SDK 中正确安装了 RISC-V GCC 工具链，见第 11.4.1 节。
> // 注意：确保在 JTAG 调试器与蜂鸟 E203 MCU 原型开发板正确地进行连接，见第 11.5.1 节。
> // 注意：确保在 Linux 系统中正确设置了 JTAG 调试器的 USB 权限，见第 11.5.2 节。
> // 注意：确保程序已经通过 JTAG 调试器被下载至蜂鸟 E203 MCU 原型开发板中，见第 11.5.3 节。

```
    // 确保位于 hbird-e-sdk 目录。
cd hbird-e-sdk
```

```
// 步骤一：从第一个 Terminal 中打开 OpenOCD。
      // 首先使用如下命令打开 OpenOCD
make run_openocd  PROGRAM=hello_world BOARD=hbird-e200 CORE=e203 DOWNLOAD=itcm
      // 运行该命令会打开 OpenOCD，并与开发板相连。
      // 如果该步骤执行成功，则如图 11-5 所示。

// 步骤二：新开一个 Terminal，打开 GDB。
      // 命令行界面已经被 OpenOCD 挂住，需要重新开启一个新的 Terminal 终端。
      // 注意：再次强调，此处是重新开启一个新的 Terminal 终端。
      // 在新的 Terminal 终端下，同样确保位于 hbird-e-sdk 目录。
cd hbird-e-sdk
      // 然后使用如下命令打开 GDB
make run_gdb PROGRAM=hello_world BOARD=hbird-e200 CORE=e203 DOWNLOAD=itcm
      // 运行该命令会自动打开 GDB 来调试 hello_world 示例程序。
      // 如果该步骤执行成功，则进入 GDB 的调试命令行界面，如图 11-6 所示。


// 步骤三：演示使用 GDB 命令。
      // 接下来便可使用 GDB 的常用命令进行调试。
b main
      // 在 main 函数的入口处设置断点。

info b
      // 查看目前程序设置的断点，显示如图 11-7 所示。

x 0x20000000
x 0x20000004
x 0x20000008
      // 查看存储器地址 0x20000000/0x20000004/0x20000008 中的数值，显示如图 11-8
      // 所示。
info reg
info reg mstatus
      // 查看当前处理器的通用寄存器的值和 CSR 寄存器 mstatus 的值，显示如图 11-9 所示。

info reg csr768
      // 查看当前处理器的地址 768 的 CSR 寄存器的值。
      // 注意：编号 768 为十进制数，对应十六进制为 0x300，对应于 mstatus 寄存器的 CSR
      // 地址。见附录 B，了解 RSIC-V 架构的 CSR 寄存器列表和地址。

info reg mcause
info reg mepc
info reg mtval
      // 查看当前处理器的 CSR 寄存器 mcause、mepc 和 mtval 的值。
      // 注意：当程序出现了异常（程序运行结果显示结果为 Trap）时，可以通过 GDB 查看这
      // 3 个寄存器的值有效的定位异常的原因和发生位置。有关 mcause、mepc 和 mtval
      // 寄存器的详情，见附录 B.2 节。

jump main
      // 从程序的 main 入口开始执行，将停于设置的第一个断点处，显示如图 11-10 所示。
```

```
ni
    // 单步执行，显示如图 11-11 所示。

continue
    // 继续执行，将停于下一个断点处，若无断点则一直执行至程序结束处。
```

```
Info : Exposing additional CSR 3069
Info : Exposing additional CSR 3070
Info : Exposing additional CSR 3071
Info : Examined RISCV core; XLEN=32, misa=0x40001105
Info : Listening on port 3333 for gdb connections
Info : [0] Found 1 triggers
halted at 0x200002ea due to debug interrupt
Info : Found flash device 'micron n25q128' (ID 0x0018ba20)
cleared protection for sectors 0 through 255 on flash bank 0
Info : Listening on port 6666 for tcl connections
Info : Listening on port 4444 for telnet connections
Info : accepting 'gdb' connection on tcp/3333
```

图 11-5 打开 OpenOCD 后的命令行界面

```
one-embed-gdb software/hello_world/hello_world  -ex "set remotetimeout 240" -ex "target ext
-remote localhost:3333"
GNU gdb (GNU MCU Eclipse RISC-V Embedded GCC, 64-bits) 8.0.50.20170724-git
Copyright (C) 2017 Free Software Foundation, Inc.
License GPLv3+: GNU GPL version 3 or later <http://gnu.org/licenses/gpl.html>
This is free software: you are free to change and redistribute it.
There is NO WARRANTY, to the extent permitted by law.  Type "show copying"
and "show warranty" for details.
This GDB was configured as "--host=x86_64-unknown-linux-gnu --target=riscv-none-embed".
Type "show configuration" for configuration details.
For bug reporting instructions, please see:
<http://www.gnu.org/software/gdb/bugs/>.
Find the GDB manual and other documentation resources online at:
<http://www.gnu.org/software/gdb/documentation/>.
For help, type "help".
Type "apropos word" to search for commands related to "word"...
Reading symbols from software/hello_world/hello_world...done.
Remote debugging using localhost:3333
0x8000027e in _exit (code=0) at /home/zhenbohu/hbird-e-sdk/bsp/hbird-e200/stubs/_exit.c:12
12        write(STDERR_FILENO, "\n", 1);
```

图 11-6 GDB 的命令行界面

```
one-embed-gdb software/hello_world/hello_world  -ex "set remotetimeout 240" -ex "target ext
-remote localhost:3333"
GNU gdb (GNU MCU Eclipse RISC-V Embedded GCC, 64-bits) 8.0.50.20170724-git
Copyright (C) 2017 Free Software Foundation, Inc.
License GPLv3+: GNU GPL version 3 or later <http://gnu.org/licenses/gpl.html>
This is free software: you are free to change and redistribute it.
There is NO WARRANTY, to the extent permitted by law.  Type "show copying"
and "show warranty" for details.
This GDB was configured as "--host=x86_64-unknown-linux-gnu --target=riscv-none-embed".
Type "show configuration" for configuration details.
For bug reporting instructions, please see:
<http://www.gnu.org/software/gdb/bugs/>.
Find the GDB manual and other documentation resources online at:
<http://www.gnu.org/software/gdb/documentation/>.
For help, type "help".
Type "apropos word" to search for commands related to "word"...
Reading symbols from software/hello_world/hello_world...done.
Remote debugging using localhost:3333
0x8000027e in _exit (code=0) at /home/zhenbohu/hbird-e-sdk/bsp/hbird-e200/stubs/_exit.c:12
12        write(STDERR_FILENO, "\n", 1);
(gdb) b main
Breakpoint 1 at 0x80000004: file hello_world.c, line 6.
(gdb) info b
Num     Type           Disp Enb Address    What
1       breakpoint     keep y   0x80000004 in main at hello_world.c:6
(gdb)
```

图 11-7 GDB 显示设置的断点

```
Reading symbols from software/hello_world/hello_world...done.
Remote debugging using localhost:3333
0x8000027e in _exit (code=0) at /home/zhenbohu/hbird-e-sdk/bsp/hbird-e200/stubs/_exit.c:12
12          write(STDERR_FILENO, "\n", 1);
(gdb) b main
Breakpoint 1 at 0x80000004: file hello_world.c, line 6.
(gdb) info b
Num     Type           Disp Enb Address    What
1       breakpoint     keep y   0x80000004 in main at hello_world.c:6
(gdb) x 0x20000000
0x20000000 <_start>:    0x70001197
(gdb) x 0x20000004
0x20000004 <_start+4>:  0xec018193
(gdb) x 0x20000008
0x20000008 <_start+8>:  0x70010117
(gdb)
```

图 11-8　通过 GDB 查看存储器中的数据

```
(gdb) info reg
ra          0x8000027e          -2147483010
sp          0x9000ffc0          -1878982720
gp          0x90000ec0          -1879044416
tp          0x00000000          0
t0          0x80002e32          -2147471822
t1          0x69786520          1769497888
t2          0x00000000          0
fp          0x00000000          0
s1          0x00000000          0
a0          0x00000001          1
a1          0x90000029          -1879048151
a2          0x0000000d          13
a3          0x0000000a          10
a4          0x10013000          268513280
a5          0xffffffff          -1
a6          0x90000029          -1879048151
a7          0x20646574          543450484
s2          0x00000000          0
s3          0x00000000          0
s4          0x00000000          0
s5          0x00000000          0
s6          0x00000000          0
s7          0x00000000          0
s8          0x00000000          0
s9          0x00000000          0
s10         0x00000000          0
s11         0x00000000          0
t3          0x73616820          1935763488
t4          0x6d617267          1835102823
t5          0x6f72500a          1869762570
t6          0x00000000          0
pc          0x8000027e          -2147483010
priv        0x80000203          prv:3 [Machine]
(gdb) info reg mstatus
mstatus     0x00001800          SD:0 VM:00 MXR:0 PUM:0 MPRV:0 XS:0 FS:0 MPP:3 HPP:0 SPP:0 MPIE:0
 HPIE:0 SPIE:0 UPIE:0 MIE:0 HIE:0 SIE:0 UIE:0
(gdb)
```

图 11-9　GDB 显示寄存器的值

```
pc          0x8000027e          -2147483010
priv        0x80000203          prv:3 [Machine]
(gdb) info reg mstatus
mstatus     0x00001800          SD:0 VM:00 MXR:0 PUM:0 MPRV:0 XS:0 FS:0 MPP:3 HPP:0 SPP:0 MPIE:0
 HPIE:0 SPIE:0 UPIE:0 MIE:0 HIE:0 SIE:0 UIE:0
(gdb) jump main
Line 6 is not in `_exit'.  Jump anyway? (y or n) y
Continuing at 0x80000004.

Breakpoint 1, main () at hello_world.c:6
6           printf("Hello World!" "\n");
(gdb)
```

图 11-10　GDB 显示程序停止于断点处

```
(gdb) info reg mcause
mcause          0x00000000        0
(gdb) info reg mepc
mepc            0x00000000        0
(gdb) info reg mtval
mtval           0x00000000        0
(gdb) ni
0x80000008      6        printf("Hello World!" "\n");
(gdb) ni
5       {
(gdb) ni
6       printf("Hello World!" "\n");
(gdb) ni
7       printf("Hello World!" "\n");
(gdb) ni
0x80000016      7        printf("Hello World!" "\n");
(gdb) ni
8       printf("Hello World!" "\n");
(gdb) continue
Continuing.
```

图 11-11　GDB 单步执行程序

# 第 12 章 开源蜂鸟 E203 MCU 的更多示例程序

在第 11 章中介绍了一个基于 HBird-E-SDK 平台开发的简单的 Hello World 程序,以及下载和运行调试的方法。本章将进一步讲解几个功能更加丰富的示例程序,来巩固和加深读者对 RISC-V 嵌入式软件开发的理解。

本章介绍的示例程序包含 Dhrystone 和 CoreMark 两个跑分程序。跑分程序(Benchmarks)是一组标准的软件程序,处理器运行该标准程序,并通过运行速度计算出一组分数,作为衡量处理器性能的指标。跑分程序通常由标准的高级语言(譬如 C/C++ 语言)编写,与底层硬件平台特性和指令集架构无关。各个不同架构或者不同厂商的处理器均可以运行相同的跑分程序,并可以根据运行所得的分数来比较和衡量性能。在处理器领域的跑分程序非常多,有些是个人开发的,也有些是标准组织或者商业公司开发的,本书在此不一一列举。在嵌入式处理器领域最为知名和常见的跑分程序是 Dhrystone 和 CoreMark。

## 12.1 Dhrystone 示例程序

### 12.1.1 Dhrystone 示例程序功能简介

Dhrystone 是一个综合的处理器跑分程序,由 Reinhold P. Weicker 于 1984 年开发,用于衡量处理器的整数运算处理性能。在 Dhrystone 的程序中,作者收集了众多不同类型程序中的典型特性,采用了各种典型的方法,譬如函数调用、间接指针、赋值等,使得该程序测试的性能极具代表性。

最初版本的 Dhrystone 由 Ada 语言编写,之后的 C 语言对应版本由 Rick Richardson 开发,这使得 Dhrystone 更加流行。由于被广泛采用,Dhrystone 成为了当今最有代表性的通用处理器跑分程序,几乎每一款 CPU 都必须公布其 Dhrystone 的跑分作为衡量性能指标的重要参数。

熟悉计算机体系结构的读者应该了解性能指标 MIPS（Million Instructions Per Second）的含义，它反映了处理器在汇编指令级别执行的速度。高级语言（譬如 C/C++语言）编写的程序通过不同处理器架构的编译器编译后，生成的汇编代码可能会有巨大差别。譬如有的指令集架构的代码密度很高，产生少量的汇编指令便可完成程序；而有的指令集架构的代码密度比较低，需要产生大量的汇编指令完成程序。单纯的 MIPS 指标仅能反映处理器执行汇编指令的硬件效率，而不能反映出处理器软硬件系统的综合性能。

Dhrystone 的跑分结果使用更加有意义的 Dhrystone Per Second 作为衡量标准，表示处理器每秒能够执行的 Dhrystone 主循环的次数。如图 12-1 所示，Dhrystone 程序的主循环由一个 For 循环组成，且可以通过参数控制具体的循环次数。For 循环内部调用各种编写的子函数，这些子函数是 Dhrystone 开发者刻意构造的具有代表性的程序代码，如图 12-2 所示。在 For 主循环的开始和结束部分均通过计时器（Timer）读取出当前的时间值，如图 12-3 所示，最后通过开始和结束时间的差值得出运行特定循环次数的总执行时间。总执行时间取决于如下两个方面的效率。

- 指令集架构的效率和编译器的优劣决定了高层语言编写的 Dhrystone 程序能够编译成多少汇编指令。
- 处理器的硬件性能决定了处理器能以多快的速度执行完这些指令。

```
for (Run_Index = 1; Run_Index <= Number_Of_Runs; ++Run_Index)
{

  Proc_5();
  Proc_4();
  /* Ch_1_Glob == 'A', Ch_2_Glob == 'B', Bool_Glob == true */
  Int_1_Loc = 2;
  Int_2_Loc = 3;
  strcpy (Str_2_Loc, "DHRYSTONE PROGRAM, 2'ND STRING");
  Enum_Loc = Ident_2;
  Bool_Glob = ! Func_2 (Str_1_Loc, Str_2_Loc);
  /* Bool_Glob == 1 */
  while (Int_1_Loc < Int_2_Loc)  /* loop body executed once */
  {
    Int_3_Loc = 5 * Int_1_Loc - Int_2_Loc;
    /* Int_3_Loc == 7 */
    Proc_7 (Int_1_Loc, Int_2_Loc, &Int_3_Loc);
    /* Int_3_Loc == 7 */
    Int_1_Loc += 1;
  } /* while */
  /* Int_1_Loc == 3, Int_2_Loc == 3, Int_3_Loc == 7 */
  Proc_8 (Arr_1_Glob, Arr_2_Glob, Int_1_Loc, Int_3_Loc);
  /* Int_Glob == 5 */
  Proc_1 (Ptr_Glob);
  for (Ch_Index = 'A'; Ch_Index <= Ch_2_Glob; ++Ch_Index)
                          /* loop body executed twice */
  {
    if (Enum_Loc == Func_1 (Ch_Index, 'C'))
      /* then, not executed */
    {
      Proc_6 (Ident_1, &Enum_Loc);
```

图 12-1　Dhrystone 程序片段一

```
Proc_8 (Arr_1_Par_Ref, Arr_2_Par_Ref, Int_1_Par_Val, Int_2_Par_Val)
/****************************************************************/
    /* executed once    */
    /* Int_Par_Val_1 == 3 */
    /* Int_Par_Val_2 == 7 */
Arr_1_Dim       Arr_1_Par_Ref;
Arr_2_Dim       Arr_2_Par_Ref;
int             Int_1_Par_Val;
int             Int_2_Par_Val;
{
  REG One_Fifty Int_Index;
  REG One_Fifty Int_Loc;

  Int_Loc = Int_1_Par_Val + 5;
  Arr_1_Par_Ref [Int_Loc] = Int_2_Par_Val;
  Arr_1_Par_Ref [Int_Loc+1] = Arr_1_Par_Ref [Int_Loc];
  Arr_1_Par_Ref [Int_Loc+30] = Int_Loc;
  for (Int_Index = Int_Loc; Int_Index <= Int_Loc+1; ++Int_Index)
    Arr_2_Par_Ref [Int_Loc] [Int_Index] = Int_Loc;
  Arr_2_Par_Ref [Int_Loc] [Int_Loc-1] += 1;
  Arr_2_Par_Ref [Int_Loc+20] [Int_Loc] = Arr_1_Par_Ref [Int_Loc];
  Int_Glob = 5;
} /* Proc_8 */
```

图 12-2　Dhrystone 程序片段二

```
  printf ("Execution starts, %d runs through Dhrystone\n", Number_Of_Runs);

/****************/
/* Start timer */
/****************/

#ifdef TIMES
  times (&time_info);
  Begin_Time = (long) time_info.tms_utime;
#endif
#ifdef TIME
  Begin_Time = time ( (long *) 0);
#endif
```

图 12-3　Dhrystone 程序片段三

综上可见，DMIPS 能够反映处理器从架构、编译器到硬件的综合性能。

Dhrystone 跑分结果的另外一种更常用的表示单位是 DMIPS（Dhrystone MIPS），它使用早期的 VAX 11/780 处理器作为标称值，定义如下。

- VAX 11/780 处理器被公认能达到 1 MIPS 的性能，使用它运行 Dhrystone 跑分程序能够达到的性能为 1757 Dhrystone Per Second，以此作为黄金参考，将 Dhrystone Per Second 除以 1757 所得值称为 1 DMIPS。

  假设某处理器能够每秒执行 2000000 次 Dhrystone 主循环，则性能约等于 2000000/1757=1138 DMIPS。

- 在此基础上，去除处理器主频的因素，假设处理器以 1MHz 的主频运行 Dhrystone 所得的 DMIPS 结果则为 DMIPS/MHz，该种表示方式也极为常见。

假设前述处理器（1138 DMIPS）运行主频为 1GHz，则性能指标也可表示为 1138/1000=1.138 DMIPS/MHz。

## 12.1.2 Dhrystone 示例程序代码结构

Dhrystone 示例程序的相关代码结构如下：

```
hbird-e-sdk                              //存放 hbird-e-sdk 的目录
    |----software                        //存放示例程序的源代码
        |----dhrystone                   //Dhrystone 程序目录
                |----dhry_1.c            //源代码
                |----dhry_2.c            //源代码
                |----dhry_stubs.c        //源代码
                |----Makefile            //Makefile 脚本
```

Makefile 为主控制脚本，其代码片段如下：

```
//指明生成的 elf 文件名
TARGET = dhrystone

//指明 Dhrystone 程序所需要的特别的 GCC 编译选项
CFLAGS := -O2  -fno-inline -fno-common

BSP_BASE = ../../bsp

    //指明 Dhrystone 程序所需要的 C 源文件
C_SRCS := dhry_stubs.c dhry_1.c dhry_2.c
HEADERS := dhry.h

    //调用板级支持包（bsp）目录下的 common.mk
include $(BSP_BASE)/$(BOARD)/env/common.mk
```

## 12.1.3 运行 Dhrystone

Dhrystone 跑分程序示例可运行于蜂鸟 E203 MCU 平台中，使用第 11 章中介绍的 HBird-E-SDK 软件平台按照如下步骤运行。

// 注意：下列步骤的完整描述也被记载于 HBird-E-SDK 项目 doc 目录中的相关文档，以便于读者直接复制进行重现。

// 注意：确保在 HBird-E-SDK 中正确安装了 RISC-V GCC 工具链，见第 11.4.1 节。

// 步骤一：按照第 11.4 节中描述的方法，编译 Dhrystone 示例程序，使用如下命令。

```
make dasm PROGRAM=dhrystone BOARD=hbird-e200 CORE=e203 USE_NANO=1 NANO_PFLOAT=1
```
//注意：由于 Dhrystone 程序的 printf 函数需要输出浮点数，上述选项 **NANO_PFLOAT**=1 指明 newlib-nano 的 printf 函数需要支持浮点数，见第 11.3.6 节。

//**注意**：此处没有指定 DOWNLOAD 选项，则默认采用“将程序从 Flash 上载至 ITCM 进行执行的方式”进行编译，见第 11.4.5 节。

**// 步骤二：按照第 11.5 节中描述的方法，将编译好的 Dhrystone 程序下载至 MCU 原型开发板中，使用如下命令：**

```
make upload  PROGRAM=dhrystone BOARD=hbird-e200 CORE=e203
```

**// 步骤三：按照第 11.6 节中描述的方法，在 MCU 原型开发板上运行 Dhrystone 程序。**

// 由于示例程序将需要通过 UART 打印结果到主机 PC 的显示屏上。参考第 11.6 节中
// 所述方法将串口显示电脑屏幕设置好，使得程序的打印信息能够显示在电脑屏幕上。
//
**// 由于步骤二已经将程序烧写进 MCU 开发板的 Flash 中，因此每次按 MCU 开发板的**
**// RESET 按键，则处理器复位开始执行 Dhrystone 程序，并将字符串打印至主机 PC**
**// 的串口显示终端上，从打印的结果中我们可以看出 E203 处理器运行 Dhrystone 程**
**// 序的结果性能指标，如图 12-4 所示。**

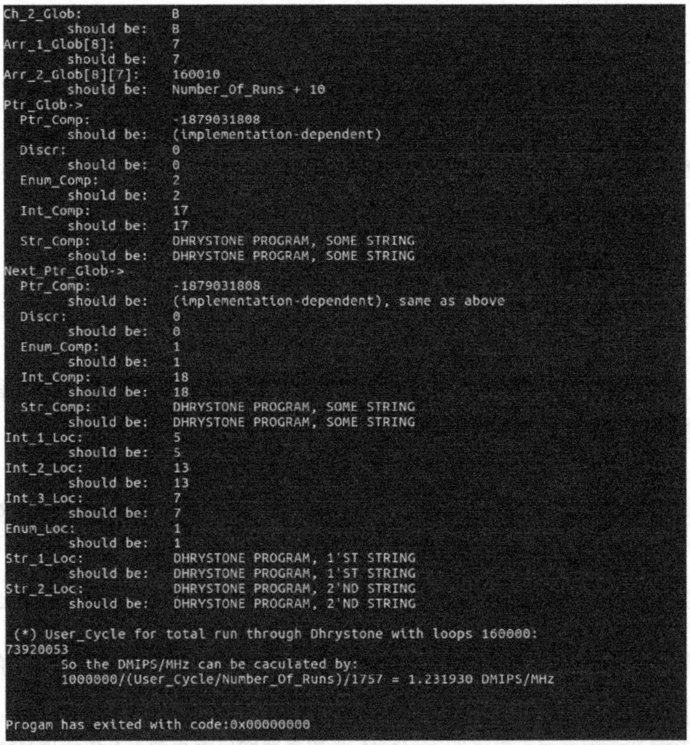

```
Ch_2_Glob:            B
        should be:    B
Arr_1_Glob[8]:        7
        should be:    7
Arr_2_Glob[8][7]:     160010
        should be:    Number_Of_Runs + 10
Ptr_Glob->
  Ptr_Comp:           -1879031808
        should be:    (implementation-dependent)
  Discr:              0
        should be:    0
  Enum_Comp:          2
        should be:    2
  Int_Comp:           17
        should be:    17
  Str_Comp:           DHRYSTONE PROGRAM, SOME STRING
        should be:    DHRYSTONE PROGRAM, SOME STRING
Next_Ptr_Glob->
  Ptr_Comp:           -1879031808
        should be:    (implementation-dependent), same as above
  Discr:              0
        should be:    0
  Enum_Comp:          1
        should be:    1
  Int_Comp:           18
        should be:    18
  Str_Comp:           DHRYSTONE PROGRAM, SOME STRING
        should be:    DHRYSTONE PROGRAM, SOME STRING
Int_1_Loc:            5
        should be:    5
Int_2_Loc:            13
        should be:    13
Int_3_Loc:            7
        should be:    7
Enum_Loc:             1
        should be:    1
Str_1_Loc:            DHRYSTONE PROGRAM, 1'ST STRING
        should be:    DHRYSTONE PROGRAM, 1'ST STRING
Str_2_Loc:            DHRYSTONE PROGRAM, 2'ND STRING
        should be:    DHRYSTONE PROGRAM, 2'ND STRING

 (*) User_Cycle for total run through Dhrystone with loops 160000:
73920053
       So the DMIPS/MHz can be caculated by:
       1000000/(User_Cycle/Number_Of_Runs)/1757 = 1.231930 DMIPS/MHz


Progam has exited with code:0x00000000
```

图 12-4　E203 Core 运行 Dhrystone 跑分程序后于主机串口终端上显示分数

# 12.2 CoreMark 示例程序

## 12.2.1　CoreMark 示例程序功能简介

　　CoreMark 也是一个综合的处理器跑分程序，由非营利组织 EEMBC（Embedded Microprocessor Benchmark Consortium）的 Shay Gal-On 于 2009 年开发。CoreMark 程序的源代码的体量和 Dhrystone 一样非常小，因此可以运行在包括极低功耗微处理器在内的各种处理器上。并且 EEMBC 网站免费提供 CoreMark 程序的源代码下载，目的是使 CoreMark 能够成为一种行业标准的跑分程序，以替代年代久远的 Dhrystone。

　　CoreMark 程序由 C 语言编写，包含了很多典型的算法，譬如链表操作、矩阵运算、状态机（用来确定输入流中是否包含有效数字）和循环冗余校验（CRC）。这些算法尤其在嵌入式领域的软件中极为常见，因此 CoreMark 在嵌入式领域被认为比 Dhrystone 更具代表意义，很多嵌入式领域的 CPU 都公布了 CoreMark 的跑分作为衡量性能指标的重要参数。

　　CoreMark 结果的表示方法与 Dhrystone 相似，使用 Number of iterations per second 作为衡量标准，表示处理器每秒能够执行的 CoreMark 主循环的次数。如图 12-5 所示，CoreMark 程序的主循环由一个迭代循环组成，且可通过参数控制具体的循环次数。循环内部调用各种编写的子函数，如图 12-6 所示。在主循环的开始和结束部分均通过计时器（Timer）读取出当前的时间值，如图 12-7 所示。最后通过开始和结束时间的差值得出运行特定循环次数的总执行时间，并依此计算出单位时间内能够运行的循环次数。在此基础上，除以处理器主频的因素，可以计算出 CoreMark/Hz。

```
/* perform actual benchmark */
start_time();
#if (MULTITHREAD>1)
if (default_num_contexts>MULTITHREAD) {
    default_num_contexts=MULTITHREAD;
}
for (i=0 ; i<default_num_contexts; i++) {
    results[i].iterations=results[0].iterations;
    results[i].execs=results[0].execs;
    core_start_parallel(&results[i]);
}
for (i=0 ; i<default_num_contexts; i++) {
    core_stop_parallel(&results[i]);
}
#else
iterate(&results[0]);
#endif
stop_time();
total_time=get_time();
/* get a function of the input to report */
seedcrc=crc16(results[0].seed1,seedcrc);
seedcrc=crc16(results[0].seed2,seedcrc);
seedcrc=crc16(results[0].seed3,seedcrc);
seedcrc=crc16(results[0].size,seedcrc);
```

图 12-5　CoreMark 程序片段一

```
/* Function: matrix_sum
   Calculate a function that depends on the values of elements in the matrix.

   for each element, accumulate into a temporary variable.

   As long as this value is under the parameter clipval,
   add 1 to the result if the element is bigger then the previous.

   Otherwise, reset the accumulator and add 10 to the result.
*/
ee_s16 matrix_sum(ee_u32 N, MATRES *C, MATDAT clipval) {
    MATRES tmp=0,prev=0,cur=0;
    ee_s16 ret=0;
    ee_u32 i,j;
    for (i=0; i<N; i++) {
        for (j=0; j<N; j++) {
            cur=C[i*N+j];
            tmp+=cur;
            if (tmp>clipval) {
                ret+=10;
                tmp=0;
            } else {
                ret += (cur>prev) ? 1 : 0;
            }
            prev=cur;
        }
    }
    return ret;
}
```

图 12-6　CoreMark 程序片段二

```
/* perform actual benchmark */
start_time();
#if (MULTITHREAD>1)
if (default_num_contexts>MULTITHREAD) {
    default_num_contexts=MULTITHREAD;
}
for (i=0 ; i<default_num_contexts; i++) {
    results[i].iterations=results[0].iterations;
    results[i].execs=results[0].execs;
    core_start_parallel(&results[i]);
}
for (i=0 ; i<default_num_contexts; i++) {
    core_stop_parallel(&results[i]);
}
#else
    iterate(&results[0]);
#endif
stop_time();
total_time=get_time();
```

图 12-7　CoreMark 程序片段三

　　假设某处理器以 20MHz 的主频运行 CoreMark 程序能够达到每秒执行 50 次主循环，则性能为 50/20=2.5 CoreMark/MHz。

## 12.2.2　CoreMark 示例程序代码结构

　　CoreMark 示例程序的相关代码结构如下：

```
hbird-e-sdk                    // 存放 hbird-e-sdk 的目录
    |----software                    // 存放示例程序的源代码
        |----coremark                    // CoreMark 示例程序目录
            |----core_list_join.c //Coremark 的源代码
            |----core_main.c
            |----core_matrix.c
            |----core_state.c
            |----core_util.c
            |----core_portme.c
            |----Makefile              //Makefile 脚本
```

Makefile 为主控制脚本，其代码片段如下：

```
//指明生成的 elf 文件名
TARGET := coremark

//指明 CoreMark 程序所需要的 C 源文件
C_SRCS := \
 core_list_join.c \
 core_main.c \
 core_matrix.c \
 core_state.c \
 core_util.c \
 core_portme.c \

HEADERS := \
 coremark.h \
 core_portme.h \


//指明 CoreMark 程序需要的特别的 GCC 编译选项
CFLAGS := -O2 -fno-common -funroll-loops -finline-functions --param max-inl
ine-insns-auto=20 -falign-functions=4 -falign-jumps=4 -falign-loops=4
CFLAGS += -DFLAGS_STR=\""$(CFLAGS)"\"
CFLAGS += -DITERATIONS=10000 -DPERFORMANCE_RUN=1

BSP_BASE = ../../bsp

//调用板级支持包（bsp）目录下的 common.mk
include $(BSP_BASE)/$(BOARD)/env/common.mk
```

## 12.2.3　运行 CoreMark

CoreMark 跑分程序示例可运行于蜂鸟 E203 MCU 平台中，使用第 11 章中介绍的 HBird-E-SDK 软件平台按照如下步骤运行。

// 注意：下列步骤的完整描述也被记载于 **HBird-E-SDK** 项目 **doc** 目录中的相关文档，以便于读者直接复制进行重现。

// 注意：确保在 HBird-E-SDK 中正确安装了 RISC-V GCC 工具链，见第 11.4.1 节。

// 步骤一：按照第 11.4 节中描述的方法，编译 Dhrystone 示例程序，使用如下命令。

```
make dasm PROGRAM=coremark BOARD=hbird-e200 CORE=e203 USE_NANO=1 NANO_PFLOAT=1
```
//注意：CoreMark 程序的 printf 函数需要输出浮点数，上述选项 **NANO_PFLOAT**=1 指明 newlib-nano 的 printf 函数需要支持浮点数，见第 11.3.6 节。

//注意：此处没有指定 DOWNLOAD 选项，默认采用"将程序从 Flash 上载至 ITCM 进行执行的方式"进行编译，见第 11.4.5 节。

// 步骤二：按照第 11.5 节中描述的方法，将编译好的 **Dhrystone** 程序下载至 MCU 原型开发板中，使用如下命令。

```
make upload  PROGRAM=coremark BOARD=hbird-e200 CORE=e203
```

// 步骤三：按照第 11.6 节中描述的方法，在 MCU 原型开发板上运行 **Dhrystone** 程序：

```
//示例程序将需要通过 UART 打印结果到主机 PC 的显示屏上。参考第 11.6 节中
// 所述方法将串口显示电脑屏幕设置好，使得程序的打印信息能够显示在电脑屏幕上。
//
// 由于步骤二已经将程序烧写进 MCU 开发板的 Flash 中，因此每次按 MCU 开发板的
// RESET 按键，则处理器复位开始执行 CoreMark 程序，并将字符串打印至主机 PC
// 的串口显示终端上，从打印结果中我们可以看出 E203 处理器运行 CoreMark 程
// 序的结果性能指标。
```

# 12.3 | Demo_IASM 示例程序

## 12.3.1 Demo_IASM 示例程序功能简介

Demo_IASM 程序是一个完整的示例程序，用于演示在 C/C++程序中直接嵌入汇编程序的执行结果。

有关如何在 C/C++程序中直接嵌入汇编程序的详细介绍，见第 10.6 节。本节所运行的示例程序为第 10.6.4 节中所述的实例。

## 12.3.2 Demo_IASM 示例程序代码结构

Demo_IASM 示例程序的相关代码结构如下：

```
hbird-e-sdk              // 存放 hbird-e-sdk 的目录
    |----software              // 存放示例程序的源代码
```

```
            |----demo_iasm      // Demo_IASM 示例程序目录
                 |----demo_iasm.c    //demo_iasm 源代码
                 |----Makefile       //Makefile 脚本
```

Makefile 为主控制脚本，其代码片段如下：

```
//指明生成的 elf 文件名
TARGET = demo_iasm
//指明 Demo_IASM 程序所需要的特别的 GCC 编译选项
CFLAGS += -O2

BSP_BASE = ../../bsp


//指明 Demo_IASM 程序所需要的 C 源文件
C_SRCS += demo_iasm.c


//调用板级支持包（bsp）目录下的 common.mk
include $(BSP_BASE)/$(BOARD)/env/common.mk
```

其中 demo_iasm.c 为源代码，第 12.3.3 节将对源码和功能进行详述。

## 12.3.3  Demo_IASM 示例程序源码解析

有关 demo_iasm.c 的源代码详细注解，见第 10.6.4 节中的实例。

## 12.3.4  运行 Demo_IASM

Demo_IASM 示例可运行于蜂鸟 E203 MCU 平台中，使用第 11 章中介绍的 HBird-E-SDK 软件平台按照如下步骤运行。

// 注意：下列步骤的完整描述也被记载于 HBird-E-SDK 项目 doc 目录中的相关文档，以便于读者直接复制进行重现。

// 注意：确保在 HBird-E-SDK 中正确安装了 RISC-V GCC 工具链，见第 11.4.1 节。

// 步骤一：按照第 11.4 节中描述的方法，编译 Demo_IASM 示例程序，使用如下命令。

```
make dasm PROGRAM=demo_iasm BOARD=hbird-e200 CORE=e203 USE_NANO=1 NANO_PFLOAT=0
```
//注意：由于 Demo_IASM 程序的 printf 函数不需要输出浮点数，上述选项 **NANO_PFLOAT**=0 指明 newlib-nano 的 printf 函数无须支持浮点数，见第 11.3.6 节。
//注意：此处没有指定 DOWNLOAD 选项，则默认采用"将程序从 Flash 上载至 ITCM 进行执行的方式"进行编译，见第 11.4.5 节。

// 步骤二：按照第 11.5 节中描述的方法，将编译好的 Demo_IASM 程序下载至 MCU 原型开发板中，使

```
用如下命令。

    make upload  PROGRAM=demo_iasm BOARD=hbird-e200 CORE=e203


  // 步骤三：按照第 11.6 节中描述的方法，在 MCU 原型开发板上运行 Demo_IASM 程序。

      // 由于示例程序将需要通过 UART 打印结果到主机 PC 的显示屏上。参考第 11.6 节中
      // 所述方法将串口显示电脑屏幕设置好，使得程序的打印信息能够显示在电脑屏幕上。
      //
      // 由于步骤二已经将程序烧写进 MCU 开发板的 Flash 中，因此每次按 MCU 开发板的
      // RESET 按键，处理器复位开始执行 Demo_IASM 程序，并将字符串打印至主机 PC
      // 的串口显示终端上，如图 12-8 所示，程序运行的结果为 PASS，意味着达到了预期。
```

```
##############################################################
##############################################################

This is a Demo to use the inline ASM to conduct ADD operations
We will use the inline assembly 'add' instruction to add two operands 100 and 200
The expected result is 300


If the result is 300, then we print PASS, otherwise FAIL
!!! PASS !!!
Program has exited with code:0x00000000
```

图 12-8 运行 Demo_IASM 示例后于主机串口终端上显示信息

# 12.4 Demo_GPIO 示例程序

## 12.4.1 Demo_GPIO 示例程序功能简介

Demo_GPIO 程序是一个完整的示例程序，相比 Dhrystone 和 CoreMark 这样纯粹的跑分程序，Demo_GPIO 更接近常见的嵌入式应用程序，它使用到了 MCU 系统中的外设，调用了中断处理函数等，功能简述如下。

- 通过 printf 函数输出一串 RISC-V 的字符，如第 11.3.2 节中所述，printf 输出将会通过 UART 串口重定向至主机 PC 的屏幕上，如图 12-9 所示。
- 等待通过 getc 函数输入一个字符，然后将得到的字符通过 printf 输出值主机 PC 的屏幕上，如图 12-9 所示。
- 进入死循环，不断地对 GPIO 13 的输出引脚进行翻转，如果使用示波器观测此 GPIO 输出引脚，可以看到其产生规律的输出方波。
- 设置计时器，使其先等待 10 秒后开始触发计时器中断。在计时器中断中配置计时器的下一次触发时间是 0.5 秒以后，每次触发计时器中断都会在处理函数中对 GPIO 的

输出引脚（对应三色灯的红灯）进行翻转。观察到的现象是：刚开始等待 10 秒，之后开发板上红灯以 1 秒的固定周期闪烁。

- 开发板上的两个按键连接到了 GPIO 的引脚，这两个 GPIO 引脚各自作为一个 PLIC 的外部中断，在其中断处理函数中会将对 GPIO 的输出引脚（对应三色灯的蓝灯和绿灯）进行设置，从而造成开发板上三色灯的颜色发生变化。

## 12.4.2　Demo_GPIO 示例程序代码结构

Demo_GPIO 示例程序的相关代码结构如下：

```
hbird-e-sdk                // 存放 hbird-e-sdk 的目录
    |----software              // 存放示例程序的源代码
        |----demo_gpio        // Demo_GPIO 示例程序目录
            |----demo_gpio.c    //demo_gpio 源代码
            |----Makefile        //Makefile 脚本
```

Makefile 为主控制脚本，其代码片段如下：

```
//指明生成的 elf 文件名
TARGET = demo_gpio
//指明 Demo_GPIO 程序所需要的特别的 GCC 编译选项
CFLAGS += -O2

BSP_BASE = ../../bsp


//指明 Demo_GPIO 程序所需要的 C 源文件
C_SRCS += demo_gpio.c
C_SRCS += $(BSP_BASE)/$(BOARD)/drivers/plic/plic_driver.c

//调用板级支持包（bsp）目录下的 common.mk
include $(BSP_BASE)/$(BOARD)/env/common.mk
```

其中 demo_gpio.c 为源代码，下一节将对其源码和功能进行详述。

## 12.4.3　Demo_GPIO 示例程序源码分析

### 1．主函数

Demo_GPIO 的主程序位于 software/demo_gpio/demo_gpio.c 中，其源代码片段如下：

```
//software/demo_gpio/demo_gpio.c 代码片段


//添加必要的 C 语言头文件
#include <stdio.h>
```

```
#include <stdlib.h>
#include <unistd.h>
#include <string.h>

//添加板级支持包（BSP）中的相关头文件
#include "platform.h"
#include "plic/plic_driver.h"
#include "encoding.h"

//由于本程序会用到原子操作的库函数，所以需要引用此头文件
#include "stdatomic.h"


    //主函数的入口
int main(int argc, char **argv)
{

    //设置开发板上按键相关的 GPIO 寄存器

//通过"与"操作将 GPIO_OUTPUT_EN 寄存器某些位清 0，即将开发板按键对应的 GPIO 输出使能关闭
    GPIO_REG(GPIO_OUTPUT_EN)  &=
        ~(
        (0x1 << BUTTON_1_GPIO_OFFSET) |
            (0x1 << BUTTON_2_GPIO_OFFSET)
        );

//通过"与"操作将 GPIO_PULLUP_EN 寄存器某些位清 0，即将开发板按键对应的 GPIO 输入上拉关闭
    GPIO_REG(GPIO_PULLUP_EN)  &=
        ~(
                (0x1 << BUTTON_1_GPIO_OFFSET) |
            (0x1 << BUTTON_2_GPIO_OFFSET)
        );

//通过"或"操作将 GPIO_INPUT_EN 寄存器某些位设置为 1，即将开发板按键对应的 GPIO 输入使能
关闭
    GPIO_REG(GPIO_INPUT_EN)    |=
        (
            (0x1 << BUTTON_1_GPIO_OFFSET) |
        (0x1 << BUTTON_2_GPIO_OFFSET)
        );

//通过"或"操作将 GPIO_RISE_IE 寄存器某些位设置为 1，即将开发板按键对应的 GPIO 引脚设置为
上升沿触发的中断来源
    GPIO_REG(GPIO_RISE_IE) |= (1 << BUTTON_1_GPIO_OFFSET);
    GPIO_REG(GPIO_RISE_IE) |= (1 << BUTTON_2_GPIO_OFFSET);


    //设置开发板上三色灯相关的 GPIO 寄存器

//通过"与"操作将 GPIO_INPUT_EN 寄存器某些位清 0，即将开发板三色灯对应的 GPIO 输入使能关闭
    GPIO_REG(GPIO_INPUT_EN)     &=
```

```
        ~(
            (0x1<< RED_LED_GPIO_OFFSET) |
            (0x1<< GREEN_LED_GPIO_OFFSET) |
            (0x1 << BLUE_LED_GPIO_OFFSET)
        ) ;
```

//通过"或"操作将 GPIO_INPUT_EN 寄存器对应的位置 1，即将开发板三色灯对应的 GPIO 输出使能打开

```
    GPIO_REG(GPIO_OUTPUT_EN)    |=
        (
            (0x1<< RED_LED_GPIO_OFFSET) |
            (0x1<< GREEN_LED_GPIO_OFFSET) |
            (0x1 << BLUE_LED_GPIO_OFFSET)
        ) ;
```

//通过"或"操作将 GPIO_OUTPUT_EN 寄存器对应的位置 1，即将开发板三色灯中的红色灯对应的 GPIO 输出值设置为 1，这意味着将三色灯的红色灯打开。

```
    GPIO_REG(GPIO_OUTPUT_VAL)   |=   (0x1 << RED_LED_GPIO_OFFSET) ;
```

//通过"与"操作将 GPIO_OUTPUT_EN 寄存器某些清 0，即将开发板三色灯中的蓝色和绿色灯对应的 GPIO 输出值设置为 0，这意味着将三色灯的蓝色和绿色灯关闭，所以只会显示红色。

```
    GPIO_REG(GPIO_OUTPUT_VAL)   &=   ~((0x1<< BLUE_LED_GPIO_OFFSET) | (0x1<< GREEN_LED_GPIO_OFFSET)) ;
```

```
    // 输出特殊字符串至屏幕
    printf ("%s",printf_instructions_msg);

    // 提示输入任意字符
    printf ("%s","\nPlease enter any letter from keyboard to continue!\n");

    // 进入循环等待用户从键盘输入任意字符（使用_getc 函数），得到输入后跳出循环
    // 注意：_getc 函数的函数体定义在 demo_gpio.c 文件中，通过 UART0 的输入通道抓取字符
    char c;
    // Check for user input
    while(1){
      if (_getc(&c) != 0){
         printf ("%s","I got an input, it is\n\r");
         break;
      }
    }
    _putc(c);
    printf ("\n\r");
    printf ("%s","\nThank you for supporting RISC-V, you will see the blink so on on the board!\n");

    // 暂时关闭外部中断和计时器中断的局部使能（通过配置 CSR 寄存器 MIE）
    clear_csr(mie, MIP_MEIP);
    clear_csr(mie, MIP_MTIP);
```

```
    // 配置 PLIC，并将其管理的各个外部中断的中断处理函数入口地址进行初始化，见后文对此函数的介绍
register_plic_irqs();

        // 配置计时器（通过 mtime 寄存器），见后文对此函数的介绍
setup_mtime();


        //使能中断
    // 打开外部中断的局部使能（通过配置 CSR 寄存器 MIE）
set_csr(mie, MIP_MEIP);
    // 打开计时器中断的局部使能（通过配置 CSR 寄存器 MIE）
set_csr(mie, MIP_MTIP);
    // 打开中断的全局使能（通过配置 CSR 寄存器 mstatus）
set_csr(mstatus, MSTATUS_MIE);


/****************************************************************************/
//接下来进入死循环，每个循环中都使用原子操作对 bitbang_mask 对应的 GPIO 引脚输出值进行反转。
//虽然也可以使用普通的寄存器 "异或" 操作来反转 GPIO 引脚的输出值，但是用户可以进行尝试比较，
使用原子操作的输出值反转的速率更高

    // 设置位操作（bitbang）的指示位
  uint32_t bitbang_mask = 0;
  bitbang_mask = (1 << 13); //bitbang_mask 对应 GPIO 13 引脚

//将位操作（bitbang）对应的 GPIO 引脚设置为输出
  GPIO_REG(GPIO_OUTPUT_EN) |= bitbang_mask;

  while (1){
    // 进入死循环，不断地对某个 GPIO 的输出引脚进行翻转（使用原子操作库函数），如果使用示波器
观测此 GPIO 输出引脚，可以看到其产生规律的输出方波
    atomic_fetch_xor_explicit(&GPIO_REG(GPIO_OUTPUT_VAL), bitbang_mask, memory_order_relaxed);
    }

    return 0;

}
```

### 2．计时器初始化

第 5.14.3 节中介绍了系统 CLINT 模块中的 MTIME 寄存器和 MTIMECMP 寄存器所充当的计时器，这两个寄存器均为存储器地址映射（Memory Address Mapped），可以通过配置这两个寄存器对计时器进行初始化。

在 Demo_GPIO 函数中通过 setup_mtime 函数来对计时器进行配置，其源代码如下：

```
void setup_mtime (){

        //定义两个 volatile 类型的指针，分别指向 MTIME 和 MTIMECMP 寄存器的地址
```

```
volatile uint64_t * mtime       = (uint64_t*) (CLINT_CTRL_ADDR + CLINT_MTIME);
volatile uint64_t * mtimecmp     = (uint64_t*) (CLINT_CTRL_ADDR + CLINT_MTIMECMP);

    //由于计时器默认一直在计数，所以需要通过读取 MTIME 寄存器得到当前的计数值
uint64_t now = *mtime;

        //在目前的计数值基础上加上 10 秒的计数值，将其赋值给 MTIMECMP 寄存器，这意味着经
过计时器的不断自增计数，10 秒后 MTIME 的值就会大于 MTIMECMP 的值，从而产生计时器中断
    uint64_t then = now + 10*RTC_FREQ;
    *mtimecmp = then;

}
```

### 3. 外部中断处理函数

在第 11.3.5 节中介绍了在板级支持包包中定义了弱（weak）属性的外部中断（External Interrupt）处理函数 handle_m_ext_interrupt，如果应用程序需要使用外部中断，可以定义具体的同名函数来覆盖此"弱"函数。

由于 Demo GPIO 便会使用到外部中断，所以定义了同名的 handle_m_ext_interrupt 函数，其代码如下：

```
/*外部中断（即 PLIC）的中断处理函数*/
void handle_m_ext_interrupt(){
    //请结合第 5.14.4 节对 PLIC 的描述理解此处代码

//首先对 PLIC 进行 Claim 操作获取 PLIC 中断号，
 plic_source int_num  = PLIC_claim_interrupt(&g_plic);
   if ((int_num >=1 ) && (int_num < PLIC_NUM_INTERRUPTS)) {
        //如果获取的 PLIC 中断号位于合理的区间，则调用对应的 PLIC 中断处理函数
     g_ext_interrupt_handlers[int_num]();
   }
   else {
   //如果获取的 PLIC 中断号是位于不合理区间，则调用 exit 函数退出结束程序
     exit(1 + (uintptr_t) int_num);
   }
   //最后对 PLIC 进行 complete 操作
   PLIC_complete_interrupt(&g_plic, int_num);
}
```

从上述代码可以看出，g_ext_interrupt_handlers 是一个二维数组，每个数组记录的是 PLIC 管理的每个外部中断的中断处理函数入口。g_ext_interrupt_handlers 二维数组会在 register_plic_irq 函数中进行初始化，其代码片段如下：

```
void register_plic_irqs (){

//初始化 PLIC，有关此函数的细节见 bsp/hbird-e200/drivers/plic/plic_driver.c
 PLIC_init(&g_plic,
    PLIC_CTRL_ADDR,
```

```
        PLIC_NUM_INTERRUPTS,
        PLIC_NUM_PRIORITIES);
```

//首先将 **g_ext_interrupt_handlers** 二维数组全部初始化为一个空函数的入口
```
 for (int ii = 0; ii < PLIC_NUM_INTERRUPTS; ii ++){
   g_ext_interrupt_handlers[ii] = no_interrupt_handler;
 }
```

//再将 **g_ext_interrupt_handlers** 二维数组中对应 "开发板两个按键的 GPIO 中断" 的入口地址赋
//值指向真正的处理函数 ( 分别为 **button_1_handler** 和 **button_2_handler** )
```
   g_ext_interrupt_handlers[PLIC_INT_DEVICE_BUTTON_1] = button_1_handler;
   g_ext_interrupt_handlers[PLIC_INT_DEVICE_BUTTON_2] = button_2_handler;
```

   //通过配置 **PLIC** 的寄存器使能 "开发板两个按键的 GPIO 中断"
```
   PLIC_enable_interrupt (&g_plic, PLIC_INT_DEVICE_BUTTON_1);
   PLIC_enable_interrupt (&g_plic, PLIC_INT_DEVICE_BUTTON_2);
```

   //将 "开发板两个按键的 GPIO" 对应的 **PLIC** 中断优先级设置为 1
```
   // Priority must be set > 0 to trigger the interrupt.
   PLIC_set_priority(&g_plic, PLIC_INT_DEVICE_BUTTON_1, 1);
   PLIC_set_priority(&g_plic, PLIC_INT_DEVICE_BUTTON_2, 1);

 }
```

### 4. 计时器中断处理函数

第 11.3.5 节中介绍了在板级支持包包中定义了弱（weak）属性的计时器中断（Timer Interrupt）处理函数 handle_m_time_interrupt，如果应用程序需要使用计时器中断，可以定义具体的同名函数来覆盖此 "弱" 函数。

由于 Demo GPIO 会使用到计时器中断，所以定义了同名的 handle_m_time_interrupt 函数，其代码如下：

```
 void handle_m_time_interrupt(){
```

//进入计时器中断处理函数后，将计时器中断使能关闭掉
```
 clear_csr(mie, MIP_MTIP);
```

```
 // Reset the timer for 3s in the future.
 // This also clears the existing timer interrupt.
```

//定义两个 **volatile** 类型的指针，分别指向 **MTIME** 和 **MTIMECMP** 寄存器的地址
```
 volatile uint64_t * mtime    = (uint64_t*) (CLINT_CTRL_ADDR + CLINT_MTIME);
 volatile uint64_t * mtimecmp = (uint64_t*) (CLINT_CTRL_ADDR + CLINT_MTIMECMP);
```

   //在目前的计数值基础上加上 **0.5** 秒的计数值，将其赋值给 **MTIMECMP** 寄存器，这意味着经过计时器
   //的不断自增计数，**0.5** 秒后 **MTIME** 的值就会大于 **MTIMECMP** 的值，从而再次产生计时器中断。通
   //过这个方法便可以产生固定周期为 **0.5** 秒计时器中断

```
uint64_t now = *mtime;
uint64_t then = now + 0.5 * RTC_FREQ;
*mtimecmp = then;
```

//将对应开发板上"三色灯中红灯"**GPIO**引脚的输出值取反。由于每隔 **0.5** 秒进入中断处理函数后
//会对红灯取反（亮或者灭），所以在开发板上观察到的就是每隔 **1** 秒，红灯闪烁一次
```
GPIO_REG(GPIO_OUTPUT_VAL) ^= (0x1 << RED_LED_GPIO_OFFSET);
```

//退出计时器中断处理函数之前，将计时器中断使能重新打开
```
set_csr(mie, MIE_MTIE);
```
```
}
```

## 12.4.4 运行 Demo_GPIO

Demo_GPIO 示例可运行于蜂鸟 E203 MCU 平台中，使用第 11 章中介绍的 HBird-E-SDK
软件平台按照如下步骤运行。

// 注意：下列步骤的完整描述也被记载于 **HBird-E-SDK** 项目 **doc** 目录中的相关文档，以便于读者直
接复制进行重现。

// 注意：确保在 **HBird-E-SDK** 中正确安装了 **RISC-V GCC** 工具链，见第 **11.4.1** 节。

// 步骤一：按照第 **11.4** 节中描述的方法，编译 **Demo_GPIO** 示例程序，使用如下命令

　　make dasm PROGRAM=demo_gpio BOARD=hbird-e200 CORE=e203 USE_NANO=1 NANO_PFLOAT=0
　　//注意：由于 Demo_GPIO 程序的 printf 函数不需要输出浮点数，上述选项 **NANO_PFLOAT**=0 指
//明 newlib-nano 的 printf 函数无须支持浮点数，见第 11.3.6 节
　　//注意：此处没有指定 DOWNLOAD 选项，则默认采用"将程序从 Flash 上载至 ITCM 进行执行的方
//式"进行编译，见第 11.4.5 节

// 步骤二：按照第 **11.5** 节中描述的方法，将编译好的 **Demo_GPIO** 程序下载至 **MCU** 原型开发板中，使
//用如下命令

make upload  PROGRAM=demo_gpio BOARD=hbird-e200 CORE=e203

// 步骤三：按照第 **11.6** 节中描述的方法，在 **MCU** 原型开发板上运行 **Demo_GPIO** 程序

　　// 由于示例程序将需要通过 UART 打印结果到主机 PC 的显示屏上。参考第 11.6 节中
　　// 所述方法将串口显示电脑屏幕设置好，使得程序的打印信息能够显示在电脑屏幕上。
　　//
　　// 由于步骤二已经将程序烧写进 **MCU** 开发板的 **Flash** 中，因此每次按 **MCU** 开发板的
　　// **RESET** 按键，则处理器复位开始执行 **Demo_GPIO** 程序，并将 **RISC-V** 字符串打印至主
　　//机 **PC** 的串口显示终端上，如图 **12-9** 所示，然后用户可以输入任意字符（譬如字母 **y**），
　　//程序继续运行，开发板上将会以固定频率进行闪灯。

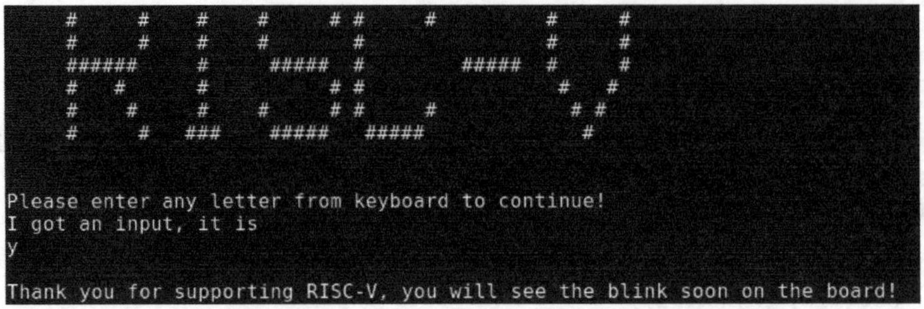

图 12-9　运行 Demo_GPIO 示例后于主机串口终端上显示信息

# 12.5 中断嵌套

Demo_GPIO 示例程序中虽然使用到了中断，但是并未使用到中断嵌套。RISC-V 的中断架构默认是不支持中断嵌套的，如果一定要支持中断嵌套，需要使用软件的方式达到中断嵌套的目的，从理论上来讲，可采用如下方法。

（1）在进入异常之后，软件通过查询 mcause 寄存器确认这是响应中断造成的异常，并跳入相应的中断服务程序中。在此期间，由于 mstatus 寄存器中的 MIE 域被硬件自动更新成为 0，因此新的中断都不会被响应。

（2）待程序跳入中断服务程序中后，软件可以强行改写 mstatus 寄存器的值，而将 MIE 域的值改为 1，意味着将中断再次全局打开。从此时起，处理器将能够再次响应中断。但是在强行打开 MIE 域之前，需要注意如下事项。

- 假设软件希望屏蔽比其优先级低的中断，而仅允许优先级比它高的新来打断当前中断，那么软件需要通过配置 mie 寄存器中的 MEIE/MTIE/MSIE 域，来有选择地屏蔽不同类型的中断。

- 对于 PLIC 管理的众多外部中断而言，由于其优先级受 PLIC 控制，假设软件希望屏蔽比其优先级低的中断，而仅允许优先级比它高的新来中断打断当前中断，那么软件需要通过配置 PLIC 阈值（Threshold）寄存器的方式来有选择地屏蔽不同类型的中断。

（3）在中断嵌套的过程中，软件需要注意保存上下文至存储器堆栈中，或者从存储器堆栈中将上下文恢复（与函数嵌套同理）。

（4）在中断嵌套的过程中，软件还需要注意将 mepc 寄存器，以及为了实现软件中断嵌套被修改的其他 CSR 寄存器的值保存至存储器堆栈中，或者从存储器堆栈中恢复（与函数嵌套同理）。

本书对实现中断嵌套的软件代码不做赘述，感兴趣的读者可以自行尝试实现。

# 第13章 Windows IDE 集成开发调试环境

本章将介绍如何使用基于 MCU Eclipse IDE 的 Windows 开发调试环境对蜂鸟 E203 MCU 开发板进行软件开发和调试。

## 13.1 MCU Eclipse IDE 简介与安装

### 13.1.1 MCU Eclipse IDE 简介

一款高效易用的集成开发环境（Integrated Development Environment，IDE）对于任何 MCU 都显得非常重要，软件开发人员需要借助 IDE 进行实际的项目开发与调试。ARM 架构的 MCU 目前占据了很大的市场份额，ARM 的商业 IDE 软件 Keil 也非常深入人心，很多嵌入式软件工程师均对其非常熟悉。但是商业 IDE 软件（譬如 Keil）存在着授权以及收费的问题，各大 MCU 厂商也会推出自己的免费 IDE 供用户使用，譬如瑞萨的 e2studio 和 NXP 的 LPCXpresso 等，这些 IDE 均是基于开源的 Eclipse 框架，Eclipse 几乎成了开源免费 MCU IDE 的主流选择。

Eclipse 平台采用开放式源代码模式运作，并提供公共许可证（提供免费源代码）以及全球发布权利。Eclipse 本身只是一个框架平台，除了 Eclipse 平台的运行时内核之外，其所有功能均位于不同的插件中。开发人员既可通过 Eclipse 项目的不同插件来扩展平台功能，也可利用其他开发人员提供的插件。一个插件可以插入另一个插件，从而实现最大程度的集成。

Eclipse IDE 平台具备以下几方面的优势。

（1）社区规模大

Eclipse 自 2001 年推出以来，已形成大规模社区，这为设计人员提供了许多资源，包括图书、教程和网站等，以帮助他们利用 Eclipse 平台与工具提高工作效率。Eclipse 平台和相关项目、插件等都能直接从 eclipse.org 网站下载获得。

（2）持续改进

Eclipse 的开放式源代码平台帮助开发人员持续充分发挥大规模资源的优势。Eclipse 在以下多个项目上不断改进。

- 平台项目——侧重于 Eclipse 本身。
- CDT 项目——侧重于 C/C++语言开发工具。
- PDE 项目——侧重于插件开发环境。

（3）源码开源

设计人员始终能获得源代码，总能修正工具的错误，它能帮助设计人员节省时间，自主控制开发工作。

（4）兼容性

Eclipse 平台采用 Java 语言编写，可在 Windows 与 Linux 等多种开发工作站上使用。开放式源代码工具支持多种语言、多种平台以及多种厂商环境。

（5）可扩展性

Eclipse 采用开放式、可扩展架构，它能够与 ClearCase、SlickEdit、Rational Rose 以及其他统一建模语言（UML）套件等第三方扩展协同工作。此外，它还能与各种图形用户接口（GUI）编辑器协同工作，并支持各种插件。

## 13.1.2　RISC-V MCU Eclipse 下载

为了方便用户快速上手使用，本书推荐使用预先整理好的 Eclipse 软件包。作者已经将 Eclipse 软件包上传至网盘，网盘具体地址记载于 e200_opensource 项目（请在 GitHub 中搜索"e200_opensource"）中的 prebuilt_tools 目录下的 README 中，如图 13-1 所示。读者可以在网盘中的"RISC-V Software Tools"目录下载压缩包 HBird-Eclipse.rar（注意：上述链接网盘上的工具链可能会不断更新，用户请自行判断使用最新日期的版本，下列步骤仅为特定版本的示例）。

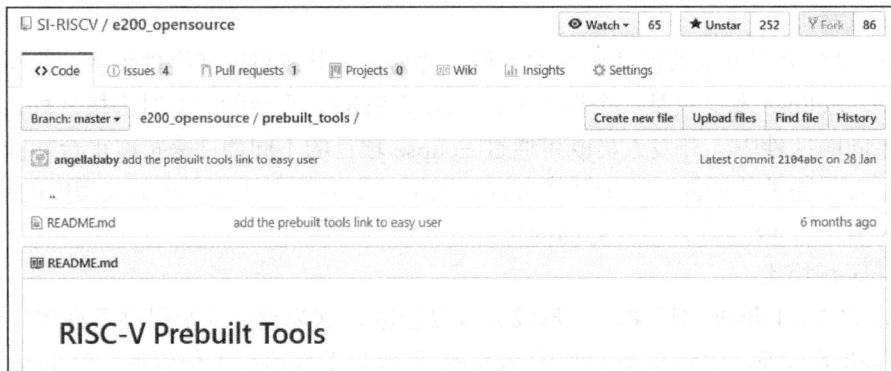

图 13-1　Eclipse 软件包的地址

## 13.1.3　RISC-V MCU Eclipse 安装

从网盘下载了 HBird-Eclipse 压缩包后，解压后包含若干文件，如图 13-2 所示，分别介绍如下。

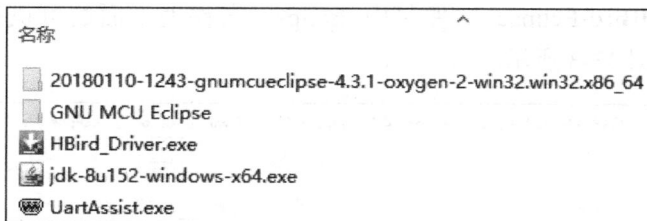

图 13-2　HBird-Eclipse 压缩包文件内容

（1）Eclipse 软件包

20180110-1243-gnumcueclipse-4.3.1-oxygen-2-win32.win32.x86_64

- 该软件包中包含了 Eclipse IDE 的软件。

  **注意：**具体版本以及文件名可能会不断更新。

（2）GNU 工具链软件包：GNU MCU Eclipse

- 该软件包中包含了编译和调试工具链，包括 GCC 工具链以及 Openocd 的 Windows 版本。

（3）Java 安装文件：jdk-8u152-windows-x64.exe

- 此文件为 JDK 安装文件。

  **注意：**具体版本以及文件名可能会不断更新。

（4）HBird_Driver.exe

- 此文件为蜂鸟 E203 JTAG 调试器的 USB 驱动安装文件。
- 当使用蜂鸟 E203 JTAG 调试器时，需要安装此驱动使得其 USB 能够被识别。

（5）UartAssist.exe

- 此文件为"串口调试助手"软件。
- 此软件将用于后续软件示例调试时通过串口打印信息。

Eclipse 的安装步骤如下。

（1）第一步：Eclipse 是基于 Java 平台运行的软件，为了能够使用 Eclipse，必须安装 JDK，双击 HBird-Eclipse 文件包中的 jdk-8u152-windows-x64.exe 完成 JDK 的安装。

（2）第二步：Eclipse 软件本身为绿色软件，无须安装，直接单击 HBird-Eclipse 文件包中 20180110-1243-gnumcueclipse-4.3.1-oxygen-2-win32.win32.x86_64 文件夹下面的可执行文件，即可启动 Eclipse。见第 13.2 节，了解如何运行 Eclipse。

# 13.2 启动 Eclipse

启动 Eclipse 的要点如下。

- 直接单击 HBird-Eclipse 文件包中 Eclipse 文件夹下面的可执行文件，即可启动 Eclipse，如图 13-3 所示。

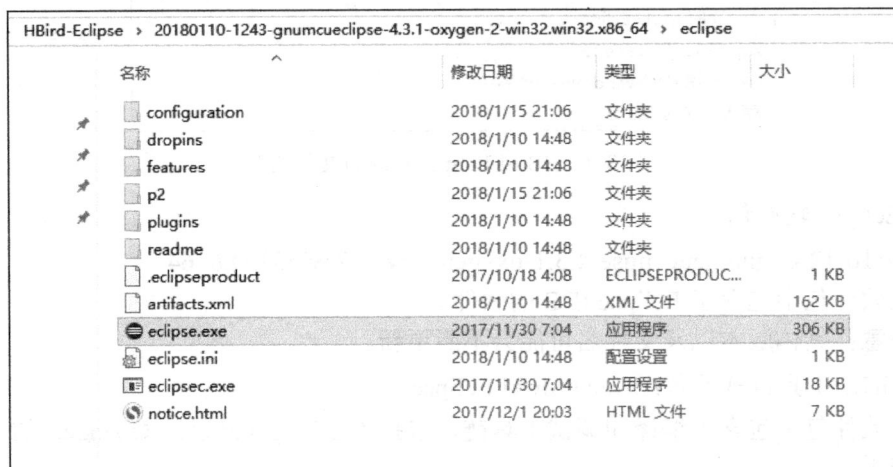

图 13-3 双击 "eclipse.exe" 启动 Eclipse

- 第一次启动 Eclipse 后，将会弹出对话框要求设置 Workspace 目录，该目录将用于放置后续创建项目的文件夹，如图 13-4 所示。

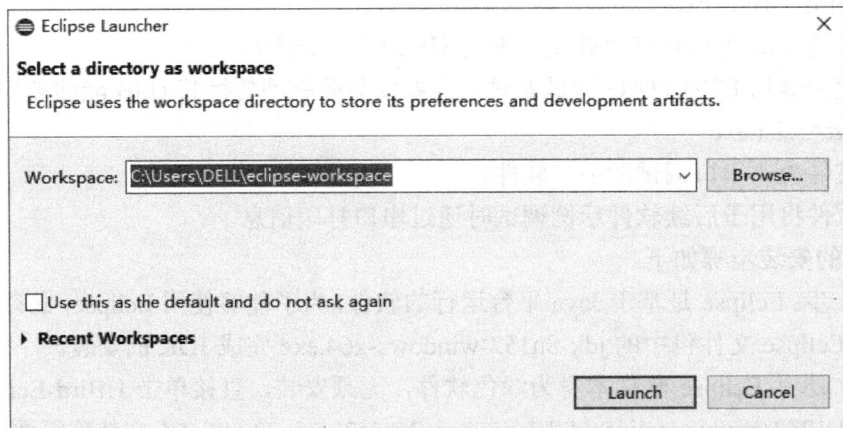

图 13-4 设置 Eclipse 的 Workspace 目录

- 设置好 Workspace 目录之后，单击"Launch"按钮，将会启动 Eclipse。第一次启动
  后的 Eclipse 界面如图 13-5 所示。

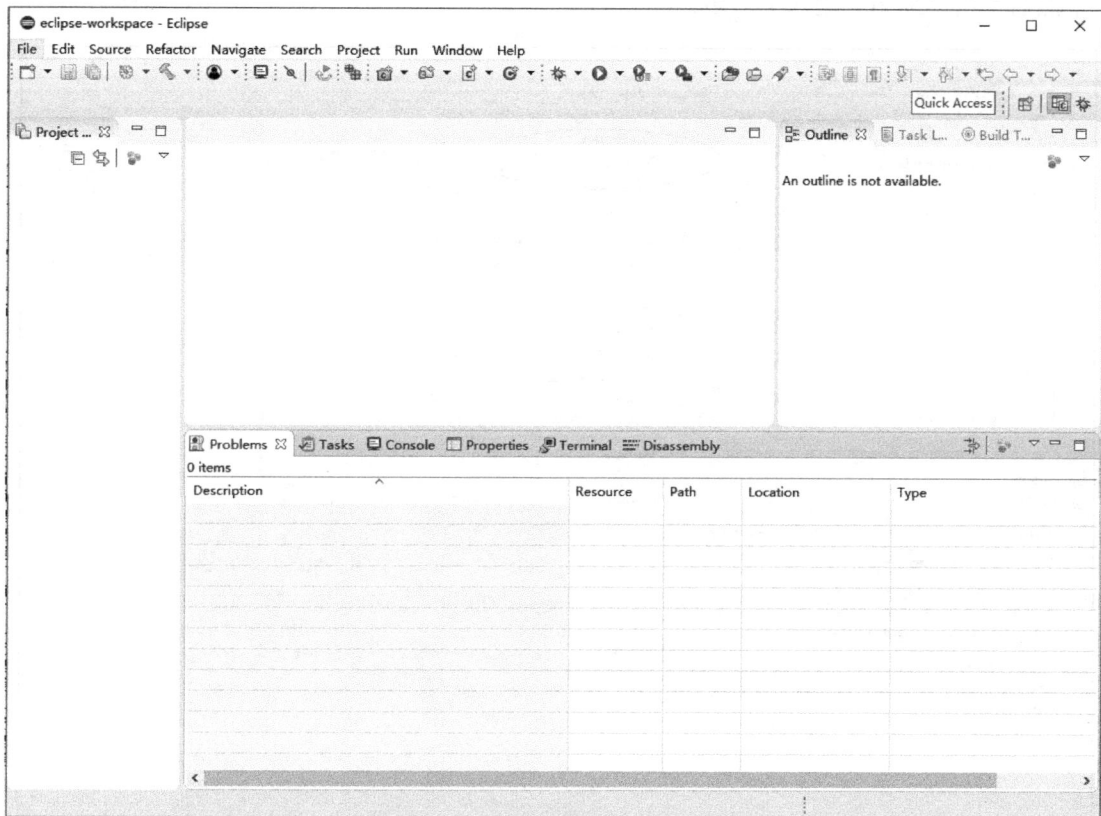

图 13-5　第一次启动后的 Eclipse 界面

# 13.3 创建 Hello World 项目

本节将介绍如何使用手动方式在 Eclipse IDE 创建一个简单的 Hello World 项目，步骤
如下。

（1）在菜单栏中选择"File—> New —> C Project"。如图 13-6 所示。

**注意**：也可以选择"C++ Project"。

（2）如图 13-7 所示，在弹出的窗口中设定如下参数。

- Project name：项目命名。
- Use default location：如果勾选了此选项，则会使用图 13-7 中设定的默认 Workspace

文件夹存放此项目。

- Project type：选择"Hello World RISC-V C Project"。

然后单击"Next"进入下一步。

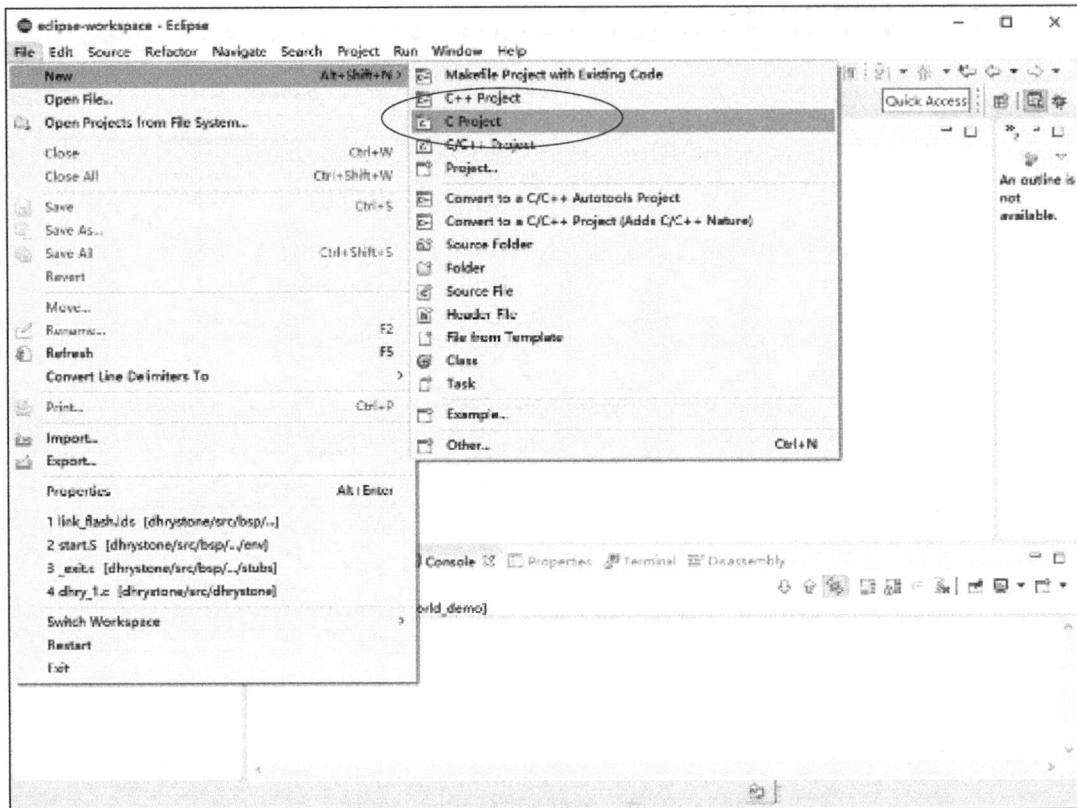

图 13-6　新建 C Project

（3）如图 13-8 所示，在弹出的窗口中设置 Hello World 项目的基本信息。

- 该步骤可以使用默认信息不做任何修改，直接单击"Next"，进入下一步。

（4）如图 13-9 所示，在弹出的窗口中设置项目的调试或者发布属性。

- 该步骤可以使用默认信息不做任何修改，直接单击"Next"，进入下一步。

（5）如图 13-10 所示，在弹出的窗口中设置项目所使用的 RISC-V 工具链。

- 在 Toolchain 栏目中，单击"Browse"后，选择 HBird-Eclipse 文件包中的 GNU MCU Eclipse 文件夹下的 RISC-V Embedded GCC 的 bin 目录作为工具链的路径。
- 选择"Finish"，至此便完成了 Hello World 项目的创建。

（6）创建完成的 Hello World 项目界面如图 13-11 所示。

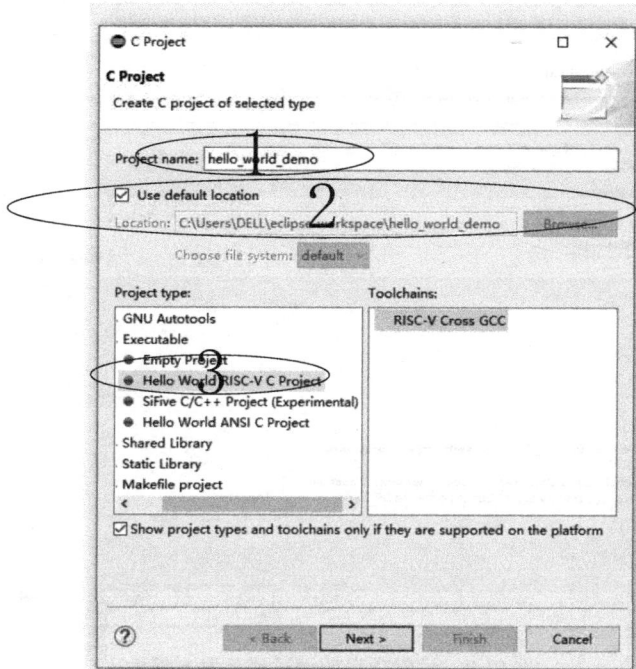

图 13-7　设置 C Project 项目名和类型

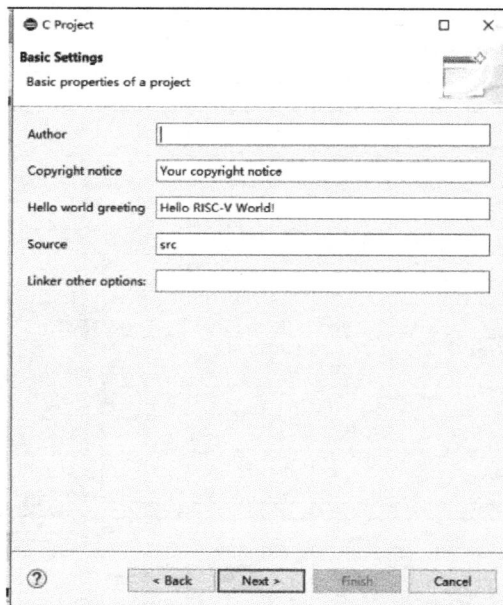

图 13-8　设置 Hello World 项目的基本信息

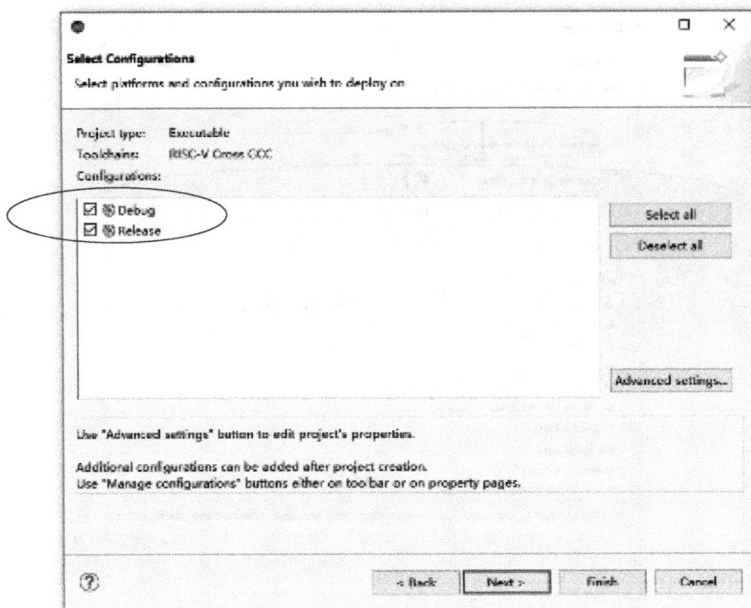

图 13-9　设置项目的调试或者发布属性

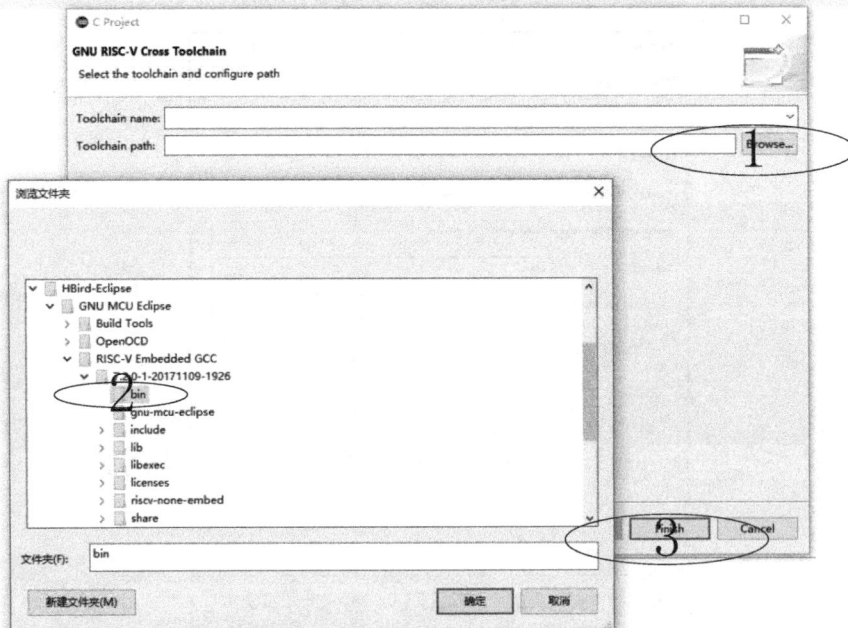

图 13-10　设置项目所使用的 GCC 工具链路径

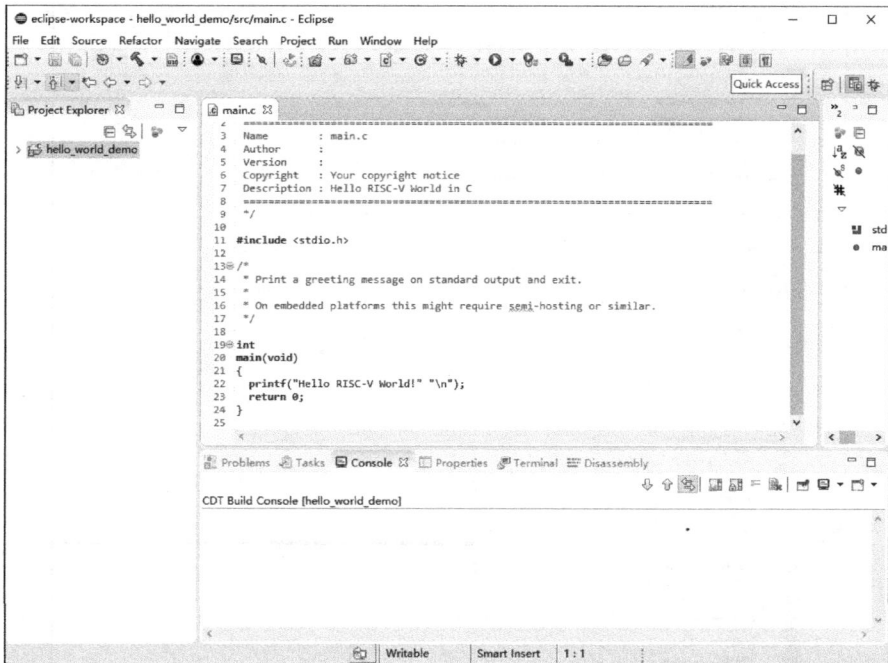

图 13-11　创建完成 Hello World 项目的界面

# 13.4 配置 Hello World 项目

## 13.4.1 配置工具链路径

为了使项目源代码能够被编译，需要配置工具链，步骤如下。

（1）如图 13-12 所示，在 Project Explorer 栏中选中 hello_world 项目，单击鼠标右键，选择"Properties"。

（2）在弹出的窗口中，展开 MCU 菜单，分别设置 Build Tools Path、OpenOCD Path 和 RISC-V Toolchain Path。

- 如图 13-13 所示，按照如下步骤设置 Build Tools Path。

a）第一步：选中 MCU 菜单的"Build Tools Path"。

b）第二步：单击右侧栏目中的"Browse"按钮。

c）第三步：在弹出的窗口中选择"HBird-Eclipse 文件包中的 GNU MCU Eclipse 文件夹下的 Build Tools 的 bin 目录"作为路径。

d）第四步：单击右侧栏目中的"Apply"按钮。

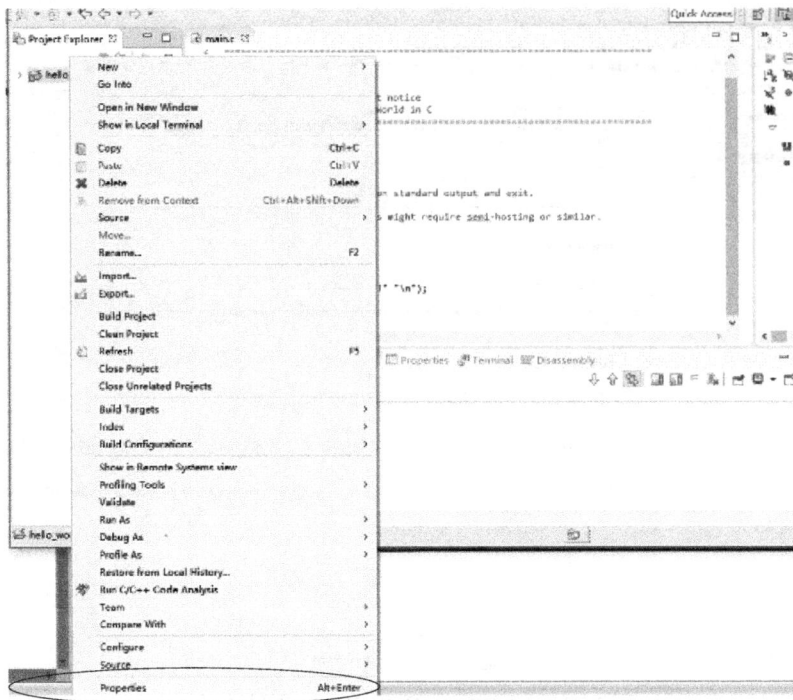

图 13-12　对 hello_world 项目单击右键选择"Properties"

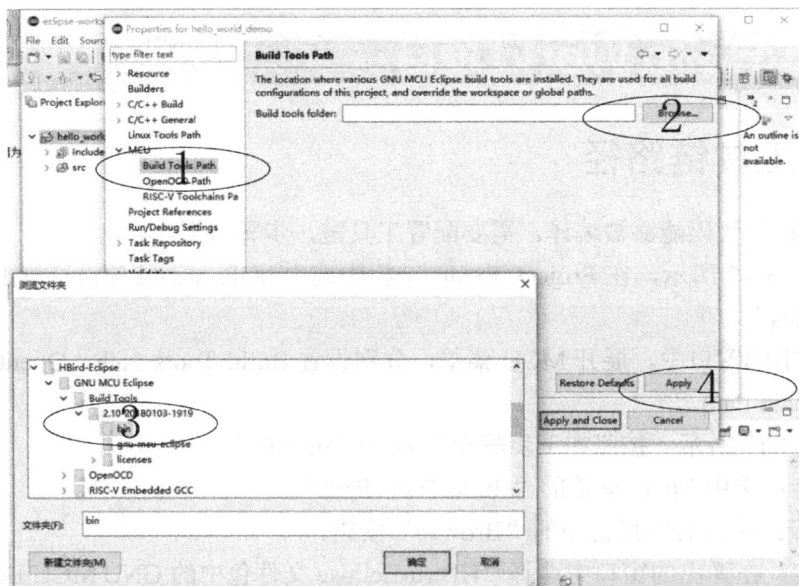

图 13-13　设置 MCU 菜单的 Build Tools Path

- 如图 13-14 所示，按照如下步骤设置 OpenOCD Path。

a）第一步：选中 MCU 菜单的"OpenOCD Path"。

b）第二步：单击右侧栏目中的"Browse"按钮。

c）第三步：在弹出的窗口中选择 HBird-Eclipse 文件包中的 GNU MCU Eclipse 文件夹下的 OpenOCD 的 bin 目录作为路径。

d）第四步：单击右侧栏目中的"Apply"按钮。

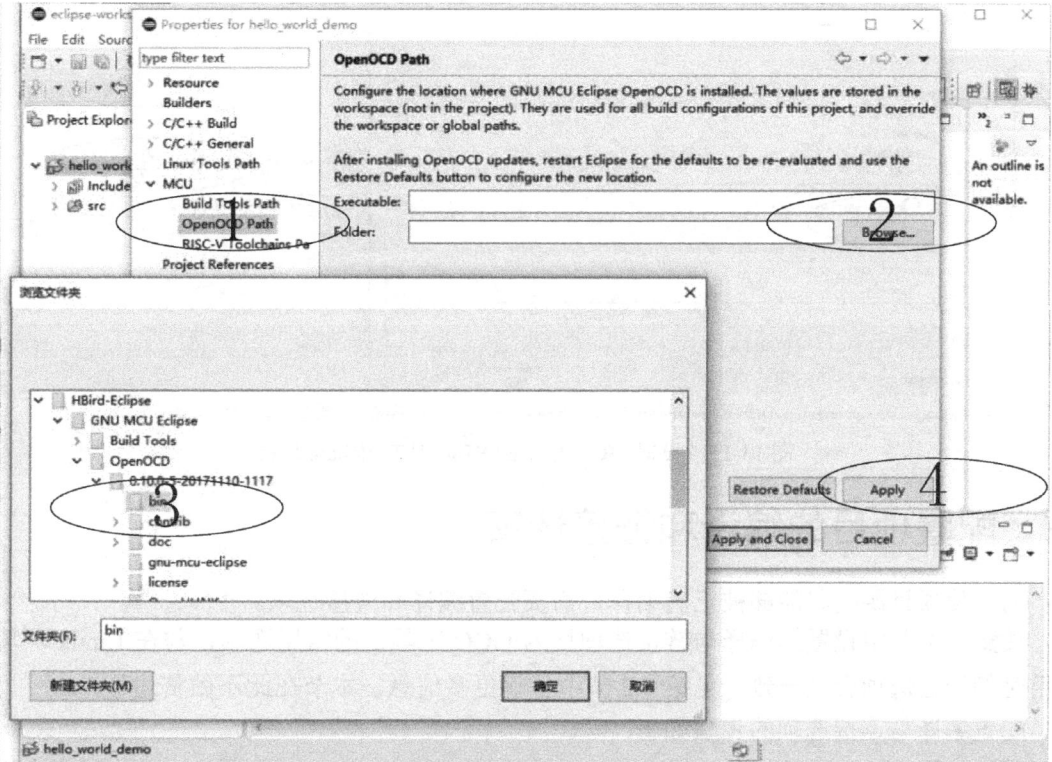

图 13-14　设置 MCU 菜单的 OpenOCD Path

- 如图 13-15 所示，按照如下步骤设置 RISC-V Toolchain Path。

a）第一步：选中 MCU 菜单的"RISC-V Toolchain Path"。

b）第二步：单击右侧栏目中的"Browse"按钮。

c）第三步：在弹出的窗口中选择"HBird-Eclipse 文件包中的 GNU MCU Eclipse 文件夹下的 RISC-V Embedded GCC 的 bin 目录"作为路径。

d）第四步：单击右侧栏目中的"Apply"按钮。

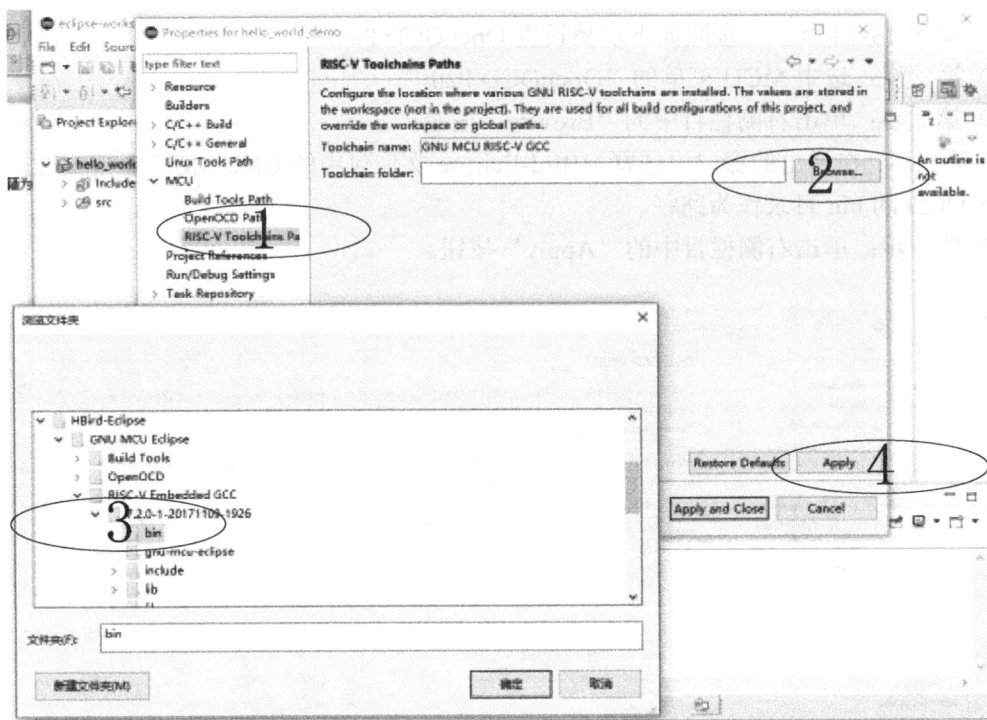

图 13-15　设置 MCU 菜单的 RISC-V Toolchain Path

## 13.4.2　配置项目的编译和链接选项

为了使项目源代码能够被正确编译，需要配置编译和链接选项。

**注意：**本节中设置的编译与链接选项均为 GCC 工具链的常用选项，与在 Linux 环境中使用时的同名选项含义一致，见第 9.2 节中了解更多信息，本节在此不做赘述。

配置编译与连接选项的步骤如下：

（1）如图 13-12 所示，在 Project Explorer 栏中选中 hello_world 项目，单击鼠标右键，选择"Properties"。

（2）在弹出的窗口中，展开 C/C++ Build 菜单，单击"Setting"，在右侧的 Tool Settings 栏目中进行设置。

（3）如图 13-16 所示，选中 Target Processor，开源的蜂鸟 E203 处理器核而言支持 RV32IMAC 架构（参见第 2.4 节，了解更多信息），因此需要按照图所示勾选配置选项，分别如下。

- Architecture：选择 RV32I。
- Multiply extension（RVM）：需勾选。

- Atomic extension（RVA）：需勾选。
- Compressed extension（RVC）：需勾选。
- Integer ABI：选择"ILP32"，有关此选项的解释，见第 9.2.3 节。
- Code model：选择"Medium Low"，有关此选项的解释，见第 9.2.4 节。
- Integer divide instructions（-mdiv）：需勾选，有关此选项的解释，见第 9.2.5 节。
- 单击右下角的"Apply"按钮。

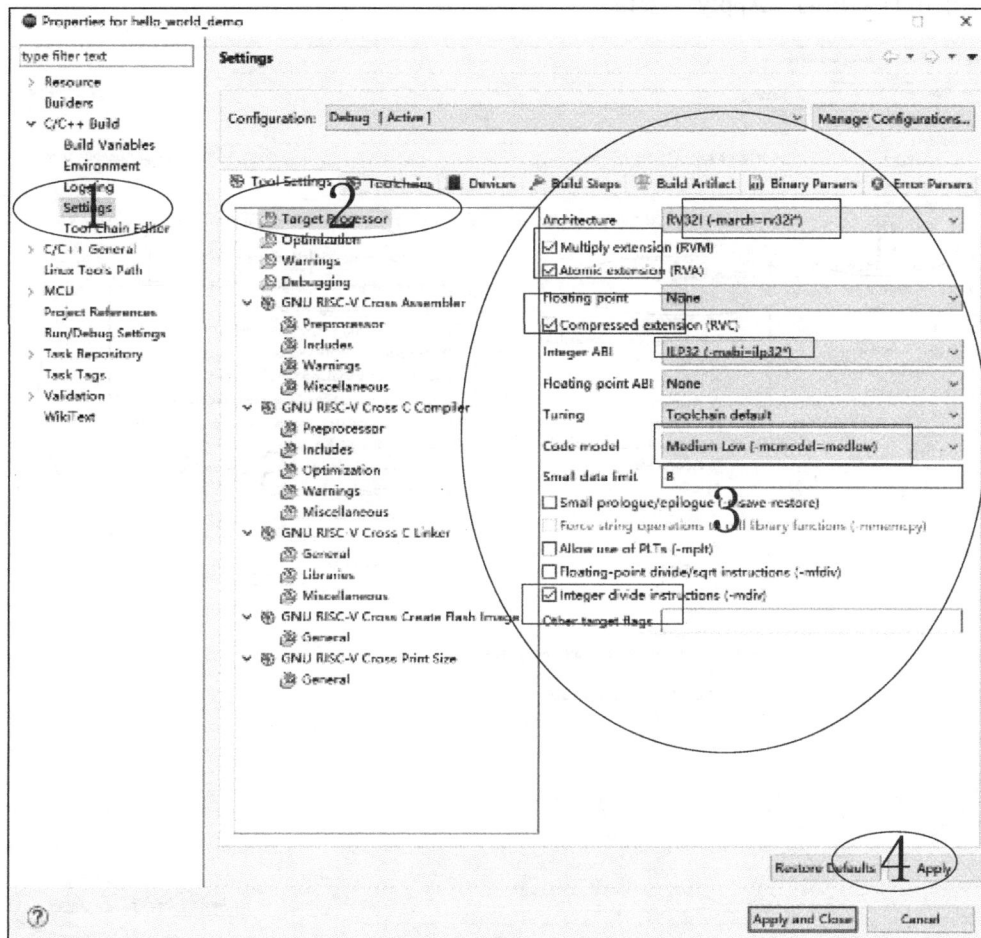

图 13-16　配置 Target Processor 选项

（4）如图 13-17 所示，选中"Optimization"，按照图所示勾选配置选项。
- Optimization Level：选择 Optimization Most (-O2)。
- 依次勾选：

a）Message length

b）Char is signed

c）Function Sections (-ffunction-sections)

d）Data Sections (-fdata-sections)

e）No common unitialized (-fno-common)

**注意**：上述选项均为通用的 GCC 编译优化选项，请读者自行查阅 GCC 手册了解其含义。

● 单击右下角的"Apply"按钮。

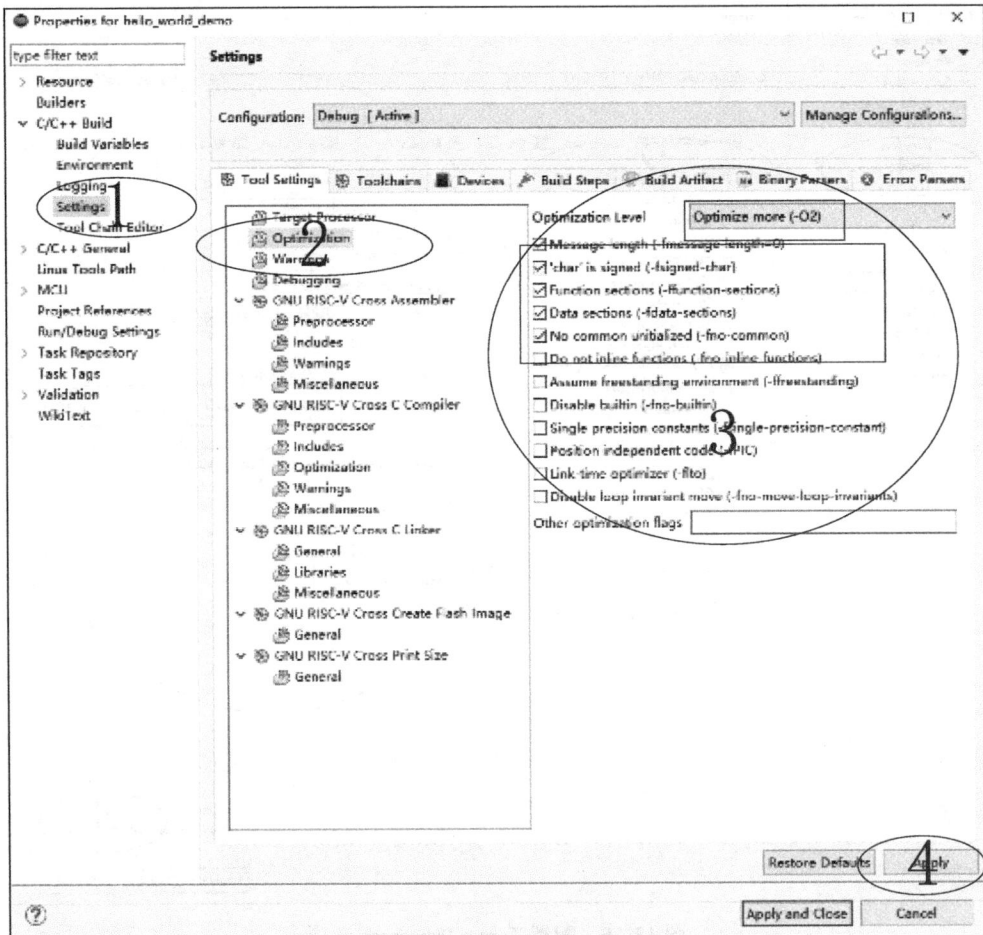

图 13-17　配置 Optimization 选项

（5）如图 13-18 所示，选中 Debugging，按照图所示勾选配置选项，分别如下。

● Debug Level：选择 Default (-g)。

- 单击右下角的"Apply"按钮。

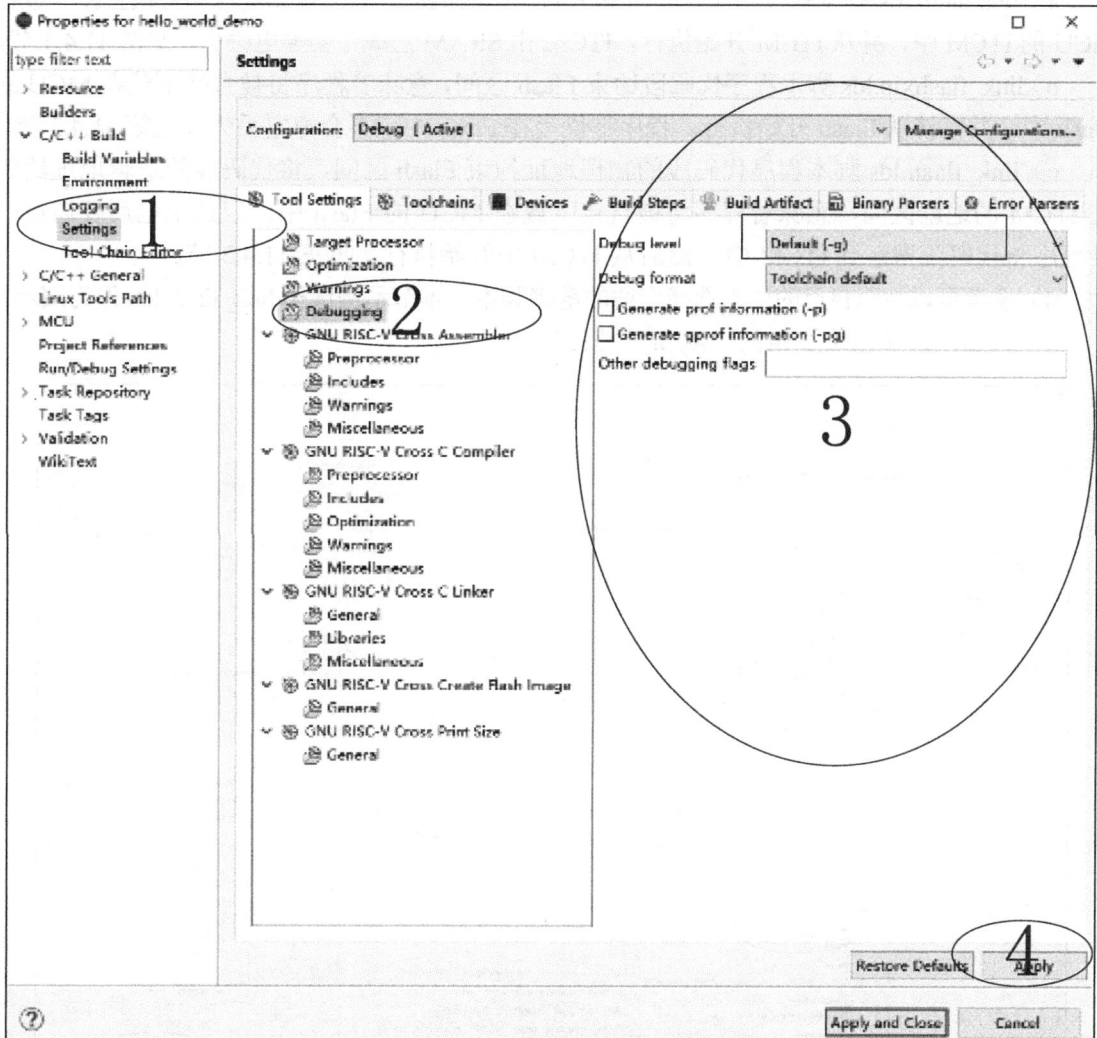

图 13-18 配置 Debugging 选项

（6）选中 GNU RISC-V Cross C Linker 的 General。

1）如图 13-19 所示，按照如下步骤设置链接器的所需的链接脚本。

- 第一步：选中右上角的加号按键。
- 第二步：在弹出的窗口中单击"Workspace"按钮。
- 第三步：在弹出的窗口中选择 HBird-Eclipse 文件包中的 bsp/hbird-e200/env 文件夹下 link_flash.lds 文件。

**注意：**

a）link_itcm.lds 脚本将程序代码段约束在 ITCM 的地址区间，意味着程序将被直接下载在 MCU 的 ITCM 中，并从 ITCM 开始执行。ITCM 由 SRAM 组成，会掉电丢失。见第 11.4.4 节。

b）link_flashxip.lds 脚本程序代码段约束 Flash 区间，意味着程序将被直接下载在 MCU 的 Flash 中，并直接从 Flash 开始执行。程序被烧写在 Flash 中，不会掉电丢失。见第 11.4.3 节。

c）link_flash.lds 脚本程序代码段的物理地址约束 Flash 区间，将代码段的逻辑地址约束在 ITCM 的地址区间，意味着程序将被直接下载在 MCU 的 Flash 中，但是上电后要通过引导程序将代码段搬运到 ITCM 中，然后从 ITCM 中开始执行。见第 11.4.5 节。

d）读者可以按照自己的需求选择合适的链接脚本。本节示例选择 link_flash.lds 作为演示。

* 第四步：单击右下角的"Apply"按钮。

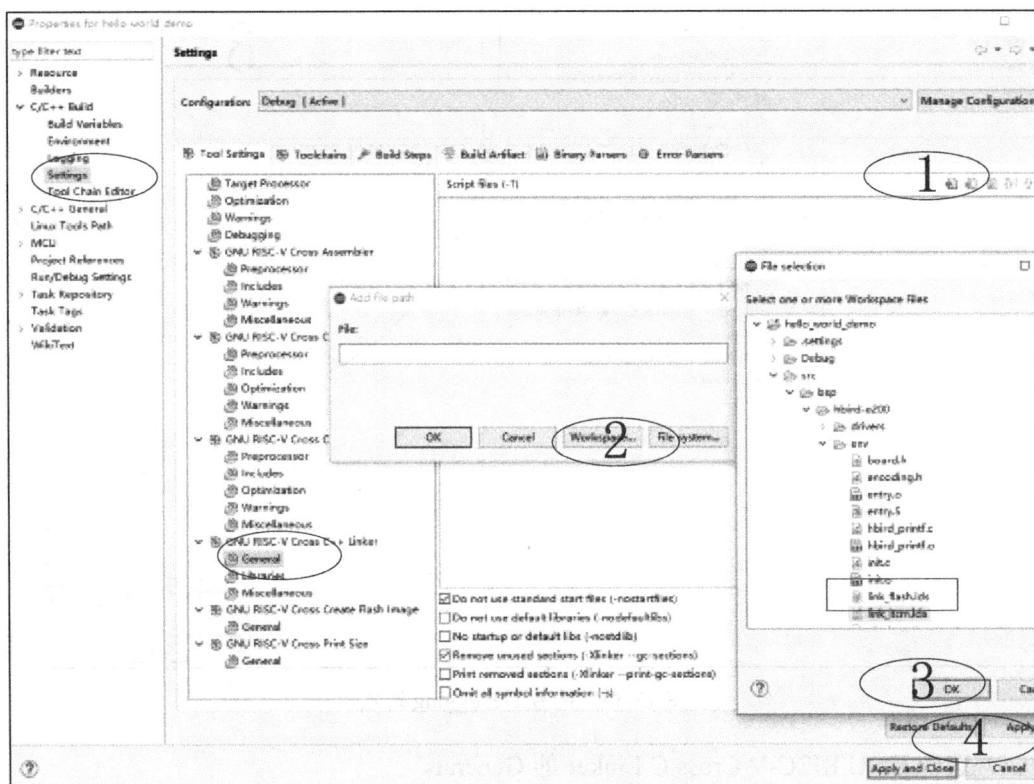

图 13-19　配置链接脚本

2）如图 13-20 所示，按图所示勾选配置选项，分别如下。

* Do not use standard start files (-nostartfiles)。
* Remove unused sections (--gc-sections)。

- 单击右下角的"Apply"按钮。

**注意:** 上述选项均为通用的 GCC 链接选项,请读者自行查阅 GCC 手册了解其含义。

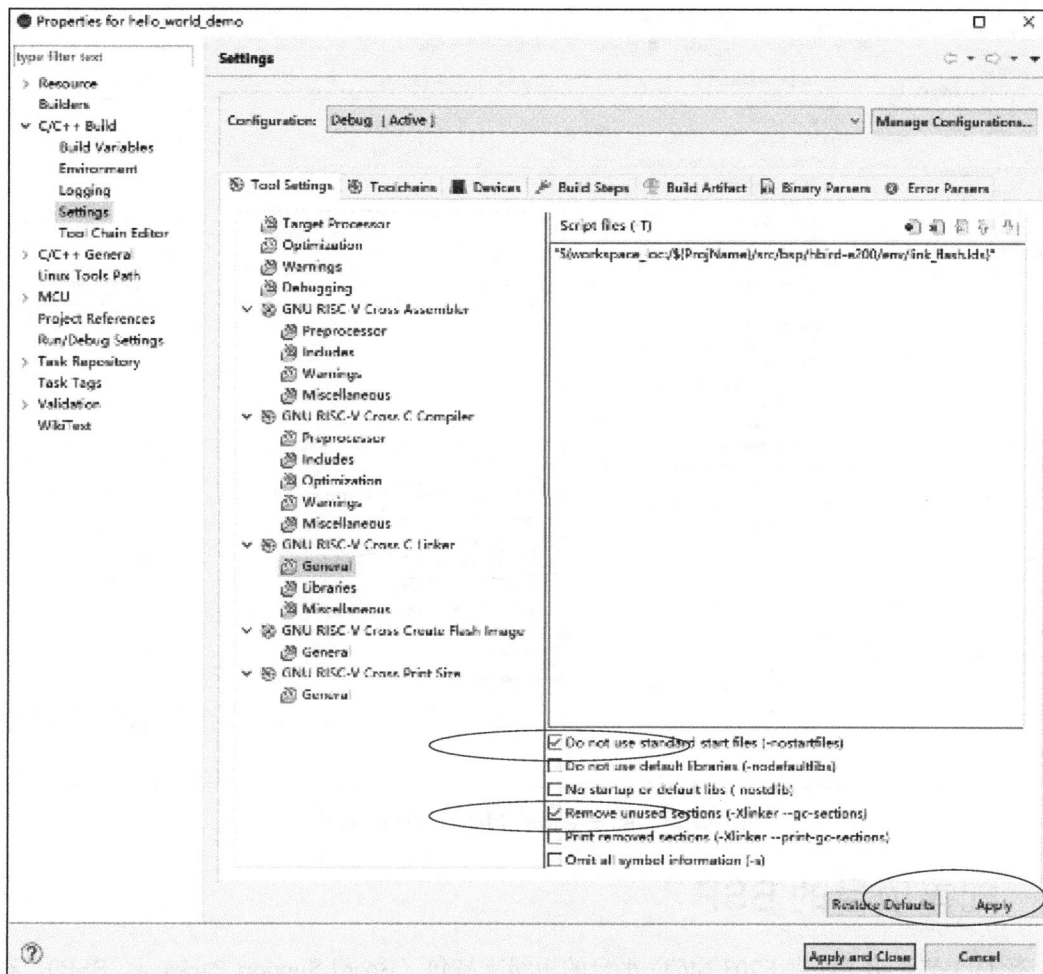

图 13-20  配置链接的 General 选项

(7)如图 13-21 所示,选中 GNU RISC-V Cross C Linker 的 Miscellaneous,按照图所示勾选配置选项。

- 勾选 "Use newlib-nano",见第 11.3.6 节。
- 因为 Hello World 程序的 Printf 不需要打印浮点数,所以不要勾选"Use float with nano printf",见第 11.3.6 节。
- 单击右下角的"Apply"按钮。

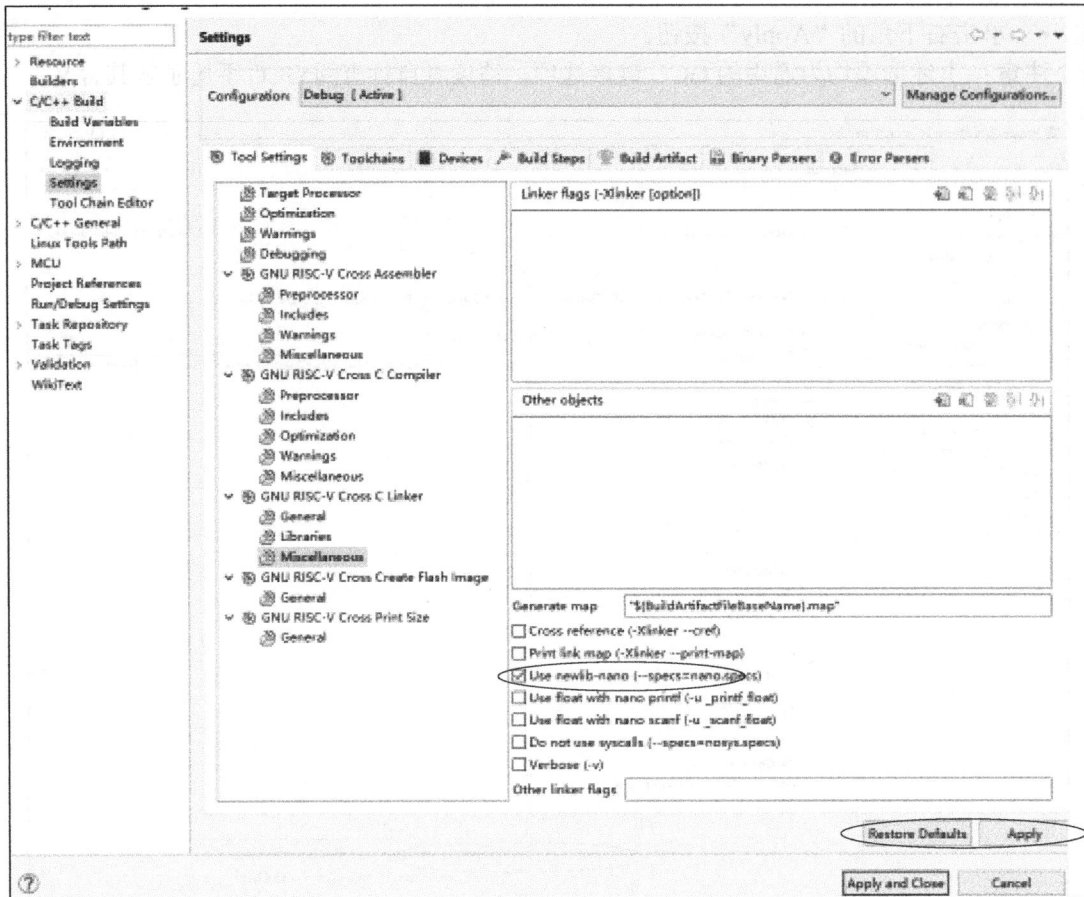

图 13-21　配置链接的 Miscellaneous 选项

## 13.4.3　配置项目的 BSP

第 11.3 节介绍了蜂鸟 E203 MCU 平台的板级支持包（Board Support Package，BSP），在基于 Windows 的 Eclipse IDE 开发环境中，也需要加载此 BSP。为了便于读者下载，在 HBird-E-SDK 的 GitHub 网站上直接放置一个包含最新压缩包 eclipse_demo.tar.gz，如图 13-22 所示。

将 eclipse_demo.tar.gz 压缩包下载解压后，其中包含如下内容。

（1）bsp 文件夹

该文件夹下存放了蜂鸟 E203 MCU 平台的 BSP。有关此文件夹下的内容在第 11.3 节中已经进行了详细介绍，在此不做赘述。

（2）software 文件夹

该文件夹下包含了如下二个子文件夹。

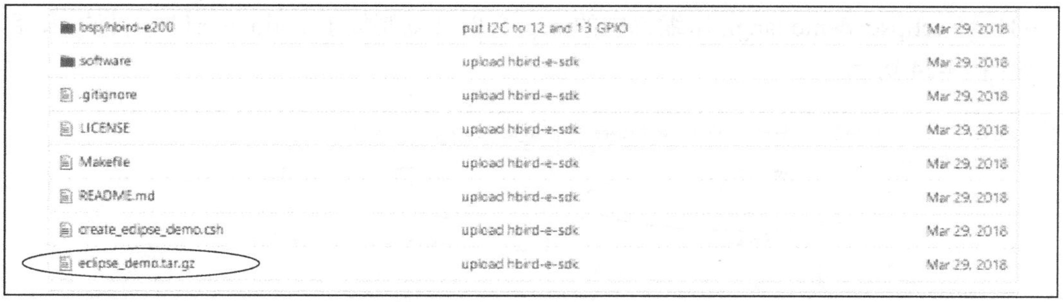

图 13-22 位于 HBird-E-SDK 的 GitHub 网站上的蜂鸟 E203 MCU 板级支持包压缩包

- demo_gpio：此文件夹包含 demo_gpio 样例程序的源代码，有关此代码的使用见第 13.8 节。
- dhrystone：此文件夹包含 dhrystone 样例程序的源代码，有关此代码的使用见第 13.9 节。

回到 Eclipse 的 Hellow World 项目，按照如下步骤放置 BSP 源文件。

（1）如图 13-12 所示，在 Project Explorer 栏中选中 hello_world 项目，单击鼠标右键，选择"Properties"。

（2）如图 13-23 所示，在弹出的窗口中单击"Resource"，在右侧的 Location 栏目中单击其最右侧的箭头图标 ，则会弹出文件窗口进入 hello_world 项目的文件夹位置，如图 13-24 所示。

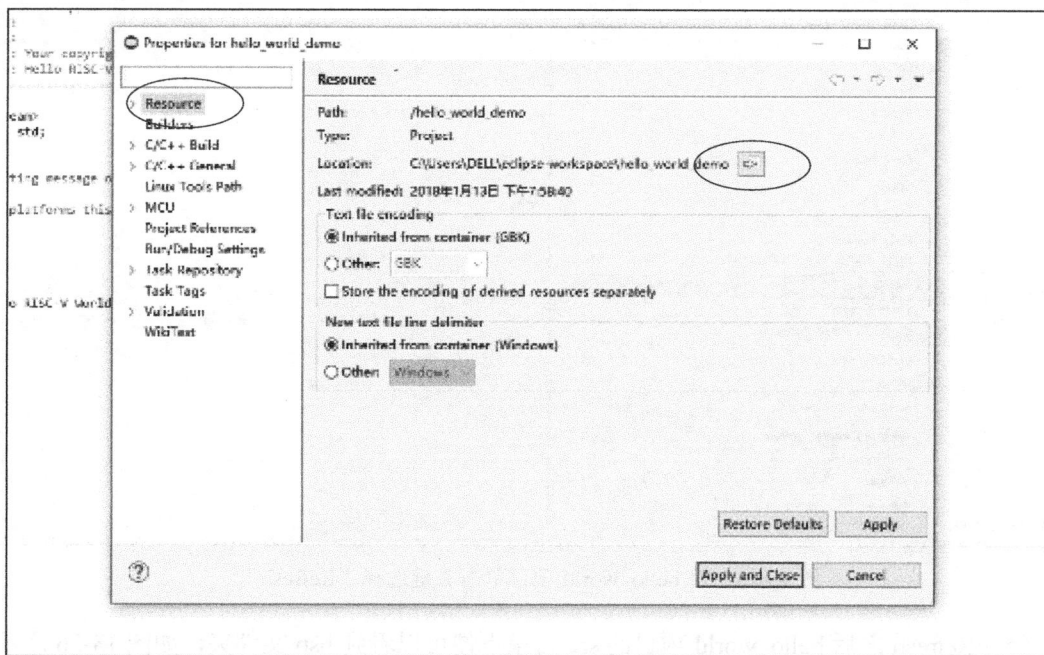

图 13-23 在 Location 栏目中单击最右侧的箭头图标

（3）将 eclipse_demo.tar.gz 压缩包中的 bsp 文件夹复制放于 hello_world 项目的 src 目录下，如图 13-24 所示。

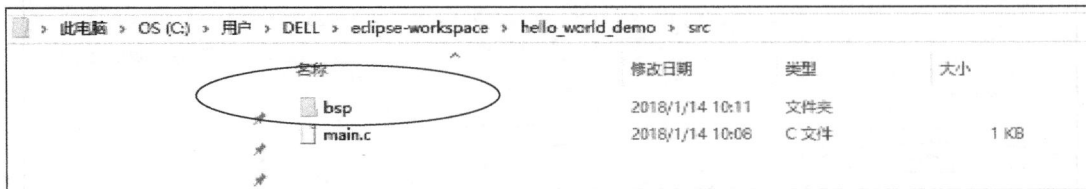

图 13-24　在弹出窗口进入 hello_world 项目的文件夹位置

（4）回到 Eclipse IDE，在 Project Explorer 栏中选中 hello_world 项目，单击鼠标右键，选择"Refresh"，如图 13-25 所示。

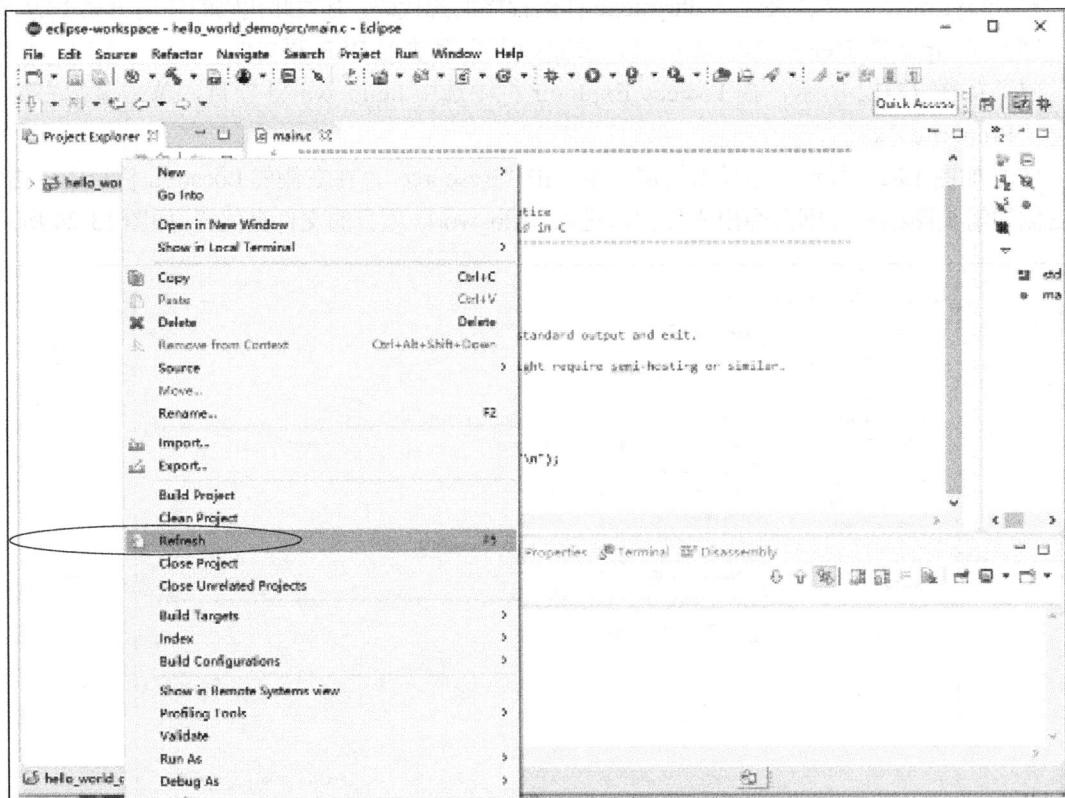

图 13-25　对 hello_world 项目单击右键选择"Refresh"

（5）Refresh 之后 hello_world 项目的 src 目录下便可以看到 bsp 文件夹，如图 13-26 所示，至此便完成了 BSP 源文件的导入。

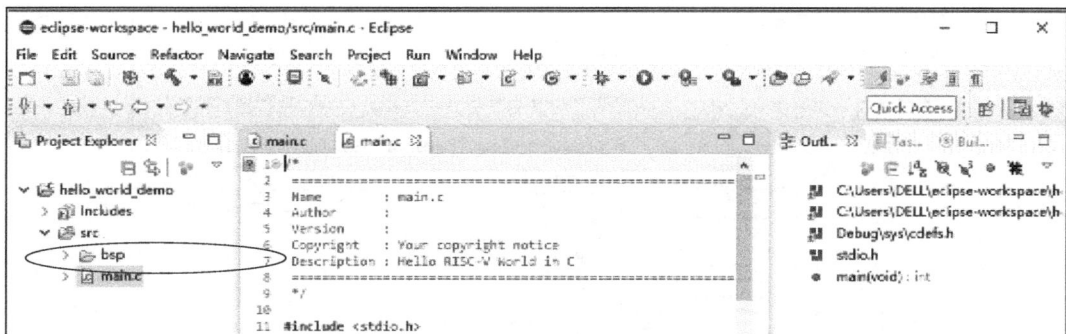

图 13-26　hello_world 项目 src 目录下的 bsp 文件夹

## 13.4.4　配置项目的包含路径和文件

为了能够正确编译 BSP 文件夹中的源文件，需要按照如下步骤配置项目的包含路径和包含文件。

（1）如图 13-12 所示，在 Project Explorer 栏中选中 hello_world 项目，点击鼠标右键，选择"Properties"。

（2）在弹出的窗口中，展开 C/C++ Build 菜单，单击"Setting"，在右侧的 Tool Settings 栏目中进行设置。

（3）如图 13-27 所示，选中 GNU RISC-V Cross C Assembler 的 Includes，按照图 13-27 所示配置包含文件，步骤如下。

- 第一步：在 C/C++ Build 菜单下单击"Settings"。
- 第二步：在 Include paths 栏目单击加号键。
- 第三步：在弹出的窗口中单击"Workspace"，弹出 Folder selection 窗口。
- 第四步：在 Folder selection 窗口中选择项目的 bsp 目录下的 driver 子文件夹。
- 第五步：在右下角单击"Apply"完成配置。

（4）采用上述方法，依次添加 bsp 目录下的 env 和 include 子文件夹作为包含路径，并采用同样的方法为 GNU RISC-V Cross C Compiler 的 Includes 栏目设置包含路径。设置完成后的界面如图 13-28 所示。

（5）如图 13-29 所示，选中 GNU RISC-V Cross C Compiler 的 Includes，按照图所示配置包含文件，步骤如下。

- 第一步：在 Include files 栏目单击加号键。
- 第二步：在弹出的窗口中填写 sys/cdefs.h，然后单击"OK"。
- 第三步：在右下角单击"Apply"完成配置。

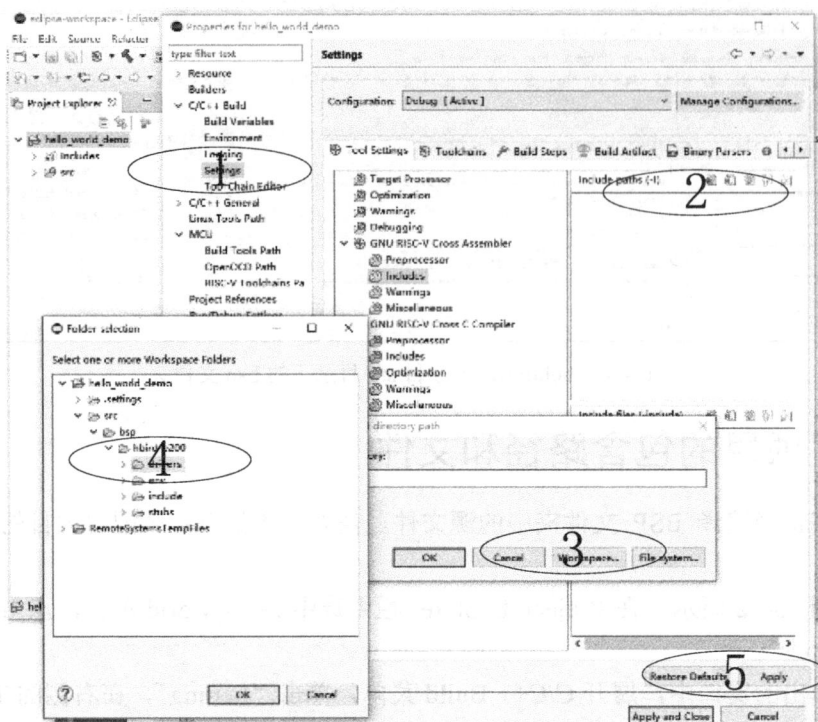

图 13-27 hello_world 项目 src 目录下的 bsp 文件夹

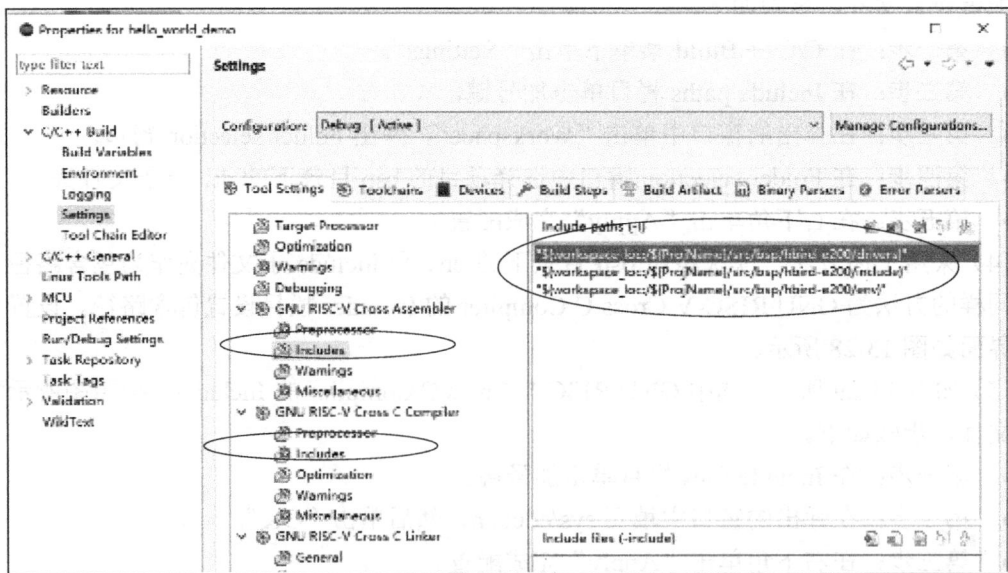

图 13-28 hello_world 项目 src 目录下的 bsp 文件夹

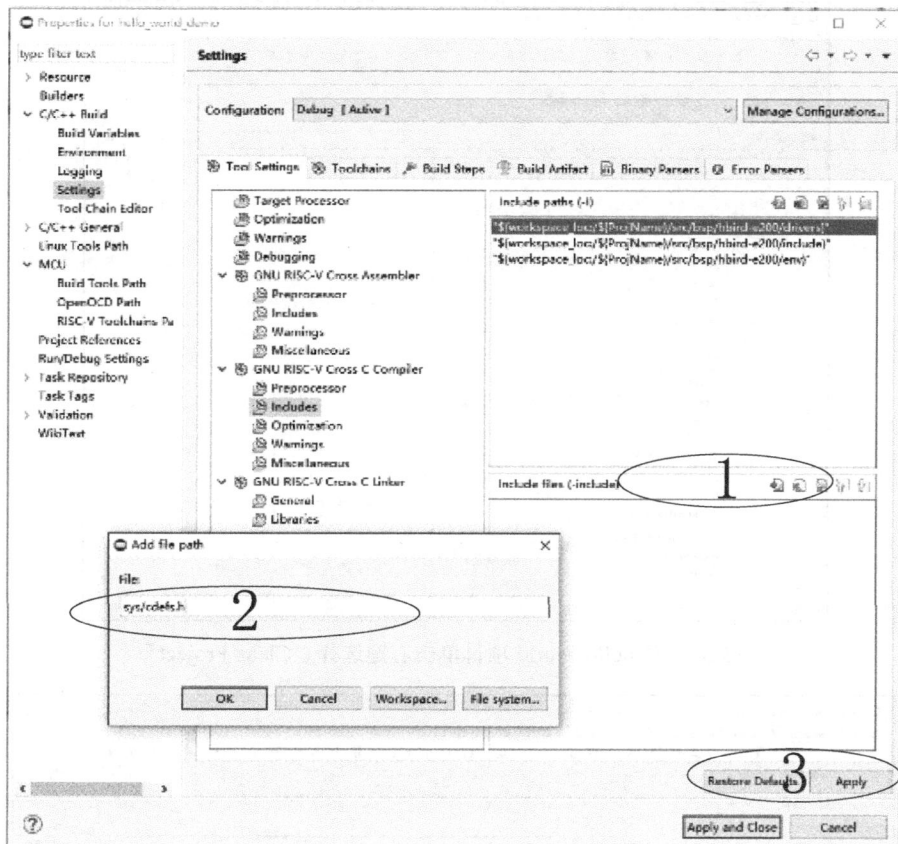

图 13-29　添加包含文件 sys/cdefs.h

# 13.5 | 编译 Hello World 项目

## 在 Eclipse 中编译 Hello World 项目

在 Eclipse 中编译的步骤如下。

（1）为了保险起见，建议先将项目清理一下。如图 13-30 所示，在 Project Explorer 栏中选中 hello_world 项目，单击鼠标右键，选择"Clean Project"。

（2）如图 13-30 所示，单击菜单上的锤子按钮，开始对项目进行编译。

如果编译成功，则显示如图 13-31 所示，能够看到生成可执行文件的代码体积大小，包括 text 段、data 段和 bss 段，以及总大小的十进制和十六进制数值。

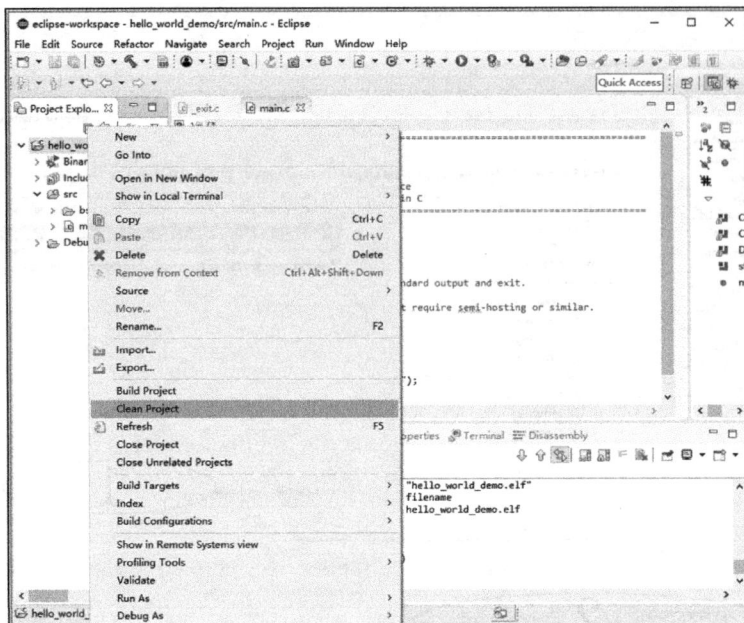

图 13-30　对 hello_world 项目单击右键选择"Clean Project"

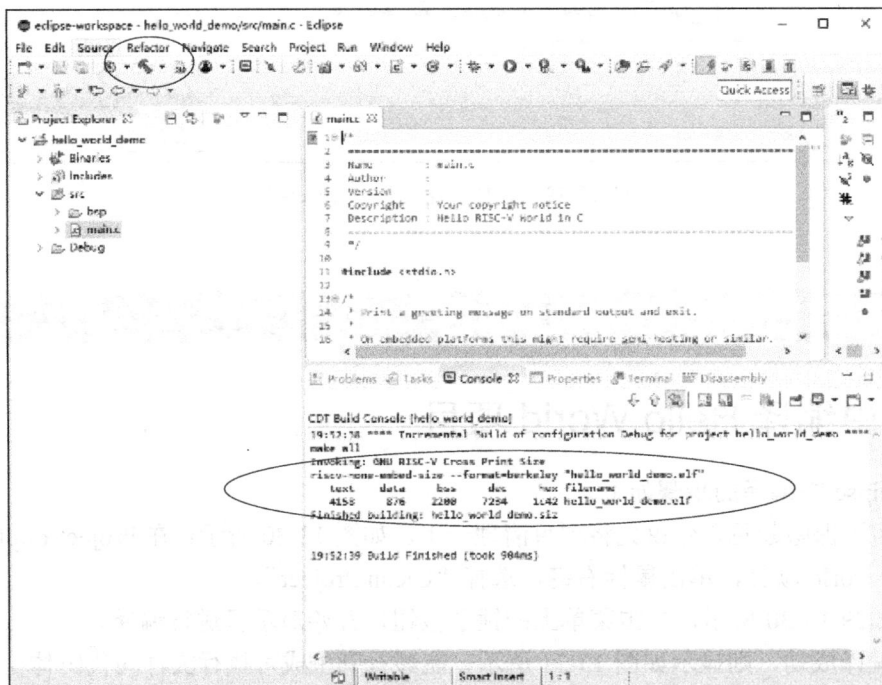

图 13-31　单击锤子图标对 hello_world 项目进行编译

# 13.6 运行 Hello World 项目

## 13.6.1 安装 JTAG 调试器在 Windows 系统中的 USB 驱动

程序编译成功后，便可以将程序下载到 MCU 开发板运行。首先通过 JTAG 调试器将 MCU 开发板与主机 PC 进行连接，步骤如下。

（1）将蜂鸟 E203 JTAG 调试器的一端插入主机 PC 的 USB 接口，另一端与蜂鸟 MCU 开发板连接。见第 7.2 节，了解蜂鸟 E203 JTAG 调试器的详细信息。

**注意**：如果是第一次使用蜂鸟 E203 JTAG 调试器，为了使得主机 PC 的 Windows 系统能够识别蜂鸟 E203 JTAG 调试器的 USB，需要安装驱动，双击如图 13-2 所示的 HBird-Eclipse 文件包中的 HBird-Driver.exe 即可完成此驱动的安装。安装成功后，主机 PC 便无须再次安装。

（2）由于蜂鸟 E203 JTAG 调试器还包含了"将 MCU 开发板输出的 UART 转换成 USB"的功能，因此如果蜂鸟 E203 JTAG 调试器被主机 PC 识别成功（且驱动安装成功），那么将能够被主机识别成为一个 COM 串口。

- 如图 13-32 所示，在主机 PC 的设备管理器中的"端口（COM 和 LPT）栏目"中可以查询到该 COM 的串口号（譬如 COM8）。

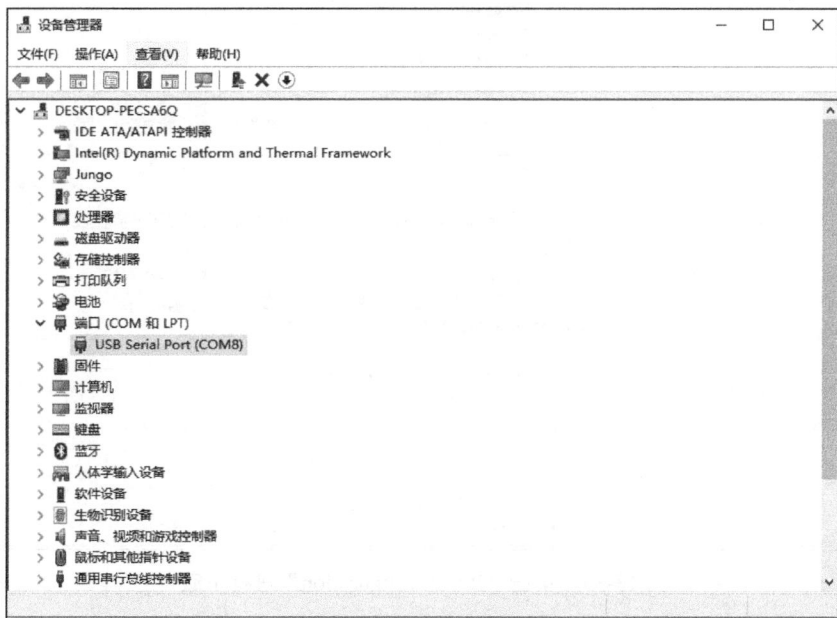

图 13-32　在设备管理器中查询 COM 串口号

- 此串口在后续的程序运行过程中将充当 MCU 开发板运行程序的 printf 输出显示接口。

## 13.6.2　通过 Eclipse 下载程序至 MCU 开发板

**注意：** 在通过"JTAG 调试器"下载之前，需要注意"JTAG 调试器"被 Windows 正确识别，检验的标准即为第 13.6.1 节中所述正确地安装了 HBird-Driver.exe 的驱动，且能够在设备管理器中查询到 COM 的串口号。

通过 Eclipse 下载程序至 MCU 开发板的步骤如下。

（1）如图 13-33 所示，在菜单栏中选择"Run—>Run Configuration"。

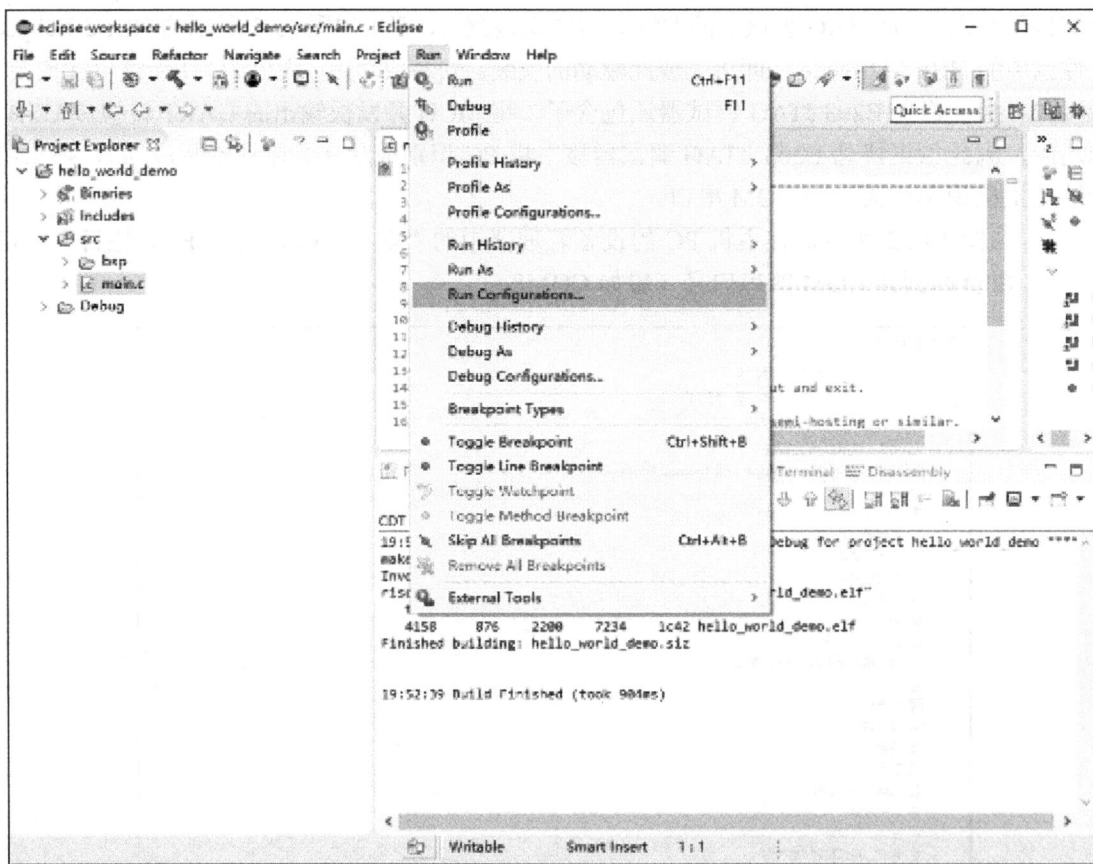

图 13-33　单击"Run Configuration"进行下载

（2）如图 13-34 所示，在弹出的窗口中，右键单击"GDB OpenOCD Debugging"，选择"New"，将会为本项目新建出一个调试项目"hello_world_demo Debug"，如图 13-35 所示。

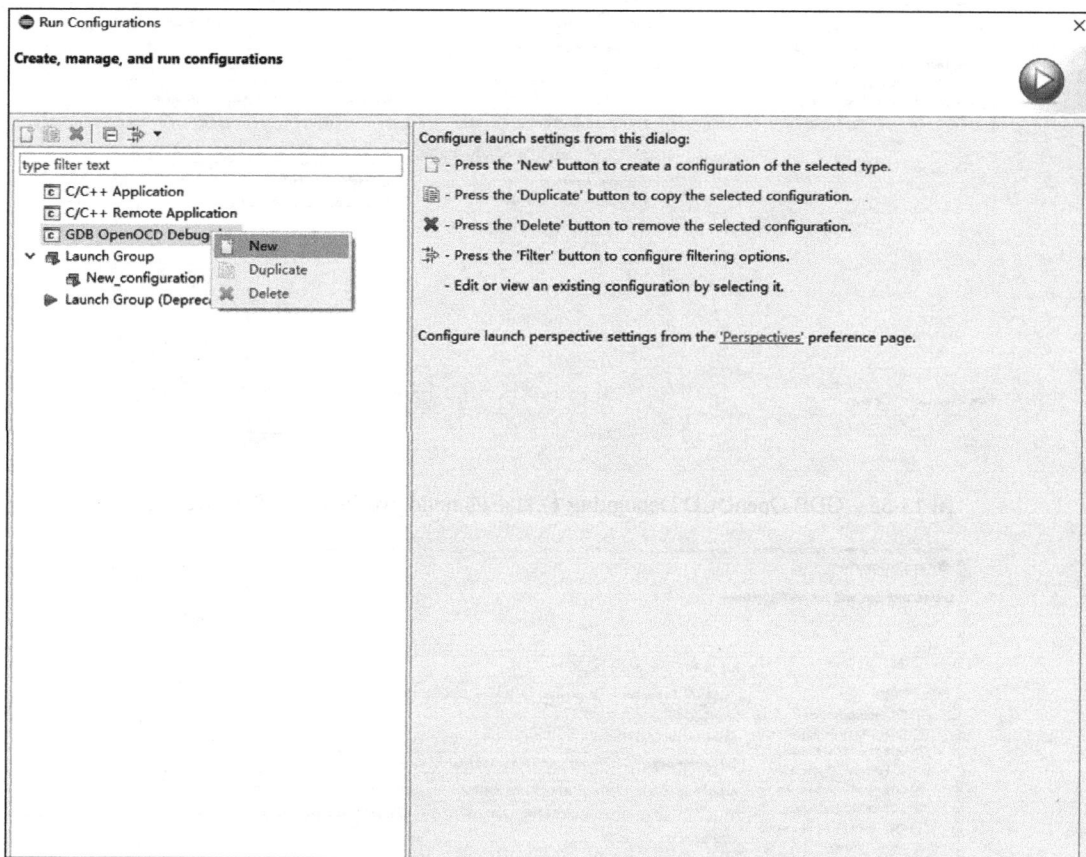

图 13-34　添加新的 GDB OpenOCD Debugging

（3）如图 13-35 所示，选择调试项目"hello_world_demo Debug"的 Debugger 菜单，在 Config options 栏目中填入-f "board/openocd_hbird.cfg"，以确保 OpenOCD 使用正确的配置文件。

（4）如图 13-36 所示，选择调试项目"hello_world_demo Debug"的 Startup 菜单，确保"Set Breakpoint at Main"和"Continue"被勾选。

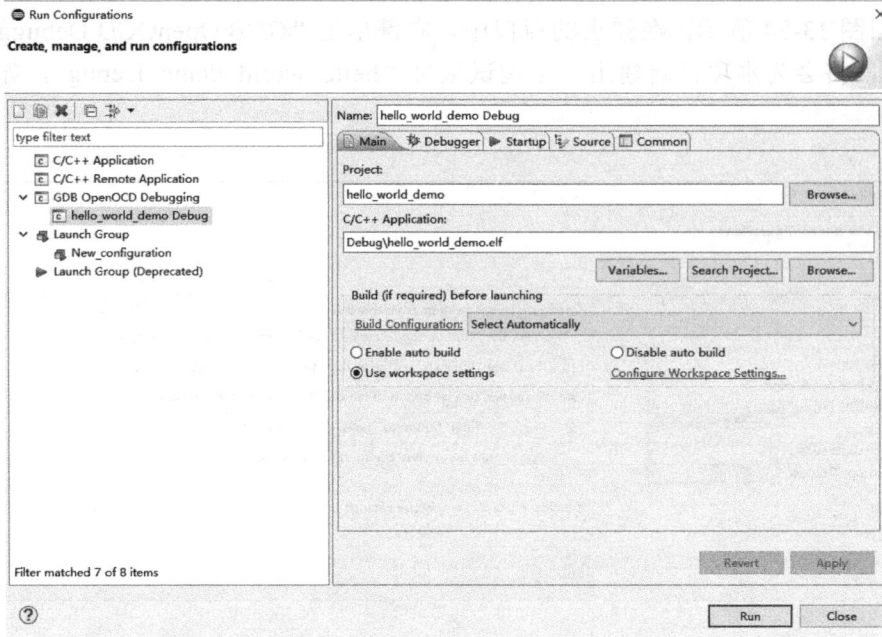

图 13-35　GDB OpenOCD Debugging 栏目下的 hello_world_demo 项目 Debug

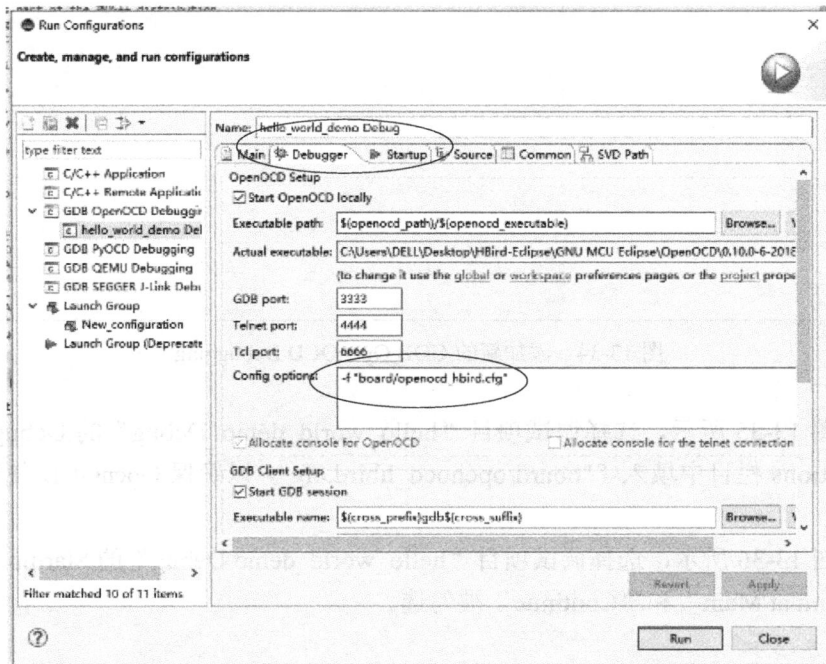

图 13-36　配置 hello_world_demo Debug 的参数

（5）如图 13-37 所示，单击右下角的"Run"按钮，将开始下载程序。如果下载成功，如图 13-38 所示，单击图中的红色按钮，意味着断开 Eclipse IDE 与蜂鸟 E203 JTAG 调试器的连接。

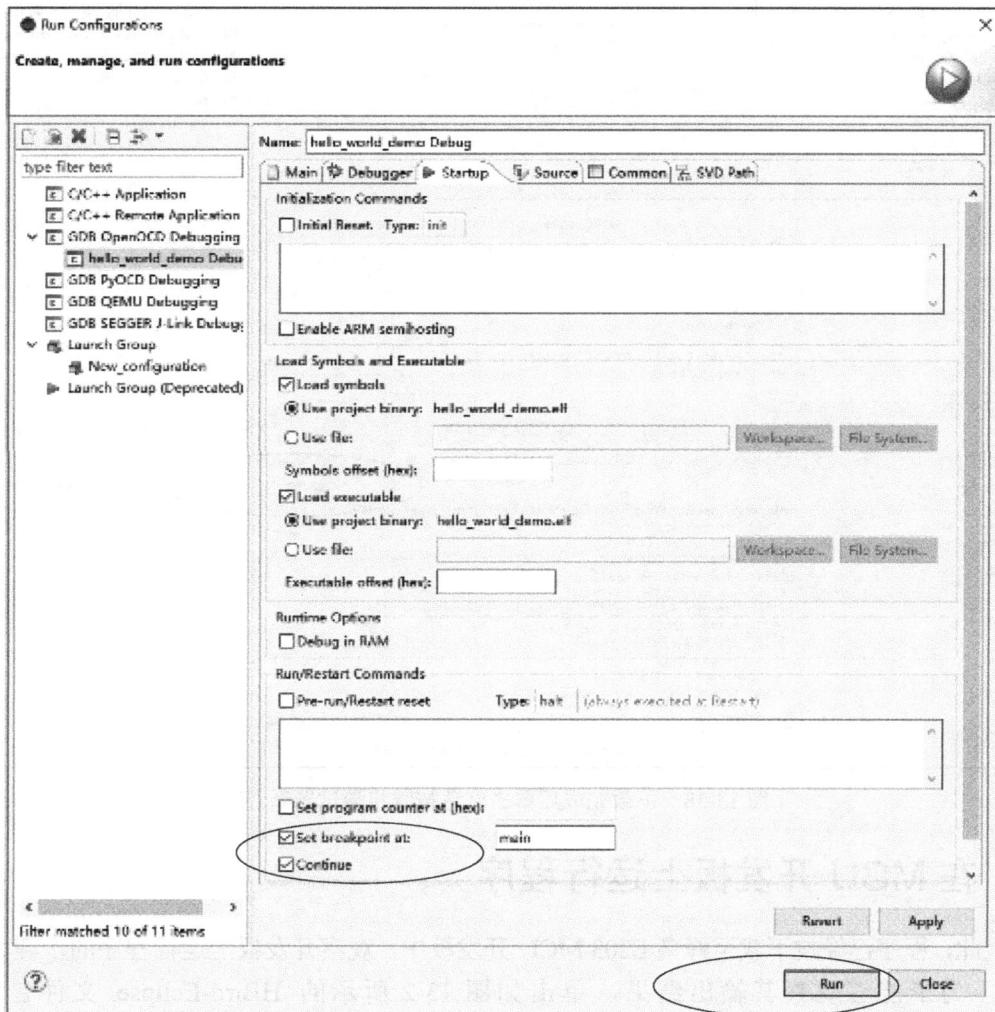

图 13-37　配置 hello_world_demo Debug 的参数

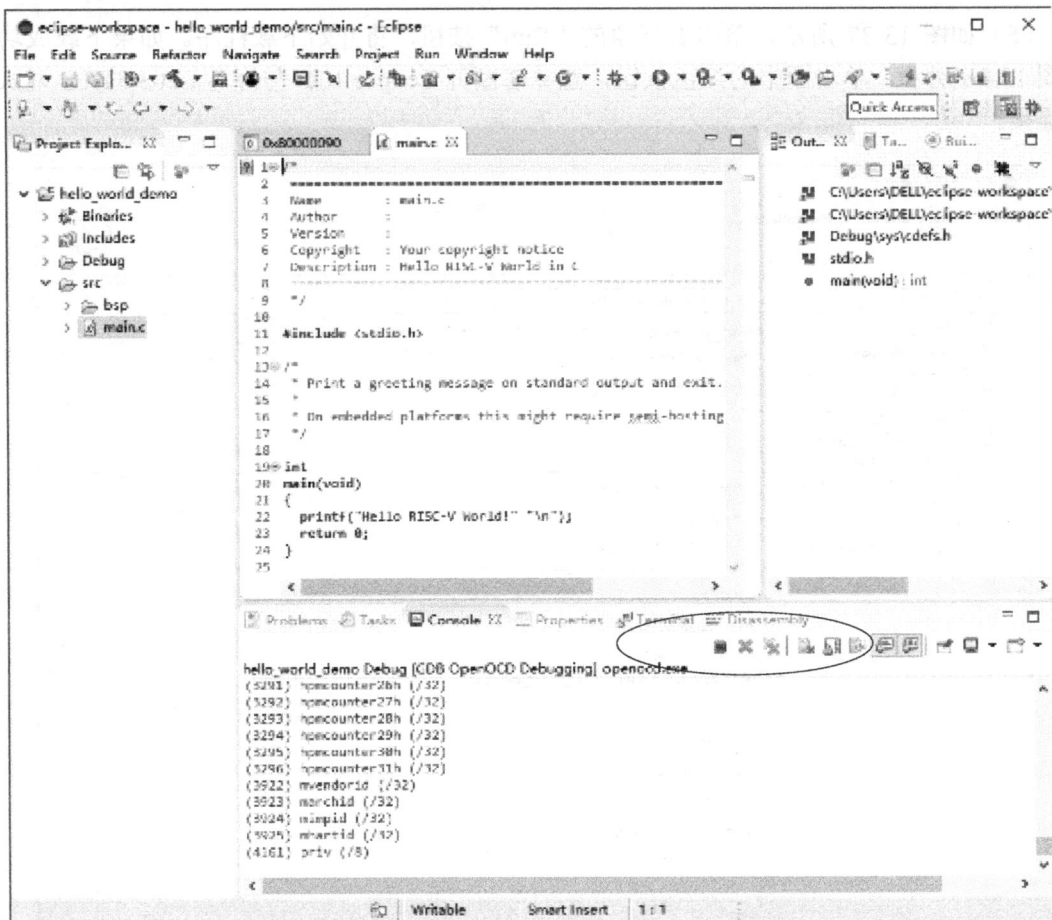

图 13-38　下载完成后单击红色按键将调试器断开

## 13.6.3　在 MCU 开发板上运行程序

至此，程序已经被下载至蜂鸟 E203 MCU 开发板中，观察开发板上运行程序的步骤如下。

- 为了能够观察其输出结果，单击如图 13-2 所示的 HBird-Eclipse 文件包中的 UartAssist.exe 即可打开串口调试助手，如图 13-39 所示。在其窗口中设置"串口号"（此示例设置为第 13.6.1 节中所述设备管理器中查看到的 COM8）、"波特率（设置为 115200）"等参数后，单击"打开"按钮。

- 按一下 MCU 开发板上的复位键，即启动程序的执行，由于 Hello World 程序非常简单，唯一的操作就是使用 Printf 函数输出 Hello World 字符，因此其输出通过 UART 串口发送给主机 PC，显示在串口调试助手上，如图 13-40 所示。

图 13-39 通过 UartAssist.exe 打开串口调试助手并配置参数

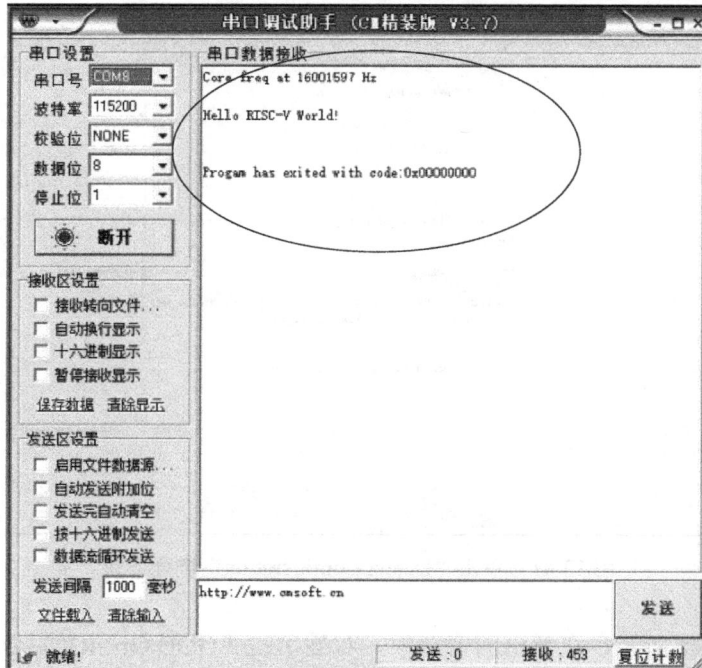

图 13-40 串口调试助手界面输出的 Hello World

## 13.7 调试 Hello World 项目

如果程序员希望能够调试运行于 MCU 开发板中程序，可以使用 Eclipse IDE 进行调试。由于 IDE 运行于主机 PC 端，而程序运行于 MCU 开发板上，因此这种调试也称为"在线调试"或者"远程调试"。

使用 Eclipse IDE 对蜂鸟 E203 MCU 进行在线调试的步骤如下。

（1）如图 13-41 所示，在菜单栏中选择"Debug—>Debug Configuration"。

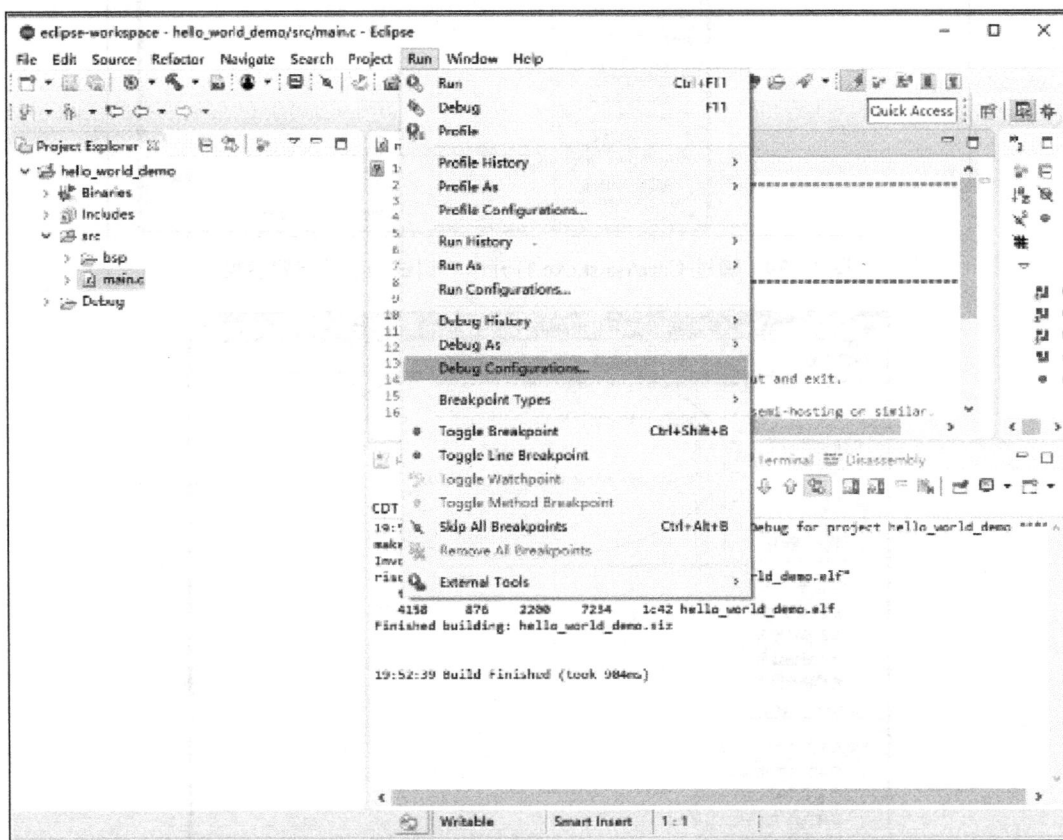

图 13-41　单击"Debug Configuration"进行下载

（2）如图 13-42 所示，在弹出的窗口中，右键单击"GDB OpenOCD Debugging"，然后选择 Hello World 项目的"hello_world_demo Debug"。

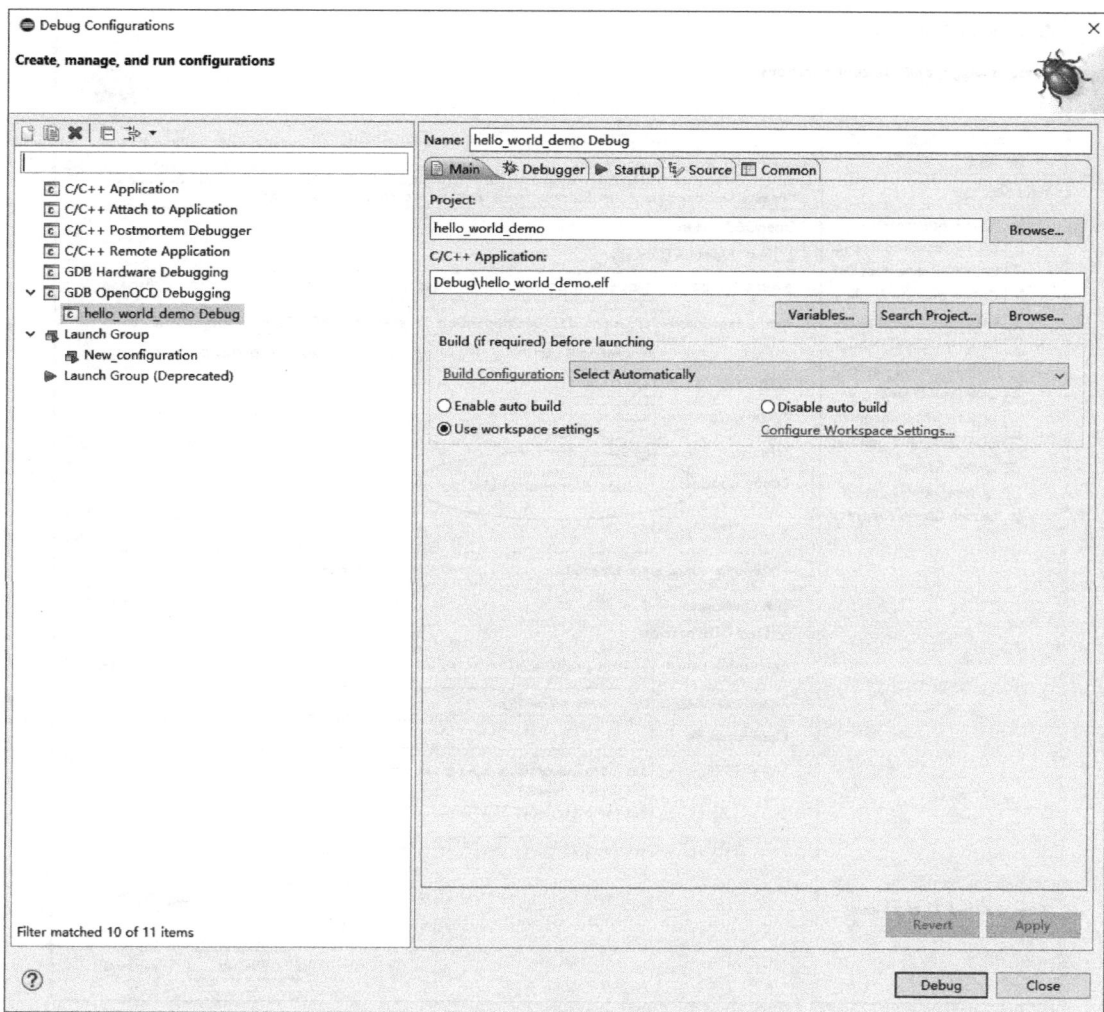

图 13-42 选中"GDB OpenOCD Debugging"

（3）如图 13-43 所示，选择调试项目"hello_world_demo Debug"的 Debugger 菜单，在 Config options 栏目中填入-f "board/openocd_hbird.cfg"，以确保 OpenOCD 使用正确的配置文件。

（4）如图 13-44 所示，选择调试项目"hello_world_demo Debug"的 Startup 菜单，确保"Set Breakpoint at Main"和"Continue"被勾选。

（5）如图 13-44 所示，单击右下角的"Debug"按钮，将开始下载程序。

（6）如果下载成功，则如图 13-45 所示，并且会启动调试界面。

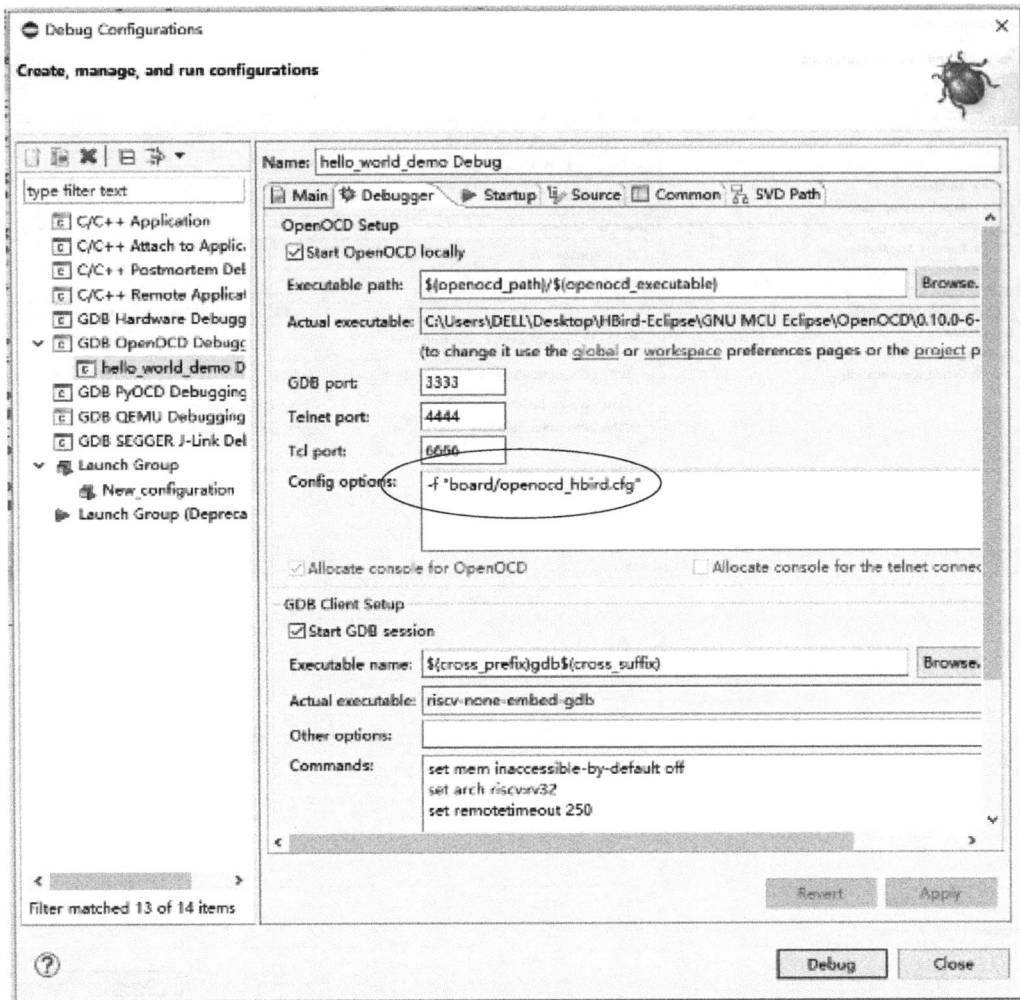

图 13-43　配置 hello_world_demo Debug 的参数

- 如图 13-45 所示，没有报出错误的信息，则表示下载成功。
- 如图 13-45 所示，调试界面的标志为右上角的甲虫标志，用户可以随时单击此标志进入调试界面。
- 如图 13-45 所示，代码开发界面的标志为右上角的 C 标志，用户可以随时单击此标志进入代码开发界面。

（7）在调试界面中的常用操作包括但不限于以下操作，本书由于篇幅限制，在此不做一一介绍，感兴趣的读者可以自行探索。

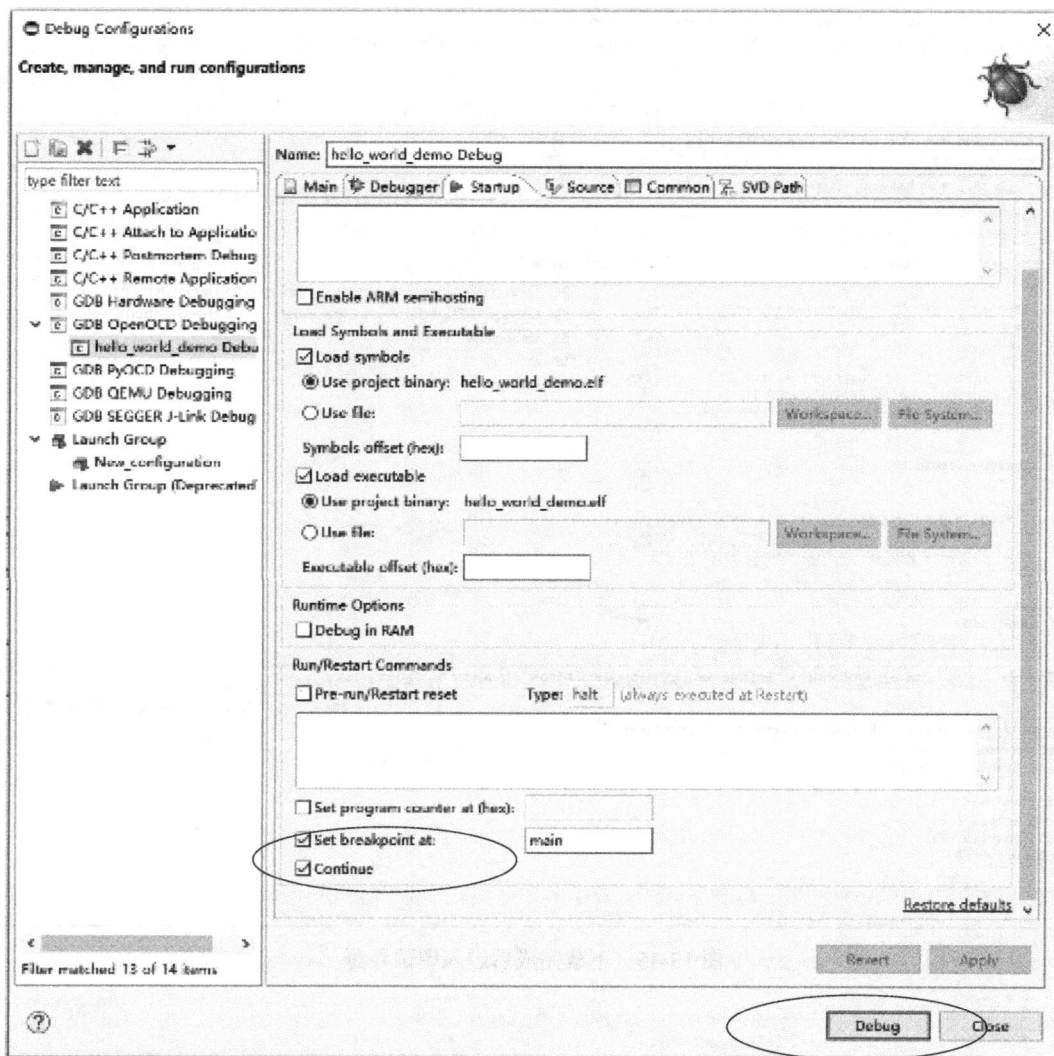

图 13-44　配置 hello_world_demo Debug 的参数

- 打断点。
- 指定从某一行开始执行。
- 单步执行。
- 查看寄存器的值，查看存储器中的值。
- 查看源代码和反汇编文件的对应关系。
- 停止调试。

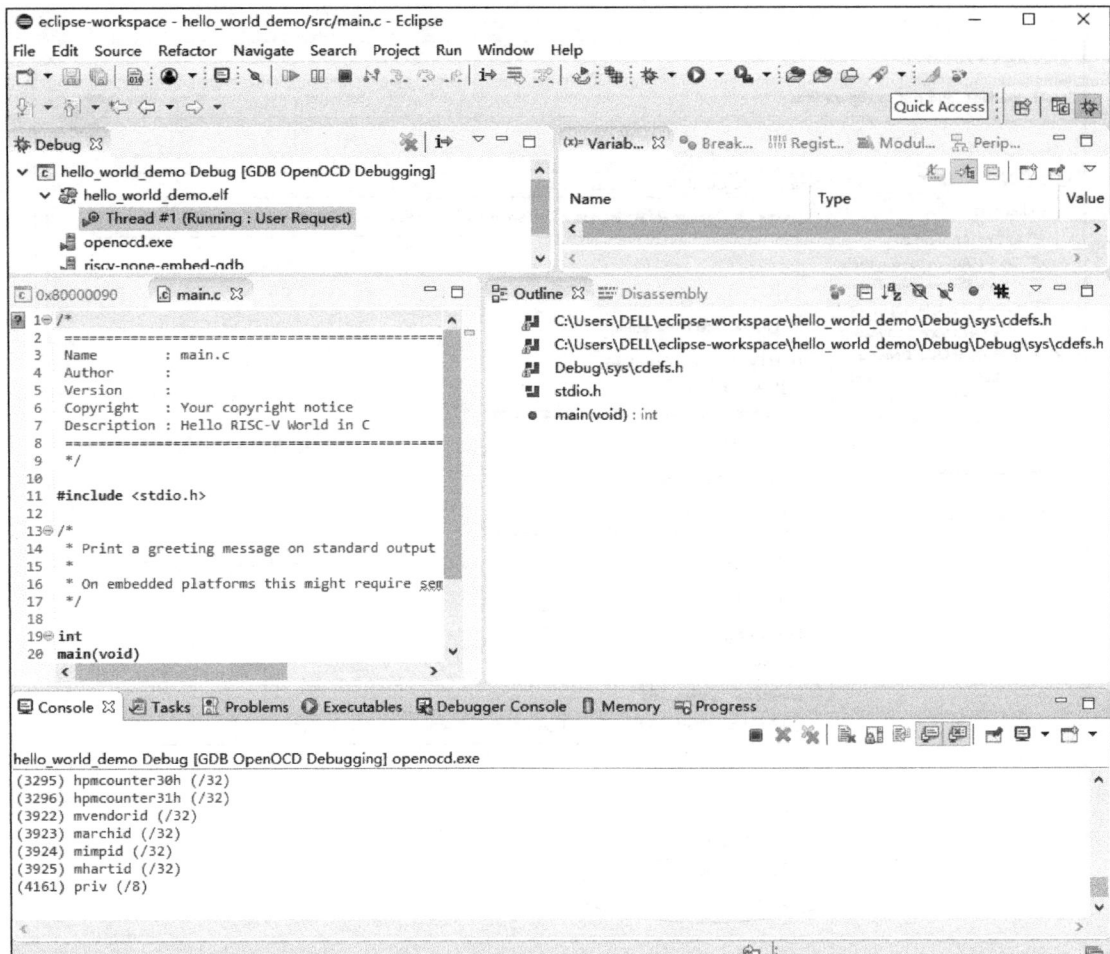

图 13-45 下载完成后进入调试界面

## 13.8 拓展一：基于 MCU Eclipse 运行调试 demo_gpio 示例

感兴趣的读者可以在 Eclipse IDE 中运行调试 demo_gpio 示例，操作步骤如下。

（1）在第 13.4.3 节中介绍的压缩包 eclipse_demo.tar.gz 中包含了 demo_gpio 的源代码，将此源代码导入工程中。

（2）其他的项目设置步骤与第 13.1～13.7 节中所述基本一致。

（3）项目运行成功后在主机 PC 的串口调试助手上显示的界面如图 13-46 所示。

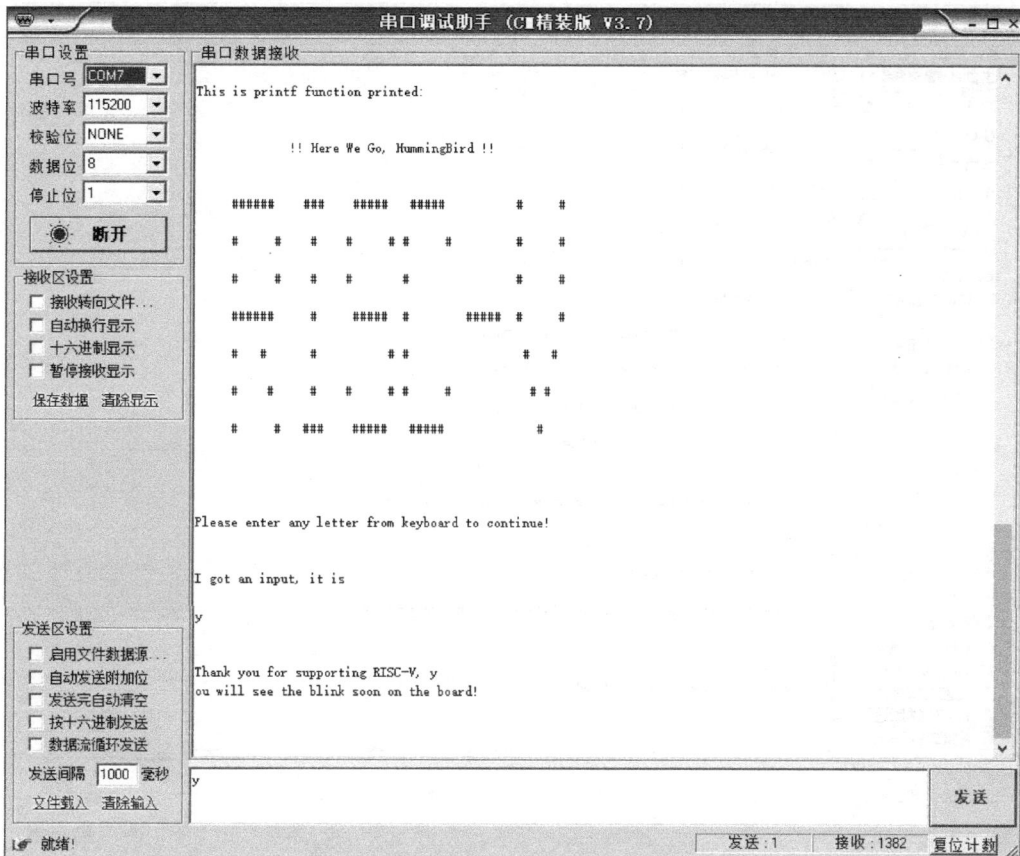

图 13-46　串口调试助手界面的 demo_gpio 示例输出

# 13.9 拓展二：基于 MCU Eclipse 运行调试 dhrystone 示例

感兴趣的读者可以在 Eclipse IDE 中运行调试 dhrystone 示例，操作步骤如下。

（1）在第 13.4.3 节中介绍的压缩包 eclipse_demo.tar.gz 中包含了 dhrystone 的源代码，将此源代码导入工程中。

（2）其他的项目设置步骤与第 13.1～13.7 节中所述基本一致。

- 由于 dhrystone 程序的 printf 需要输出打印浮点数，所以在如图 13-21 所示 GNU RISC-V Cross C Linker 的 Miscellaneous 栏目中，需要勾选"Use float with nano printf"，见第 11.3.6 节。

（3）项目运行成功后在主机 PC 的串口调试助手上显示的界面如图 13-47 所示。

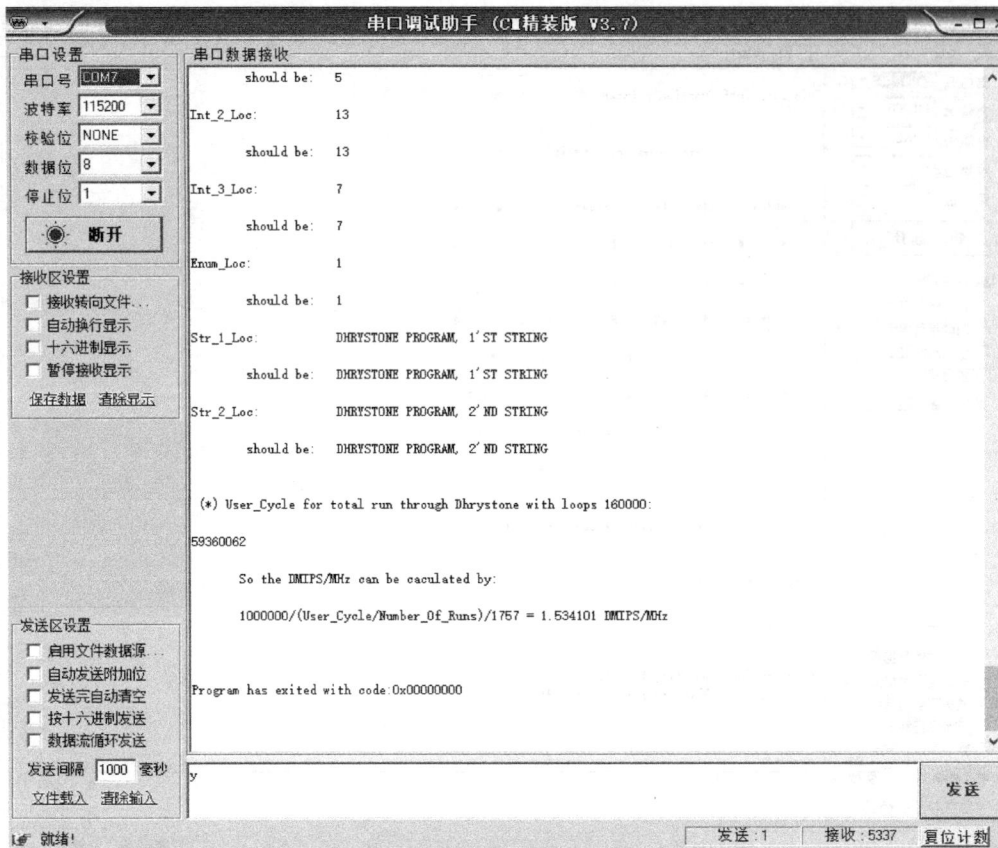

图 13-47 串口调试助手界面的 dhrystone 示例输出

# 第 14 章  开源蜂鸟 E203 MCU 开发板移植 RTOS

本章将介绍如何向开源蜂鸟 E203 MCU SoC 原型开发板平台移植开源的实时操作系统。有关操作系统和实时操作系统的相关知识比较庞杂，由于篇幅限制，本章仅简述 RTOS 以及在蜂鸟 E203 MCU SoC 平台上的运行示例，希望进阶的读者可以自行深入学习。

## 14.1  RTOS 简述

实时操作系统（RTOS）是指当外界事件或者数据产生时，能够接受并以足够快的速度予以处理，处理的结果又能在规定的时间内来控制生产过程或对处理系统能够做出快速响应，调度一切可利用的资源完成实时任务，并控制所有实时任务协调一致运行的操作系统。主要特点是提供及时响应和考可靠性。

在服务器、个人电脑、手机上运行的操作系统，譬如 Windows 和 Linux，强调在一处理器上能运行更多任务。此类操作系统的代码均具有一定规模，并且不一定能保证实时性。而对于处理器硬件资源有限，对实时性又有特殊要求的嵌入式应用领域，就需要一种代码规模适中，实时性好的操作系统。

实时性可以分为硬实时和软实时。硬实时的功能是必须在给定时间内完成操作，如果不能完成将可能导致严重后果。比如汽车安全气囊触发机制就是一个很好的硬实时的例子，在撞击后安全气囊必须在给定时间内弹出，如果响应时间超出给定时间，可能使驾驶员受到严重伤害。

对于软实时，一个典型的实例是 IPTV 数字电视机顶盒，需要实时的解码视频流，如果丢失了一个或几个视频帧，视频品质也不会相差多少。软实时系统从统计角度来说，一个任务有确定的执行时间，事件在截止时间到来之前也能得到处理，即使违反截止时间也不会带来致命的错误。

## 14.2 常用实时操作系统概述

常用的实时操作系统（RTOS）有以下几种：FreeRTOS、VxWorks、uc/os-II、uclinuxeCos、RT-Thread 和 SylixOS 等。下面分别对这几种 RTOS 进行介绍说明。

- SylixOS：翼辉 SylixOS 实时操作系统是一款功能全面、稳定可靠、易于开发的国产实时系统平台。其解决方案覆盖网络设备、国防安全、工业自动化、轨道交通、电力、医疗、航空航天等诸多领域。SylixOS 是国内唯一一款支持 SMP 的大型实时操作系统。翼辉开发嵌入式操作系统 SylixOS 始于 2006 年，至今在多领域已有众多项目或产品基于 SylixOS 进行开发。其中大部分产品都要求 24 小时不间断运行，当前很多 SylixOS 系统节点已不间断运行超过 5 万小时。

- RT-Thread：RT-Thread 是一款主要由中国开源社区主导开发的开源实时操作系统（源代码许可协议：Apache License V2.0）。经过 10 多年的开发及业界的广泛使用，RT-Thread 已经不仅仅是一个实时操作系统内核，而是演变成为一个完整的物联网应用平台，包含了嵌入式系统、物联网应用相关的各个组件，如 TCP/IP 协议栈、文件系统、libc/POSIX 接口、图形用户界面等。RT-Thread 拥有良好的软件生态，支持市面上主流的编译工具，如 GCC、Keil、IAR 等，支持各类标准接口，如 POSIX、CMSIS、C++应用环境、Javascript、MicroPython 执行环境等，方便开发者移植各类应用程序。商用支持所有的主流芯片架构，如 ARM Cortex-M/R/A、MIPS、X86、Xtensa、Andes、C-Sky、RISC-V 等，国内数家主流芯片厂商把它作为主要的操作系统平台，涉及 MCU、BLE SoC、Wi-Fi SoC 及一些 IP Camera 芯片和多媒体 AP 芯片等。

- FreeRTOS：有关 FreeRTOS 见第 14.3 节。

- VxWorks：由美国 WindRiver 公司于 1983 年推出的一款实时操作系统。由于其良好的持续发展能力，高性能内核以及友好的开发环境，因此在嵌入式系统领域占有一席之地。VxWorks 由 400 多个相对独立、短小精悍的目标模块组成，用户可根据需要进行配置和裁剪，在通信、军事、航天、航空等领域应用广泛。

- uc/os-II：前身是 uc/os，最早由 1992 年美国嵌入式专家 Jean J.Labrosse 在《嵌入式系统编程》杂志上发表，其主要特点有公开源代码，代码结构清晰明了，注释详尽，组织有条理，可移植性好，可裁剪，可固化。

- Uclinux：是由 Lineo 公司主推的开放源代码的操作系统，主要针对目标处理器没有存储管理单元的嵌入式系统而设计的。Uclinux 从 Linux2.0/2.4 内核派生而来，拥有 Linux 的绝大部分特性，通常用于内存很少的嵌入式操作系统。其主要特点有体积小、稳定、良好的移植性、优秀的网络功能等。

- eCos：含义为嵌入式可配置操作系统，主要用于消费电子、电信、车载设备、手持设备等低成本和便携式应用。其最显著的特点为可配置性，可以在源码级别实现对系统的配置和裁剪，还可安装第三方组件扩展系统功能。

# 14.3 FreeRTOS 简介

由于 RTOS 需要占用一定系统资源，只有少数 RTOS 支持在小内存的 MCU 上运行，FreeRTOS 是一款迷你型实时操作系统内核，功能包括：任务管理、时间管理、信号量、消息队列、内存管理等功能，可基本满足较小系统的需要。相对于 VxWorks、uc/os-II 等商业操作系统，FreeRTOS 完全免费，具有源码公开、可移植、可裁剪、任务调度灵活等特点，可以方便地移植到各种 MCU 上运行，其突出的特性如下。

- 免费开源。完全可以放心作为商业用途。
- 文档资源齐全。在 FreeRTOS 官网上能下载到内核文件及详细的介绍资料。
- 安全性高。SafeRTOS 基于 FreeRTOS 而来，经过安全认证的 RTOS，近年来在欧美较为流行，支持抢占式和合作式任务切换模式，代码精简，核心由 3 个 C 文件组成，可支持 65536 个任务。因此其开源免费版本 FreeRTOS 在安全性方面也应该拥有一定保障。
- 市场使用率高。从 2011 年开始，FreeRTOS 市场使用率持续高速增长，根据 EEtimes 杂志市场报告显示，FreeRTOS 使用率名列前茅，如图 14-1 所示，2017 年 FreeRTOS 市场占有率为 20%，排名第二。

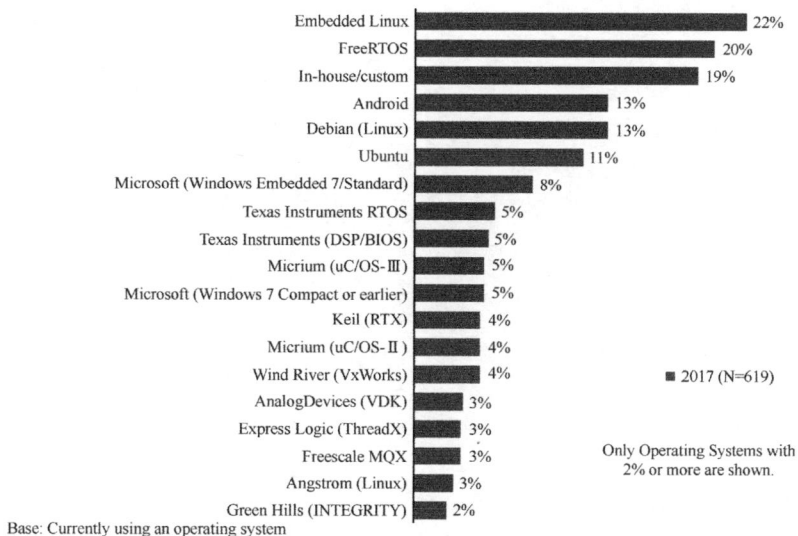

图 14-1　2017 年各种操作系统的使用数量统计

- 内核文件简单。内核相关文件仅由 3 个 C 文件组成,全部围绕任务调度展开,功能专一,便于理解与学习。

## 14.4 蜂鸟 E203 MCU 移植 RTOS

在开源蜂鸟 E203 MCU 平台上可以移植 FreeRTOS 或者 RT-Thread 以及分别运行一个完整的示例,本书限于篇幅,无法展开,请读者自行参阅 GitHub 上 HBird-E-SDK 项目中 software 目录下的 FreeRTOS 或者 RT-Thread 目录中的代码和详细文档介绍。

# 附录 A　RISC-V 架构指令集介绍

附录 A 翻译自 RISC-V 的"指令集文档",本书对相关内容进行了重组,以求通俗易懂。

## A.1　RV32GC 架构概述

当前 RISC-V 架构文档主要分为:
- "指令集文档"(riscv-spec-v2.2.pdf)
- "特权架构文档"(riscv-privileged-v1.10.pdf)

**注意**:以上文档版本号为本书撰写时的最新版本,RISC-V 的架构文档还在不断地丰富和更新,但是指令集架构的基本面(本书介绍部分)已经确定,不会再修改。如第 3.1.1 节所述,读者可以在 RISC-V 基金会的网站上注册和关注,并免费下载其完整原文。

见第 3 章,了解有关 RISC-V 指令集的特点和概述。RISC-V 指令集本身是模块化的指令集,可以灵活地进行组合,具有相当多的可配置型。蜂鸟 E203 处理器核系列支持如下模块化指令集。

- 32 位:32 位地址空间,通用寄存器宽度 32 位。
- I:支持 32 个通用整数寄存器。
- M:支持整数乘法与除法指令。
- A:支持存储器原子(Atomic)操作指令和 Load-Reserved/Store-Conditional 指令。
- F:支持单精度浮点指令。
- D:支持双精度浮点指令。
- C:支持编码长度为 16 位的压缩指令,提高代码密度。
- Machine Mode Only:只支持机器模式。

按照 RISC-V 架构命名规则,以上指令子集的组合可表示为 RV32IMAFDC。RISC-V 架构定义 IMAFD 为通用组合(General Purpose),以字母 G 表示,因此 RV32IMAFDC 也可表示为 RV32GC。

　　RV32GC 是最常见的 32 位 RISC-V 指令集组合，因此附录仅介绍 RV32GC 相关的指令集，以便读者快速学习并掌握 RISC-V 架构的基本指令集知识。关于本书未予介绍的其他指令子集细节，感兴趣的读者见 RISC-V 架构的"指令集文档"原文。

# A.2 RV32E 架构概述

　　RISC-V 提供一种可选的嵌入式架构（由字母 E 表示），仅需 16 个通用整数寄存器组成寄存器组，主要用于追求极低面积与极低功耗的嵌入式场景。

　　除此之外，RISC-V 架构文档中对嵌入式架构提供了一些其他的约束和建议。

- 嵌入式架构仅支持 32 位架构，在 64 或 128 位架构中不支持该嵌入式架构。即只有 RV32E，而没有 RV64E。
- 在嵌入式架构中推荐使用压缩指令子集（由字母 C 表示），即 RV32EC，以增加嵌入式系统中关注的代码密度。
- 在嵌入式架构中不支持浮点指令子集。如果需要选择支持浮点指令子集（F 或者 D），则必须使用非嵌入式架构（RV32I 而非 RV32E）。
- 嵌入式架构仅支持机器模式（Machine Mode）与用户模式（User Mode），不支持其他的特权模式。
- 嵌入式架构仅支持直接的物理地址管理，而不支持虚拟地址。

　　除了上述约束之外，RV32E 的其他特性与基本的整数指令架构（RV32I）完全相同，因此本书对 RV32E 架构不再赘述。

# A.3 蜂鸟 E203 支持的指令列表

　　**注意**：并非每一个型号的 RISC-V 处理器核均支持附录 A.1 节中所述的所有指令子集。以开源的 E203 处理器核为例，由于它默认支持的架构为 RV32IMAC，因此其仅支持 RV32IMAC 相关的指令子集。

# A.4 寄存器组

　　在 RISC-V 架构中，寄存器组主要包括通用寄存器（General Purpose Registers）和控制状态寄存器（Control and Status Register，CSR）。

# A.4.1 通用寄存器组

对于通用寄存器组，RISC-V 架构规定如下。

- 如果使用的是基本整数指令子集（由字母 I 表示），那么 RISC-V 架构包含 32 个通用整数寄存器，由代号 x0~x31 表示。

其中通用整数寄存器 x0 被预留为常数 0，其他 31 个（x1~x31）为普通的通用整数寄存器。

在 RISC-V 的架构中，通用寄存器的宽度由 XLEN 这个术语表示。如果是 32 位架构（由 RV32I 表示），每个寄存器的宽度为 32 位；如果是 64 位架构（由 RV64I 表示），每个寄存器的宽度为 64 位。

- 如果使用的是嵌入式架构（由字母 E 表示），那么 RISC-V 架构包含 16 个通用整数寄存器，由代号 x0~x15 表示。其中通用整数寄存器 x0 被预留为常数 0，其他 15 个（x1~x15）为普通的通用整数寄存器。

嵌入式架构只能是 32 位架构（由 RV32E 表示），因此每个寄存器的宽度为 32 位。

- 如果支持单精度浮点指令（由字母 F 表示）或者双精度浮点指令（由字母 D 表示），则需要另外增加一组独立的通用浮点寄存器组，包含 32 个通用浮点寄存器，标号为 f0~f31。有关通用浮点寄存器，附录在 A.14.4 节的浮点指令部分将予以详述。

在汇编语言中，通用寄存器组中的每个寄存器均有别名，如图 A-1 所示。

| Register | ABI Name | Description | Saver |
|----------|----------|-------------|-------|
| x0 | zero | Hard-wired zero | — |
| x1 | ra | Return address | Caller |
| x2 | sp | Stack pointer | Callee |
| x3 | gp | Global pointer | — |
| x4 | tp | Thread pointer | — |
| x5 | t0 | Temporary/alternate link register | Caller |
| x6-7 | t1-2 | Temporaries | Caller |
| x8 | s0/fp | Saved register/frame pointer | Callee |
| x9 | s1 | Saved register | Callee |
| x10-11 | a0-1 | Function arguments/return values | Caller |
| x12-17 | a2-7 | Function arguments | Caller |
| x18-27 | s2-11 | Saved registers | Callee |
| x28-31 | t3-6 | Temporaries | Caller |
| f0-7 | ft0-7 | FP temporaries | Caller |
| f8-9 | fs0-1 | FP saved registers | Callee |
| f10-11 | fa0-1 | FP arguments/return values | Caller |
| f12-17 | fa2-7 | FP arguments | Caller |
| f18-27 | fs2-11 | FP saved registers | Callee |
| f28-31 | ft8-11 | FP temporaries | Caller |

图 A-1　RISC-V 通用寄存器别名

## A.4.2 CSR 寄存器

RISC-V 的架构中定义了一些控制和状态寄存器（Control and Status Register，CSR），用于配置或记录一些运行的状态。CSR 寄存器是处理器核内部的寄存器，使用专有的 12 位地址编码空间。见附录 B，了解 CSR 寄存器的列表与详细信息。

# A.5 指令 PC

指令 PC（Instruction Program Counter）是指令存放于存储器中的地址位置。

在一部分处理器架构中，当前执行指令的 PC 值可以被反映在某些通用寄存器或特殊寄存器中。但是在 RISC-V 架构中，当前执行指令的 PC 值，并没有被反映在任何寄存器中。程序若想读取 PC 的值，只能通过某些指令间接获得，譬如 AUIPC 指令。见附录 A.14.2 节，了解 AUIPC 指令的详情。

# A.6 寻址空间划分

RISC-V 架构定义了两套寻址空间。

- 数据与指令寻址空间：RISC-V 架构使用统一的地址空间，寻址空间大小取决于通用寄存器的宽度。譬如，对于 32 位的 RISC-V 架构，指令和数据寻址空间为 2 的 32 次方，即 4GB 空间。
- CSR 寻址空间：CSR 寄存器是处理器核内部的寄存器，使用其专有的 12 位地址编码空间。见附录 B，了解 CSR 寄存器的列表与地址分配信息。

# A.7 大端格式或小端格式

由于现在的主流应用是小端格式（Little-Endian），因此 RISC-V 架构仅支持小端格式。有关小端格式和大端格式的定义和区别，本书在此不做赘述，请读者自行查阅学习。

# A.8 工作模式

如图 A-2 所示，RISC-V 架构定义了 3 种工作模式，又称特权模式（Privileged Mode）。

- Machine Mode：机器模式，简称 M Mode。
- Supervisor Mode：监督模式，简称 S Mode。
- User Mode：用户模式，简称 U Mode。

RISC-V 架构定义 M Mode 为必选模式，另外两种为可选模式。如图 A-3 所示，通过不同的模式组合可以实现不同的系统。

| Level | Encoding | Name | Abbreviation |
|---|---|---|---|
| 0 | 00 | User/Application | U |
| 1 | 01 | Supervisor | S |
| 2 | 10 | *Reserved* | |
| 3 | 11 | Machine | M |

图 A-2　RISC-V 的 3 种特权模式

- 仅有机器模式一种的系统，通常为简单的嵌入式系统。
- 支持机器模式与用户模式的系统，此类系统可以实现用户和机器模式的区分，从而实现资源保护。

| Number of levels | Supported Modes | Intended Usage |
|---|---|---|
| 1 | M | Simple embedded systems |
| 2 | M, U | Secure embedded systems |
| 3 | M, S, U | Systems running Unix-like operating systems |

图 A-3　RISC-V 不同特权模式的组合

- 支持机器模式、监督模式与用户模式的系统，此类系统可以实现类似 Unix 的操作系统。

# A.9　Hart 概念

由于现今的处理器设计技术突飞猛进，早已突破了多核的概念，甚至在一个处理器核中设计多个硬件线程的技术也早已成熟。譬如硬件超线程（Hyper-threading）技术，便是将一个处理器核中实现多份硬件线程，每套线程有自己独立的寄存器组等上下文资源，但是大多数的运算资源均被所有硬件线程复用，因此面积效率很高。在这样的硬件超线程处理器中，一个核内便存在着多个硬件线程（Hardware Thread）。

基于上述原因，在某些场景下，笼统地使用"处理器核"概念进行描述会有失精确。因此在 RISC-V 的架构文档中严谨地定义了一个 Hart（取"Hardware Thread"之意）的概念，表示一个硬件线程。在本书对于指令集架构的介绍中，将会多次使用 Hart 概念。

以蜂鸟 E203 处理器核的实现为例，由于蜂鸟 E203 是单核处理器，且没有实现任何硬件超线程的技术，因此一个蜂鸟 E203 处理器核即为一个 Hart。

# A.10　复位状态

对于硬件上电复位（Reset）后的行为，RISC-V 架构规定如下。

- 特权模式复位成为机器模式。
- mstatus 寄存器中的 MIE 和 MPRV 域被复位为 0 值，见附录 B.2.9 节，了解 mstatus 寄存器域的详细信息。
- PC 的复位值由硬件实现自定义，RISC-V 架构并未强制规定。
- 如果硬件实现需要区分不同的复位类型，那么 mcause 寄存器的值被复位成硬件实现自定义的值；如果硬件实现不需要区分不同的复位类型，那么 mcause 寄存器的值应该复位成为 0 值。
- 除上述寄存器之外的所有其他寄存器，RISC-V 架构并未强制规定其复位值。

# A.11 中断和异常

见第 4 章，系统了解中断和异常的相关信息。

# A.12 存储器地址管理

RISC-V 架构可以支持几种对存储器地址的管理模式，包括对物理地址和虚拟地址的管理方法，使得 RISC-V 架构既能支持简单的嵌入式系统（直接操作物理地址），也能支持复杂的操作系统（直接操作虚拟地址）。

由于此内容超出了本书的介绍范围（蜂鸟 E203 没有实现 MPU 或者 MMU），因此在此不做过多介绍。感兴趣的读者见 RISC-V "特权架构文档" 原文。

# A.13 存储器模型

本节介绍 RISC-V 架构的存储器模型。在 RISC-V 的 "指令集文档" 中并未对存储器模型概念进行系统解释，原因在于 "指令集文档" 是对 RISC-V 架构的精确定义，而非计算机体系结构的教学文章。

为了便于读者理解，本书设立附录 D 对存储器模型的相关知识背景予以简介。存储器模型是计算机体系结构中一个非常晦涩的概念，本书虽然力求行文通俗，但是对于此概念的阐述仍相比于其他章节更为难以理解。对于初学者而言，作者建议将此节放到最后来学习。

阅读过附录 D 的读者，应该已经了解松散一致性模型（Relaxed Consistency Model）的概念以及 RISC-V 架构中定义的 Hart 概念。RISC-V 架构明确规定，在不同 Hart 之间使用松散一致性模型，并相应地定义了存储器屏障指令（FENCE 和 FENCE.I）用于屏障存储器访问的顺序。另外，RISC-V 架构定义了可选的（非必需的）存储器原子操作指令（A 扩展指令子集），可进一步支持松散一致性模型。

# A.14 指令类型

## A.14.1　RV32IMAFDC 指令列表

附录仅对 RV32IMAFDC 架构所涉及的指令子集进行介绍。RV32IMAFDC 的完整指令列表及其编码见附录 F。

## A.14.2　基本整数指令（RV32I）

### 1. 整数有符号数

**注意**：RISC-V 架构中规定的所有整数有符号数均由二进制补码表示。

### 2. 整数运算指令

**ADDI、SLTI、SLTIU、ANDI、ORI、XORI、SLLI、SRLI、SRAI 指令**

（1）指令汇编格式

```
addi     rd, rs1, imm[11:0]
slti     rd, rs1, imm[11:0]
sltiu    rd, rs1, imm[11:0]
andi     rd, rs1, imm[11:0]
ori      rd, rs1, imm[11:0]
xori     rd, rs1, imm[11:0]
slli     rd, rs1, shamt[4:0]
srli     rd, rs1, shamt[4:0]
srai     rd, rs1, shamt[4:0]
```

（2）指令详解

该组指令将寄存器与立即数进行基本的整数运算操作。

- addi 指令将操作数寄存器 rs1 中的整数值与 12 位立即数（进行符号位扩展）进行加法操作，结果写回寄存器 rd 中。如果发生了结果溢出，无须特殊处理，将溢出位舍弃，仅保留低 32 位结果。

  使用"ADDI rd, rs1, 0"等效于伪指令"MV rd, rs1"，使用"ADDI x0, x0, 0"等效于伪指令"NOP"。见附录 G，了解伪指令的更多信息。

- slti 指令将操作数寄存器 rs1 中的整数值与 12 位立即数（进行符号位扩展）当作有

符号数进行比较。如果 rs1 中的值小于立即数的值，则结果为 1，否则为 0，结果写回寄存器 rd 中。

- sltiu 指令将操作数寄存器 rs1 中的整数值与 12 位立即数（仍然进行符号位扩展）当作无符号数进行比较。如果 rs1 中的值小于立即数的值，则结果为 1，否则为 0，结果写回寄存器 rd 中。

使用 "SLTIU rd, rs1, 1" 等效于伪指令 "SEQZ rd, rs1"。见附录 G，了解伪指令的更多信息。

**注意**：此指令的比较操作虽然是将操作数当作无符号数进行比较，但是立即数仍然是进行符号位扩展。

- andi 指令将操作数寄存器 rs1 中的整数值与 12 位立即数（进行符号位扩展）进行与（AND）操作，结果写回寄存器 rd 中。
- ori 指令将操作数寄存器 rs1 中的整数值与 12 位立即数（进行符号位扩展）进行或（OR）操作，结果写回寄存器 rd 中。
- xori 指令将操作数寄存器 rs1 中的整数值与 12 位立即数（进行符号位扩展）进行异或（XOR）操作，结果写回寄存器 rd 中。

使用 "XORI rd, rs1, -1" 等效于伪指令 "NOT rd, rs1"。见附录 G，了解伪指令的更多信息。

- slli 指令对操作数寄存器 rs1 中的整数值进行逻辑左移运算（低位补入 0），移位量为 5 位立即数，结果写回寄存器 rd 中。
- srli 指令对操作数寄存器 rs1 中的整数值进行逻辑右移运算（高位补入 0），移位量为 5 位立即数，结果写回寄存器 rd 中。
- srai 指令对操作数寄存器 rs1 中的整数值进行算术右移运算（高位补入符号位），移位量为 5 位立即数，结果写回寄存器 rd 中。

**LUI，AUIPC 指令**

（1）指令汇编格式

```
lui        rd, imm
auipc      rd, imm
```

（2）指令详解

- lui 指令将 20 位立即数的值左移 12 位（低 12 位补 0）成为一个 32 位数，将此数写回寄存器 rd 中。
- auipc 指令将 20 位立即数的值左移 12 位（低 12 位补 0）成为一个 32 位数，将此数与该指令的 PC 值相加，将加法结果写回寄存器 rd 中。

**ADD，SUB，SLT，SLTU，AND，OR，XOR，SLL，SRL，SRA 指令**

（1）指令汇编格式

```
add     rd, rs1, rs2
sub     rd, rs1, rs2
slt     rd, rs1, rs2
sltu    rd, rs1, rs2
and     rd, rs1, rs2
or      rd, rs1, rs2
xor     rd, rs1, rs2
sll     rd, rs1, rs2
srl     rd, rs1, rs2
sra     rd, rs1, rs2
```

（2）指令详解

该组指令将寄存器与寄存器进行基本的整数运算操作。

- add 指令将操作数寄存器 rs1 中的整数值与寄存器 rs2 中的整数值进行加法操作，结果写回寄存器 rd 中。如果发生了结果溢出，无须特殊处理，将溢出位舍弃，仅保留低 32 位结果。

- sub 指令将操作数寄存器 rs1 中的整数值与寄存器 rs2 中的整数值进行减法操作，结果写回寄存器 rd 中。如果发生了结果溢出，无须特殊处理，将溢出位舍弃，仅保留低 32 位结果。

- slt 指令将操作数寄存器 rs1 中的整数值与寄存器 rs2 中的整数值当作有符号数进行比较。如果 rs1 中的值小于 rs2 中的值，则结果为 1，否则为 0，结果写回寄存器 rd 中。

- sltu 指令将操作数寄存器 rs1 中的整数值与寄存器 rs2 中的整数值当作无符号数进行比较。如果 rs1 中的值小于 rs2 中的值，则结果为 1，否则为 0，结果写回寄存器 rd 中。

- and 指令将操作数寄存器 rs1 中的整数值与寄存器 rs2 中的整数值进行与（AND）操作，结果写回寄存器 rd 中。

- or 指令将操作数寄存器 rs1 中的整数值与寄存器 rs2 中的整数值进行或（OR）操作，结果写回寄存器 rd 中。

- xor 指令将操作数寄存器 rs1 中的整数值与寄存器 rs2 中的整数值进行异或（XOR）操作，结果写回寄存器 rd 中。

- sll 指令对操作数寄存器 rs1 中的整数值进行逻辑左移运算（低位补入 0），移位量为寄存器 rs2 中整数值的低 5 位，结果写回寄存器 rd 中。

- srl 指令对操作数寄存器 rs1 中的整数值进行逻辑右移运算（高位补入 0），移位量为寄存器 rs2 中整数值的低 5 位，结果写回寄存器 rd 中。

- sra 指令对操作数寄存器 rs1 中的整数值进行算术右移运算（高位补入符号位），移位量为寄存器 rs2 中整数值的低 5 位，结果写回寄存器 rd 中。

3．分支跳转指令

**JAL，JALR** 指令

（1）指令汇编格式

```
jal    rd, label
jalr   rd, rs1, imm
```

（2）指令详解

该组指令为无条件跳转指令，即一定会发生跳转：

- jal 指令使用 20 位立即数（有符号数）作为偏移量（offset）。该偏移量乘以 2，然后与该指令的 PC 相加，生成得到最终的跳转目标地址，因此仅可以跳转到前后 1MB 的地址区间。jal 指令将其下一条指令的 PC（即当前指令 PC+4）的值写入其结果寄存器 rd 中。

  **注意**：在实际的汇编程序编写中，跳转的目标往往使用汇编程序中的 label，汇编器会自动根据 label 所在的地址计算出相对的偏移量赋予指令编码。

- jalr 指令使用 12 位立即数（有符号数）作为偏移量，与操作数寄存器 rs1 中的值相加得到最终的跳转目标地址。jalr 指令将其下一条指令的 PC（即当前指令 PC+4）的值写入其结果寄存器 rd。

**BEQ，BNE，BLT，BLTU，BGE，BGEU 指令**

（1）指令汇编格式

```
beq    rs1, rs2, label
bne    rs1, rs2, label
blt    rs1, rs2, label
bltu   rs1, rs2, label
bge    rs1, rs2, label
bgeu   rs1, rs2, label
```

（2）指令详解

该组指令为有条件跳转指令，使用 12 位立即数（有符号数）作为偏移量。该偏移量乘以 2，然后与该指令的 PC 相加，生成得到最终的跳转目标地址，因此仅可以跳转到前后 4KB 的地址区间。有条件跳转指令需要在条件为真时才会发生跳转，具体如下。

- beq 指令只有在操作数寄存器 rs1 中的数值与操作数寄存器 rs2 中的数值相等时，才会跳转。

- bne 指令只有在操作数寄存器 rs1 中的数值与操作数寄存器 rs2 中的数值不相等时，才会跳转。

- blt 指令只有在操作数寄存器 rs1 中的有符号数小于操作数寄存器 rs2 中的有符号数时，才会跳转。

- bltu 指令只有在操作数寄存器 rs1 中的无符号数小于操作数寄存器 rs2 中的无符号数时，才会跳转。

- bge 指令只有在操作数寄存器 rs1 中的有符号数大于或等于操作数寄存器 rs2 中的有符号数时，才会跳转。

- bgeu 指令只有在操作数寄存器 rs1 中的无符号数大于或等于操作数寄存器 rs2 中的无符号数时，才会跳转。

**注意：** 在实际的汇编程序编写中，跳转的目标往往使用汇编程序中的 label，汇编器会自动根据 label 所在的地址计算出相对的偏移量赋予指令编码。

### 4．整数 Load/Store 指令

**LW，LH，LHU，LB，LBU，SW，SH，SB 指令**

（1）指令汇编格式

```
lw     rd, offset[11:0](rs1)
lh     rd, offset[11:0](rs1)
lhu    rd, offset[11:0](rs1)
lb     rd, offset[11:0](rs1)
lbu    rd, offset[11:0](rs1)
sw     rs2, offset[11:0](rs1)
sh     rs2, offset[11:0](rs1)
sb     rs2, offset[11:0](rs1)
```

（2）指令详解

该组指令进行存储器读或者写操作，访问存储器的地址均由操作数寄存器 rs1 中的值与 12 位的立即数（进行符号位扩展）相加所得。

- lw 指令从存储器中读回一个 32 位的数据，写回寄存器 rd 中。
- lh 指令从存储器中读回一个 16 位的数据，进行符号位扩展后写回寄存器 rd 中。
- lhu 指令从存储器中读回一个 16 位的数据，进行高位补 0 扩展后写回寄存器 rd 中。
- lb 指令从存储器中读回一个 8 位的数据，进行符号位扩展后写回寄存器 rd 中。
- lbu 指令从存储器中读回一个 8 位的数据，进行高位补 0 扩展后写回寄存器 rd 中。
- sw 指令将操作数寄存器 rs2 中的 32 位数据，写回存储器中。
- sh 指令将操作数寄存器 rs2 中的低 16 位数据，写回存储器中。
- sb 指令将操作数寄存器 rs2 中的低 8 位数据，写回存储器中。

对于整数 Load 和 Store 指令，RISC-V 架构推荐使用地址对齐的存储器读写操作。但是地址非对齐的存储器操作 RISC-V 架构也支持，处理器可以选择用硬件来支持，也可以选择用软件异常服务程序来支持。蜂鸟 E203 处理器核选择采用软件异常服务程序来支持（即地址非对齐的 Load 或 Store 指令会产生异常），见第 4 章，了解更多异常的相关信息。

**注意：** RISC-V 架构仅支持小端（Little-Endian）格式。

对于地址对齐的存储器读写操作，RISC-V 架构规定其存储器读写操作必须具备原子性。有关存储器原子操作的背景知识，见附录 A.14.5 节对于 RV32A 指令子集的介绍。

### 5．CSR 指令

如附录 A.4.2 节所述，RISC-V 的架构中定义了一些控制和状态寄存器（Control and Status

Register，CSR)，用于配置或记录一些运行的状态。CSR 寄存器是处理器核内部的寄存器，使用其专有的 12 位地址编码空间。见附录 B，了解 CSR 寄存器的列表与详细信息。

CSR 寄存器的访问采用专用的 CSR 指令，包括 CSRRW、CSRRS、CSRRC、CSRRWI、CSRRSI 以及 CSRRCI 指令。

**CSRRW，CSRRS，CSRRC，CSRRWI，CSRRSI，CSRRCI 指令**

（1）指令汇编格式

```
csrrw     rd, csr, rs1
csrrs     rd, csr, rs1
csrrc     rd, csr, rs1
csrrwi    rd, csr, imm[4:0]
csrrsi    rd, csr, imm[4:0]
csrrci    rd, csr, imm[4:0]
```

（2）指令详解

该组指令用于读写 CSR 寄存器。

- csrrw 指令完成两项操作：

  将 csr 索引的 CSR 寄存器值读出，写回结果寄存器 rd 中。

  将操作数寄存器 rs1 中的值写入 csr 索引的 CSR 寄存器中。

- csrrs 指令完成两项操作：

  将 csr 索引的 CSR 寄存器值读出，写回结果寄存器 rd 中。

  以操作数寄存器 rs1 中的值逐位作为参考，如果 rs1 中的值某个比特位为 1，则将 csr 索引的 CSR 寄存器中对应的比特位置为 1，其他位则不受影响。

- csrrc 指令完成两项操作：

  将 csr 索引的 CSR 寄存器的值读出，写回结果寄存器 rd 中。

  以操作数寄存器 rs1 中的值逐位作为参考，如果 rs1 中的值某个比特位为 1，则将 csr 索引的 CSR 寄存器中对应的比特位清为 0，其他位则不受影响。

- csrrwi 指令完成两项操作：

  将 csr 索引的 CSR 寄存器的值读出，写回结果寄存器 rd 中。

  将 5 位立即数（高位补 0 扩展）的值写入 csr 索引的 CSR 寄存器中。

- csrrsi 指令完成两项操作：

  将 csr 索引的 CSR 寄存器的值读出，写回结果寄存器 rd 中。

  以 5 位立即数（高位补 0 扩展）的值逐位作为参考，如果该值某个比特位为 1，将 csr 索引的 CSR 寄存器中对应的比特位置为 1，其他位则不受影响。

- csrrci 指令完成两项操作：

  将 csr 索引的 CSR 寄存器的值读出，写回结果寄存器 rd 中。

  以 5 位立即数（高位补 0 扩展）的值逐位作为参考，如果该值某个比特位为 1，将

csr 索引的 CSR 寄存器中对应的比特位清为 0，其他位则不受影响。

**注意：**

- 对于 CSRRW 和 CSRRWI 指令而言，如果结果寄存器 rd 的索引值为 0，则不会发起 CSR 寄存器的读操作，也不会带来任何读操作造成的副作用。
- 对于 CSRRS 和 CSRRC 指令而言，如果 rs1 的索引值为 0，则不会发起 CSR 寄存器的写操作，也不会带来任何写操作造成的副作用。
- 对于 CSRRSI 和 CSRRCI 指令而言，如果立即数的值为 0，则不会发起 CSR 寄存器的写操作，也不会带来任何写操作造成的副作用。

使用上述指令的不同形式可以等效出 CSRR、CSRW、CSRS 以及 CSRC 等伪指令。见附录 G，了解伪指令的更多信息。

### 6. 存储器屏障（FENCE）指令

在附录 A.13 节中已介绍，RISC-V 架构在不同 Hart 之间使用的是松散一致性模型，也介绍了松散一致性模型需要使用存储器屏障（Memory Fence）指令，因此 RISC-V 也相应地定义了其存储器屏障指令，主要包括 FENCE 和 FENCE.I 指令，此二种指令都是 RISC-V 架构必选的基本指令。

**FENCE 指令**

（1）指令汇编格式

```
fence
```

（2）指令详解

fence 指令用于屏障"数据"存储器访问的执行顺序，在程序中如果添加了一条 fence 指令，则该 fence 指令能够保证"在 fence 之前所有指令进行的数据访存结果"必须比"在 fence 之后所有指令进行的数据访存结果"先被观测到。通俗地讲，fence 指令就像一堵屏障一样，在 fence 指令之前的所有数据存储器访问指令，必须比该 fence 指令之后的所有数据存储器访问指令先执行。

为了能够更加细致地屏障不同地址区间的存储器访问指令，RISC-V 架构将数据存储器的地址空间分为设备 I/O（Device I/O）和普通存储器（Memory）空间，因此对其读写访问可以分为 4 种类型。

- I：设备读（Device-Input）
- O：设备写（Device-Output）
- R：存储器读（Memory-Reads）
- W：存储器写（Memory-Writes）

如图 A-4 所示，fence 指令的编码中包含了 PI/PO/PR/PW 编码位，分别表示 fence 指令之前（predecessor）的四种读写访问类型；还包含了 SI/SO/SR/SW 编码位，分别表示 fence 指令之后

（successor）的四种读写访问类型。通过设置不同的编码位，就可以更加细致地屏障不同数据存储器访问操作。譬如，在程序中如果添加了一条"fence io, iorw"指令，则该 FENCE 指令能够保证"在 fence 之前所有指令进行的设备读（Device-Input）和设备写（Device-Output）操作结果"必须比"在 fence 之后所有指令进行的设备读（Device-Input）、设备写（Device-Output）、存储器读（Memory-Reads）以及存储器写（Memory-Writes）结果"先被观测到。通俗地讲，fence 指令就像一堵屏障一样，在 fence 指令之前的（Device-Input）和设备写（Device-Output）操作指令，必须比该 fence 指令之后的设备读（Device-Input）、设备写（Device-Output）、存储器读（Memory-Reads）以及存储器写（Memory-Writes）操作指令先执行。

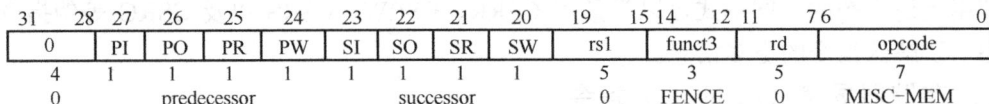

| 31 28 | 27 | 26 | 25 | 24 | 23 | 22 | 21 | 20 | 19 15 | 14 12 | 11 7 | 6 0 |
|---|---|---|---|---|---|---|---|---|---|---|---|---|
| 0 | PI | PO | PR | PW | SI | SO | SR | SW | rs1 | funct3 | rd | opcode |
| 4 | 1 | 1 | 1 | 1 | 1 | 1 | 1 | 1 | 5 | 3 | 5 | 7 |
| 0 | predecessor | | | | successor | | | | 0 | FENCE | 0 | MISC-MEM |

图 A-4　Fence 指令的指令编码

**注意**：不带参数的 fence 指令默认等效于"fence iorw, iorw"。虽然 fence 指令可以通过 IORW 参数细致地屏障不同地址类型的存储器访问指令，但是协议也允许处理器的简单硬件实现，譬如对于简单的低功耗处理器而言，不管 fence 指令中编码的 PI/PO/PR/PW/SI/SO/SR/RW 的值如何，一概的屏障所有地址类型的存储器访问指令（都等效于 FENCE IORW, IORW），蜂鸟 E203 处理器核便是采取这种简单的硬件实现。

**FENCE.I 指令**
（1）指令汇编格式

```
fence.i
```

（2）指令详解
fence.i 指令用于同步指令和数据流。

为了能够解释清楚 fence.i 指令的功能。在此有必要先引出一个问题：假设在程序中一条"写存储器指令"向某段地址区间中写入了新的值，同时，假设"后序的指令"也需要从该地址区间进行取指令，那么该取指操作能否取到它前面"写存储器指令"写入的新值呢？答案是"不一定"。因为处理器的流水线具有一定的深度，指令与指令采取的是流水线的方式工作，当"写存储器指令"完成了写操作时，后续的指令可能早已完成了取指令操作进入了流水线的执行阶段，因此"后序的指令"取指取到的其实是它前面"写存储器指令"写入新值之前的旧值。

为了解决该问题，fence.i 指令被引入。如果在程序中如果添加了一条 fence.i 指令，则该 fence.i 指令能够保证"在 fence.i 之前所有指令进行的数据访存结果"一定能够被"在 fence.i 之后所有指令进行的取指令操作"访问到。通常说来，在处理器的微架构硬件实现时，一旦遇到一条 fence.i 指令便会先等待之前的所有的数据访存指令执行完，然后将流水线冲刷掉（包括 I-Cache），使其后续的所有指令能够重新进行取指，从而取到最新的值。

**注意**：fence.i 指令只能够保证同一个 Hart 执行的指令和数据流顺序，而无法保证多个 Hart 之间的指令和数据流顺序。假设一个 Hart 希望其执行的数据访存结果能够被所有 Hart（包括其自己和其他 Hart）的指令取指操作所访问到，那么理论上它应该采取如下措施。

- 第 1 步：本 Hart 完成"数据访存操作"。
- 第 2 步：本 Hart 执行一条 fence 指令，保证其前序的所有数据访存操作一定能够比后序的操作被所有的 Hart 先观测到。
- 第 3 步：本 Hart 请求所有的 Hart（包括其自己）执行一条 fence.i 指令。

**注意**：本 Hart "对其他的 Hart 发起的请求操作"和之前进行的"数据访存操作"必须能够被 fence 指令屏障开，也就意味着，当所有其他 Hart 接收到请求之后，一定能够观测到之前"数据访存操作"的结果，然后再执行了 fence.i 指令之后的指令取指操作便能够取到最新的数值。

### 7．特殊指令 ECALL、EBREAK、MRET、WFI

**ECALL 指令**

（1）指令汇编格式

```
ecall
```

（2）指令详解

ecall 指令用于生成环境调用（Environment-Call）异常。当产生异常时，mepc 寄存器将会被更新为 ecall 指令本身的 PC 值。见第 4 章，了解更多中断与和异常信息。

**EBREAK 指令**

（1）指令汇编格式

```
ebreak
```

（2）指令详解

ebreak 指令用于生成断点（Breakpoint）异常。当产生异常时，mepc 寄存器将会被更新为 ebreak 指令本身的 PC 值。见第 4 章，了解更多中断与和异常信息。

**MRET 指令**

（1）指令汇编格式

```
mret
```

（2）指令详解

RISC-V 架构定义了一组专门用于退出异常的指令，称为异常返回指令（Trap-Return

Instructions），包括 mret、sret 和 uret，其中 mret 指令是必备的，而 sret 和 uret 指令仅在支持监督模式和用户模式的处理器中使用。使用 mret 指令退出异常的机制如下。

- 处理器在执行了 mret 指令退出异常时，即跳转到 mepc 寄存器的值指定的 PC 地址。由于在之前进入异常时，mepc 寄存器被同时更新以反映当时遇到异常的指令的 PC 值，因此通过这个机制则意味着 mret 指令执行后处理器回到了当时遇到异常的指令的 PC 地址，从而可以继续执行之前被中止的程序流。

- 处理器在执行了 mret 指令退出异常时，mstatus 寄存器的有些域被同时更新。

  MIE 的值被更新为 MPIE 的值，MPIE 的值则被更新为 1。

  假设只支持机器模式，MPP 的值永远为 11。

  由于在进入异常时，MPIE 的值曾经被更新为 MIE 的值（MIE 的值则更新为 0 以全局关闭中断），因此通过这个机制则意味着 mret 指令执行后处理器的 MIE 值被更新回了之前的值（假设之前的 MIE 值为 1，则意味着中断被重新全局打开）。

见第 4 章，了解更多中断与和异常信息。

**WFI 指令**

（1）指令汇编格式

```
wfi
```

（2）指令详解

WFI 指令，全称为等待中断（Wait For Interrupt），是 RISC-V 架构定义的专门用于休眠的指令。

RISC-V 架构也允许具体的硬件实现中将 WFI 指令当成一种 NOP 操作，即什么也不做。

如果硬件实现选择支持休眠模式，则按照 RISC-V 架构规定其行为如下。

- 当处理器执行到 WFI 指令之后，将会停止执行当前的指令流，进入一种空闲状态，这种空闲状态可以被称为"休眠"状态。

- 直到处理器接收到中断（中断局部开关必须被打开，由 mie 寄存器控制），处理器便被唤醒。处理器被唤醒后，如果中断被全局打开（mstatus 寄存器的 MIE 域控制），则进入到中断异常服务程序开始执行；如果中断被全局关闭，则继续顺序执行之前停止的指令流。

## A.14.3  整数乘法和除法指令（RV32M 指令子集）

RISC-V 架构定义了可选的整数乘法和除法指令（M 扩展指令子集）。本书仅介绍 32 位架构的乘除法指令（RV32M）。

## 1．整数乘法指令

**MUL，MULH，MULHU，MULHSU** 指令

（1）指令汇编格式

```
mul     rd, rs1, rs2
mulh    rd, rs1, rs2
mulhu   rd, rs1, rs2
mulhsu  rd, rs1, rs2
```

（2）指令详解

该组指令进行整数的乘法操作。

- mul 指令将操作数寄存器 rs1 与 rs2 中的 32 位整数相乘，将结果的低 32 位写回寄存器 rd 中。
- 由于两个 32 位整数操作数相乘的结果等于 64 位，且对于两个 32 位整数相乘而言，将两个操作数当作有符号数相乘所得的低 32 位和当作无符号数相乘所得的低 32 位肯定是相同的（具体算法读者可以自行推导），因此 RISC-V 架构仅定义了一条 mul 指令作为取低 32 位结果的乘法指令。
- mulh 指令将操作数寄存器 rs1 与 rs2 中的 32 位整数相乘，其中 rs1 和 rs2 中的值都被当作有符号数，将结果的高 32 位写回寄存器 rd 中。
- mulhu 指令将操作数寄存器 rs1 与 rs2 中的 32 位整数相乘，其中 rs1 和 rs2 中的值都被当作无符号数，将结果的高 32 位写回寄存器 rd 中。
- mulhsu 指令将操作数寄存器 rs1 与 rs2 中的 32 位整数相乘，其中 rs1 和 rs2 中的值分别被当作有符号数和无符号数，将结果的高 32 位写回寄存器 rd 中。

**注意**：如果希望得到两个 32 位整数相乘的完整 64 位结果，RISC-V 架构推荐使用两条连续的乘法指令 "**MULH[[S]U] rdh, rs1, rs2;   MUL rdl, rs1,rs2**"，其要点如下。

- 两条指令的源操作数索引号和顺序必须完全相同。
- 第一条指令的结果寄存器 rdh 的索引号必须不能与其 rs1 和 rs2 的索引号相等。
- 处理器实现的微架构可以将两条指令融合（Fused）成为一条指令执行，而不是分离的两条指令，从而提高性能。

## 2．整数除法指令

**DIV，DIVU，REM，REMU** 指令

（1）指令汇编格式

```
div     rd, rs1, rs2
divu    rd, rs1, rs2
rem     rd, rs1, rs2
remu    rd, rs1, rs2
```

（2）指令详解

该组指令进行整数的除法操作。

- div 指令将操作数寄存器 rs1 与 rs2 中的 32 位整数相除，其中 rs1 和 rs2 中的值都被当作有符号数，将除法所得的商写回寄存器 rd 中。
- divu 指令将操作数寄存器 rs1 与 rs2 中的 32 位整数相除，其中 rs1 和 rs2 中的值都被当作无符号数，将除法所得的商写回寄存器 rd 中。
- rem 指令将操作数寄存器 rs1 与 rs2 中的 32 位整数相除，其中 rs1 和 rs2 中的值都被当作有符号数，将除法所得的余数写回寄存器 rd 中。
- remu 指令将操作数寄存器 rs1 与 rs2 中的 32 位整数相除，其中 rs1 和 rs2 中的值都被当作无符号数，将除法所得的余数写回寄存器 rd 中。

**注意**：如果希望同时得到两个 32 位整数相除的商和余数，RISC-V 架构推荐使用两条连续的除法和取余指令 "**DIV[U] rdq, rs1, rs2; REM[U] rdr, rs1, rs2**"，其要点如下。

- 两条指令的源操作数索引号和顺序必须完全相同。
- 第一条指令的结果寄存器 rdq 的索引号必须不能与其 rs1 和 rs2 的索引号相等。
- 处理器实现的微架构可以将两条指令融合成为一条指令执行，而不是分离的两条指令，从而提高性能。

在很多的处理器架构中，除法的除以 0（Divided-by-Zero）都会触发异常跳转（Trap）从而进入异常模式。但是请注意：RISC-V 架构的除法指令在除以 0 时并不会跳转进入异常模式。这是 RISC-V 架构的一个显著特点。该特点可以大幅简化处理器流水线的硬件实现。

虽然不会发生异常，但是仍然会产生特殊的数值结果。RISC-V 架构的除法指令在除以 0，以及发生结果上溢出时产生的数值结果如图 A-5 所示。

| Condition | Dividend | Divisor | DIVU | REMU | DIV | REM |
|---|---|---|---|---|---|---|
| Division by zero | $x$ | 0 | $2^{XLEN}-1$ | $x$ | $-1$ | $x$ |
| Overflow (signed only) | $-2^{XLEN-1}$ | $-1$ | – | – | $-2^{XLEN-1}$ | 0 |

图 A-5  DIVU/REMU/DIV/REM 四条指令在除以 0 和上溢出时的结果

# A.14.4　浮点指令（RV32F，RV32D 指令子集）

RISC-V 架构定义了可选的单精度浮点指令（F 扩展指令子集）和双精度浮点指令（D 扩展指令子集）。

**注意**：RISC-V 架构规定，处理器可以选择只实现 F 扩展指令子集而不支持 D 扩展指令子集；但是如果支持了 D 扩展指令子集，则必须支持 F 扩展指令子集。

本书仅介绍 32 位架构的浮点指令（RV32F，RV32D）。

## 1．标准

RISC-V 架构中规定的所有浮点运算均遵循标准 IEEE-754 标准。具体的标准版本为 ANSI/IEEE Std 754-2008, IEEE standard for oating-point arithmetic, 2008.

## 2．通用浮点寄存器组

RISC-V 架构规定，如果支持单精度浮点指令或者双精度浮点指令，则需要增加一组独立的通用浮点寄存器组，包含 32 个通用浮点寄存器，标号为 f0～f31。

浮点寄存器的宽度由 FLEN 表示，如果仅支持 F 扩展指令子集，则每个通用浮点寄存器的宽度为 32 位；如果支持 D 扩展指令子集，则每个通用浮点寄存器的宽度为 64 位。

**注意：** RISC-V 架构规定，不同于基本整数指令集中规定 x0 为常数 0，浮点寄存器组中的 f0 为一个正常的通用浮点寄存器（与 f1～f31 相同）。

## 3．浮点 fcsr 寄存器

RISC-V 架构规定，如果支持单精度浮点指令或者双精度浮点指令，则需要增加一个浮点控制状态寄存器（fcsr），如图 A-6 所示。fcsr 是一个可读可写的 CSR 寄存器，有关此 CSR 寄存器的地址，见附录 B.1 节。

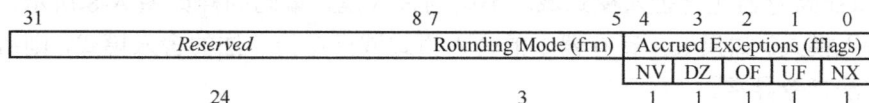

| 31 | 8 7 | 5 4 | 3 | 2 | 1 | 0 |
|---|---|---|---|---|---|---|
| *Reserved* | Rounding Mode (frm) | \multicolumn{5}{c|}{Accrued Exceptions (fflags)} |

| | | NV | DZ | OF | UF | NX |
|---|---|---|---|---|---|---|
| 24 | 3 | 1 | 1 | 1 | 1 | 1 |

图 A-6　fcsr 寄存器格式

## 4．浮点异常标志

如图 A-6 所示，fcsr 寄存器包含浮点异常标志位域（fflags），不同的异常标志位所表示的异常类型如图 A-7 所示。如果浮点运算单元在运算中出现了相应的异常，则会将 fcsr 寄存器中对应的异常标志位设置为高，且会一直保持累积。软件可以通过写 0 的方式单独清除某个异常标志位。

在很多的处理器架构中，浮点运算产生结果异常都会触发异常跳转（Trap）从而进入异常模式。但是请注意：RISC-V 架构的浮点指令在产生结果异常时并不会跳转进入异常模式，而是如上所述仅设置 fcsr 寄存器中的异常标志位。这是 RISC-V 架构的一个显著特点。该特点可以大幅简化处理器流水线的硬件实现。

| Flag Mnemonic | Flag Meaning |
|---|---|
| NV | Invalid Operation |
| DZ | Divide by Zero |
| OF | Overflow |
| UF | Underflow |
| NX | nexact |

图 A-7　异常标志位

## 5．浮点舍入模式

根据 IEEE-754 标准，浮点数运算需要指定舍入模式（Rounding Mode），RISC-V 架构浮点运算的舍入模式可以通过两种方式指定。

（1）静态舍入模式：浮点指令的编码中有 3 位作为舍入模式域。有关浮点，指令列表及指令编码的内容，见附录 F.4 节。不同的舍入模式编码如图 A-8 所示，RISC-V 架构支持五种合法的舍入模式。除此之外，如果舍入模式编码为 101 或 110，则为非法模式；如果舍入模式编码为 111，则意味着使用动态舍入模式。

| Rounding Mode | Mnemonic | Meaning |
|---|---|---|
| 000 | RNE | Round to Nearest,ties to Even |
| 001 | RTZ | Round towards Zero |
| 010 | RDN | Round Down (towards$-\infty$) |
| 011 | RUP | Round Up (towards$+\infty$) |
| 100 | RMM | Round to Nearest, ties to Max Magnitude |
| 101 | | *Invalid. Reserved for future use.* |
| 110 | | *Invalid. Reserved for future use.* |
| 111 | | In instruction's *rm* field, selects dynamic rounding mode; In Rounding Mode register, *Invalid.* |

图 A-8 舍入模式位

（2）动态舍入模式：如果使用动态舍入模式，则使用 fcsr 寄存器中的舍入模式域。如图 A-6 所示，fcsr 寄存器包含舍入模式域。不同的舍入模式编码同样如图 A-8 所示，仅支持五种合法的舍入模式。如果 fcsr 寄存器中的舍入模式域指定为非法的舍入模式，则后续浮点指令会产生非法指令异常。

### 6. 浮点 fcsr 访问伪指令

虽然 RISC-V 架构只定义了一个浮点控制寄存器（fcsr），但是该寄存器的不同域 frm 和 fflags 以及该寄存器本身 fcsr 均被分配了独立的 CSR 地址，如图 A-9 所示。

| Number | Privilege | Name | Description |
|---|---|---|---|
| | | | Floating-Point Control and Status Registers |
| 0x001 | Read/write | fflags | Floating-Point Accrued Exceptions. |
| 0x002 | Read/write | frm | Floating-Point Dynamic Rounding Mode. |
| 0x003 | Read/write | fcsr | Floating-Point Control and Status Register (frm+fflags). |

图 A-9 fflags，frm 和 fcsr 的 CSR 地址

为了能够方便地访问以上浮点 CSR 寄存器，RISC-V 架构定义了一系列的伪指令，如图 A-10 所示。所谓伪指令意味着其并不是一条真正的指令，而是对其他基本指令使用形式的一种别名，譬如伪指令 "frcsr rd" 事实上是基本 CSR 指令的使用形式 "csrrs rd, fcsr, x0"。

### 7. 关闭浮点单元

如果处理器不想使用浮点运算单元（譬如将浮点单元关电以节省功耗），可以使用 CSR 写指令将 mstatus 寄存器的 FS 域设置成 0，将浮点单元的功能予以关闭。当浮点单元的功能关闭之后，任何访问浮点 CSR 寄存器的操作或者任何执行浮点指令的行为都将会产生非法指令（Illegal Instruction）异常。

| frcsr rd | csrrs rd, fcsr, x0 | Read FP control/status register |
| fscsr rd, rs | csrrw rd, fcsr, rs | Swap FP control/status register |
| fscsr rs | csrrw x0, fcsr, rs | Write FP control/status register |
| frrm rd | csrrs rd, frm, x0 | Read FP rounding mode |
| fsrm rd, rs | csrrw rd, frm, rs | Swap FP rounding mode |
| fsrm,rs | csrrw x0, frm, rs | Write FP rounding mode |
| fsrmi rd, imm | csrrwi rd, frm,imm | Swap FP rounding mode, immediate |
| fsrmi imm | csrrwi x0, frm,imm | Write FP rounding mode, immediate |
| frflags rd | csrrs rd, fflags, x0 | Read FP exception flags |
| fsflags rd, rs | csrrw rd, fflags, rs | Swap FP exception flags |
| fsflags, rs | csrrw x0, fflags, rs | Write FP exception flags |
| fsflagsi rd, imm | csrrwi rd, fflags, imm | Swap FP exception flags, immediate |
| fsflagsi imm | csrrwi x0, fflags, imm | Write FP exception flags, immediate |

图 A-10 浮点 CSR 访问伪指令

见附录 B.2.9 节，了解 mstatus 寄存器 FS 域的相关信息。

### 8．非规格化数的处理

RISC-V 架构规定，对于非规格化数（Subnormal Numbers）的处理完全遵循附录 A.14.4 节列举的 IEEE-754 标准定义。

### 9．Canonical-NaN 数

根据 IEEE-754 标准，在浮点数的表示中，有一类特殊编码数据属于 NaN（Not a Number）类型，且 NaN 分为 Signaling-NaN 和 Quiet-NaN。有关 NaN 数据的细节，见附录 A.14.4 节列举的 IEEE-754 标准。

RISC-V 架构规定，如果浮点运算的结果是一个 NaN 数，那么使用一个固定的 NaN 数，将之命名为 Canonical-NaN。单精度浮点对应的 Canonical-NaN 数值为 0x7fc00000，双精度浮点对应的 Canonical-NaN 数值为 0x7ff80000_00000000。

### 10．NaN-boxing

如果同时支持单精度浮点（F 扩展指令子集）和双精度浮点（D 扩展指令子集），由于浮点通用寄存器的宽度为 64 位，RISC-V 架构规定单精度浮点指令产生的 32 位结果写入浮点通用寄存器（64 位宽）时，将结果写入低 32 位，而高位则全部写为数值 1，RISC-V 架构规定此种做法称为 NaN-boxing。NaN-boxing 可以发生在如下情形：

- 对于单精度浮点读（Load）/写（Store）指令和传送（Move）指令（包括 FLW，FSW，FMV.W.X，FMV.X.W）。如果需要将 32 位的数值写入通用浮点寄存器，则采用 NaN-boxing 的方式；如果需要将浮点通用寄存器中的数值读出，则仅使用其低 32 位数值。
- 对于单精度浮点运算（Compute）和符号注入（Sign-injection）指令，需要判断其操作数浮点寄存器中的值是否为合法的 NaN-boxed 值（即高 32 位都为 1）。如果是，则正常使用其低 32 位；如果不是，则将此操作数当作 Canonical-NaN 来使用。
- 对于整数至单精度浮点的转换指令（譬如 FCVT.S.X），则采用 NaN-boxing 的方式

写回浮点通用寄存器。对于单精度浮点至整数的转换指令（譬如 FCVT.X.S），需要判断其操作数浮点寄存器中的值是否为合法的 NaN-boxed 值（即高 32 位都为 1）。如果是，则正常使用其低 32 位；如果不是，则将此操作数当作 Canonical-NaN 来使用。

### 11. 浮点数读写指令

**FLW，FSW，FLD，FSD 指令**

（1）指令汇编格式

```
flw    rd, offset[11:0](rs1)
fsw    rs2, offset[11:0](rs1)
fld    rd, offset[11:0](rs1)
fsd    rs2, offset[11:0](rs1)
```

（2）指令详解

该组指令进行存储器读或者写操作，访问存储器的地址均由操作数寄存器 rs1 中的值与 12 位的立即数（进行符号位扩展）相加所得。

- flw 指令从存储器中读回一个单精度浮点数，写回寄存器 rd 中。
- fsw 指令将操作数寄存器 rs2 中的单精度浮点数，写回存储器中。
- fld 指令从存储器中读回一个双精度浮点数，写回寄存器 rd 中。
- fsd 指令将操作数寄存器 rs2 中的双精度浮点数，写回存储器中。

对于浮点读和写指令，RISC-V 架构推荐使用地址对齐的存储器读写操作。但是地址非对齐的存储器操作 RISC-V 架构也支持，处理器可以选择用硬件来支持，也可以选择用软件异常服务程序来支持。蜂鸟 E203 处理器核选择采用软件异常服务程序来支持（即地址非对齐的浮点数读或写指令会产生异常），见第 4 章，了解更多异常的相关信息。

对于地址对齐的存储器读写操作，RISC-V 架构规定其存储器读写操作必须具备原子性。有关存储器原子操作的背景知识，见附录 A.14.5 节对于 RV32A 指令子集的介绍。

### 12. 浮点数运算指令

**注意**：本节所有指令的浮点运算（Compute）均遵循附录 A.14.4 节列举的 IEEE-754 的标准定义。

**FADD，FSUB，FMUL，FDIV，FSQRT 指令**

（1）指令汇编格式

```
fadd.s    rd, rs1, rs2
fsub.s    rd, rs1, rs2
fmul.s    rd, rs1, rs2
fdiv.s    rd, rs1, rs2
fsqrt.s   rd, rs1
fadd.d    rd, rs1, rs2
fsub.d    rd, rs1, rs2
fmul.d    rd, rs1, rs2
```

```
fdiv.d      rd, rs1, rs2
fsqrt.d     rd, rs1
```

（2）指令详解

该组指令进行加、减、乘、除、求平方根操作。

- fadd.s 指令将操作数寄存器 rs1 与 rs2 中的单精度浮点数进行加法操作，结果写回寄存器 rd 中。
- fsub.s 指令将操作数寄存器 rs1 与 rs2 中的单精度浮点数进行减法操作，结果写回寄存器 rd 中。
- fmul.s 指令将操作数寄存器 rs1 与 rs2 中的单精度浮点数进行乘法操作，结果写回寄存器 rd 中。
- fdiv.s 指令将操作数寄存器 rs1 与 rs2 中的单精度浮点数进行除法操作，结果写回寄存器 rd 中。
- fsqrt.s 指令将操作数寄存器 rs1 中的单精度浮点数进行求平方根操作，结果写回寄存器 rd 中。
- fadd.d 指令将操作数寄存器 rs1 与 rs2 中的双精度浮点数进行加法操作，结果写回寄存器 rd 中。
- fsub.d 指令将操作数寄存器 rs1 与 rs2 中的双精度浮点数进行减法操作，结果写回寄存器 rd 中。
- fmul.d 指令将操作数寄存器 rs1 与 rs2 中的双精度浮点数进行乘法操作，结果写回寄存器 rd 中。
- fdiv.d 指令将操作数寄存器 rs1 与 rs2 中的双精度浮点数进行除法操作，结果写回寄存器 rd 中。
- fsqrt.d 指令将操作数寄存器 rs1 中的双精度浮点数进行求平方根操作，结果写回寄存器 rd 中。

**FMIN，FMAX 指令**

（1）指令汇编格式

```
fmin.s      rd, rs1, rs2
fmax.s      rd, rs1, rs2
fmin.d      rd, rs1, rs2
fmax.d      rd, rs1, rs2
```

（2）指令详解

该组指令进行取大值、取小值操作。

- fmin.s 指令将操作数寄存器 rs1 与 rs2 中的单精度浮点数进行比较操作，将数值小的一方作为结果写回寄存器 rd 中。

- fmax.s 指令将操作数寄存器 rs1 与 rs2 中的单精度浮点数进行比较操作，将数值大的一方作为结果写回寄存器 rd 中。
- fmin.d 指令将操作数寄存器 rs1 与 rs2 中的双精度浮点数进行比较操作，将数值小的一方作为结果写回寄存器 rd 中。
- fmax.d 指令将操作数寄存器 rs1 与 rs2 中的双精度浮点数进行比较操作，将数值大的一方作为结果写回寄存器 rd 中。

对于 FMAX 和 FMIN 指令，注意如下特殊情况。

- 如果指令的两个操作数都是 NaN，那么结果为 Canonical-NaN。
- 如果只有一个操作数为 NaN，则结果为非 NaN 的另外一个操作数。
- 如果任意一个操作数属于 Signaling-NaN，则需要在 fscr 寄存器中产生 NV 异常标志。
- 由于浮点数可以表示两个 0 值，分别是-0.0 和+0.0，对于 FMAX 和 FMIN 指令而言，-0.0 被认为比+0.0 小。

**FMADD，FMSUB，FNMSUB，FNMADD 指令**

（1）指令汇编格式

```
fmadd.s      rd, rs1, rs2, rs3
fmsub.s      rd, rs1, rs2, rs3
fnmadd.s     rd, rs1, rs2, rs3
fnmsub.s     rd, rs1, rs2, rs3
fmadd.d      rd, rs1, rs2, rs3
fmsub.d      rd, rs1, rs2, rs3
fnmadd.d     rd, rs1, rs2, rs3
fnmsub.d     rd, rs1, rs2, rs3
```

（2）指令详解

该组指令进行一体化乘累加（Fused Multiply-add）操作。

- fmadd.s 指令将操作数寄存器 rs1、rs2 与 rs3 中的单精度浮点数进行 rs1*rs2+rs3 操作，将结果写回寄存器 rd 中。
- fmsub.s 指令将操作数寄存器 rs1、rs2 与 rs3 中的单精度浮点数进行 rs1*rs2-rs3 操作，将结果写回寄存器 rd 中。
- fnmadd.s 指令将操作数寄存器 rs1、rs2 与 rs3 中的单精度浮点数进行-rs1*rs2-rs3 操作，将结果写回寄存器 rd 中。
- fnmsub.s 指令将操作数寄存器 rs1、rs2 与 rs3 中的单精度浮点数进行-rs1*rs2+rs3 操作，将结果写回寄存器 rd 中。
- fmadd.d 指令将操作数寄存器 rs1、rs2 与 rs3 中的双精度浮点数进行 rs1*rs2+rs3 操作，将结果写回寄存器 rd 中。

- fmsub.d 指令将操作数寄存器 rs1、rs2 与 rs3 中的双精度浮点数进行 rs1*rs2−rs3 操作，将结果写回寄存器 rd 中。
- fnmadd.d 指令将操作数寄存器 rs1、rs2 与 rs3 中的双精度浮点数进行−rs1*rs2−rs3 操作，将结果写回寄存器 rd 中。
- fnmsub.d 指令将操作数寄存器 rs1、rs2 与 rs3 中的双精度浮点数进行−rs1*rs2+rs3 操作，将结果写回寄存器 rd 中。

**注意：** 对于上述指令，如果两个被乘数的值为无穷大和 0，则需要在 fscr 寄存器中产生 NV 异常标志。

### 13．浮点数格式转换指令

**FCVT.W.S，FCVT.S.W，FCVT.WU.S，FCVT.S.WU，FCVT.W.D，FCVT.D.W，FCVT.WU.D，FCVT.D.WU 指令**

（1）指令汇编格式

```
fcvt.w.s     rd, rs1
fcvt.s.w     rd, rs1
fcvt.uw.s    rd, rs1
fcvt.s.uw    rd, rs1
fcvt.w.d     rd, rs1
fcvt.d.w     rd, rs1
fcvt.uw.d    rd, rs1
fcvt.d.uw    rd, rs1
```

（2）指令详解

该组指令进行浮点与整数之间的转换操作。

- fcvt.w.s 指令将通用浮点寄存器 rs1 中的单精度浮点数转换成有符号整数，将结果写回通用整数寄存器 rd 中。
- fcvt.s.w 指令将通用整数寄存器 rs1 中的有符号整数转换成为单精度浮点数，将结果写回通用浮点寄存器 rd 中。
- fcvt.uw.s 指令将通用浮点寄存器 rs1 中的单精度浮点数转换成无符号整数，将结果写回通用整数寄存器 rd 中。
- fcvt.s.uw 指令将通用整数寄存器 rs1 中的无符号整数转换成为单精度浮点数，将结果写回通用浮点寄存器 rd 中。
- fcvt.w.d 指令将通用浮点寄存器 rs1 中的双精度浮点数转换成有符号整数，将结果写回通用整数寄存器 rd 中。
- fcvt.d.w 指令将通用整数寄存器 rs1 中的有符号整数转换成为双精度浮点数，将结果写回通用浮点寄存器 rd 中。
- fcvt.uw.d 指令将通用浮点寄存器 rs1 中的双精度浮点数转换成无符号整数，将结果写回通用整数寄存器 rd 中。

- fcvt.d.uw 指令将通用整数寄存器 rs1 中的无符号整数转换成为双精度浮点数，将结果写回通用浮点寄存器 rd 中。

**注意**：由于浮点数的表示范围远远大于整数的表示范围，且浮点数存在某些特殊的类型（无穷大或者 NaN），因此将浮点数转换成整数的过程中存在诸多特殊情况，其转换成为整数的结果如图 A-11 所示。

|  | FCVT.W.S | FCVT.WU.S |
|---|---|---|
| Minimum valid input (after rounding)<br>Maximum valid input (after rounding) | $-2^{31}$<br>$2^{31}-1$ | 0<br>$2^{32}-1$ |
| Output for out-of-range negative input<br>Output for $-\infty$<br>Output for out-of-range positive input<br>Output for $+\infty$ or NaN | $-2^{31}$<br>$-2^{31}$<br>$2^{31}-1$<br>$2^{31}-1$ | 0<br>0<br>$2^{32}-1$<br>$2^{32}-1$ |

图 A-11 单精度浮点数转换成整数需处理的特殊情况（双精度同理）

**FCVT.S.D，FCVT.D.S 指令**

（1）指令汇编格式

```
fcvt.s.d        rd, rs1
fcvt.d.s        rd, rs1
```

（2）指令详解

该组指令进行双精度浮点与单精度浮点之间的转换操作。

- fcvt.s.d 指令将操作数寄存器 rs1 中的双精度浮点数转换成单精度浮点数，将结果写回寄存器 rd 中。
- fcvt.d.s 指令将操作数寄存器 rs1 中的单精度浮点数转换成双精度浮点数，将结果写回寄存器 rd 中。

**14．浮点数符号注入指令**

**FSGNJ，FSGNJN，FSGNJX 指令**

（1）指令汇编格式

```
fsgnj.s         rd, rs1, rs2
fsgnjn.s        rd, rs1, rs2
fsgnjx.s        rd, rs1, rs2
fsgnj.d         rd, rs1, rs2
fsgnjn.d        rd, rs1, rs2
fsgnjx.d        rd, rs1, rs2
```

（2）指令详解

该组符号注入指令（Sign-injection Instructions）进行符号注入操作。

- fsgnj.s 指令的操作数均为单精度浮点数,结果的符号位来自操作数寄存器 rs2 的符号位,结果的其他位来自操作数寄存器 rs1,将结果写回寄存器 rd。
- fsgnjn.s 指令的操作数均为单精度浮点数,结果的符号位来自操作数寄存器 rs2 的符号位取反,结果的其他位来自操作数寄存器 rs1,将结果写回寄存器 rd。
- fsgnjx.s 指令的操作数均为单精度浮点数,结果的符号位来自操作数寄存器 rs1 的符号位与操作数寄存器 rs2 的符号位进行异或(xor)操作,结果的其他位来自操作数寄存器 rs1,将结果写回寄存器 rd。
- fsgnj.d 指令的操作数均为双精度浮点数,结果的符号位来自操作数寄存器 rs2 的符号位,结果的其他位来自操作数寄存器 rs1,将结果写回寄存器 rd。
- fsgnjn.d 指令的操作数均为双精度浮点数,结果的符号位来自操作数寄存器 rs2 的符号位取反,结果的其他位来自操作数寄存器 rs1,将结果写回寄存器 rd。
- fsgnjx.d 指令的操作数均为双精度浮点数,结果的符号位来自操作数寄存器 rs1 的符号位与操作数寄存器 rs2 的符号位进行异或(xor)操作,结果的其他位来自操作数寄存器 rs1,将结果写回寄存器 rd。

**注意:**

- 使用上述指令的不同形式可以等效为不同的伪指令,譬如 FMV、FNEG 和 FABS 等。见附录 G,了解伪指令的更多信息。
- FSGNJ、FSGNJN 和 FSGNJX 指令对于 NaN 类型的操作数并不做特殊对待,而是将其当作普通操作数一样进行符号注入操作。

### 15. 浮点与整数互搬指令

**FMV.X.W,FMV.W.X 指令**

(1)指令汇编格式

```
fmv.x.w      rd, rs1
fmv.w.x      rd, rs1
```

(2)指令详解

该组指令进行浮点与整数寄存器之间的数据搬运操作。

- fmv.x.w 指令将通用浮点寄存器 rs1 中的单精度浮点数读出,然后写回通用整数寄存器 rd 中。
- fmv.w.x 指令将通用整数寄存器 rs1 中的整数读出,然后写回通用浮点寄存器 rd 中。

**注意:** 由于 32 位架构的通用整数寄存器的宽度为 32 位,而双精度浮点数为 64 位,无法实现双精度浮点寄存器与整数寄存器之间的数据互相搬运,因此在 32 位架构中没有此类指令。

### 16. 浮点数比较指令

**FLT，FLE，FEQ 指令**

（1）指令汇编格式

```
flt.s     rd, rs1, rs2
fle.s     rd, rs1, rs2
feq.s     rd, rs1, rs2
flt.d     rd, rs1, rs2
fle.d     rd, rs1, rs2
feq.d     rd, rs1, rs2
```

（2）指令详解

该组指令进行浮点数的比较操作。

- flt.s 指令：如果通用浮点寄存器 rs1 中的单精度浮点数值小于 rs2 中的值，则结果为 1，否则为 0，将结果写回通用整数寄存器 rd 中。
- fle.s 指令：如果通用浮点寄存器 rs1 中的单精度浮点数值小于或者等于 rs2 中的值，则结果为 1，否则为 0，将结果写回通用整数寄存器 rd 中。
- feq.s 指令：如果通用浮点寄存器 rs1 中的单精度浮点数值等于 rs2 中的值，则结果为 1，否则为 0，将结果写回通用整数寄存器 rd 中。
- flt.d 指令：如果通用浮点寄存器 rs1 中的双精度浮点数值小于 rs2 中的值，则结果为 1，否则为 0，将结果写回通用整数寄存器 rd 中。
- fle.d 指令：如果通用浮点寄存器 rs1 中的双精度浮点数值小于或者等于 rs2 中的值，则结果为 1，否则为 0，将结果写回通用整数寄存器 rd 中。
- feq.d 指令：如果通用浮点寄存器 rs1 中的双精度浮点数值等于 rs2 中的值，则结果为 1，否则为 0，将结果写回通用整数寄存器 rd 中。

**注意：**

- 对于 FLT、FLE 和 FEQ 指令，如果任何一个操作数为 NaN，则结果为 0。
- 对于 FLT 和 FLE 指令，如果任意一个操作数属于 NaN，则需要在 fscr 寄存器中产生 NV 异常标志。
- 对于 FEQ 指令，如果任意一个操作数属于 Signaling-NaN，则需要在 fscr 寄存器中产生 NV 异常标志。

### 17. 浮点数分类指令

**FCLASS 指令**

（1）指令汇编格式

```
fclass.s      rd, rs1
fclass.d      rd, rs1
```

（2）指令详解

该组指令进行浮点数的分类操作。

- fclass.s 指令：对通用浮点寄存器 rs1 中的单精度浮点数进行判断，根据其所属的类型，生成一个 10 位的独热码（one-hot）结果，结果的每一位对应一种类型，如图 A-12 所示，将结果写回通用整数寄存器 rd 中。

- fclass.d 指令：对通用浮点寄存器 rs1 中的双精度浮点数进行判断，根据其所属的类型，生成一个 10 位的独热码（one-hot）结果，结果的每一位对应一种类型，如图 A-12 所示，将结果写回通用整数寄存器 rd 中。

| rd bit | Meaning |
|--------|---------|
| 0 | *rs1* is-$\infty$ |
| 1 | *rs1* is a negative normal number. |
| 2 | *rs1* is a negative subnormal number. |
| 3 | *rs1* is-0. |
| 4 | *rs1* is+0. |
| 5 | *rs1* is a positive subnormal number. |
| 6 | *rs1* is a positive normal number. |
| 7 | *rs1* is+$\infty$. |
| 8 | *rs1* is a signaling NaN. |
| 9 | *rs1* is a quiet NaN. |

图 A-12 浮点分类指令的分类结果

# A.14.5 存储器原子操作指令（RV32A 指令子集）

本节介绍 RISC-V 架构的原子操作指令，在 RISC-V 的"指令集文档"中并未对存储器原子操作指令进行系统解释，因为"指令集文档"是对 RISC-V 架构的精确定义，而非计算机体系结构的教学文章。为了便于读者理解，本书单独设立附录 E 对原子操作指令的相关知识背景予以简介，建议读者先阅读附录 E 中的相关背景介绍。

阅读过附录 E 的读者，想必已了解 RISC-V 架构定义了可选的（非必需的）存储器原子操作指令（A 扩展指令子集）。

RISC-V 架构定义了可选的（非必需的）存储器原子操作指令（A 扩展指令子集），该扩展指令子集支持两类指令：

- Atomic-Memory-Operation（AMO）指令
- Load-Reserved 和 Store-Conditional 指令

## 1. Atomic-Memory-Operation（AMO）指令

**AMO 指令**

**注意**：本节仅介绍 RISC-V 32 位架构的 AMO 指令。

（1）指令汇编格式

```
amoswap.w    rd, rs2, (rs1)
amoadd.w     rd, rs2, (rs1)
amoand.w     rd, rs2, (rs1)
amoor.w      rd, rs2, (rs1)
amoxor.w     rd, rs2, (rs1)
amomax.w     rd, rs2, (rs1)
amomaxu.w    rd, rs2, (rs1)
```

```
amomin.w    rd, rs2, (rs1)
amominu.w   rd, rs2, (rs1)
```

（2）指令详解

此类指令用于从存储器（地址为 rs1 寄存器的值指定）中读出一个数据，存放至 rd 寄存器中，并且将读出的数据与 rs2 寄存器的值进行计算，再将计算后的结果写回存储器（存储器写回地址与读出地址相同）。

对读出数据进行的计算操作类型依赖于具体的指令类型。

- amoswap.w  将读出的数据与 rs2 寄存器的值进行互换。
- amoadd.w   将读出的数据与 rs2 寄存器的值进行加法操作。
- amoand.w   将读出的数据与 rs2 寄存器的值进行与操作。
- amoor.w    将读出的数据与 rs2 寄存器的值进行或操作。
- amoxor.w   将读出的数据与 rs2 寄存器的值进行异或操作。
- amomax.w   将读出的数据与 rs2 寄存器的值进行（当作有符号数）取最大值操作。
- amomaxu.w  将读出的数据与 rs2 寄存器的值进行（当作无符号数）取最大值操作。
- amomin.w   将读出的数据与 rs2 寄存器的值进行（当作有符号数）取最小值操作。
- amominu.w  将读出的数据与 rs2 寄存器的值进行（当作无符号数）取最小值操作。

对于 32 位架构的 AMO 指令，访问存储器的地址必须与 32 位对齐，否则会产生地址非对齐异常（AMO Misaligned Address Exception）。

AMO 指令要求整个"读出-计算-写回"过程必须为"Atomic（原子）"性质。所谓原子性质即整个"读出-计算-写回"过程必须能够确切完成，在读出和写回之间的间隙，存储器的该地址不能够被其他的进程访问（通常会将总线锁定）。见附录 E，了解更多背景知识和相关信息。

AMO 指令还支持释放一致性模型（Release Consistency Model），有关释放一致性模型的背景知识，见附录 D.2.3 节。如图 A-13 所示，AMO 指令的编码中包含了 aq/rl 编码位，分别表示获取或者释放操作。通过设置不同的编码位，就可以赋予 AMO 指令获取或者释放操作属性，有关获取或者释放操作属性的含义，见附录 D.2.3 节。

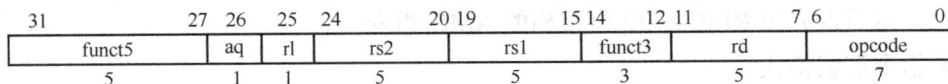

| 31 27 | 26 | 25 | 24 20 | 19 15 | 14 12 | 11 7 | 6 0 |
|---|---|---|---|---|---|---|---|
| funct5 | aq | rl | rs2 | rs1 | funct3 | rd | opcode |
| 5 | 1 | 1 | 5 | 5 | 3 | 5 | 7 |

图 A-13　AMO 指令的指令编码

- amoswap.w   rd, rs2, (rs1) 指令不具有获取和释放属性，不具备屏障功能。
- amoswap.w.aq   rd, rs2, (rs1) 指令具有获取属性，能够屏障其之后的所有存储器访问操作。
- amoswap.w.rl   rd, rs2, (rs1) 指令具有释放属性，能够屏障其之前的所有存储器访问操作。

- amoswap.w.aqrl   rd, rs2, (rs1) 指令同时具有获取和释放属性，能够屏障其之前和之后的所有存储器访问操作。

使用带有获取或者释放属性的 AMO 指令可以实现附录 E 中介绍的"上锁"操作。其示例程序代码如下：

```
li t0, 1                      # 将 T0 寄存器的值初始化为 1。
again:
amoswap.w.aq t0, t0, (a0)     # 使用带获取属性的 amoswap 指令，将存在（a0）地址中的
                              #   锁的值读出，并将 t0 之前的值写入（a0）地址。
bnez t0, again                # 如果锁中的值非 0，意味着当前的锁仍然被其他进程占用，因此重
                              #   新读取锁的值。
# ...                         # 否则，如果锁中的值为 0，则意味着上锁成功，可以进行独占后的
                              #   后续操作。
# Critical section.
# ...
amoswap.w.rl x0, x0, (a0)     # 完成操作后，通过带有释放属性的 amoswap 指令向锁中写
                              #   入数值 0，将锁释放。
```

### 2. Load-Reserved 和 Store-Conditional 指令

**Load-Reserved/Store-Conditional** 指令

**注意：**本节仅介绍 RISC-V 32 位架构的 Load-Reserved 和 Store-Conditional 指令。

（1）指令汇编格式

```
lr.w     rd, (rs1)
sc.w     rd, rs2, (rs1)
```

（2）指令详解

Load-Reserved 和 Store-Conditional 指令的功能与附录 E.3 节中介绍的互斥读（Load-Exclusive）和互斥写（Store-Exclusive）指令完全相同。见附录 E，了解更多相关背景知识。

LR（Load-Reserved）指令用于从存储器（地址为 rs1 寄存器的值指定）中读出一个 32 位数据，存放至 rd 寄存器中。

SC（Store-Conditional）指令用于向存储器（地址为 rs1 寄存器的值指定）中写入一个 32 位数据，数据的值来自于 rs2 寄存器中的值。SC 指令不一定能够执行成功，只有满足如下条件，SC 指令才能够执行成功。

- LR 和 SC 指令成对地访问相同的地址。
- LR 和 SC 指令之间没有任何其他的写操作（来自任何一个 Hart）访问过同样的地址。
- LR 和 SC 指令之间没有任何中断与异常发生。
- LR 和 SC 指令之间没有执行 MRET 指令。

如果执行成功，则向 rd 寄存器写回数值 0，如果执行失败，则向 rd 寄存器写回一个非零值；如果执行失败，意味着没有真正写入存储器。

对于 32 位架构的 LR 和 SC 指令，访问存储器的地址必须与 32 位对齐，否则会产生地址非对齐异常（misaligned address exception）。

LR/SC 指令也支持释放一致性模型，有关释放一致性模型的背景知识，见附录 D.2.3 节。如图 A-14 所示，LR/SC 指令的编码中包含了 aq/rl 编码位，分别表示获取（acquire）或者释放（release）操作。与 AMO 指令相同，通过设置不同的编码位，就可以赋予 LR/SC 指令获取或者释放操作属性。有关获取或者释放操作属性的含义，见附录 D.2.3 节。

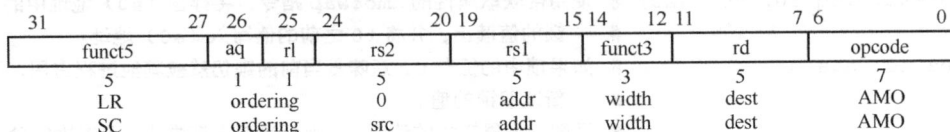

| 31　　　　27 | 26 | 25 | 24　　　20 | 19　　　15 | 14　　12 | 11　　　7 | 6　　　　0 |
|---|---|---|---|---|---|---|---|
| funct5 | aq | rl | rs2 | rs1 | funct3 | rd | opcode |
| 5 | 1 | 1 | 5 | 5 | 3 | 5 | 7 |
| LR | ordering | | 0 | addr | width | dest | AMO |
| SC | ordering | | src | addr | width | dest | AMO |

图 A-14　LR/SC 指令的指令编码

## A.14.6　16 位压缩指令（RV32C 指令子集）

本节介绍 RISC-V 架构的 16 位长度编码的压缩指令（C 扩展指令子集）。有关 RISC-V 架构压缩指令的特点和概述，见第 3.2.11 节。

如第 3.2.11 节所述，RISC-V 架构的精妙之处在于每一条 16 位的指令都能找到一一对应的原始 32 位指令。本节将 RISC-V 32 位架构下的压缩指令（RV32C）进行列举，并给出其对应的原始 32 位指令，如表 A-1 所示。对于每条 16 位指令的具体描述，本节不再赘述，见其相应的 32 位指令功能描述，或 RISC-V 架构"指令集文档"原文。

**注意：** 由于 16 位指令的编码长度有限，因此有的指令只能使用 8 个最为常用的通用寄存器作为操作数，即编号 x8~x15 的 8 个通用寄存器（如果使用的是浮点通用寄存器，则为 f8~f15），但有的指令还是可以使用所有的通用寄存器作为操作数。有关 RV32C 指令的详细编码，见附录 F.6 节。

表 A-1　　　　　　　　　　RV32C 指令列表

注意：
- 表格中仅介绍 RISC-V 32 位架构的压缩指令（RV32C）
- 某些压缩指令的操作数寄存器索引不能为特定值，譬如 rs1 索引不能等于 0，否则为非法指令。有关每条指令的具体非法情形，见附录 F.6 节中的 RVC 指令编码图表

| 指 令 分 组 | 16 位指令 | 对应 32 位指令 | 注 意 事 项 |
|---|---|---|---|
| **Stack-Pointer-Based Loads and Stores** | c.lwsp rd, offset[7:2] | lw rd, offset[7:2](x2) | • 此指令可以使用所有的通用寄存器作为操作数 |
| | c.flwsp rd, offset[7:2] | flw rd, offset[7:2](x2) | |
| | c.fldsp rd, offset[8:3] | fld rd, offset[8:3](x2) | |
| | c.swsp rs2,offset[7:2] | sw rs2,offset[7:2](x2) | |
| | c.fswsp rs2, offset[7:2] | fsw rs2, offset[7:2](x2) | |
| | c.fsdsp rs2, offset[8:3] | fsd rs2, offset[8:3](x2) | |

续表

| 指 令 分 组 | 16 位指令 | 对应 32 位指令 | 注 意 事 项 |
|---|---|---|---|
| **Register-Based Loads and Stores** | c.lw rd, offset[6:2](rs1) | lw rd, offset[6:2](rs1) | • 此指令只能够使用 8 个最为常用的通用寄存器作为操作数（其中，c.flw/c.fld 的 rd 和 c.fsw/c.fsd 的 rs2 为通用浮点寄存器） |
|  | c.flw rd, ffset[6:2](rs1) | flw rd, ffset[6:2](rs1) |  |
|  | c.fld rd,offset[7:3](rs1) | fld rd,offset[7:3](rs1) |  |
|  | c.sw rs2,offset[6:2](rs1) | sw rs2,offset[6:2](rs1) |  |
|  | c.fsw rs2,offset[6:2](rs1) | fsw rs2,offset[6:2](rs1) |  |
|  | c.fsd rs2,offset[7:3](rs1) | fsd rs2,offset[7:3](rs1) |  |
| **Control Transfer Instructions** | c.j    offset[11:1] | jal x0,offset[11:1] | — |
|  | c.jal   offset[11:1] | jal x1, offset[11:1] | — |
|  | c.jr    rs1 | jalr x0, rs1, 0 | • 此指令可以使用所有的通用寄存器作为操作数 |
|  | c.jalr   rs1 | jalr x1, rs1, 0 |  |
|  | c.beqz   rs1 offset[8:1] | beq rs1, x0, offset[8:1] | • 此指令只能够使用 8 个最为常用的通用寄存器作为操作数 |
|  | c.bnez   rs1 offset[8:1] | bne rs1, x0, offset[8:1] |  |
| **Integer Computational Instructions** | c.li   rd, imm[5:0] | addi rd, x0, imm[5:0] | • 此指令可以使用所有的通用寄存器作为操作数 |
|  | c.lui rd, nzuimm[17:12] | lui rd, nzuimm[17:12] |  |
|  | c.addi   rd, nzimm[5:0] | addi rd, rd, nzimm[5:0] |  |
|  | c.addi16sp nzimm[9:4] | addi x2, x2, nzimm[9:4] | — |
|  | c.addi4spn rd, nzuimm[9:2] | addi rd, x2, nzuimm[9:2] | • 此指令只能够使用 8 个最为常用的通用寄存器作为操作数 |
|  | c.slli rd, shamt[5:0] | slli rd, rd, shamt[5:0] | • 此指令可以使用所有的通用寄存器作为操作数 |
|  | c.srli rd, rd, shamt[5:0] | srli rd, rd, shamt[5:0] | • 此指令只能够使用 8 个最为常用的通用寄存器作为操作数 |
|  | c.srai rd, shamt[5:0] | srai rd, rd, shamt[5:0] |  |
|  | c.andi rd, imm[5:0] | andi rd, rd, imm[5:0] |  |
|  | c.mv rd, rs2 | add rd, x0, rs2 | • 此指令可以使用所有的通用寄存器作为操作数 |
|  | c.add rd, rs2 | add rd, rd, rs2 |  |
|  | c.and rd, rs2 | and rd, rd, rs2 | • 此指令只能够使用 8 个最为常用的通用寄存器作为操作数 |
|  | c.or rd, rs2 | or rd, rd, rs2 |  |
|  | c.xor rd, rs2 | xor rd, rd, rs2 |  |
|  | c.sub rd, rs2 | sub rd, rd, rs2 |  |
| **NOP Instruction** | c.nop | addi x0, x0, 0. | • 32 位的 nop 指令对应的实际指令编码也是 addi x0, x0, 0 |
| **Breakpoint Instruction** | c.ebreak | ebreak | — |
| **Defined Illegal Instruction** | RISC-V 架构规定，对于任意长度编码的指令，只要编码是全 0 或者全 1 都是非法指令，这个特性在抓出某些特殊错误情况非常有用，譬如取指进入全 0 的数据段，未连接的总线或者未初始化的存储器段等 |  |  |

# A.15 伪指令

RISC-V 架构定义了一系列的伪指令，所谓伪指令意味着它并不是一条真正的指令，而是对其他基本指令使用形式的一种别名。见附录 G，了解完整的伪指令列表。

# A.16 指令编码

RV32GC 的完整指令列表及其编码，见附录 F。

# 附录 B  RISC-V 架构 CSR 寄存器介绍

RISC-V 的架构中定义了一些控制和状态寄存器（Control and Status Register，CSR），用于配置或记录一些运行的状态。CSR 寄存器是处理器核内部的寄存器，使用其专有的 12 位地址编码空间。

附录 B 对于 CSR 寄存器的介绍翻译自 RISC-V 的"特权架构文档"，本书对相关内容进行了重新组织，以求通俗易懂。

**注意**：附录 B 仅介绍 RV32GC，且只支持机器模式（Machine Mode Only）相关的 CSR 寄存器。有关 RISC-V 所有 CSR 寄存器的完整介绍，感兴趣的读者见 RISC-V "特权架构文档"原文。

## B.1  蜂鸟 E203 支持的 CSR 寄存器列表

蜂鸟 E203 支持的 CSR 寄存器列表如表 B-1 所示，其中包括 RISC-V 标准的 CSR 寄存器（RV32GC 且只支持机器模式相关）和蜂鸟 E203 自定义扩展的 CSR 寄存器。

**注意**：有关每个寄存器的详细解释，见附录 B.2 节。

表 B-1 　　　　　　　　　　蜂鸟 E203 支持的 CSR 寄存器列表

| 类型 | CSR 地址 | 读写属性 | 名　称 | 全　　称 |
|---|---|---|---|---|
| RISC-V 标准 CSR | 0x001 | MRW | fflags | 浮点累积异常（Floating-Point Accrued Exceptions） |
| | 0x002 | MRW | frm | 浮点动态舍入模式（Floating-Point Dynamic Rounding Mode） |
| | 0x003 | MRW | fcsr | 浮点控制和状态寄存器（Floating-Point Control and Status Register） |
| | 0x300 | MRW | mstatus | 机器模式状态寄存器（Machine Status Register） |
| | 0x301 | MRW | misa | 机器模式指令集架构寄存器（Machine ISA Register） |
| | 0x304 | MRW | mie | 机器模式中断使能寄存器（Machine Interrupt Enable Registers） |
| | 0x305 | MRW | mtvec | 机器模式异常入口基地址寄存器（Machine Trap-Vector Base-Address Register） |
| | 0x340 | MRW | mscratch | 机器模式擦写寄存器（Machine Scratch Register） |
| | 0x341 | MRW | mepc | 机器模式异常 PC 寄存器（Machine Exception Program Counter） |
| | 0x342 | MRW | mcause | 机器模式异常原因寄存器（*Machine Cause Register*） |

续表

| 类型 | CSR 地址 | 读写属性 | 名称 | 全称 |
|---|---|---|---|---|
| RISC-V 标准 CSR | 0x343 | MRW | mtval（又名 mbadaddr） | 机器模式异常值寄存器（Machine Trap Value Register） |
| | 0x344 | MRW | mip | 机器模式中断等待寄存器（Machine Interrupt Pending Registers） |
| | 0xB00 | MRW | mcycle | 周期计数器的低 32 位（Lower 32 bits of Cycle counter） |
| | 0xB80 | MRW | mcycleh | 周期计数器的高 32 位（Upper 32 bits of Cycle counter） |
| | 0xB02 | MRW | minstret | 退休指令计数器的低 32 位（Lower 32 bits of Instructions-retired counter） |
| | 0xB82 | MRW | minstreth | 退休指令计数器的高 32 位（Upper 32 bits of Instructions-retired counter） |
| RISC-V 标准 CSR | 0xF11 | MRW | mvendorid | 机器模式供应商编号寄存器（Machine Vendor ID Register） |
| | 0xF12 | MRO | marchid | 机器模式架构编号寄存器（Machine Architecture ID Register） |
| | 0xF13 | MRO | mimpid | 机器模式硬件实现编号寄存器（Machine Implementation ID Register） |
| | 0xF14 | MRO | mhartid | Hart 编号寄存器（Hart ID Register） |
| | N/A | MRW | mtime | 机器模式计时器寄存器（Machine-mode timer register） |
| | N/A | MRW | mtimecmp | 机器模式计时器比较寄存器（Machine-mode timer compare register） |
| | N/A | MRW | msip | 机器模式软件中断等待寄存器（Machine-mode Software Interrupt Pending Register） |
| 蜂鸟 E203 自定义 CSR | 0xBFF | MRW | mcounterstop | 自定义寄存器用于停止 mtime、mcycle、mcycleh、minstret 和 minstreth 对应的计数器 |

# B.2 RISC-V 标准 CSR

本节介绍 RISC-V 架构 RV32GC，且只支持机器模式相关的 CSR 寄存器。

## B.2.1 misa

misa 寄存器用于指示当前处理器所支持的架构特性。

misa 寄存器的最高两位用于指示当前处理器所支持的架构位数。

- 如果最高两位值为 1，则表示当前为 32 位架构（RV32）。
- 如果最高两位值为 2，则表示当前为 64 位架构（RV64）。
- 如果最高两位值为 3，则表示当前为 128 位架构（RV128）。

misa 寄存器的低 26 位用于指示当前处理器所支持的 RISC-V ISA 中不同模块化指令子集，每一位表示的模块化指令子集如图 B-1 所示。

注意：misa 寄存器在 RISC-V 架构文档中被定义为可读可写的寄存器，从而允许某些处理器的设计能够动态地配置某些特性。但是在蜂鸟 E203 的实现中，misa 寄存器为只读寄存器，恒定地反映不同型号处理器核所支持的 ISA 模块化子集。譬如蜂鸟 E203 核支持 RV32IMAC，则反映于此寄存器中，最高两位值为 1，低 26 位中 I/M/A/C 对应域的值即为高。

| Bit | Character | Description |
| --- | --- | --- |
| 0 | A | Atomic extension |
| 1 | B | *Tentatively reserved for Bit operations extension* |
| 2 | C | Compressed extension |
| 3 | D | Double-precision floating-point extension |
| 4 | E | RV32E base ISA |
| 5 | F | Single-precision floating-point extension |
| 6 | G | Additional standard extensions present |
| 7 | H | *Reserved* |
| 8 | I | RV32I/64I/128I base ISA |
| 9 | J | *Tentatively reserved for Dynamically Translated Languages extension* |
| 10 | K | *Reserved* |
| 11 | L | *Tentatively reserved for Decimal Floating-Point extension* |
| 12 | M | Integer Multiply/Divide extension |
| 13 | N | User-level interrupts supported |
| 14 | O | *Reserved* |
| 15 | P | *Tentatively reserved for Packed-SIMD extension* |
| 16 | Q | Quad-precision floating-point extension |
| 17 | R | *Reserved* |
| 18 | S | Supervisor mode implemented |
| 19 | T | *Tentatively reserved for Transactional Memory extension* |
| 20 | U | User mode implemented |
| 21 | V | *Tentatively reserved for Vector extension* |
| 22 | W | *Reserved* |
| 23 | X | Non-standard extensions present |
| 24 | Y | *Reserved* |
| 25 | Z | *Reserved* |

图 B-1 misa 寄存器低 26 位各域表示的模块化指令子集

## B.2.2 mvendorid

此寄存器是只读寄存器，用于反映该处理器核的商业供应商编号（Vendor ID）。

如果此寄存器的值为 0，则表示此寄存器未实现，或者表示此处理器不是一个商业处理器核。

## B.2.3 marchid

此寄存器是只读寄存器，用于反映该处理器核的硬件实现微架构编号（Microarchitecture ID）。

如果此寄存器的值为 0，则表示此寄存器未实现。

## B.2.4 mimpid

此寄存器是只读寄存器，用于反映该处理器核的硬件实现编号（Implementation ID）。

如果此寄存器的值为 0，则表示此寄存器未实现。

## B.2.5 mhartid

此寄存器是只读寄存器，用于反映当前 Hart 的编号（Hart ID）。有关 Hart 的概念见附录 A.9 节。

RISC-V 架构规定，如果在单 Hart 或者多 Hart 的系统中，起码要有一个 Hart 的编号必须是 0。

## B.2.6 fflags

fflags 寄存器为浮点控制状态寄存器（fcsr）中浮点异常标志位（Accrued Exceptions）域的别名。之所以单独定义一个 fflags 寄存器，是为了方便使用 CSR 指令直接地单独读写浮点异常标志位域。

见附录 A.14.4 节，了解更多浮点异常标志位的相关信息。

## B.2.7 frm

frm 寄存器为浮点控制状态寄存器中浮点舍入模式（Rounding Mode）域的别名。之所以单独定义一个 frm 寄存器，是为了方便使用 CSR 指令直接地单独读写浮点舍入模式。

见附录 A.14.4 节，了解更多浮点舍入模式的相关信息。

## B.2.8 fcsr

RISC-V 架构规定，如果支持单精度浮点指令或者双精度浮点指令，则需要增加一个浮点控制状态寄存器。该寄存器包含了浮点异常标志位域（Accrued Exceptions）和浮点舍入模式（Rounding Mode）域。

见附录 A.14.4 节，了解更多浮点控制状态寄存器的相关信息。

## B.2.9 mstatus

mstatus 寄存器是机器模式（Machine Mode）下的状态寄存器。

如图 B-2 所示，该寄存器包含若干不同的功能域，其中 TSR、TW、TVM、MXR、SUM、MPRV、SPP、SPIE、UPIE、SIE 以及 UIE 域与本书介绍的配置（RV32GC 且只支持机器模式）无关，因此在此不做介绍。本书仅对剩余的 SD、XS、FS、MPP、MPIE 以及 MIE 域予以介绍。

| 31 | 30 | | 23 | 22 | 21 | 20 | 19 | 18 | 17 |
|---|---|---|---|---|---|---|---|---|---|
| SD | WPRI | | | TSR | TW | TVM | MXR | SUM | MPRV |
| 1 | 8 | | | 1 | 1 | 1 | 1 | 1 | 1 |

| 16 15 | 14 13 | 12 11 | 10 9 | 8 | 7 | 6 | 5 | 4 | 3 | 2 | 1 | 0 |
|---|---|---|---|---|---|---|---|---|---|---|---|---|
| XS[1:0] | FS[1:0] | MPP[1:0] | WPRI | SPP | MPIE | WPRI | SPIE | UPIE | MIE | WPRI | SIE | UIE |
| 2 | 2 | 2 | 2 | 1 | 1 | 1 | 1 | 1 | 1 | 1 | 1 | 1 |

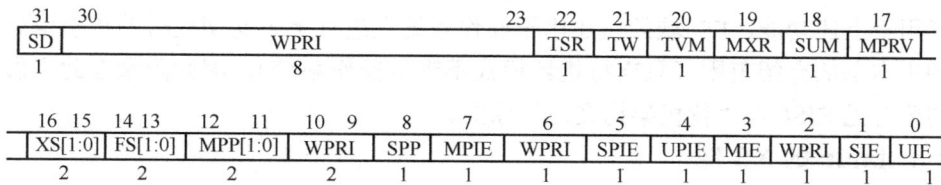

图 B-2　mstatus 寄存器格式

### 1．mstatus 的 MIE 域

mstatus 寄存器中的 MIE 域表示全局中断使能。当该 MIE 域的值为 1 时，表示所有中断的全局开关打开；当 MIE 域的值为 0 时，表示全局关闭所有的中断。

为了理解此寄存器，请先参见第 4 章系统地了解中断和异常的相关信息。

### 2．mstatus 的 MPIE、MPP 域

mstatus 寄存器中的 MPIE 和 MPP 域分别用于保存进入异常之前 MIE 域和特权模式（Privilege Mode）的值。

为了理解此寄存器，请先参见第 4 章系统地了解中断和异常的相关信息。

RISC-V 架构规定，处理器进入异常时：

- MPIE 域的值被更新为当前 MIE 的值。
- MIE 的值则被更新成为 0（意味着进入异常服务程序后中断被屏蔽）。
- MPP 的值被更新为异常发生前的模式（如果是只支持机器模式，则 MPP 的值永远为 11）。

### 3．mstatus 的 FS 域

mstatus 寄存器中的 FS 域用于维护或反映浮点单元的状态，FS 域由两位组成，其编码如图 B-3 所示。

FS 域的更新准则如下。

- FS 上电后的默认值为 0，意味着浮点单元的状态为 Off。因此为了能够正常使用浮点单元，软件需要使用 CSR 写指令将 FS 的值改写为非 0 值，以打开浮点单元的功能。

| Status | FS Meaning | XS Meaning |
|---|---|---|
| 0 | Off | All off |
| 1 | Initial | None dirty or clean, some on |
| 2 | Clean | None dirty, some clean |
| 3 | Dirty | Some dirty |

图 B-3　FS 域表示的状态编码

- 如果 FS 的值为 1 或者 2，当执行了任何的浮点指令之后，FS 的值会自动切换为 3，表示浮点单元的状态为脏（Dirty）（状态发生了改变）。
- 如果处理器不想使用浮点运算单元（譬如将浮点单元关电以节省功耗），可以使用 CSR 写指令将 mstatus 寄存器的 FS 域设置成 0，将浮点单元的功能予以关闭。当浮点单元的功能关闭之后，任何访问浮点 CSR 寄存器的操作或者任何执行浮点指令的行为都将会产生非法指令（Illegal Instruction）异常。

除了用于上述功能，FS 域的值还用于操作系统在进行上下文切换时的指引信息，由于此内容超出本书的介绍范围（只支持机器模式不支持操作系统），因此附录在此不做介绍。感兴趣的读者见 RISC-V "特权架构文档" 原文。

**4．mstatus 的 XS 域**

mstatus 寄存器中的 XS 域与 FS 域的作用类似，但是其用于维护或反映用户自定义的扩展指令单元状态。

在标准的 RISC-V "特权架构文档" 中定义 XS 域为只读域，其用于反映所有自定义扩展指令单元的状态总和。但请注意：在蜂鸟 E203 的硬件实现中，将 XS 域设计成可写可读域，其作用完全与 FS 域类似，软件可以通过改写 XS 域的值达到打开或者关闭协处理器扩展指令单元的目的。

与 FS 域类似，XS 除了用于上述功能之外，还用于操作系统在进行上下文切换时的指引信息。由于此内容超出本书的介绍范围（只支持机器模式不支持操作系统），因此附录在此不做介绍，感兴趣的读者见 RISC-V "特权架构文档" 原文。

**5．mstatus 的 SD 域**

mstatus 寄存器中的 SD 域是一个只读域，其反映了 XS 域或者 FS 域处于脏（Dirty）状态。其逻辑关系表达式为：SD=((FS==11) OR (XS==11))。

之所以设置此只读的 SD 域，是为了方便软件快速的查询 XS 域或者 FS 域是否处于脏（Dirty）状态，从而在上下文切换时可以快速判断是否需要对浮点单元或者扩展指令单元进行上下文的保存。由于此内容超出本书的介绍范围（只支持机器模式不支持操作系统），因此在此不做过多介绍，感兴趣的读者见 RISC-V "特权架构文档" 原文。

## B.2.10　mtvec

mtvec 寄存器用于配置异常的入口地址。

为了理解此寄存器，请先参考第 4 章系统地了解中断和异常的相关信息。

在处理器的程序执行过程中，一旦遇到异常发生，则终止当前的程序流，处理器被强行跳转到一个新的 PC 地址，该过程在 RISC-V 的架构中定义为陷阱（trap），字面的含义为 "跳入陷阱"，更加准确的含义为 "进入异常"。RISC-V 处理器进入异常后跳入的 PC 地址即由 mtvec 寄存器指定。

有关 RISC-V 架构定义的 mtvec 寄存器详细格式，见第 4.2.1 节。

## B.2.11　mepc

mepc 寄存器用于保存进入异常之前指令的 PC 值，作为异常的返回地址。

为了理解此寄存器，请先参考第 4 章，系统地了解中断和异常的相关信息。

RISC-V 架构规定，处理器进入异常时，mepc 寄存器被同时更新以反映当前遇到异常的指令的 PC 值。

值得注意的是，虽然 mepc 寄存器会在异常发生时自动被硬件更新，但是 mepc 寄存器本身也是一个可读可写的寄存器，因此软件也可以直接写该寄存器，以修改它的值。

**注意**：RISC-V 在中断和异常时的返回地址定义（更新 mepc 的值）有如下细微差别。

- 出现中断时，中断返回地址 mepc 被指向下一条尚未执行的指令，因为中断时的指令被正确执行。
- 出现异常时，mepc 则指向当前指令，因为当前指令触发了异常。

如第 4.1.3 节中所述，同步异常能够精确定位到造成异常发生的指令，而对于异步异常，则无法精确定位，这取决于处理器的具体硬件实现。

如果异常由 ecall 或 ebreak 产生，直接跳回返回地址则会造成死循环（因为重新执行 ecall 导致重新进入异常）。正确的做法是在异常处理中软件改变 mepc 指向下一条指令，由于现在 ecall/ebreak 都是 4 字节指令，因此简单设定 mepc=mepc+4 即可。

## B.2.12  mcause

mcause 寄存器，用于保存进入异常之前的出错原因，以便对异常原因进行诊断和调试。

为了理解此寄存器，请先参见第 4 章系统地了解中断和异常的相关信息。

RISC-V 架构规定，处理器进入异常时，mcause 寄存器被同时更新以反映当前遇到异常的原因：mcause 寄存器的最高 1 位为中断（Interrupt）域，低 31 位为异常编号（Exception Code）域，此两个域的组合可以用于指示 12 种定义的中断类型和 16 种定义的异常类型。

有关 RISC-V 架构定义的 mcause 寄存器详细格式，以及蜂鸟 E203 支持的中断和异常原因类型，见第 4.2.1 节。

## B.2.13  mtval (mbadaddr)

mtval（又名 mbadaddr）寄存器，用于保存进入异常之前的出错指令的编码值或者存储器访问的地址值，以便对异常原因进行诊断和调试。

为了理解此寄存器，请先参考第 4 章，系统地了解中断和异常的相关信息。

RISC-V 架构规定，处理器进入异常时，mtval 寄存器被同时更新以反映当前遇到异常的信息。

- 如果是与存储器访问造成的异常，譬如硬件断点、取指令和存储器读写造成的异常，则将存储器访问的地址值更新到 mtval 寄存器中。

- 如果是非法指令造成的异常，则将错误的指令编码更新到 mtval 寄存器中。

## B.2.14　mie

mie 寄存器用于控制不同中断类型的局部屏蔽。之所以称为局部屏蔽，是因为相对而言 mstatus 寄存器中的 MIE 域提供了全局中断使能，见附录 B.2.9 节对 mstatus 寄存器了解更多信息。

为了理解此寄存器，请先参考第 4 章，系统地了解中断和异常的相关信息。

RISC-V 架构对于 mie 寄存器的规定如下。

- mie 寄存器的每一个域用于控制每个单独的中断使能，MEIE/MTIE/MSIE 域分别控制机器模式下的外部中断（External Interrupt）、计时器中断（Timer Interrupt）和软件中断（Software Interrupt）的屏蔽。如果处理器（譬如蜂鸟 E203）只实现了机器模式，则监督模式（Supervisor）和用户模式（User Mode）对应的中断使能位（SEIE、UEIE、STIE、UTIE、SSIE 以及 USIE）无任何意义。
- 有关 RISC-V 架构定义的 mie 寄存器详细格式和功能，以及蜂鸟 E203 支持的中断类型，见第 4.3.2 节。

## B.2.15　mip

mip 寄存器用于查询中断的等待（Pending）状态。

为了理解此寄存器，请先参考第 4 章。系统了解中断和异常的相关信息。

RISC-V 架构对于 mip 寄存器的规定如下。

- mip 寄存器的中的每一个域用于反映每个单独的中断等待状态，MEIP/MTIP/MSIP 域分别反映机器模式下的外部中断、计时器中断和软件中断的等待状态。如果处理器（譬如蜂鸟 E203）只实现了机器模式，则监督模式和用户模式对应的中断等待状态位（SEIP、UEIP、STIP、UTIP、SSIP 以及 USIP）无任何意义。
- 有关 RISC-V 架构定义的 mip 寄存器详细格式和功能，以及蜂鸟 E203 支持的中断类型，见第 4.3.3 节。

## B.2.16　mscratch

mscratch 寄存器用于机器模式下的程序临时保存某些数据。mscratch 寄存器可以提供一种快速的保存和恢复机制。譬如，在进入机器模式的异常处理程序后，将应用程序的某个通用寄存器的值临时存入 mscratch 寄存器中，然后在退出异常处理程序之前，将 mscratch 寄存器中的值读出恢复至通用寄存器。

## B.2.17　mcycle 和 mcycleh

RISC-V 架构定义了一个 64 位宽的时钟周期计数器,用于反映处理器执行了多少个时钟周期。只要处理器处于执行状态,此计数器便会不断自增计数,其自增的时钟频率由处理器的硬件实现自定义。

mcycle 寄存器反映了该计数器低 32 位的值,mcycleh 寄存器反映了该计数器高 32 位的值。

mcycle 和 mcycleh 寄存器可以用于衡量处理器的性能,且具备可读可写属性,因此软件可以通过 CSR 指令改写 mcycle 和 mcycleh 寄存器中的值。

考虑到此计数器计数会消耗某些动态功耗,在蜂鸟 E203 处理器的实现中,在自定义 mcounterstop 寄存器中额外增加了一位控制域。软件可以配置此控制域将 mcycle 和 mcycleh 对应的计数器停止计数,从而在不需要衡量性能时停止计数器,以达到省电的作用。见附录 B.3.1 节,了解更多 mcounterstop 寄存器信息。

## B.2.18　minstret 和 minstreth

RISC-V 架构定义了一个 64 位宽的执行指令计数器,用于反映处理器成功执行了多少条指令。只要处理器每成功执行一条指令,此计数器便会自增计数。

minstret 寄存器反映了该计数器低 32 位的值,minstreth 寄存器反映了该计数器高 32 位的值。

minstret 和 minstreth 寄存器可以用于衡量处理器的性能,且具备可读可写属性,因此软件可以通过 CSR 指令改写 minstret 和 minstreth 寄存器中的值。

考虑到此计数器计数会消耗某些动态功耗,在蜂鸟 E203 处理器的实现中,在自定义 mcounterstop 寄存器中额外增加了一位控制域。软件可以配置此控制域将 minstret 和 minstreth 对应的计数器停止计数,从而在不需要衡量性能时停止计数器,以达到省电的作用。见附录 B.3.1 节,了解更多 mcounterstop 寄存器信息。

## B.2.19　mtime、mtimecmp 和 msip

为了理解这 3 个寄存器,请先参考第 4 章,系统地了解中断和异常的相关信息。

RISC-V 架构定义了一个 64 位的计时器,该计时器的值实时反映在 mtime 寄存器中,且该计时器可以通过 mtimecmp 寄存器配置其比较值,从而产生中断。注意:RISC-V 架构没有将 mtime 和 mtimecmp 寄存器定义为 CSR 寄存器,而是定义为存储器地址映射(Memory Address Mapped)的系统寄存器,具体的存储器映射地址 RISC-V 架构并没有规定,而是交由 SoC 系统集成者实现。

RISC-V 架构定义了一种软件中断,可以通过软件写 1 至 msip 寄存器来触发。有关软件中断的信息见第 4.3.1 节。**注意**：此处的 msip 寄存器和 mip 寄存器中的 MSIP 域命名不可混淆，且 RISC-V 架构并没有定义 msip 寄存器为 CSR 寄存器，而是定义为存储器地址映射的系统寄存器，RISC-V 架构并没有规定具体的存储器映射地址，而是交由 SoC 系统集成者实现。

在蜂鸟 E203 处理器的实现中，mtime/mtimecmp/msip 均由 CLINT 模块实现，有关蜂鸟 E203 的 CLINT 实现要点以及 mtime/mtimecmp/msip 分配的存储器地址区间，见第 5.14.3 节。

考虑到计时器计数会消耗某些动态功耗，在蜂鸟 E203 处理器的实现中，在自定义 mcounterstop 寄存器中额外增加了一位控制域。软件可以配置此控制域将 mtime 对应的计时器停止计数，从而在不需要时停止计时器，达到省电的作用。见附录 B.3.1 节，了解更多 mcounterstop 寄存器信息。

# B.3 蜂鸟 E203 自定义 CSR

本节介绍蜂鸟 E203 自定义的 CSR 寄存器。

## mcounterstop

考虑到 mtime、mcycle、mcycleh、minstret 和 minstreth 计数器计数会消耗某些动态功耗，因此在蜂鸟 E203 处理器的实现中，自定义此 mcounterstop 寄存器，用于控制不同计数器的运行和停止。

mcounterstop 寄存器中各控制位域如表 B-2 所示。

表 B-2　mcounterstop 寄存器各控制位

| 域 | 位 | 描　　述 |
|---|---|---|
| CYCLE | 0 | 此位控制 mcycle 和 mcycleh 对应的计数器：<br>• 如果此位为 1，则将计数器停止计数<br>• 如果此位为 0，则计数器正常工作<br>此位上电复位默认值为 0 |
| TIMER | 1 | 此位控制 mtime 对应的计数器：<br>• 如果此位为 1，则将计数器停止计数<br>• 如果此位为 0，则计数器正常工作<br>此位上电复位默认值为 0 |
| INSTRET | 2 | 此位控制 minstret 和 minstreth 对应的计数器：<br>• 如果此位为 1，则将计数器停止计数<br>• 如果此位为 0，则计数器正常工作<br>此位上电复位默认值为 0 |
| Reserved | 3~31 | 其他未使用的域为常数 0 |

# 附录 C　RISC-V 架构的 PLIC 介绍

附录 C 对于 PLIC 的介绍翻译自 RISC-V 的"特权架构文档",本书对相关内容进行了重新组织,以求通俗易懂。

**注意**:附录 C 仅介绍平台级别中断控制器(Platform Level Interrupt Controller,PLIC)部分,而 PLIC 仅是 RISC-V 整个中断机制中的一个子环节。为了更好地理解附录,请先参考第 4 章,系统地了解中断和异常的相关信息。

## C.1　概述

如第 4.3.1 节所述,RISC-V 架构定义了一个 PLIC 用于对多个外部中断源按优先级进行仲裁和分发。PLIC 的逻辑结构如图 C-1 所示,相关概念如下。

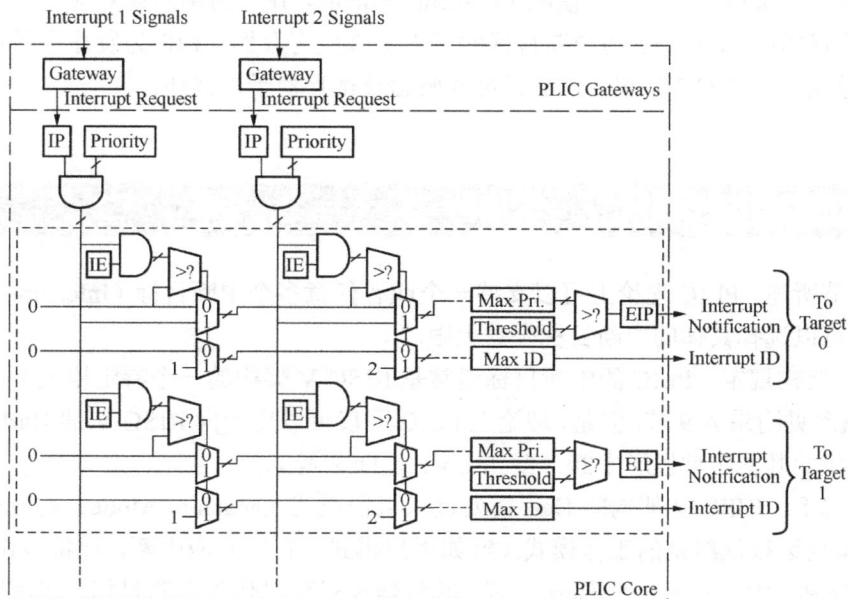

图 C-1　PLIC 逻辑结构示意图

- PLIC 中断目标
- PLIC 中断目标的阈值
- PLIC 中断源
- PLIC 中断源的闸口
- PLIC 中断源的编号
- PLIC 中断源的优先级
- PLIC 中断源的使能
- PLIC 中断通知机制
- PLIC 中断响应机制
- PLIC 中断完成机制
- PLIC 中断完整流程

下文将分别予以详述。

**注意：**

- 图 C-1 仅为 PLIC 的逻辑示意图，并非其真正的硬件结构图。处理器设计人员可以采取更高效的硬件设计结构予以实现。
- 图 C-1 中有两个中断目标（Target 0 和 Target 1），但 PLIC 理论上可以支持一个或者任意多个中断目标。下一节将对中断目标予以详述。
- 图 C-1 中的 IP（Interrupt Pending）表示中断源的等待标志寄存器；Priority 表示中断源的优先级寄存器；中断使能（Interrupt Enable，IE）为中断源对应于中断目标的使能寄存器；Threshold 为中断目标的优先级阈值寄存器；EIP 为发往中断目标的中断信号线。附录 C.2 节和 C.3 节将对各概念及寄存器予以详述。

# C.2 PLIC 中断目标

如上一节所述，PLIC 理论上可以支持一个或者任意多个中断目标（Interrupt Target），硬件设计人员可以选择具体的中断目标个数上限。

RISC-V 架构规定，PLIC 的中断目标通常是 RISC-V 架构的一个特定模式下的 Hart，有关 Hart 的概念见附录 A.9 节。但是，理论上 PLIC 不仅可以用于向 RISC-V 的 Hart 发送中断，也可以向系统的其他组件发送中断（譬如 DMA、DSP 等）。

通常情况下，RISC-V 架构的 Hart 需要进入机器模式（Machine Mode）响应中断，但是 RISC-V 架构也运行低级别的工作模式（譬如用户模式）直接响应中断，此特性由 CSR 寄存器 mideleg 控制。因此对于一个 Hart 而言，其机器模式可以作为中断目标，还可以有其他模式作为中断目标。

**注意**：mideleg 寄存器只有在支持多种工作模式的 RISC-V 处理器中才使用。由于附录着重介绍只支持机器模式（Machine Mode Only）的架构，因此对 mideleg 寄存器不做介绍，感兴趣的读者见 RISC-V "特权架构文档"原文。

如图 C-2 所示，该 PLIC 服务于 3 个 RISC-V Hart。Hart 0 有 M/U 两种模式，Hart 1 有 M/S/U 这 3 种模式，Hart 2 有 M/S/U 这 3 种模式，因此该 PLIC 总共有编号 0~7 共 8 个中断目标。

| Target | Hart | Mode |
|--------|------|------|
| 0 | 0 | M |
| 1 | 0 | U |
| 2 | 1 | M |
| 3 | 1 | S |
| 4 | 1 | U |
| 5 | 2 | M |
| 6 | 2 | S |
| 7 | 2 | U |

图 C-2 PLIC 中断目标示例

**注意**：如附录 A.9 节所述，由于蜂鸟 E203 是单核处理器，且没有实现任何硬件超线程的技术，因此一个蜂鸟 E203 处理器核即为一个 Hart，且蜂鸟 E203 处理器核只支持机器模式。蜂鸟 E203 系统中的 PLIC 仅只有一个中断目标，Hart 0 的 M Mode。

## PLIC 中断目标之阈值

如图 C-1 所示，PLIC 的每个中断目标均可以设置特定的优先级阈值（Threshold），只有中断源的优先级高于此阈值，中断才能够被发送给中断目标。有关中断源的优先级概念将在附录 C.3.3 节予以详述。

中断目标的优先级阈值寄存器应该是存储器地址映射（Memory Address Mapped）的可读可写寄存器，从而软件可以通过编程配置不同的阈值来屏蔽比阈值低优先级的中断源。

## C.3 PLIC 中断源

如图 C-1 所示，PLIC 理论上可以支持任意多个（具体硬件实现可以选择其支持的上限）中断源（Interrupt Source）。每个中断源可以是不同的触发类型，譬如电平触发（Level-triggered）或者边沿触发（Edge-triggered）等。

PLIC 为每个中断源分配了如下功能组件和参数。

- 闸口（Gateway）和 IP
- 编号（ID）
- 优先级（Priority）
- 使能（Enable）

## C.3.1 PLIC 中断源之闸口（Gateway）和 IP

如图 C-1 所示，PLIC 为每个中断源分配了一个闸口（Gateway），每个闸口都有对应的中断等待寄存器，其功能如下。

- 闸口将不同触发类型的外部中断转换成统一的内部中断请求。
- 对于同一个中断源而言，闸口保证一次只发送一个中断请求（Interrupt Requst）。如图 C-1 所示，中断请求经过闸口发送后，硬件将会自动将对应的 IP 寄存器置高。
- 闸口发送一个中断请求后则启动屏蔽，如果此中断没有被处理完成，则后续的中断将会被闸口屏蔽住。有关中断完成机制，见附录 C.4.3 节中的详细介绍。

## C.3.2 PLIC 中断源之编号（ID）

PLIC 为每个中断源分配了一个独一无二的编号（ID）。ID 编号 0 被预留，作为表示"不存在的中断"，因此有效的中断 ID 从 1 开始。

譬如，假设某 PLIC 的硬件实现支持 1024 个 ID，则 ID 应为 0～1023。其中，除了 0 被预留表示"不存在的中断"之外，编号 1～1023 对应的中断源接口信号线可以用于连接有效的外部中断源。

## C.3.3 PLIC 中断源之优先级（Priority）

如图 C-1 所示，PLIC 的每个中断源均可以设置特定的优先级，其要点如下。

- 每个中断源的优先级寄存器应该是存储器地址映射的可读可写寄存器，从而使得软件可以对其编程配置不同的优先级。
- PLIC 架构理论上可以支持任意多个优先级，硬件实现时可以选择具体的优先级个数。譬如，假设硬件实现时选择优先级寄存器的有效位为 3 位，则其可以支持的优先级个数为 0～7 这 8 个优先级。
- 优先级的数字越大，则表示优先级越高。
- 优先级 0 意味着"不可能中断"，相当于将此中断源屏蔽。

这是因为 PLIC 的每个中断目标均可以设置特定的优先级阈值，只有中断源的优先级高于此阈值，中断才能够被发送给中断目标（见附录 C.2.1 节）。由于阈值最小也为 0，因此中断源的优先级为 0 则不可能高于任何设定的阈值，即意味着"不可能中断"。

## C.3.4 PLIC 中断源之中断使能（Enable）

如图 C-1 所示，PLIC 为每个中断目标的每个中断源均分配了一个中断使能寄存器，其要点如下。

IE 寄存器应该是存储器地址映射的可读可写寄存器，从而使得软件可以对其编程。

- 如果 IE 寄存器被编程配置为 0，则意味着此中断源对应此中断目标被屏蔽。
- 如果 IE 寄存器被编程配置为 1，则意味着此中断源对应此中断目标被打开。

# C.4 PLIC 中断处理机制

## C.4.1 PLIC 中断通知机制（Notification）

如图 C-1 所示，对于每个中断目标而言，PLIC 对其所有中断源进行仲裁选择的原则如下。

- 对于每个中断目标来说，只有满足下列所有条件的中断源才能参与仲裁。
中断源对于该中断目标的使能（IE 寄存器）必须为 1。
中断源的优先级（优先级寄存器的值）必须大于 0。
中断源必须经过了闸口发送（IP 寄存器的值为 1）。
- 从所有参与仲裁的中断源中选择优先级最高的中断源，作为仲裁结果。如果参与仲裁的多个中断源具有相同的优先级，仲裁时则选择 ID 数目最小的中断源。
- 如果仲裁出的中断源优先级高于中断目标的优先级阈值，则产生最终的中断通知（Notification），否则不产生最终中断通知。

经过仲裁之后，如果对中断目标产生中断通知，则向该中断目标生成一根电平触发的中断线。若中断目标是一个 RISC-V Hart 的 M Mode，则该中断线的值将会反映在其 CSR 寄存器 mip 中的 MEIP 域。有关 mip 寄存器的细节，见附录 B.2.15 节。

## C.4.2 PLIC 中断响应机制（Claim）

对于每个中断目标而言，如果收到了中断通知，且决定对该中断进行响应，则需要向 PLIC 发送中断响应（Interrupt Claim）消息。PLIC 定义的中断响应机制如下。

- PLIC 实现一个存储器地址映射的可读寄存器，中断目标可以通过对此寄存器进行读操作，达到中断响应的目的。作为反馈（Claim Response），此读操作将返回一个 ID，表示当前仲裁出的中断源对应的中断 ID。中断目标可以通过此 ID 得知其需要响应的具体外部中断源，如果返回的中断 ID 为 0，则表示无中断请求。
- PLIC 接收到中断响应的寄存器读操作，且返回了中断 ID 之后，硬件自动将对应中断源的 IP 寄存器清 0。
  注意：此中断源的 IP 寄存器清 0 后，其他中断源仍可以重新进行仲裁，选出下一个最高优先级的中断源，因此 PLIC 有可能会继续向该中断目标发送新的中断通知。

- 中断目标可以将该中断目标的优先级阈值设置到最大，即屏蔽掉所有的中断通知。但是该中断目标仍然可以对 PLIC 发起中断响应的寄存器读操作，PLIC 依然会返回当前仲裁出的中断源对应的中断 ID。

## C.4.3　PLIC 中断完成机制（Completion）

对于中断目标而言，如果彻底完成了某个中断源的中断处理操作，则需要向 PLIC 发送中断完成（Interrupt Completion）消息。PLIC 定义的中断完成机制如下。

- PLIC 实现一个存储器地址映射的可写寄存器，中断目标可以通过对此寄存器进行写操作达到中断完成的目的。此写操作需要写入一个中断 ID，以通知 PLIC 完成了此中断源的中断处理操作。
- PLIC 接收到中断完成的寄存器写操作后（写入中断 ID），硬件自动将对应中断源的闸口解除屏蔽。只有闸口解除屏蔽之后，此中断源才能经过闸口发起下一次中断请求（才能重新将 IP 寄存器置高）。

## C.4.4　PLIC 中断完整流程

综上所述，对于每个中断源的中断而言，如图 C-3 所示，其完整流程总结如下。

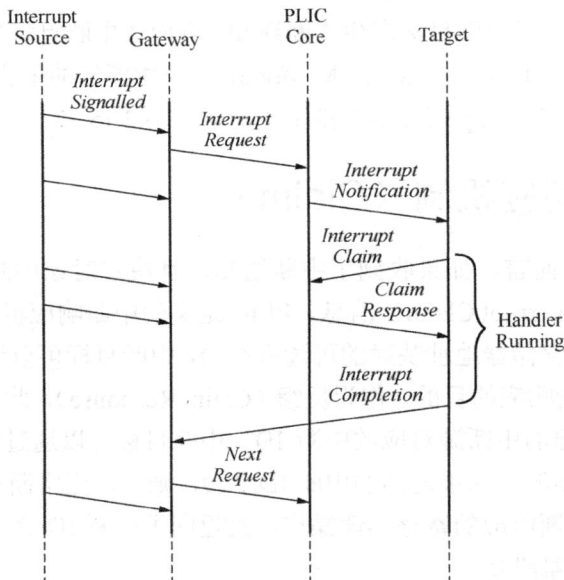

图 C-3　PLIC 中断完整流程

- 如果闸口没有被屏蔽，则中断源经过闸口发起中断请求（Interrupt Request）。闸口发送一个中断请求后：硬件自动将其对应的 IP 寄存器置高；PLIC 硬件将对应中断源的闸口启动屏蔽，后续的中断将会被闸口屏蔽住。

- 按照附录 C.4.1 节所述的中断仲裁机制，如果经过 PLIC 硬件仲裁后选中了该中断源，且其优先级高于中断目标的阈值，PLIC 则向中断目标发起中断通知（Interrupt Notification）。
- 中断目标收到中断通知后，如果决定响应此中断，则使用软件向 PLIC 发起中断响应的读操作。作为响应反馈，PLIC 返回该中断源的中断 ID。同时，硬件自动将其对应的 IP 寄存器清零。
- 中断目标收到中断 ID 之后，可以通过此 ID 得知其需要响应的具体外部中断源。然后进入该外部中断源对应的具体中断服务程序（Interrupt Service Routine）中进行处理。
- 待彻底完成了中断处理之后，中断目标使用软件向 PLIC 发起"中断完成"的写操作，写入要完成的中断 ID。同时，PLIC 硬件将对应中断源的闸口解除屏蔽，允许其能够发起下一次新的中断请求。

## C.5 PLIC 寄存器总结

综上所述，PLIC 需要支持的若干种存储器地址映射的寄存器如下。

- 每个中断源的中断等待（Interrupt Pending，IP）寄存器（只读）。
- 每个中断源的优先级寄存器（可读可写）。
- 每个中断目标对应每个中断源的中断使能寄存器（可读可写）。
- 每个中断目标的阈值寄存器（可读可写）。
- 每个中断目标的中断响应寄存器（可读）。
- 每个中断目标的中断完成寄存器（可写）。

RISC-V 架构文档中并没有对上述寄存器定义明确的存储器地址，而是交给硬件实现者自定义。因此硬件设计人员可以按照所处 SoC 系统的不同情况分配具体的存储器映射地址。以 SiFive 公司开源的 Freedom E310 SoC 平台为例，其 PLIC 的寄存器地址映射表如图 C-4 所示。有关蜂鸟 E203 配套 SoC 中的 PLIC 寄存器地址映射表，见第 5.14.4 节。

| Address | Description |
|---|---|
| 0x0C00_0000 | *Reserved* |
| 0x0C00_0004 | source 1 priority |
| 0x0C00_0008 | source 2 priority |
| ... | |
| 0x0C00_0FFC | source 1023 priority |
| 0x0C00_1000 | Start of pending array (read-only) |
| 0x0C00_107C | End of pending array |
| 0x0C00_1800 | |
| ... | *Reserved* |
| 0x0C00_1FFF | |
| 0x0C00_2000 | target 0 enables |
| 0x0C00_2080 | target 1 enables |
| ... | |
| 0x0C1E_FF80 | target 15871 enables |
| 0x0C1F_0000 | |
| ... | *Reserved* |
| 0x0C1F_FFFC | |
| 0x0C20_0000 | target 0 priority threshold |
| 0x0C20_0004 | target 0 claim/complete |
| 0x0C20_1000 | target 1 priority threshold |
| 0x0C20_1004 | target 1 claim/complete |
| ... | |
| 0x0FFF_F000 | target 15871 priority threshold |
| 0x0FFF_F004 | target 15871 claim/complete |

图 C-4 Freedom E310 SoC 平台的 PLIC 寄存器地址映射表

**注意:**

- 图 C-4 为 SiFive 公司开源的 Freedom E310 SoC 中使用的 PLIC 寄存器地址映射表。有关 Freedom E310 SoC 的更多信息,见第 5.1 节。

  此 PLIC 的编程模型支持最多 1024 个 ID,则 ID 为 0~1023。其中,除了 0 被预留表示"不存在的中断"之外,编号 1~1023 对应的中断源接口信号线可以用于连接有效的外部中断源。

  此 PLIC 的编程模型支持最多 15872 个中断目标(Target 0~Target 15871)。

- 图 C-4 中的 "source 1 priority" ~ "source 1023 priority" 对应每个中断源的优先级寄存器(可读可写)。虽然每个优先级寄存器对应于一个 32 位的地址区间(4 字节),但是优先级寄存器的有效位可以只有几位(其他位固定为 0 值)。假设硬件实现优先级寄存器的有效位为 3 位,则其可以支持的优先级个数为 0~7 这 8 个优先级。

- 图 C-4 中的 "Start of pending array" ~ "End of pending array" 对应每个中断源的 IP 中断等待寄存器(只读)。由于每个中断源的 IP 仅有一位宽,而每个寄存器对应于一个 32 位的地址区间(4 字节),因此每个寄存器可以包含 32 个中断源的 IP。

  按照此规则,譬如 "Start of pending array" 寄存器包含中断源 0~31 的 IP 寄存器值,其他依次类推。每 32 个中断源的 IP 被组织在一个寄存器中,总共 1024 个中断源则需要 32 个寄存器,其地址为 0x0C00_1000~0x0C00_107C 的 32 个地址。

- 图 C-4 中的 "target 0 enables" 对应每个中断源的中断使能寄存器(可读可写)。与 IP 寄存器同理,由于每个中断源的 IE 仅有一位宽,而每个寄存器对应于一个 32 位的地址区间(4 字节),因此每个寄存器可以包含 32 个中断源的 IE。

  按照此规则,对于 "target 0" 而言,每 32 个中断源的 IE 被组织在一个寄存器中,总共 1024 个中断源,则需要 32 个寄存器,其地址为 0x0C00_2000~0x0C00_207C 的 32 个地址区间。

- 图 C-4 中的 "target 1 enables" ~ "target 15871 enables" 与上述 "target 0 enables" 同理,每一个 "target" 占据 32 个地址区间。

- 图 C-4 中的 "target 0 priority threshold" "target 15871 priority threshold" 对应每个中断目标的阈值寄存器(可读可写)。

  虽然每个阈值寄存器对应于一个 32 位的地址区间(4 字节),但是阈值寄存器的有效位个数应该与每个中断源的优先级寄存器有效位个数相同。

- 图 C-4 中的 "target 0 claim/complete" ~ "target 15871 claim/complete" 对应每个中断目标的 "中断响应" 寄存器和 "中断完成" 寄存器。

  如附录 C.4.2 节和 C.4.3 节中所述,对于每个中断目标而言,由于 "中断响应" 寄存器为可读，"中断完成"寄存器为可写，因此将其合并作为一个寄存器共享同一个地址，成为一个可读可写的寄存器。

# C.6 总结与比较

对 ARM 的 Cortex-M 或 Cortex-A 系列比较熟悉的读者，想必会了解 Cortex-M 系列定义的嵌套向量中断控制器（Nested Vector Interrupt Controller，NVIC）和 Cortex-A 系列定义的通用中断控制器（General Interrupt Controller，GIC）。这两种中断控制器都非常强大，但是功能也相对非常复杂。

相比而言，RISC-V 架构定义的 PLIC 则非常简单，这反映了 RISC-V 架构力图简化硬件的设计哲学。此外，RISC-V 架构也允许处理器设计者定义其自有的中断控制器，因此可以从很多开源或商用的 RISC-V 处理器 IP 中看到其他非标准的中断控制器身影，本书在此不一一列举。

# 附录 D　存储器模型背景介绍

附录将对存储器模型（Memory Model）的相关背景知识进行简介。请注意，由于存储器模型是计算机体系结构中非常晦涩的一个概念，本书作为一本通俗读本，重在力图做到通俗易懂。因此，对于存储器模型的介绍难免有失之学术精准之处，关于其更为严谨的学术定义读者可以自行查阅其他资料进行了解。

## D.1　为何要有存储器模型的概念

本节先介绍为何要有存储器模型（Memory Model）这个概念？即，存储器模型要解决什么问题？

在最早期的处理器设计时代，处理器都是单核。只有一个处理器单核执行软件程序时，在单核中处理对于存储器读写指令的执行很好理解，也就是说，处理器对于存储器读写操作的结果严格和程序顺序（Program-Order）定义的结果一致。程序顺序定义的结果，就是指处理器严格按照顺序逐条地执行其汇编指令的结果。

理论上来讲，对于存储器访问地址有相关性的指令（譬如前一条指令写某个存储器地址，之后另一条指令读该存储器地址），那么它们的执行顺序一定不能被颠倒，否则会造成结果错误。而对于存储器访问地址没有相关性的指令（譬如前一条指令写某个存储器地址，之后另一条指令读另外一个不同的存储器地址），那么它们的执行顺序可以被颠倒，不会影响最终的执行结果，不会造成结果错误。

基于上述的原理，一方面编译器可以对程序生成的汇编指令流中的指令顺序进行适当改变，从而在某些情况下优化性能（譬如将某些有数据相关性的指令中间插入后序没有数据相关性的指令）；另一方面，处理器核的硬件在执行程序时也可以动态地调整指令的执行顺序，从而提高处理器的执行性能。

但是，随着技术的进步和发展，处理器设计进入多核时代，情况变得微妙起来。假设不同的处理器核需要同时访问共享的存储区间，对共享的数据区间进行读写。由于不同的处理器核在执行程序时存在着很多种随机性和不确定性，因此它们访问到共享存储区间的先后顺序也存在着随机性和不确定性，从而造成多核程序的执行结果不可确知。这种不可确知性就会给软件开发造成困扰，对运行多核程序的系统造成不稳定性。

在第 1.1.1 节中介绍过，指令集架构（ISA）是衔接底层硬件和高层软件之间的一个抽象层，该抽象层定义了任何软件程序员需要了解的硬件信息。为了能够给上层软件明确地规定清楚多核程序访问共享数据的结果，在指令集架构中便引入了存储器模型的概念。

# D.2　存储器模型定义了什么

存储器模型（Memory Model），又称存储器一致性模型（Memory Consistency Model），用于定义系统中对存储器访问需要遵守的规则。只要软件和硬件都明确遵循存储器模型定义的规则，就可以保证多核程序也能够运行得到确切的结果。

存储器模型往往是现代 ISA 很重要的一部分，因此使用高级语言的程序员、设计编译器的软件工程师、处理器硬件设计人员都需要了解其所使用 ISA 的存储器模型。

下面以最有代表性的 3 种存储器模型——按序一致性模型（Sequential Consistency Model）、松散一致性模型（Relaxed Consistency Model）和释放一致性模型（Release Consistency Model）为例加以介绍以利于读者理解。

## D.2.1　按序一致性模型

按序一致性模型（Sequential Consistency Model），顾名思义就是"严格按序"模型。如果处理器的指令集架构符合按序一致性模型，那么在多个处理器核上执行的程序就好像在一个单核处理器上顺序执行一样。例如系统有两个处理器核，分别是 Core 0 和 Core 1。Core 0 执行了 A、B、C、D 共 4 条存储器访问指令，Core 1 执行了 a、b、c、d 共 4 条存储器访问指令。对于程序员而言，按序一致性模型的系统上执行这 8 条指令的效果就好像在一个 Core 上顺序执行了 A、a、B、b、C、c、D、d 的指令流，或者是 A、B、a、b、C、c、D、d，还可以是 A、B、C、D、a、b、c、d。总之，只要同时符合 Core 0 和 Core 1 的程序顺序（即单独从 Core 0 的角度看，其程序顺序必须是 A→B→C→D，单独从 Core 1 的角度看，其程序顺序必须是 a→b→c→d）的任意组合，都是合法的组合。

综上，我们可以总结出按序一致性模型的两条规则。

- 各个处理器核按照其程序顺序来执行程序，执行完一条后，启动执行下一条指令，不能够改变存储器访问指令的顺序（即便访问的是不同的存储器地址）。
- 从全局来看，每一个存储器写指令的操作都需要能够被系统中的所有处理器核同时观测到。就好像处理器系统（包括所有的处理器核）和存储系统之间有一个开关，一次只会连接一个处理器核和存储系统，因此对存储器的访问都是原子的、串行化的。

按序一致性模型是最简单和直观的存储器模型，但这也限制了 CPU 硬件和编译器的优化，从而影响了整个系统的性能，于是便有了松散一致性模型。

## D.2.2　松散一致性模型

松散一致性模型（Relaxed Consistency Model），顾名思义就是"松散"模型。如附录 D.1 节中所述，对于不同存储器地址的访问指令，对单核而言，理论上是可以改变其执行顺序的。松散一致性模型允许在多核系统中的每个单核改变其存储器访问指令（必须访问的是不同的地址）的执行顺序。

松散一致性模型由于解除了束缚，系统的运行性能更加好。但多核程序这样无所束缚地执行的结果会变得完全不可确知，为了能够限定处理器的执行顺序，便引入了特殊的存储器屏障（Memory FENCE）指令。FENCE 指令用于屏障"数据"存储器访问的执行顺序，如果在程序中添加了一条 FENCE 指令，则该 FENCE 指令能够保证"在 FENCE 之前所有指令进行的数据访存结果"必须比"在 FENCE 之后所有指令进行的数据访存结果"先被观测到。通俗地讲，FENCE 指令就像一堵屏障一样，在 FENCE 指令之前的所有数据存储器访问指令，必须比该 FENCE 指令之后的所有数据存储器访问指令先执行。

通过将松散一致性模型和存储器屏障指令相结合，便可以达到性能和功能的平衡。譬如，在不关心存储器访问顺序的场景下可以达到高的运行性能，而在某些关心存储器访问顺序的场景下，软件程序员可以明确使用存储器屏障指令来约束指令的执行顺序。

## D.2.3　释放一致性模型

"释放一致性模型（Release Consistency Model）"进一步支持获取-释放（Acquire-Release）机制，其核心要点如下。

- 定义一种释放（Release）指令，它仅屏障其之前的所有存储器访问操作。
- 定义一种获取（Acquire）指令，它仅屏障其之后的所有存储器访问操作。

由于获取和释放指令仅屏障一个方向，因此相比 FENCE 指令更加松散。

附录 D.3 节将结合一个具体的应用实例帮助读者进一步理解获取-释放机制和上述不同模型的差异。

## D.2.4　存储器模型总结

在上述的介绍中，为了通俗易懂，我们以处理器核为单位介绍了存储器模型的概念，强调了存储器模型在多核系统中的重要性。

但是，现今的处理器设计技术突飞猛进，早已经突破了多核的概念，在一个处理器核中设计多个硬件线程的技术也早已成熟。譬如硬件超线程（Hyper-threading）技术，便是在一个处理器核中实现多份硬件线程，每套线程有自己独立的寄存器组等上下文相关的资源，但是大多数的运算资源被所有硬件线程复用，因此面积效率很高。在这样的硬件超线程处理器中，一个核内的多个线程同样存在着与多核系统类似的存储器模型问题。

并且经过多年的发展，除了本附录介绍的 3 种模型之外，存储器模型的种类已经发展出众多不同的模型，本书限于篇幅，在此不一一列举，感兴趣的读者请自行查阅。

## D.3 存储器模型应用实例

在多核软件开发中经常有需要进行同步（Synchronization）的场景，一个需要进行同步的典型双核场景如下为：Core 0 要写入一片数据到某一段地址区间中，然后通知 Core 1 将此片数据读走。

为了完成上述功能，程序员开发了一个多核应用程序，预期如下。

- Core 0 和 Core 1 二者约定了一个共享的全局变量作为旗语。程序的全局变量在硬件上的本质是在存储器中分配一个地址保存该变量的值，Core 0 和 Core 1 都能够访问到该地址。
- Core 0 完成了写数据操作之后，便将此共享变量写为一个"特殊的数值"。
- Core 1 则不断地在监测此共享变量的值，一旦其监测到了"特殊的数值"，便认为可以安全地将数据从地址区间中读走。

Core 0 和 Core 1 的程序可以被抽象如下。

- Core 0：写入数据→设置旗语。
- Core 1：监测旗语→监测到旗语的"特殊的数值"→读取数据。

从上述描述可以看出，为了能够准确地实现交互数据的功能，Core 0 的"写入数据"和"设置旗语"指令的执行顺序一定不能发生改变；同样，Core 1 的"监测旗语"和"读取数据"指令的执行顺序也一定不能发生改变。

在使用按序一致性模型的多核系统中，执行顺序一定能够得到保证，因此程序执行的结果能够满足程序员的预期。

但是在使用松散一致性模型的系统中，由于"数据"和"旗语"所处的存储器地址不一样，理论上是可以改变其执行顺序的。因此编译器或者处理器硬件本身可能会进行优化，使得程序最终的执行结果可能并不是程序员期望的那样。在松散一致性模型的系统中，必须要在程序中插入存储器屏障（Memory FENCE）指令，抽象如下。

- Core 0：写入数据→插入 FENCE 指令→设置旗语。

- Core 1：监测旗语→监测到旗语的"特殊的数值"→插入 FENCE 指令→读取数据。

由于 FENCE 指令能够将其前后的存储器访问指令屏障开来而不会发生执行顺序的改变，因此能够保证程序执行的结果满足程序员的预期。

但是经过进一步深入观察可以发现如下规律。

- 如果有一条指令能够将"插入 FENCE 指令"和"设置旗语"合二为一，那么理论上只需要屏障其之前的存储器访问操作即可（无须屏障其之后的操作）。
- 同理，如果有一条指令能够将"监测旗语"和"插入 FENCE 指令"合二为一，那么理论上只需要屏障其之后的存储器访问操作即可（而无须屏障其之前的操作）。
- 假设能够做到上述两点，由于只需要屏蔽一个方向，可以进一步提高性能。

因此为了能够再进一步地提高性能，可以使用释放一致性模型中的获取-释放的机制，软件便可以进一步改写如下。

- Core 0：写入数据→释放旗语。
- Core 1：获取旗语→获取旗语发现"特殊的数字"→读取数据。

由于释放操作屏障了其之前的存储器访问指令，获取操作屏障了其之后的存储器访问指令，因此同样可以保证程序执行的结果满足程序员的预期。

至此，上述问题终于得到了完美的解决！

# D.4 RISC-V 架构的存储器模型

如附录 D.2.4 节中所述，存储器模型不仅适用于多核场景，也适用于多线程场景。在描述存储器模型时，如果笼统地使用"处理器核"的概念进行描述会有失精确。因此如附录 A.9 节中所述，在 RISC-V 的架构文档中严谨地定义了一个 Hart 的概念，表示一个硬件线程。

RISC-V 架构明确规定在不同 Hart 之间使用松散一致性模型，并相应地定义了存储器屏障指令（FENCE 和 FENCE.I），用于屏障存储器访问的顺序。另外，RISC-V 架构定义了可选的（非必需的）存储器原子操作指令（A 扩展指令子集），可进一步支持释放一致性模型，请参见附录 A.14.5 节了解更多相关信息。

# 附录 E　存储器原子操作指令背景介绍

附录将结合多线程"锁"的示例对存储器原子操作指令的应用背景进行简介。请注意，由于"锁"是多线程编程中比较晦涩的一个概念，本书作为一本通俗读本，重在力图做到通俗易懂，因此，对于"锁"的介绍难免有失之学术精准之处，关于其更为严谨的学术定义读者可以自行查阅其他资料进行了解。

## E.1　什么是"上锁"问题

在多核软件开发中经常有需要进行"上锁"的场景，此处的"锁"是指软件中定义的功能命名，多核软件中存在着多种不同的锁（譬如 spin_lock 和 mutex_lock 等）。一个需要进行"上锁"的典型三核场景如 Core 0、Core 1 和 Core 2 共享一片数据区间，但是一个时间只有一个核（Core）能够独占此数据区间，因此 Core 0、Core 1 和 Core 2 需要竞争，竞争的策略如下。

- Core 0、Core 1 和 Core 2 三者约定了一个共享的全局变量作为"锁"。

程序的全局变量在硬件上的本质是在存储器中分配一个地址保存该变量的值，Core 0、Core 1 和 Core 2 都能够访问到该地址。

锁中的值为 0 表示当前共享数据区空闲，没有被任何一个核独占。

锁中的值为 1 表示当前共享数据区被某个核独占。

- 当某个核每次独占共享数据区完成了相关的操作后，便会释放数据区，通过向锁中写入数值 0 将其释放。
- 没有独占数据区的核（譬如 Core 0 独占时，Core 1 和 Core 2）都会不断地读锁中的值，判别其是否空闲。一旦发现锁空闲，便会向锁中写入数值 1 进行"上锁"，试图将共享数据区进行独占。

如果使用普通的读（Load）和写（Store）指令分别对存储器进行读和写操作，那么第一次读（发现锁空闲）和下一次写（写入数值 1 上锁）之间存在着时间差，并且是两次分立的操作，不同的核发出的读写操作可能彼此交织在一起，那么可能出现下述这种情况。

- 当数据区空闲之后，两个核（Core 1 和 Core 2）均读到了锁的值为 0，于是认为自己可以独占数据区，并向锁中写入数值 1。
- 按照规则，只能有一个核能够独占此共享区，但是此时两个核却都以为自己取得了共享区的独占权，从而造成程序的运行结果变得不正确。

# E.2 通过原子操作解决"上锁"问题

上一节介绍了多核"上锁"时面临的竞争问题。为了解决该问题，如果能够引入一种"原子"操作，让第一次读（发现锁空闲）和下一次写（写入数值 1）操作成为一个完整的整体，期间不被其他核的访问所打断，那么便可以保证一次只能有一个核上锁成功。

为了支持"原子"操作，以 ARM 指令集架构为例，ARM 架构早期引入了原子交换（SWP）指令。该指令同时将存储器中的值读出至结果寄存器，并将另一个源操作数的值写入存储器中相同的地址，实现通用寄存器中的值和存储器中的值的交换。并且，在第一次读操作之后，硬件便将总线或者目标存储器锁定，直到第二次写操作完成之后才解锁，期间不允许其他的核访问，这便是在 AHB 总线中开始引入"Lock"信号支持总线锁定功能的由来。

有了 SWP 指令和硬件锁定总线功能的支持，每个核便可以使用 SWP 指令进行上锁，步骤如下。

- 步骤 1：使用 SWP 指令将锁中的值读出，并向锁中写入数值 1。该过程为一个整体性的原子操作，读和写操作之间其他核不会访问到锁。
- 步骤 2：对读取的值进行判断，如果发现锁中的值为 1，则意味着当前锁正在被其他的核占用，上锁失败，因此继续回到步骤 1 重复再读；如果发现锁中的值为 0，则意味着当前锁已经空闲，同时由于 SWP 指令也以原子操作的方式向其写入了数值 1，则上锁成功，可以进行独占。

原子指令操作除了解决上锁问题之外，还可以解决很多其他的问题，本书在此不做一一赘述。

# E.3 通过互斥操作解决"上锁"问题

上一节介绍了使用原子操作指令解决多核"上锁"时面临的竞争问题，但是"原子操作"指令也存在着弊端。它会将总线锁定住，导致其他的核无法访问总线，在核数众多且频繁抢锁的场景下，会造成总线长期被锁的情况，严重影响系统的运行性能。

因此 ARM 架构之后又引入了一种新的互斥（Exclusive）类型的存储器访问指令来替代

SWP 指令，其核心要义可以简述如下。

- 定义一种互斥读（Load-Exclusive）指令。该指令与普通的读指令类似，向存储器进行一次次读操作。
- 定义一种互斥写（Store-Exclusive）指令。该指令与普通的写指令类似，但是它不一定能够执行成功。该指令会向其结果寄存器写回操作成功或是失败的标志信息，如果执行失败，意味着没有真正写入存储器。
- 在系统中实现一个监测器（Monitor）。该监测器能够保证只有当互斥读（Load-Exclusive）和互斥写（Store-Exclusive）指令成对地访问相同的地址，且其间隙中没有任何其他的写操作（来自于任何一个线程）访问过同样的地址，互斥写（Store-Exclusive）指令才会执行成功。

为了实现上述功能，系统中的监测器的硬件实现机理略显复杂。为了不使读者陷入理解复杂问题的泥潭，本书在此将其略过，不加详述，感兴趣的读者可以自行查阅其他资料。

- 互斥读（Load-Exclusive）指令执行的存储器读操作和互斥写（Store-Exclusive）指令执行的存储器写操作之间并不会将总线锁定，因此并不会造成系统性能的下降。这是与原子操作指令的最大不同。

为了区别出普通的读（Load）/写（Store）和互斥读（Load-Exclusive）/互斥写（Store-Exclusive）指令发起的存储器访问操作，需要特殊的信号加以指示。这也是 AXI 总线中引入了互斥属性信号的缘由。

有了互斥读（Load-Exclusive）指令和互斥写（Store-Exclusive）指令和系统监测器的支持，每个核便可以使用互斥读（Load-Exclusive）指令和互斥写（Store-Exclusive）指令进行上锁，其步骤如下。

- 步骤 1：使用互斥读（Load-Exclusive）指令将锁中的值读出。
- 步骤 2：对读取的值进行判断，如果发现锁中的值为 1，意味着当前锁正在被其他的核占用，继续回到步骤 1 重复再读；如果发现锁中的值为 0，意味着当前锁已经空闲，进入步骤 3。
- 步骤 3：使用互斥写（Store-Exclusive）指令向锁中写入数值 1，试图对其进行上锁，然后对该指令的返回结果（成功还是失败的标志信息）进行判断。如果返回结果表示该互斥写（Store-Exclusive）指令执行成功，意味着上锁成功，否则意味着上锁失败。

由于第一次读和第二次写之间并没有将总线锁定，因此其他的核也可能访问锁。并且其他核也可能发现锁中的值为 0，并继而向锁中写入数值 1 试图上锁，但系统中的监测器会保证只有先进行互斥写（Store-Exclusive）的核才能成功，后进行互斥写（Store-Exclusive）的核会失败，从而保证每一次只能有一个核成功上锁。

# E.4 RISC-V 架构的相关指令

在 RISC-V 架构的基本指令集（必选的）中，并没有定义原子操作指令和互斥指令，但是在可选的 "A" 扩展指令子集中支持了此两种指令，请参见附录 A.14.5 节了解其具体的指令信息。

附录截取自 RISC-V "指令集文档"（riscv-spec-v2.2.pdf），以便于读者快速查阅。

## F.1　RV32I 指令编码

### RV32I Base Instruction Set

| imm[31:12] | | | | rd | 0110111 | LUI |
|---|---|---|---|---|---|---|
| imm[31:12] | | | | rd | 0010111 | AUIPC |
| imm[20\|10:1\|11\|19:12] | | | | rd | 1101111 | JAL |
| imm[11:0] | | rs1 | 000 | rd | 1100111 | JALR |
| imm[12\|10:5] | rs2 | rs1 | 000 | imm[4:1\|11] | 1100011 | BEQ |
| imm[12\|10:5] | rs2 | rs1 | 001 | imm[4:1\|11] | 1100011 | BNE |
| imm[12\|10:5] | rs2 | rs1 | 100 | imm[4:1\|11] | 1100011 | BLT |
| imm[12\|10:5] | rs2 | rs1 | 101 | imm[4:1\|11] | 1100011 | BGE |
| imm[12\|10:5] | rs2 | rs1 | 110 | imm[4:1\|11] | 1100011 | BLTU |
| imm[12\|10:5] | rs2 | rs1 | 111 | imm[4:1\|11] | 1100011 | BGEU |
| imm[11:0] | | rs1 | 000 | rd | 0000011 | LB |
| imm[11:0] | | rs1 | 001 | rd | 0000011 | LH |
| imm[11:0] | | rs1 | 010 | rd | 0000011 | LW |
| imm[11:0] | | rs1 | 100 | rd | 0000011 | LBU |
| imm[11:0] | | rs1 | 101 | rd | 0000011 | LHU |
| imm[11:5] | rs2 | rs1 | 000 | imm[4:0] | 0100011 | SB |
| imm[11:5] | rs2 | rs1 | 001 | imm[4:0] | 0100011 | SH |
| imm[11:5] | rs2 | rs1 | 010 | imm[4:0] | 0100011 | SW |
| imm[11:0] | | rs1 | 000 | rd | 0010011 | ADDI |
| imm[11:0] | | rs1 | 010 | rd | 0010011 | SLTI |
| imm[11:0] | | rs1 | 011 | rd | 0010011 | SLTIU |
| imm[11:0] | | rs1 | 100 | rd | 0010011 | XORI |
| imm[11:0] | | rs1 | 110 | rd | 0010011 | ORI |
| imm[11:0] | | rs1 | 111 | rd | 0010011 | ANDI |
| 0000000 | shamt | rs1 | 001 | rd | 0010011 | SLLI |
| 0000000 | shamt | rs1 | 101 | rd | 0010011 | SRLI |
| 0100000 | shamt | rs1 | 101 | rd | 0010011 | SRAI |
| 0000000 | rs2 | rs1 | 000 | rd | 0110011 | ADD |
| 0100000 | rs2 | rs1 | 000 | rd | 0110011 | SUB |
| 0000000 | rs2 | rs1 | 001 | rd | 0110011 | SLL |
| 0000000 | rs2 | rs1 | 010 | rd | 0110011 | SLT |
| 0000000 | rs2 | rs1 | 011 | rd | 0110011 | SLTU |
| 0000000 | rs2 | rs1 | 100 | rd | 0110011 | XOR |
| 0000000 | rs2 | rs1 | 101 | rd | 0110011 | SRL |
| 0100000 | rs2 | rs1 | 101 | rd | 0110011 | SRA |
| 0000000 | rs2 | rs1 | 110 | rd | 0110011 | OR |
| 0000000 | rs2 | rs1 | 111 | rd | 0110011 | AND |
| 0000 | pred | succ | 00000 | 000 | 00000 | 0001111 | FENCE |
| 0000 | 0000 | 0000 | 00000 | 001 | 00000 | 0001111 | FENCE.I |
| 000000000000 | | 00000 | 000 | 00000 | 1110011 | ECALL |
| 000000000001 | | 00000 | 000 | 00000 | 1110011 | EBREAK |
| csr | | rs1 | 001 | rd | 1110011 | CSRRW |
| csr | | rs1 | 010 | rd | 1110011 | CSRRS |
| csr | | rs1 | 011 | rd | 1110011 | CSRRC |
| csr | | zimm | 101 | rd | 1110011 | CSRRWI |
| csr | | zimm | 110 | rd | 1110011 | CSRRSI |
| csr | | zimm | 111 | rd | 1110011 | CSRRCI |

**Environment Call and Breakpoint**

| | | | | | |
|---|---|---|---|---|---|
| 000000000000 | 00000 | 000 | 00000 | 1110011 | ECALL |
| 000000000001 | 00000 | 000 | 00000 | 1110011 | EBREAK |

**Trap-Return Instructions**

| | | | | | | |
|---|---|---|---|---|---|---|
| 0000000 | 00010 | 00000 | 000 | 00000 | 1110011 | URET |
| 0001000 | 00010 | 00000 | 000 | 00000 | 1110011 | SRET |
| 0011000 | 00010 | 00000 | 000 | 00000 | 1110011 | MRET |

**Interrupt-Management Instructions**

| | | | | | | |
|---|---|---|---|---|---|---|
| 0001000 | 00101 | 00000 | 000 | 00000 | 1110011 | WFI |

# F.2 RV32M 指令编码

**RV32M Standard Extension**

| | | | | | | |
|---|---|---|---|---|---|---|
| 0000001 | rs2 | rs1 | 000 | rd | 0110011 | MUL |
| 0000001 | rs2 | rs1 | 001 | rd | 0110011 | MULH |
| 0000001 | rs2 | rs1 | 010 | rd | 0110011 | MULHSU |
| 0000001 | rs2 | rs1 | 011 | rd | 0110011 | MULHU |
| 0000001 | rs2 | rs1 | 100 | rd | 0110011 | DIV |
| 0000001 | rs2 | rs1 | 101 | rd | 0110011 | DIVU |
| 0000001 | rs2 | rs1 | 110 | rd | 0110011 | REM |
| 0000001 | rs2 | rs1 | 111 | rd | 0110011 | REMU |

# F.3 RV32A 指令编码

**RV32A Standard Extension**

| | | | | | | | | |
|---|---|---|---|---|---|---|---|---|
| 00010 | aq | rl | 00000 | rs1 | 010 | rd | 0101111 | LR.W |
| 00011 | aq | rl | rs2 | rs1 | 010 | rd | 0101111 | SC.W |
| 00001 | aq | rl | rs2 | rs1 | 010 | rd | 0101111 | AMOSWAP.W |
| 00000 | aq | rl | rs2 | rs1 | 010 | rd | 0101111 | AMOADD.W |
| 00100 | aq | rl | rs2 | rs1 | 010 | rd | 0101111 | AMOXOR.W |
| 01100 | aq | rl | rs2 | rs1 | 010 | rd | 0101111 | AMOAND.W |
| 01000 | aq | rl | rs2 | rs1 | 010 | rd | 0101111 | AMOOR.W |
| 10000 | aq | rl | rs2 | rs1 | 010 | rd | 0101111 | AMOMIN.W |
| 10100 | aq | rl | rs2 | rs1 | 010 | rd | 0101111 | AMOMAX.W |
| 11000 | aq | rl | rs2 | rs1 | 010 | rd | 0101111 | AMOMINU.W |
| 11100 | aq | rl | rs2 | rs1 | 010 | rd | 0101111 | AMOMAXU.W |

# F.4 RV32F 指令编码

**RV32F Standard Extension**

| | | | | | | | |
|---|---|---|---|---|---|---|---|
| imm[11:0] | | rs1 | 010 | rd | | 0000111 | FLW |
| imm[11:5] | rs2 | rs1 | 010 | imm[4:0] | | 0100111 | FSW |
| rs3 | 00 | rs2 | rs1 | rm | rd | 1000011 | FMADD.S |
| rs3 | 00 | rs2 | rs1 | rm | rd | 1000111 | FMSUB.S |
| rs3 | 00 | rs2 | rs1 | rm | rd | 1001011 | FNMSUB.S |
| rs3 | 00 | rs2 | rs1 | rm | rd | 1001111 | FNMADD.S |
| 0000000 | rs2 | rs1 | rm | rd | | 1010011 | FADD.S |
| 0000100 | rs2 | rs1 | rm | rd | | 1010011 | FSUB.S |
| 0001000 | rs2 | rs1 | rm | rd | | 1010011 | FMUL.S |
| 0001100 | rs2 | rs1 | rm | rd | | 1010011 | FDIV.S |
| 0101100 | 00000 | rs1 | rm | rd | | 1010011 | FSQRT.S |
| 0010000 | rs2 | rs1 | 000 | rd | | 1010011 | FSGNJ.S |
| 0010000 | rs2 | rs1 | 001 | rd | | 1010011 | FSGNJN.S |
| 0010000 | rs2 | rs1 | 010 | rd | | 1010011 | FSGNJX.S |
| 0010100 | rs2 | rs1 | 000 | rd | | 1010011 | FMIN.S |
| 0010100 | rs2 | rs1 | 001 | rd | | 1010011 | FMAX.S |
| 1100000 | 00000 | rs1 | rm | rd | | 1010011 | FCVT.W.S |
| 1100000 | 00001 | rs1 | rm | rd | | 1010011 | FCVT.WU.S |
| 1110000 | 00000 | rs1 | 000 | rd | | 1010011 | FMV.X.W |
| 1010000 | rs2 | rs1 | 010 | rd | | 1010011 | FEQ.S |
| 1010000 | rs2 | rs1 | 001 | rd | | 1010011 | FLT.S |
| 1010000 | rs2 | rs1 | 000 | rd | | 1010011 | FLE.S |
| 1110000 | 00000 | rs1 | 001 | rd | | 1010011 | FCLASS.S |
| 1101000 | 00000 | rs1 | rm | rd | | 1010011 | FCVT.S.W |
| 1101000 | 00001 | rs1 | rm | rd | | 1010011 | FCVT.S.WU |
| 1111000 | 00000 | rs1 | 000 | rd | | 1010011 | FMV.W.X |

# F.5 RV32D 指令编码

**RV32D Standard Extension**

| | | | | | | | |
|---|---|---|---|---|---|---|---|
| imm[11:0] | | rs1 | 011 | rd | 0000111 | FLD |
| imm[11:5] | rs2 | rs1 | 011 | imm[4:0] | 0100111 | FSD |
| rs3 | 01 | rs2 | rs1 | rm | rd | 1000011 | FMADD.D |
| rs3 | 01 | rs2 | rs1 | rm | rd | 1000111 | FMSUB.D |
| rs3 | 01 | rs2 | rs1 | rm | rd | 1001011 | FNMSUB.D |
| rs3 | 01 | rs2 | rs1 | rm | rd | 1001111 | FNMADD.D |
| 0000001 | rs2 | rs1 | rm | rd | 1010011 | FADD.D |
| 0000101 | rs2 | rs1 | rm | rd | 1010011 | FSUB.D |
| 0001001 | rs2 | rs1 | rm | rd | 1010011 | FMUL.D |
| 0001101 | rs2 | rs1 | rm | rd | 1010011 | FDIV.D |
| 0101101 | 00000 | rs1 | rm | rd | 1010011 | FSQRT.D |
| 0010001 | rs2 | rs1 | 000 | rd | 1010011 | FSGNJ.D |
| 0010001 | rs2 | rs1 | 001 | rd | 1010011 | FSGNJN.D |
| 0010001 | rs2 | rs1 | 010 | rd | 1010011 | FSGNJX.D |
| 0010101 | rs2 | rs1 | 000 | rd | 1010011 | FMIN.D |
| 0010101 | rs2 | rs1 | 001 | rd | 1010011 | FMAX.D |
| 0100000 | 00001 | rs1 | rm | rd | 1010011 | FCVT.S.D |
| 0100001 | 00000 | rs1 | rm | rd | 1010011 | FCVT.D.S |
| 1010001 | rs2 | rs1 | 010 | rd | 1010011 | FEQ.D |
| 1010001 | rs2 | rs1 | 001 | rd | 1010011 | FLT.D |
| 1010001 | rs2 | rs1 | 000 | rd | 1010011 | FLE.D |
| 1110001 | 00000 | rs1 | 001 | rd | 1010011 | FCLASS.D |
| 1100001 | 00000 | rs1 | rm | rd | 1010011 | FCVT.W.D |
| 1100001 | 00001 | rs1 | rm | rd | 1010011 | FCVT.WU.D |
| 1101001 | 00000 | rs1 | rm | rd | 1010011 | FCVT.D.W |
| 1101001 | 00001 | rs1 | rm | rd | 1010011 | FCVT.D.WU |

# F.6 RVC 指令编码

**注意**：在 RVC 指令中，有着不同类型的非法编码，如下表中最右侧一栏标注的。

- **RES**：表示这种编码被预留作为未来扩展使用。
- **NES**：表示这种编码被预留作为非标准扩展。
- **HINT**：表示这种编码被预留作为微架构的指示，硬件实现可以选择将其实现为 NOP。

| 15 14 13 | 12 11 10 | 9 8 | 7 6 | 5 | 4 3 | 2 | 1 0 | |
|---|---|---|---|---|---|---|---|---|
| 000 | 0 | | | | 0 | | 00 | *Illegal instruction* |
| 000 | nzuimm[5:4|9:6|2|3] | | | | rd′ | | 00 | C.ADDI4SPN (RES, nzuimm=0) |
| 001 | uimm[5:3] | rs1′ | uimm[7:6] | | rd′ | | 00 | C.FLD (RV32/64) |
| 001 | uimm[5:4|8] | rs1′ | uimm[7:6] | | rd′ | | 00 | C.LQ (RV128) |
| 010 | uimm[5:3] | rs1′ | uimm[2|6] | | rd′ | | 00 | C.LW |
| 011 | uimm[5:3] | rs1′ | uimm[2|6] | | rd′ | | 00 | C.FLW (RV32) |
| 011 | uimm[5:3] | rs1′ | uimm[7:6] | | rd′ | | 00 | C.LD (RV64/128) |
| 100 | — | | | | | | 00 | *Reserved* |
| 101 | uimm[5:3] | rs1′ | uimm[7:6] | | rs2′ | | 00 | C.FSD (RV32/64) |
| 101 | uimm[5:4|8] | rs1′ | uimm[7:6] | | rs2′ | | 00 | C.SQ (RV128) |
| 110 | uimm[5:3] | rs1′ | uimm[2|6] | | rs2′ | | 00 | C.SW |
| 111 | uimm[5:3] | rs1′ | uimm[2|6] | | rs2′ | | 00 | C.FSW (RV32) |
| 111 | uimm[5:3] | rs1′ | uimm[7:6] | | rs2′ | | 00 | C.SD (RV64/128) |

| 15 14 13 | 12 | 11 10 9 8 7 | 6 5 4 3 2 | 1 0 | |
|---|---|---|---|---|---|
| 000 | nzuimm[5] | rs1/rd≠0 | nzuimm[4:0] | 10 | C.SLLI *(HINT, rd=0; RV32 NSE, nzuimm[5]=1)* |
| 000 | 0 | rs1/rd≠0 | 0 | 10 | C.SLLI64 *(RV128; RV32/64 HINT; HINT, rd=0)* |
| 001 | uimm[5] | rd | uimm[4:3\|8:6] | 10 | C.FLDSP *(RV32/64)* |
| 001 | uimm[5] | rd≠0 | uimm[4\|9:6] | 10 | C.LQSP *(RV128; RES, rd=0)* |
| 010 | uimm[5] | rd≠0 | uimm[4:2\|7:6] | 10 | C.LWSP *(RES, rd=0)* |
| 011 | uimm[5] | rd | uimm[4:2\|7:6] | 10 | C.FLWSP *(RV32)* |
| 011 | uimm[5] | rd≠0 | uimm[4:3\|8:6] | 10 | C.LDSP *(RV64/128; RES, rd=0)* |
| 100 | 0 | rs1≠0 | 0 | 10 | C.JR *(RES, rs1=0)* |
| 100 | 0 | rd≠0 | rs2≠0 | 10 | C.MV *(HINT, rd=0)* |
| 100 | 1 | 0 | 0 | 10 | C.EBREAK |
| 100 | 1 | rs1≠0 | 0 | 10 | C.JALR |
| 100 | 1 | rs1/rd≠0 | rs2≠0 | 10 | C.ADD *(HINT, rd=0)* |
| 101 | uimm[5:3\|8:6] | | rs2 | 10 | C.FSDSP *(RV32/64)* |
| 101 | uimm[5:4\|9:6] | | rs2 | 10 | C.SQSP *(RV128)* |
| 110 | uimm[5:2\|7:6] | | rs2 | 10 | C.SWSP |
| 111 | uimm[5:2\|7:6] | | rs2 | 10 | C.FSWSP *(RV32)* |
| 111 | uimm[5:3\|8:6] | | rs2 | 10 | C.SDSP *(RV64/128)* |

| 15 14 13 | 12 | 11 10 9 8 7 | 6 5 4 3 2 | 1 0 | |
|---|---|---|---|---|---|
| 000 | 0 | 0 | 0 | 01 | C.NOP |
| 000 | nzimm[5] | rs1/rd≠0 | nzimm[4:0] | 01 | C.ADDI *(HINT, nzimm=0)* |
| 001 | imm[11\|4\|9:8\|10\|6\|7\|3:1\|5] | | | 01 | C.JAL *(RV32)* |
| 001 | imm[5] | rs1/rd≠0 | imm[4:0] | 01 | C.ADDIW *(RV64/128; RES, rd=0)* |
| 010 | imm[5] | rd≠0 | imm[4:0] | 01 | C.LI *(HINT, rd=0)* |
| 011 | nzimm[9] | 2 | nzimm[4\|6\|8:7\|5] | 01 | C.ADDI16SP *(RES, nzimm=0)* |
| 011 | nzimm[17] | rd≠{0, 2} | nzimm[16:12] | 01 | C.LUI *(RES, nzimm=0; HINT, rd=0)* |
| 100 | nzuimm[5] | 00 rs1'/rd' | nzuimm[4:0] | 01 | C.SRLI *(RV32 NSE, nzuimm[5]=1)* |
| 100 | 0 | 00 rs1'/rd' | 0 | 01 | C.SRLI64 *(RV128; RV32/64 HINT)* |
| 100 | nzuimm[5] | 01 rs1'/rd' | nzuimm[4:0] | 01 | C.SRAI *(RV32 NSE, nzuimm[5]=1)* |
| 100 | 0 | 01 rs1'/rd' | 0 | 01 | C.SRAI64 *(RV128; RV32/64 HINT)* |
| 100 | imm[5] | 10 rs1'/rd' | imm[4:0] | 01 | C.ANDI |
| 100 | 0 | 11 rs1'/rd' | 00 rs2' | 01 | C.SUB |
| 100 | 0 | 11 rs1'/rd' | 01 rs2' | 01 | C.XOR |
| 100 | 0 | 11 rs1'/rd' | 10 rs2' | 01 | C.OR |
| 100 | 0 | 11 rs1'/rd' | 11 rs2' | 01 | C.AND |
| 100 | 1 | 11 rs1'/rd' | 00 rs2' | 01 | C.SUBW *(RV64/128; RV32 RES)* |
| 100 | 1 | 11 rs1'/rd' | 01 rs2' | 01 | C.ADDW *(RV64/128; RV32 RES)* |
| 100 | 1 | 11 — | 10 — | 01 | *Reserved* |
| 100 | 1 | 11 — | 11 — | 01 | *Reserved* |
| 101 | imm[11\|4\|9:8\|10\|6\|7\|3:1\|5] | | | 01 | C.J |
| 110 | imm[8\|4:3] | rs1' | imm[7:6\|2:1\|5] | 01 | C.BEQZ |
| 111 | imm[8\|4:3] | rs1' | imm[7:6\|2:1\|5] | 01 | C.BNEZ |

# 附录 G  RISC-V 伪指令列表

附录截取自 RISC-V "指令集文档"（riscv-spec-v2.2.pdf），以便读者快速查阅。

| | | |
|---|---|---|
| rdinstret[h] rd | csrrs rd, instret[h], x0 | Read instructions-retired counter |
| rdcycle[h] rd | csrrs rd, cycle[h], x0 | Read cycle counter |
| rdtime[h] rd | csrrs rd, time[h], x0 | Read real-time clock |
| csrr rd, csr | csrrs rd, csr, x0 | Read CSR |
| csrw csr, rs | csrrw x0, csr, rs | Write CSR |
| csrs csr, rs | csrrs x0, csr, rs | Set bits in CSR |
| csrc csr, rs | csrrc x0, csr, rs | Clear bits in CSR |
| csrwi csr, imm | csrrwi x0, csr, imm | Write CSR, immediate |
| csrsi csr, imm | csrrsi x0, csr, imm | Set bits in CSR, immediate |
| csrci csr, imm | csrrci x0, csr, imm | Clear bits in CSR, immediate |
| frcsr rd | csrrs rd, fcsr, x0 | Read FP control/status register |
| fscsr rd, rs | csrrw rd, fcsr, rs | Swap FP control/status register |
| fscsr rs | csrrw x0, fcsr, rs | Write FP control/status register |
| frrm rd | csrrs rd, frm, x0 | Read FP rounding mode |
| fsrm rd, rs | csrrw rd, frm, rs | Swap FP rounding mode |
| fsrm rs | csrrw x0, frm, rs | Write FP rounding mode |
| fsrmi rd, imm | csrrwi rd, frm, imm | Swap FP rounding mode, immediate |
| fsrmi imm | csrrwi x0, frm, imm | Write FP rounding mode, immediate |
| frflags rd | csrrs rd, fflags, x0 | Read FP exception flags |
| fsflags rd, rs | csrrw rd, fflags, rs | Swap FP exception flags |
| fsflags rs | csrrw x0, fflags, rs | Write FP exception flags |
| fsflagsi rd, imm | csrrwi rd, fflags, imm | Swap FP exception flags, immediate |
| fsflagsi imm | csrrwi x0, fflags, imm | Write FP exception flags, immediate |

| | | |
|---|---|---|
| la rd, symbol | auipc rd, symbol[31:12]<br>addi rd, rd, symbol[11:0] | Load address |
| l{b\|h\|w\|d} rd, symbol | auipc rd, symbol[31:12]<br>l{b\|h\|w\|d} rd, symbol[11:0](rd) | Load global |
| s{b\|h\|w\|d} rd, symbol, rt | auipc rt, symbol[31:12]<br>s{b\|h\|w\|d} rd, symbol[11:0](rt) | Store global |
| fl{w\|d} rd, symbol, rt | auipc rt, symbol[31:12]<br>fl{w\|d} rd, symbol[11:0](rt) | Floating-point load global |
| fs{w\|d} rd, symbol, rt | auipc rt, symbol[31:12]<br>fs{w\|d} rd, symbol[11:0](rt) | Floating-point store global |
| nop | addi x0, x0, 0 | No operation |
| li rd, immediate | *Myriad sequences* | Load immediate |
| mv rd, rs | addi rd, rs, 0 | Copy register |
| not rd, rs | xori rd, rs, -1 | One's complement |
| neg rd, rs | sub rd, x0, rs | Two's complement |
| negw rd, rs | subw rd, x0, rs | Two's complement word |
| sext.w rd, rs | addiw rd, rs, 0 | Sign extend word |
| seqz rd, rs | sltiu rd, rs, 1 | Set if = zero |
| snez rd, rs | sltu rd, x0, rs | Set if ≠ zero |
| sltz rd, rs | slt rd, rs, x0 | Set if < zero |
| sgtz rd, rs | slt rd, x0, rs | Set if > zero |

| | | |
|---|---|---|
| fmv.s rd, rs | fsgnj.s rd, rs, rs | Copy single-precision register |
| fabs.s rd, rs | fsgnjx.s rd, rs, rs | Single-precision absolute value |
| fneg.s rd, rs | fsgnjn.s rd, rs, rs | Single-precision negate |
| fmv.d rd, rs | fsgnj.d rd, rs, rs | Copy double-precision register |
| fabs.d rd, rs | fsgnjx.d rd, rs, rs | Double-precision absolute value |
| fneg.d rd, rs | fsgnjn.d rd, rs, rs | Double-precision negate |
| beqz rs, offset | beq rs, x0, offset | Branch if $=$ zero |
| bnez rs, offset | bne rs, x0, offset | Branch if $\neq$ zero |
| blez rs, offset | bge x0, rs, offset | Branch if $\leqslant$ zero |
| bgez rs, offset | bge rs, x0, offset | Branch if $\geqslant$ zero |
| bltz rs, offset | blt rs, x0, offset | Branch if $<$ zero |
| bgtz rs, offset | blt x0, rs, offset | Branch if $>$ zero |
| bgt rs, rt, offset | blt rt, rs, offset | Branch if $>$ |
| ble rs, rt, offset | bge rt, rs, offset | Branch if $\leqslant$ |
| bgtu rs, rt, offset | bltu rt, rs, offset | Branch if $>$, unsigned |
| bleu rs, rt, offset | bgeu rt, rs, offset | Branch if $\leqslant$, unsigned |
| j offset | jal x0, offset | Jump |
| jal offset | jal x1, offset | Jump and link |
| jr rs | jalr x0, rs, 0 | Jump register |
| jalr rs | jalr x1, rs, 0 | Jump and link register |
| ret | jalr x0, x1, 0 | Return from subroutine |
| call offset | auipc x6, offset[31:12]<br>jalr x1, x6, offset[11:0] | Call far-away subroutine |
| tail offset | auipc x6, offset[31:12]<br>jalr x0, x6, offset[11:0] | Tail call far-away subroutine |
| fence | fence iorw, iorw | Fence on all memory and I/O |